新编21世纪高等职业教育精品教材
土木建筑类

建筑构造

主　编◎段美龄　张晶莹　吴金燕
副主编◎张　瑾　穆蒙蒙
参　编◎吴　森
主　审◎胡瑛莉

中国人民大学出版社
·北京·

图书在版编目（CIP）数据

建筑构造 / 段美龄，张晶莹，吴金燕主编．-- 北京：中国人民大学出版社，2025．1．--（新编 21 世纪高等职业教育精品教材）．-- ISBN 978-7-300-33467-7

Ⅰ．TU22

中国国家版本馆 CIP 数据核字第 2025QM5185 号

新编 21 世纪高等职业教育精品教材 · 土木建筑类

建筑构造

主　编　段美龄　张晶莹　吴金燕

副主编　张　瑾　穆蒙蒙

参　编　吴　磊

主　审　胡瑛莉

Jianzhu Gouzao

出版发行	中国人民大学出版社		
社　址	北京中关村大街 31 号	邮政编码	100080
电　话	010－62511242（总编室）		010－62511770（质管部）
	010－82501766（邮购部）		010－62514148（门市部）
	010－62515195（发行公司）		010－62515275（盗版举报）
网　址	http://www.crup.com.cn		
经　销	新华书店		
印　刷	天津中印联印务有限公司		
开　本	787 mm × 1092 mm　1/16	版　次	2025 年 1 月第 1 版
印　张	19.25	印　次	2025 年 1 月第 1 次印刷
字　数	368 000	定　价	59.00 元

前言

“建筑构造”是高职院校土木与建筑大类学生的一门专业课程，旨在通过系统学习，使学生掌握建筑物各组成部分的构造原理、设计方法，为学生后续专业课程的学习及未来职业生涯提供坚实的技术支持。该课程具有与生产实际紧密联系的特点，因此，在编写本书的过程中，我们特别注重理论与实践相结合、注重时代性与前瞻性、增强可读性与互动性。我们紧密跟踪行业动态，将绿色建筑、智能建筑、BIM（建筑信息模型）等前沿技术融入书中，力求反映我国在建筑构造方面的新技术、新材料、新工艺，使教材内容与本专业的岗位需求紧密结合。

全书内容共分为10个项目，包括绪论、民用建筑构造概述、基础与地下室、墙体、楼地层、楼梯与电梯、屋顶、门窗、变形缝、智慧建造。

项目1是“建筑构造”课程的一个重要的入门篇章，主要介绍了建筑构造的基本概念、构成要素、分类方法、等级划分以及建筑标准化等内容，使学生能够建立对建筑构造的初步认识和理解，为后续的专业课程学习和研究奠定坚实的基础。

项目2主要介绍了民用建筑的组成部分、各部分的功能以及影响建筑构造的因素等，使学生可以形成对建筑物整体结构的清晰概念，学会如何合理规划和使用空间，以满足不同的使用需求。

项目3主要介绍了基础与地基的基本概念、基础的类型与埋置深度、地下室的分类与组成以及防潮与防水等方面的知识，使学生能够根据具体情况选择合适的基础类型和施工方法，采取有效的防水防潮措施等，从而确保建筑工程的顺利进行和工程质量的可靠性。

项目4主要介绍墙体的作用、类型、材料与特性、设计要求以及构造与细部处理等方面的知识，这些内容是建筑设计、施工及维护过程中不可或缺的。

项目5主要介绍楼地层的构造层次及其相应的设计要求，对学生理解建筑物的承重、分隔、装饰及功能实现等方面具有重要意义。

项目6主要介绍楼梯的位置选择、尺度设计和细部处理，以及电梯的类型和组成等方面的知识，使学生能够更好地把握楼梯和电梯在提升建筑使用效率、促进空间流畅性以及保障人员安全方面的作用。

项目 7 主要介绍不同类型屋顶的构造层次组成及其相应的工程做法，不仅有助于学生深入理解屋顶的基本功能与要求、掌握屋顶的类型与特点，还能提升解决实际工程问题的能力，并促进建筑技术的创新与发展。

项目 8 主要介绍门窗的基本功能与作用、分类、构造与设计以及安装与维护等，使学生可以更好地掌握门窗的设计和施工技术，为建筑工程的质量和安全提供有力保障。

项目 9 主要介绍变形缝的设置原则、作用及构造要求等知识，可以更好地指导实际工程中的变形缝设计和施工工作，确保建筑物的稳定性和安全性。

项目 10 主要介绍智慧建造的概念、应用场景及未来的发展趋势，对于学生个人技能提升、行业创新与发展、建造效率与质量提高以及跨学科交流与合作等方面具有重要意义，为学生未来的职业发展打下坚实的基础。

本书具有如下特点：

（1）本书辅以大量高清图片、图表及二维码链接等多媒体资源，旨在为学生提供更加直观、互动的学习环境，方便学生自主学习和深入探讨。

（2）在每个项目的开篇特别设计了思维导图，旨在帮助学生清晰、系统地梳理章节核心知识点，促进学习成效的显著提升。

（3）本书不仅致力于对知识技能的系统传授，更为核心的是深入挖掘并阐述建筑构造技术背后的文化意义、生态理念及可持续发展原则，希望能够使学生在掌握基础知识的同时，拓宽视野，激发创新思维。

本书由天津城市建设管理职业技术学院段美龄组织编写，其中段美龄编写项目 7 和项目 8，张晶莹编写项目 3 和项目 10，吴金燕编写项目 4 和项目 9，张瑾编写项目 2 和项目 6，天津渤海职业技术学院穆蒙蒙编写项目 1 和项目 5。天津市天友建筑设计股份有限公司吴磊负责提供施工图纸资源，并对工程实践案例进行严格的审核和修正。段美龄负责全书的统稿工作。

在编写本书的过程中，编者参考和借鉴了有关书籍、图片资料和国家现行规范、规程及技术标准。由于编者水平有限，书中难免存在错漏，敬请各位读者批评指正。

编者

目录

项目1 绪　论

- **知识目标**
  - “建筑构造”课程概述
    - 熟悉——“建筑构造”课程的特点
    - 了解——“建筑构造”课程的主要任务
  - 建筑方针和建筑的构成要素
    - 了解——我国建筑方针
    - 熟悉——建筑构成的基本要素
  - 建筑物的分类
    - 掌握——建筑物的分类
    - 了解——建筑物承重结构常用的材料
  - 建筑物的等级划分
    - 掌握——耐久等级和耐火等级划分
    - 熟悉——耐火极限的概念
    - 了解——民用建筑的等级划分
  - 建筑标准化与建筑模数
    - 掌握——模数数列组成
    - 熟悉——建筑模数的概念
    - 了解——建筑标准化的概念
- **能力目标**
  - 通过学习和思考，具备正确进行建筑物分级的能力
  - 通过学习和观察，具备对身边的建筑物分类的能力
  - 通过学习和思考，具备正确应用建筑模数的能力
- **素质目标**
  - 通过工程案例，培养自觉学习和自我发展的能力
  - 通过学习中国传统建筑相关知识，增强民族意识，培养民族自豪感
  - 通过对建筑物耐久等级的判断，培养独立分析与解决问题的能力
  - 通过建筑模数的学习，树立规矩意识、培养严谨的工作作风、爱岗敬业的工作态度及良好的职业素养

引言

建筑是指人类运用自然材料（如泥土、砖石、木材及近现代广泛采用的钢筋混凝土、型材等）精心构筑的，旨在满足居住、功能需求的空间，涵盖住宅、桥梁、工业厂房、体育场馆、传统窑洞、高耸水塔乃至宫殿庙宇等。从更宽泛的视角审视，景观设计与园林艺术也可以被纳入建筑的广义范畴，甚至在某种意义上，动物出于本能构建的巢穴，也可被视为一种原始的建筑表现。建筑，因其节奏与韵律感，被形象地誉为“凝固的音乐”；因其空间布局与视觉美感，被誉为“立体的画”；因其蕴含的情感与意境，被誉为“有形的诗”。它更是一部以建材为墨、岁月为笔书写的史书，记录着文明的兴衰更替与社会的变迁发展。让我们深入剖析这部“史书”，揭开其背后隐藏的奥秘与智慧。

1.1 “建筑构造”课程概述

建筑构造是研究建筑物的构成、各组成部分的组合原理和方法的学科。“建筑构造”课程的主要任务是让学生掌握房屋构造的基本理论，了解房屋各个部分的组成、功能要求，使学生能够根据房屋的功能、自然环境因素、建筑材料及施工技术的实际，选择合理的构造方案；熟练地识读一般民用建筑施工图纸，有效地处理建筑中的构造问题，合理地组织和指导施工以满足设计要求，能按照设计意图绘制一般的建筑构造图。

要学好“建筑构造”课程，必须做到以下五点：

（1）从具体的构造和设计方案入手，牢固掌握建筑各组成部分的常用构造方法和设计方案。

（2）了解各构造做法和设计方案的产生和发展，加深对常用典型构造做法、标准图集以及设计方案的理解。

（3）多参观已建成或正在施工的建筑，多参与现场实际施工操作，在实践中验证理论、充实和记忆理论。

（4）重视绘图技能的训练，通过作业和课程设计，不断提高绘制和识读施工图的能力。

（5）经常查阅相关资料，丰富自己的专业知识，了解建筑构造方面的新工艺、新技术、新材料。

“建筑构造”课程具有实践性强和综合性强的特点，其内容庞杂，涉及建筑材料、建筑物理、建筑力学、建筑结构、建筑施工以及建筑经济等方面的知识。学习建筑构造，要理解和掌握建筑构造的原理，理论联系实践，多观察、勤思考，多接触工程实际，了解和熟悉相关课程的更多内容，使“建筑构造”课程的学习取得事半功倍的效果。

1.2 建筑方针和建筑的构成要素

课堂思考

- 任何建筑都有其使用功能，但由于各类建筑的具体目的和使用要求不同，因此就产生了不同类型的建筑。如工厂是为满足工业生产的需要，住宅是为满足人们居住的需要，娱乐场所是为丰富人们的文化、精神生活的需要。那么，除了建筑功能以外，还有哪些是决定建筑构成的重要因素呢？

1.2.1 我国的建筑方针

新中国成立以来，建筑事业取得了巨大的成就，旧的城市日新月异，新的城市犹如雨后春笋。新中国成立初期，我国曾提出“适用、经济、在可能的条件下注意美观”的建筑方针。1986年，建设部总结了以往建设的实践经验，结合我国的实际情况，制定了新的建筑技术政策，明确指出建筑业的主要任务是“全面贯彻适用、安全、经济、美观的方针”。

“适用”是指恰当的建筑面积，合理的布局，必需的技术设备，良好的设施以及保温隔声的环境。

“安全”是指结构的安全度，包括建筑物耐火等级及防火设计、建筑物的耐久年限等。

“经济”主要是指经济效益，包括节约建筑造价，降低能源消耗，缩短建设周期，降低运行、维修和管理费用，等等，既要注意建筑物本身的经济效益，又要注意建筑物的社会和环境的综合效益。

“美观”是在适用、安全、经济的前提下，把建筑美和环境美作为设计的重要内容，搞好室内外环境设计，为人们创造良好的工作和生活条件。对于不同的建筑物、不同的环境，要有不同的美观要求。

总而言之，设计者在设计过程中应区别不同的建筑，处理好适用、安全、经济、美观之间的关系。

1.2.2 建筑的构成要素

建筑的构成要素是建筑功能、建筑技术和建筑形象，通常称为建筑的三要素。

1. 建筑功能

建筑功能是建造房屋的目的，是建筑物在生产和生活中的具体使用要求。建筑功能随着社会的发展而发展，从古代简单低矮的巢居到现代鳞次栉比的高层建筑，从落后的手工作坊到先进的自动化工厂，建筑功能越来越复杂多样，人类对建筑功能的要求也日益提高。

不同的功能要求适合不同的建筑类型，如生产性建筑、居住建筑、公共建筑等，如图 1-1 所示。

（a）生产性建筑

（b）居住建筑

（c）公共建筑

图 1-1　不同类型的建筑

2. 建筑技术

建筑技术是建造房屋的手段，包括建筑材料与制品技术、结构技术、施工技术、设备技术等方面的内容。随着材料技术的不断发展，各种新型材料不断涌现，为建造各种不同结构形式的房屋提供了物质保障；随着建筑结构计算理论的发展和计算机辅助设计的应用，建筑结构技术不断革新，为房屋建造的安全性提供了保障；新的施工技术和工艺为房屋建造提供了新手段；建筑设备的发展为建筑满足各种使用要求创造了条件。随着建筑技术的不断发展，高强度建筑材料的产生、结构设计理论的成熟和更新、设计手段的更新、建筑内部垂直交通设备的应用，有效地促进了建筑朝大空间、大高度、新结构形式的方向发展。

3. 建筑形象

建筑形象常常通过建筑环境的布局，建筑群体的组合，建筑物的立面造型、平面布置、空间组织和内外装饰，以及建筑材料所表现的色彩、质感、肌理、光影等多方面的处理，形成一种综合性的艺术。良好的建筑形象能给人以精神上的满足和享受。建筑形象不仅要美观，还应该反映时代的生产力水平、文化生活水平和社会精神面貌。成功的建筑应当表现出时代特征、民族特点、地方特征、文化色彩，并与周围的建筑和环境有机融合与协调，能经受住时间的考验。建筑形象的处理手法不同，可给人庄重宏伟、简洁明快或轻快活泼的视觉效果。良好的建筑形象甚至是国家文化的象征或历史的反映。

在建筑的建筑功能、建筑技术、建筑形象这三个基本构成要素中，建筑功能处于主导地位，建筑技术是实现建筑功能的必要手段，建筑形象则是建筑功能、建筑技术的外在表现，常常具有主观性。因此，同样的设计要求、相同的建筑材料和结构体系，也可创造完全不同的建筑形象，产生不同的美学效果，而优秀的建筑作品是三者的辩证统一。

扩展阅读

中国建筑发展史

建筑，作为人类文明史上璀璨的瑰宝与古老的艺术形式，不仅承载着历史的记忆，更是民族文化与时代变迁的生动见证。它以其独特的语言，镌刻着民族发展的轨迹，绘就了跨越时代的文化长卷。中国建筑史，以其悠长的历史脉络和广袤的地域分布，在全球建筑艺术版图中占据了举足轻重的地位。从原始社会的土木结构到现代钢筋水泥的摩天大楼，中国建筑的发展历程无疑是世界建筑史上的一笔浓墨重彩。

我们将沿着中国建筑发展的轨迹，深入探索其背后的民族历史脉络。

1. 初创阶段

这一时期涵盖了中国原始社会新石器时代中晚期及随后的奴隶制社会——夏、商、周。长江与黄河这两条中华文明的母亲河，自新石器时代人们定居生活起便以各自独特的自然条件孕育了不同的建筑萌芽。黄河流域及北方多穴居、半穴居，而长江流域及南方则盛行地面建筑及干栏式建筑，展现了地理环境对建筑形式的深刻影响。至周朝，建筑技术显著进步，瓦片开始应用于屋顶，标志着建筑向更高级别迈进。陕西岐山凤雏村的西周宫殿遗址凭借其严谨的院落布局与对称美学设计，成为中国四合院建筑的先驱，具有里程碑意义。

2. 成熟阶段

秦汉时期，中国建筑步入成熟阶段，“秦砖汉瓦”成为这一时期的标志性符号。秦始皇统一六国后，开展了上林苑、阿房宫等宏大工程，长城的修筑更彰显了古代中国建筑的壮丽与坚韧。汉代建筑在此基础上进一步发展，宫殿规模宏大，气势磅礴，同时也不乏细腻雅致的园林，体现了建筑艺术的多元与融合。

3. 交融时期

魏晋南北朝时期，佛教的兴盛为中国建筑艺术注入了新的元素，寺庙建筑蔚然成风，杜牧笔下的“南朝四百八十寺”便是对当时盛况的生动描绘。北朝更是开创了石窟艺术，云冈石窟、龙门石窟成为不朽的文化遗产，展现了宗教与建筑艺术的完美融合。

4. 鼎盛时期

隋唐时期，中国建筑达到了前所未有的高度，堪称古代建筑艺术的巅峰。长安城作为当时的国际化大都市，其规划与建筑规模宏大，设计精巧，反映了当时社会的繁荣与开放。这一时期的建筑技术也趋于成熟，组合梁柱、材分模数制等创新应用，为后世建筑奠定了坚实基础。

5. 传承与变革

随着社会经济的发展，宋代城市布局与建筑风貌发生了显著变化。汴京的扩建与商业活动的兴起，打破了以往坊市制度的限制，城市面貌焕然一新。南宋时期，皇家园林的奢华与精致达到了新的高度，展现了宋代建筑艺术的独特魅力。

6. 停滞与反思

元、明、清（1840 年前），中国建筑体系在稳固发展中逐渐显现出僵化与不适应。尽管元大都、明清北京城等建筑成就斐然，但建筑艺术的创新步伐放缓，面临外来文化的冲击与挑战。

7. 挑战与转型

1840 年鸦片战争后，中国步入近代社会，外来文化的涌入对传统建筑体系造成了巨大冲击。西式风格建筑的兴起，促使中国建筑开始寻求新的发展方向。这一时期，中国传统建筑体系在挑战中逐渐解体，开启了新的转型之路。

8. 复兴与重生

新中国成立后，随着科技的进步和社会的发展，中国建筑迎来了新的春天。建筑材料、施工技术与工艺的革新，为建筑艺术的发展提供了无限可能。现代建筑与传统文化的有机结合，使中国建筑焕发出新的生机与活力，成为国家发展的重要标志。

对于中国这个拥有悠久历史的国家而言，其古代建筑设计理念源远流长，蕴含着深刻的思想内涵。无论是从审美角度还是从其他层面来观察，都能发现中国建筑的丰富多彩之处。通过学习中国传统建筑的相关知识，不仅能够增强民族意识和自豪感，更能够提升个人的艺术修养和人文素养。

1.3 建筑物的分类

课堂思考

- 中国是当前世界上拥有高楼数量最多的国家之一，截至 2024 年，中国有超过 3 000 座高度为 150 米以上的高楼，其中有 106 座是 300 米以上的摩天大楼，而其中有 12 座甚至高达 450 米以上，其中最高的为 2015 年建成的上海中心大厦，高度达 632 米，为超高层建筑。我们是如何根据建筑高度，对建筑物进行分类的呢？

1.3.1 按建筑物的使用功能分

建筑物为人类生存和活动提供了各种场所，根据其使用功能，通常可分为非生产性和生产性建筑两大类。非生产性建筑统称为民用建筑，根据生产内容可以将生产性建筑划分为工业建筑、农业建筑。

1. 民用建筑

按使用情况，民用建筑可分为以下两种：

（1）居住建筑：主要指为家庭和集体提供生活起居用的建筑，如住宅、宿舍、公寓等。

（2）公共建筑：主要指为人们提供进行各种社会活动用的建筑，如生活服务性建筑、科研建筑、行政办公建筑、文教建筑、托幼建筑、医疗建筑、商业建筑、体育建筑、交通建筑、通信建筑、园林建筑、纪念建筑、观演建筑、展览建筑、旅馆建筑等。

2. 工业建筑

工业建筑指为工业生产服务的生产车间、辅助车间、动力用房、仓库等建筑。

3. 农业建筑

农业建筑指供农业、牧业生产和加工用的建筑，如温室、畜禽饲养场、水产品养殖场、农畜产品加工厂、农产品仓库、农机修理厂（站）等。

1.3.2 按建筑层数或总高度分

1. 按照建筑层数划分

一般建筑按层数划分时，公共建筑和宿舍建筑 1 ～ 3 层为低层，4 ～ 6 层为多层，7 层及以上为高层；住宅建筑 1 ～ 3 层为低层，4 ～ 9 层为多层，10 层及以上为高层。

2. 按照建筑高度划分

《民用建筑设计统一标准》(GB 50352–2019）中规定了建筑高度的确定方法：

（1）控制区内（机场、电台、电信、微波通信、气象台、卫星地面站、军事要塞工程、历史文化名城、名镇、名村、历史文化街区、文物保护单位、历史建筑和风景名胜区、自然保护区等)，建筑高度应以绝对海拔高度控制建筑物室外地面至建筑物和构筑物最高点的高度。

（2）非控制区内，平屋顶建筑高度应按建筑物主入口场地室外设计地面至建筑女儿墙顶点的高度计算，无女儿墙的建筑物应计算至其屋面檐口。坡屋顶建筑高度应按建筑物室外地面至屋檐和屋脊的平均高度计算。当同一座建筑物有多种屋面形式时，建筑高度应按上述方法分别计算后取其中的最大值。下列突出物不计入建筑高度内：1）局部突出屋面的楼梯间、电梯机房、水箱间等辅助用房占屋顶平面面积不超过1/4者；2）突出屋面的通风道、烟囱、装饰构件、花架、通信设施等；3）空调冷却塔等设备。

《民用建筑设计统一标准》（GB 50352–2019）中规定了民用建筑按地上建筑高度或层数进行分类。

（1）建筑高度不大于27.0m的住宅建筑、建筑高度不大于24.0m的公共建筑及建筑高度大于24.0m的单层公共建筑为低层或多层民用建筑。

（2）建筑高度大于27.0m的住宅建筑和建筑高度大于24.0m的非单层公共建筑，且高度不大于100.0m的为高层民用建筑。

（3）建筑高度大于100.0m的为超高层建筑。

2018年版《建筑设计防火规范》（GB 50016–2014）中，根据高层民用建筑的建筑高度、使用功能和楼层的建筑面积，将其分为一类和二类，如表1－1所示。

表1－1　民用建筑的分类一览表

名称	高层民用建筑		单、多层民用建筑
	一类	二类	
住宅建筑	建筑高度大于54m的居住建筑（包括设置商业服务网点的居住建筑）	建筑高度大于27m，但不大于54m的住宅建筑（包括设置商业服务网点的住宅建筑）	建筑高度不大于27m的住宅建筑（包括设置商业服务网点的住宅建筑）
公共建筑	建筑高度大于50m的公共建筑； 建筑高度24m以上部分任一楼层建筑面积大于1 000m²的商店、展览、电信、邮政、财贸金融建筑和其他多种功能组合的建筑； 医疗建筑、重要公共建筑、独立建造的老年人照料设施； 省级及以上的广播电视和防灾指挥调度建筑、网局级和省级电力调度建筑； 藏书超过100万册的图书馆、书库	除一类高层公共建筑外的其他高层公共建筑	建筑高度大于24m的单层公共建筑； 建筑高度不大于24m的其他公共建筑

1.3.3　按建筑结构的承重方式分

建筑的承重结构即建筑的承重体系，是支撑建筑、维护建筑安全及建筑抗风、抗震的骨架。

1. 墙体承重建筑

墙体承重指由墙体承受建筑的全部荷载，并把荷载传递给基础的承重体系。这种承重体系适用于内部空间较小、建筑高度较小的建筑。

2. 框架承重建筑

框架承重指由钢筋混凝土梁、柱或型钢梁、柱组成框架承受建筑的全部荷载，而墙体只起围护和分隔作用的承重体系，其适用于跨度大、荷载大、高度大的建筑。

3. 框架墙体承重建筑

框架墙体承重指建筑内部由梁、柱体系承重，四周由外墙承重，其适用于局部设有较大空间的建筑。

4. 空间结构承重建筑

空间结构承重指由钢筋混凝土或型钢组成空间结构承受建筑的全部荷载，如网架、悬索、壳体等。其适用于特种建筑、大空间建筑。

1.3.4 按承重结构的材料分

建筑承重结构部分所使用的材料，在建筑行业中使用较多、范围较广的是木材、砖石、混凝土（或钢筋混凝土）、钢材等。根据这些材料的力学性能，砖石砌体和混凝土适合作为竖向承重构件，而木材、钢筋混凝土和钢材，既可作为竖向承重构件，也可作为水平承重构件。由以上材料制作的建筑构件的承重结构可大致分为以下几类。

1. 木结构建筑

木结构指单纯由木材或主要由木材承受荷载的结构，通过各种金属连接件或榫卯构造进行连接和固定。木结构建筑具有自重轻、构造简单、施工方便等优点。我国古代庙宇、宫殿、民居等建筑多采用木结构，如图1－2所示。由于缺乏木材资源，加上木材有易腐蚀、耐久性差、易燃等缺陷，当前已极少采用单纯的木结构，仅在木材资源丰富的北美、北欧等地区使用较多。

图1－2　山西应县木塔

2. 砖石结构建筑

砖石结构指用砖石块材与砂浆配合砌筑而成的结构。我国古建筑以木结构建筑为主，只在少数建筑中使用了砖石材料，如石桥、长城、砖塔等。西方古建筑主要是砖石结构的，其楼板也大部分是砖石结构的，如巴黎著名宫殿之一的凡尔赛宫，几乎全部采用石材建造，其特点是外形自由，体现动态效果，装饰富丽、具有强烈的色彩对比，采用了平顶形式，显得端正而雄浑，如图1－3所示。

图 1-3 砖石结构建筑

3. 砖木结构建筑

砖木结构建筑是用砖墙、砖柱、木屋架作为主要承重结构的建筑，如中国古建筑中的民居、大多数农村的屋舍、庙宇等，如图 1-4 所示。

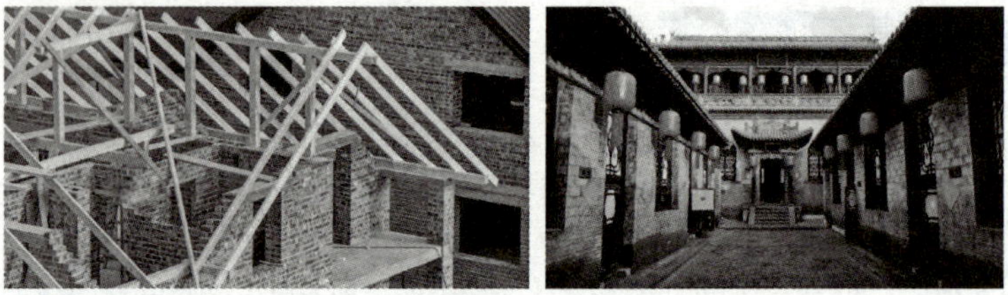

图 1-4 砖木结构建筑

4. 砖混结构建筑

砖混结构建筑指建筑物中竖向承重结构的墙、柱等采用砖或者砌块砌筑，横向承重的梁、楼板、屋面板等采用钢筋混凝土结构，如图 1-5 所示。

图 1-5 砖混结构建筑

5. 钢筋混凝土结构建筑

钢筋混凝土结构指由钢筋和混凝土两种材料结合成整体共同受力的工程结构，包括框架结构、框架-剪力墙结构、剪力墙结构、筒体结构等，如图 1-6 所示。钢筋混凝土结构具有整体性好、抗震性能良好、耐火性好、可模性好、比钢结构节约钢材等优点，但其也存在施工工序多、周期长、自重大、容易开裂等缺点。与钢结构相比，钢筋混凝土结构造价低，是应用最广泛的结构形式之一。

6. 钢结构建筑

钢结构建筑指以型钢等钢材作为承重骨架的建筑，如图 1-7 所示。钢结构具有强度高、质量轻、抗震性能好、布局灵活、便于制作和安装、施工速度快等特点，适宜超高层和大跨度建筑采用。随着我国高层、大跨度建筑的发展，越来越多的建筑有采用钢结构的趋势，轻钢结构在多层建筑中的应用也日渐增多。

图1-6 钢筋混凝土结构

图1-7 鸟巢体育馆

7. 钢-混凝土组合结构建筑

钢-混凝土组合结构是继木结构、砌体结构、钢筋混凝土结构和钢结构之后发展兴起的第五大类结构，如图1-8所示。国内外常用的钢-混凝土组合结构主要包括以下五大类：(1)压型钢板混凝土组合楼板；(2)钢-混凝土组合梁；(3)钢骨混凝土结构(也称为型钢混凝土结构或劲性混凝土结构)；(4)钢管混凝土结构；(5)外包钢混凝土结构。

图1-8 钢-混凝土组合结构

1.4 建筑物的等级划分

课堂思考

- 混凝土被火烧后强度会不会降低？会降低。混凝土被灼烧时会随着温度的升高而逐渐被破坏，一般在300℃以下其强度损失不是很大，300℃以上由于脱水加剧，混凝土收缩，开始出现裂纹，强度开始下降。温度达到500℃和800℃时，混凝土抗压强度分别约为原来强度的70%和30%，混凝土开始坍塌。900℃时，混凝土强度几乎丧失。那混凝土建筑构件是燃烧体吗？又是如何划分的呢？

1.4.1 建筑物的耐久等级

建筑物的耐久等级，主要根据建筑物的重要性和规模大小划分，并以此作为基建投资和建筑设计的重要依据。

耐久等级的指标是使用年限，使用年限的长短是依据建筑物的性质决定的。影响建筑物寿命长短的主要因素，是结构构件的选材和结构体系。

根据《工程结构通用规范》（GB 55001-2021）和《民用建筑设计统一标准》（GB 50352-2005），民用建筑的设计使用年限应符合以下规定：

（1）一级：耐久年限为 100 年以上，适用于特别重要的建筑结构。

（2）二级：耐久年限为 50 ～ 100 年，适用于普通房屋和构筑物。

（3）三级：耐久年限为 5 ～ 50 年，适用于临时性建筑结构。

1.4.2 建筑物的耐火等级

耐火等级取决于房屋主要构件的耐火极限和燃烧性能，是衡量建筑物耐火程度的标准。

1. 耐火极限

耐火极限指在标准耐火试验条件下，建筑构件、配件或结构从受到火的作用时起至失去承载能力、完整性或隔热性时所用时间，用小时表示。其中，失去承载能力指构件自身解体或垮塌。梁、楼板等受弯承重构件的挠曲速率发生突变是失去支持能力的象征；完整性破坏指楼板、隔墙等具有分隔作用的构件在试验中出现穿透裂缝或较大的孔隙；失去隔热作用指具有分隔作用的构件在试验中背火面测温点的平均温升达到 140℃（不包括背火面的起始温度），或背火面测温点中任意一点的温升达到 180℃，或不考虑起始温度的情况下背火面任一测点的温度达到 220℃。如果建筑构件出现了上述现象之一，就认为其达到了耐火极限。

2. 燃烧性能

建筑构件的燃烧性能指建筑构件受到火的作用以后参与燃烧的能力，它可分为以下三类：

（1）不燃烧体：指用不燃烧材料做成的建筑构件，如天然石材、人工石材、金属材料等。

（2）难燃烧体：指用难燃烧材料做成的建筑构件，或虽用燃烧材料做成，但用不燃烧材料作为保护层的构件。难燃烧材料指在空气中受到火烧或高温作用时难起火、微燃、难炭化，当火源移走后燃烧或微燃立即停止的材料，如沥青混凝土构件、木板条抹灰（经过防火处理的木材）的构件、用有机物填充的混凝土和水泥刨花板等。

（3）燃烧体：指用容易燃烧的材料做成的建筑构件。燃烧材料指在空气中受到火烧或高温作用时立即起火或微燃，且火源移走后仍继续燃烧或微燃的材料，如木材、纸板、胶合板等。

在建筑中，相同材料的构件根据其作用和位置的不同，其要求的耐火极限也不相同。2018 年版《建筑设计防火规范》（GB 50016-2014）规定，民用建筑的耐火等级可分为一、二、三、四级。除另有规定外，不同耐火等级建筑相应构件的燃烧性能和耐火极限不应低于 2018 年版《建筑设计防火规范》(GB 50016-2014）的规定，其划分方法见表 1－2。

表 1－2 不同耐火等级建筑相应构件的燃烧性能和耐火极限 单位：h

构件名称		耐火等级			
		一级	二级	三级	四级
墙	防火墙	不燃性 3.00	不燃性 3.00	不燃性 3.00	不燃性 3.00
	承重墙	不燃性 3.00	不燃性 2.50	不燃性 2.00	不燃性 0.50
	非承重墙	不燃性 1.00	不燃性 1.00	不燃性 0.50	可燃性
	楼梯间和前室的墙、电梯井的墙、住宅建筑单元之间的墙和分户墙	不燃性 2.00	不燃性 2.00	不燃性 1.50	难燃性 0.50
	疏散走道两侧的隔墙	不燃性 1.00	不燃性 1.00	不燃性 0.50	难燃性 0.25
	房间隔墙	不燃性 0.75	不燃性 0.50	难燃性 0.50	难燃性 0.25
柱		不燃性 3.00	不燃性 2.50	不燃性 2.00	难燃性 0.50
梁		不燃性 2.00	不燃性 1.50	不燃性 1.00	难燃性 0.50
楼板		不燃性 1.50	不燃性 1.00	不燃性 0.50	可燃性
屋顶承重构件		不燃性 1.50	不燃性 1.00	可燃性 0.50	可燃性
疏散楼梯		不燃性 1.50	不燃性 1.00	不燃性 0.50	可燃性
吊顶（包括吊顶搁栅）		不燃性 0.25	难燃性 0.25	难燃性 0.15	可燃性

注：1. 除本规范另有规定外，以木柱承重且墙体采用不燃材料的建筑，其耐火等级应按四级确定。
2. 住宅建筑构件的耐火极限和燃烧性能可按现行国家标准《住宅建筑规范》(GB 50368–2005）的规定执行。

3. 耐火等级

建筑的耐火等级或工程结构的耐火性能，应与火灾危险性、建筑高度、建筑使用功能和重要性，火灾扑救难度等相关。地下、半地下建筑（室）的耐火等级应为一级。建筑的耐火等级见表 1－3。

表 1－3 建筑的耐火等级划分

	耐火等级		
	一级	不应低于二级	不应低于三级
民用建筑	一类高层民用建筑； 二层和二层半式、多层式民用机场航站楼； A 类广播电影电视建筑； 四级生物安全实验室。	二类高层民用建筑； 一层和一层半式民用机场航站楼； 总建筑面积大于 1 500m^2 的单、多层人员密集场所； B 类广播电影电视建筑； 一级普通消防站、二级普通消防站、特勤消防站、战勤保障消防站； 设置洁净手术部的建筑，三级生物安全实验室； 用于灾时避难的建筑。	城市和镇中心区内的民用建筑； 老年人照料设施、教学建筑、医疗建筑。

续表

	耐火等级		
	一级	不应低于二级	不应低于三级
工业建筑	建筑高度大于50m的高层厂房； 建筑高度大于32m的高层丙类仓库，储存可燃液体的多层丙类仓库，每个防火分隔间建筑面积大于3 000m²的其他多层丙类仓库； Ⅰ类飞机库。	建筑面积大于300m²的单层甲、乙类厂房，多层甲、乙类厂房； 高架仓库； Ⅱ、Ⅲ类飞机库； 使用或储存贵重的机器、仪表、仪器等设备或物品的建筑； 高层厂房、高层仓库； 丙、丁类物流建筑。	甲、乙类厂房； 单、多层丙类厂房； 多层丁类厂房； 单、多层丙类仓库； 多层丁类仓库。
其他工程	地铁工程地下出入口通道、地上控制中心建筑、地上主变电站； 城市交通隧道的消防救援出入口。	城市交通隧道的地面重要设备用房、运营管理中心及其他地面附属用房。	地铁的地上车站建筑。

一级的耐火性能最好，四级最差。不同耐火等级民用建筑的防火分区最大允许建筑面积，详见表1－4。防火分区间应采用防火墙作分隔，如有困难时，可采用防火卷帘和水幕作分隔。托儿所、幼儿园及儿童游乐厅等儿童活动场所应独立建造，当必须设置在其他建筑内时，宜设置独立的出入口。

表1－4 不同耐火等级民用建筑的防火分区最大允许建筑面积

名称	耐火等级	防火分区最大允许建筑面积/m²	备注
高层民用建筑	一、二级	1 500	对于体育馆、剧场的观众厅，防火分区最大允许建筑面积可适当增加
单、多层民用建筑	一、二级	2 500	
	三级	1 200	
	四级	600	
地下、半地下建筑（室）	一级	500	设备用房的防火分区最大允许建筑面积不应大于1 000m²

建筑物类型、耐久等级和耐火等级的不同，直接影响和决定着建筑构造方式的不同。例如，当建筑物的用途、高度和层数不同时，建筑物就会采用不同的结构体系和结构材料，建筑物的抗震构造措施也会有明显的不同。因此，建筑物的分类、分级及其相应的标准，是建筑设计从方案构思直至构造设计整个过程中非常重要的依据。

1.5 建筑标准化与建筑模数

课堂思考

- 找出图1-9中各房间的开间尺寸是多少，这些数字有什么规律吗？都是多少的整数倍？

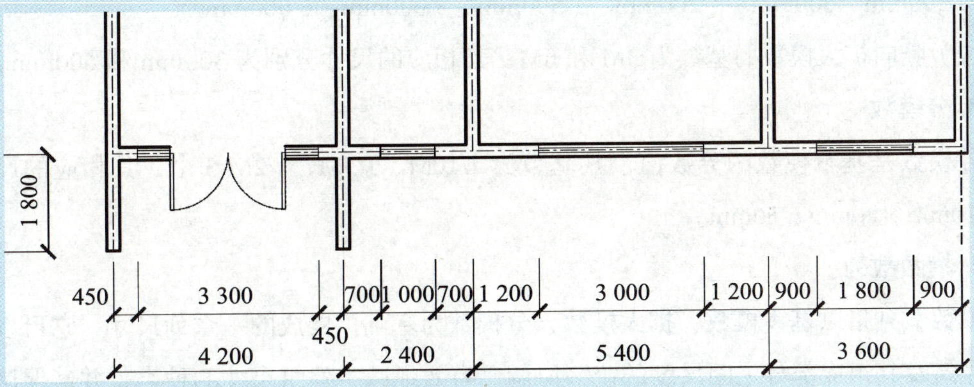

图1-9 房间的开间尺寸

1.5.1 建筑标准化

建筑业是国民经济的支柱产业，为了适应市场经济发展的需要，使建筑业朝着工业化方向发展，必须实行建筑标准化。

建筑标准化主要包括两方面的内容：首先应制定各种法规、规范标准和指标，使设计有章可循；其次是推行标准化设计。可以借助国家或地区通用的标准图集实现标准化设计，设计者根据工程的具体情况选择标准构配件。实行建筑标准化，既有利于工厂定型规模生产，又可节省设计力量，加快施工速度，达到缩短设计和施工周期、提高劳动生产率和降低工程造价的目的。

1.5.2 建筑模数

为了实现建筑设计标准化，使不同材料、不同形状和不同制造方法的建筑构配件（或组合件）具有一定的通用性和互换性，我国颁布了《建筑模数协调标准》（GB/T 50002-2013），用以约束和协调建筑的尺度关系。

建筑模数是选定的标准尺寸单位，作为尺度协调中的增值单位，也是建筑设计、建筑施工、建筑材料与制品、建筑设备、建筑组合件等各部门进行尺度协调的基础。

1. 基本模数

基本模数是模数协调中选用的基本尺寸单位，其数值定为 100mm，符号为 M，即 1M=100mm。整个建筑物及其部分或建筑物组合构件的模数化尺寸，应为基本模数的倍数。

2. 扩大模数

扩大模数是基本模数的整倍数。扩大模数的基数应符合下列规定：

（1）水平扩大模数的基数为 3M、6M、12M、15M、30M、60M 6 个，其相应的尺寸分别为 300mm、600mm、1 200mm、1 500mm、3 000mm、6 000mm。

（2）竖向扩大模数的基数为 3M 和 6M，其相应的尺寸分别为 300mm 和 600mm。

3. 分模数

分模数是基本模数的分数值，其基数为 1/10M、1/5M、1/2M 3 个，其相应的尺寸分别为 10mm、20mm、50mm。

4. 模数数列

模数数列指以基本模数、扩大模数、分模数为基础扩展成的一系列尺寸，它可以保证不同建筑及其组成部分之间尺度的统一协调，有效地减少建筑尺寸的种类，并确保尺寸具有合理的灵活性。

（1）建筑物的开间或柱距，进深或跨度，梁、板、隔墙和门窗洞口宽度等构配件的截面尺寸宜采用水平基本模数和水平扩大模数数列，且水平扩大模数数列宜采用 2*n*M、3*n*M（*n* 为自然数）。

（2）建筑物的高度、层高和门窗洞口高度等宜采用竖向基本模数和竖向扩大模数数列，且竖向扩大模数数列宜采用 *n*M。

（3）构造节点和构配件的接口尺寸等宜采用分模数数列，且分模数数列宜采用 M/10、M/5、M/2。

根据建筑空间的具体情况，模数数列有不同的适用范围，除特殊情况之外，建筑物的所有尺寸均应满足模数数列的要求。

扩展阅读

模数化设计在装配式建筑中的应用

随着世界人口的增长和城市化进程的加快，对于高效、可持续发展的建筑方式需求日益迫切。作为一种新兴的建筑技术，装配式建筑通过模数化设计与制造，具有快速、可重复使用、环境友好等优势，成为解决当前建筑业面临问题的有效解决方案。

装配式建筑，顾名思义，指在工厂环境中预先生产建筑构件或系统，随后于施工现场进行高效组装的新兴建造方式。其核心策略在于将传统建筑中的现场作业等繁重环节转移至控制更为严格的工厂环境，从而显著提升施工效率与质量。依据项目具体需求，工厂内精确加工出标准化的模块化组件，这些组件随后依据详尽的设计蓝图被迅速拼接成墙板、立柱、横梁等结构单元，最终被组装为完整的建筑物。

模数化设计在装配式建筑中的作用如下：

（1）加速施工进程。借助预制件与模块化生产模式，有效削减了地基处理、墙体砌筑等现场作业量，显著缩短了整体建设周期。同时，工厂内精细制造的模块化单元确保了施工质量的高度一致与精确。

（2）促进资源节约。装配式建筑积极响应可持续发展的号召，通过优化材料管理与利用，有效遏制了资源浪费现象。加之模块化组件的多次使用潜力，进一步降低了资源消耗。

（3）提高安全性。将建筑的主要组装过程移至工厂环境，规避了现场作业中的高空作业、模板拆卸等高风险环节。此外，在设计阶段通过数字化技术对模数化构件进行分析和仿真试验，保证结构的安全性。

1.5.3 建筑构件的尺寸

为了保证建筑制品、构配件等有关尺寸的统一与协调，《建筑模数协调标准》（GB/T 50002-2013）规定了标志尺寸、制作尺寸、实际尺寸及其相互间的关系。

标志尺寸：应符合模数数列的规定，用来标注建筑物定位轴线、定位线之间的垂直距离（如开间或柱距、进深或跨度、层高等），建筑构配件、建筑组合件、建筑制品及有关设备等界限之间的尺寸。

制作尺寸：建筑制品、构配件等生产的设计尺寸。一般情况下制作尺寸加上缝隙尺寸等于标志尺寸，缝隙尺寸的大小应符合模数数列的规定。

实际尺寸：建筑构配件、建筑组合件、建筑制品等生产制作后实际测得的尺寸。因生产误差造成实际尺寸与制作尺寸间的差值，应符合建筑公差的规定。

标志尺寸、制作尺寸和实际尺寸之间的关系如图 1-10 所示。

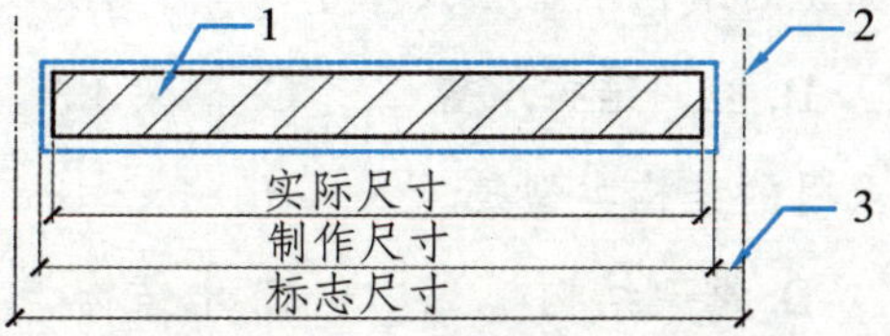

1—部件；2—基准面；3—缝隙

图 1-10 标志尺寸、制作尺寸和实际尺寸之间的关系

项目小结

（1）建筑构件的燃烧性能指建筑构件受到火的作用以后参与燃烧的能力，按燃烧性能建筑构件分为不燃烧体、难燃烧体、燃烧体三类。

（2）建筑的基本构成要素是建筑功能、建筑技术和建筑形象，这三者是辩证统一的关系。

（3）我国的建筑方针是“适用、安全、经济、美观”。

（4）根据使用功能，建筑通常可分为非生产性和生产性建筑两大类。非生产性建筑可统称为民用建筑，根据生产内容可以将生产性建筑划分为工业建筑、农业建筑。

（5）住宅：1～3层为低层建筑，4～6层为多层建筑，7～9层为中高层建筑，10层及以上为高层建筑。

（6）按建筑结构的承重方式分，建筑可分为墙体承重建筑、框架承重建筑、框架墙体承重建筑、空间结构承重建筑。

（7）按承重结构的材料分，建筑可分为木结构建筑、砖石结构建筑、砖木结构建筑、砖混结构建筑、钢筋混凝土结构建筑、钢结构建筑、钢－混凝土组合结构建筑。

课后练习

一、单项选择题

1. 对于大多数建筑物来说，（　　）经常起着主导设计的作用。

A. 建筑功能　　B. 建筑技术　　C. 建筑形象　　D. 经济

2. 民用建筑包括居住建筑和公共建筑，下面属于居住建筑的是（　　）。

A. 幼儿园　　B. 疗养院　　C. 宿舍　　D. 旅馆

3. 某建筑公司承建一住宅，已知该住宅的层数为9层，那么该住宅属于（　　）。

A. 多层住宅　　B. 高层住宅　　C. 中高层住宅　　D. 低层住宅

4. 某建筑公司承建一工程主体部分，已知它是由钢筋混凝土或型钢组成空间结构承受建筑的全部荷载，则该建筑物的结构承重方式属于（　　）。

A. 框架－墙体承重　　B. 空间结构承重　　C. 框架承重　　D. 墙体承重

5. 普通高层建筑中常采用的结构类型是（　　）。

A. 砖混结构　　B. 框架结构　　C. 木结构　　D. 砌体结构

6. 在普通高层住宅中应用最多的结构是（　　）。

A. 砖混结构　　B. 钢筋混凝土结构　　C. 木结构　　D. 砌体结构

7. 按耐久年限建筑可分为（　　）个等级。

A. 三　　B. 四　　C. 五　　D. 六

8. 按建筑物主体结构的耐久年限，二级建筑物的耐久年限为（　　）。

A. 25 ~ 50 年　　B. 40 ~ 80 年　　C. 50 ~ 100 年　　D. 100 年以上

9. 人民大会堂是世界上最大的会堂式建筑之一，如果按建筑物的耐久等级来分，属于（　　）。

A. 一级　　B. 二级　　C. 三级　　D. 四级

10. 建筑物的设计使用年限是 50 年，适用于（　　）。

A. 临时性结构　　B. 易于替换的结构构件

C. 普通房屋和构筑物　　D. 纪念性建筑和特别重要的建筑结构

11. 按耐火等级建筑可分为（　　）级。

A. 三　　B. 四　　C. 五　　D. 六

12. 已知一房间隔墙为砖砌隔墙，在受到火的作用时可以承受 0.5h，那么该隔墙防火等级属于（　　）。

A. 一级　　B. 二级　　C. 三级　　D. 四级

13. 我国建筑统一模数中规定的基本模数是（　　）mm。

A. 10　　B. 100　　C. 300　　D. 600

14. 下列数字符合建筑模数统一制的要求的是（　　）。

Ⅰ. 3 000mm　Ⅱ. 3 330mm　Ⅲ. 50mm　Ⅳ. 1 560mm

A. Ⅰ和Ⅱ　　B. Ⅰ和Ⅲ　　C. Ⅱ和Ⅲ　　D. Ⅰ和Ⅳ

15. 模数系列主要用于缝隙、构造节点，属于（　　）。

A. 基本模数　　B. 扩大模数　　C. 分模数　　D. 标准模数

二、多项选择题

1. 按照使用功能及属性分类，建筑可划分为（　　）。

A. 居住建筑　　B. 公共建筑　　C. 民用建筑　　D. 工业建筑

E. 农业建筑

2. 下列建筑中属于民用建筑的是（　　）。

A. 医院　　B. 水塔　　C. 鸟巢体育馆　　D. 博物馆

3. 建筑模数是尺度协调中的增值单位，也是建筑设计、建筑施工、建筑材料与制品、建筑设备、建筑组合件等各部门进行尺度协调的基础，下列数值符合模数的是（　　）。

A. 3 000　　B. 115　　C. 10　　D. 100

三、填空题

1. 我国的建筑方针是________、________、________、________。

2. 建筑的基本构成要素有________、________和建筑形象。

3. 7 ~ 9 层住宅建筑为________建筑。

4. 根据使用功能，民用建筑可以分为________和________两大类。

5. 建筑物的耐火等级，主要取决于房屋主要构件的________和________。

四、判断题

(　　) 1. 按照建筑设计防火规范，建筑物的耐火等级分为四类。

(　　) 2.《民用建筑设计通则》(GB 50352-2005）中，按照设计使用年限将民用建筑分为五类。

(　　) 3.《建筑模数协调统一标准》(GBJ 2-86）中规定，基本模数以 M 表示，数值为 1m。

(　　) 4. 定位轴线是用来确定建筑物主要结构、构件位置及标志尺寸的基准线。

五、简答题

1. 构件耐火极限的含义是什么？耐火等级如何划分？

2. 模数协调的意义是什么？

六、案例题

2024 年某建筑公司承建某一住宅区建设，该小区共有住宅楼 20 栋，其中 14 栋 9 层、6 栋 6 层，为框架承重结构体系。试回答以下问题：

（1）按高度及层数，该小区分为哪几种建筑？

（2）试述框架承重结构的特点。

项目2　民用建筑构造概述

- **知识目标**
  - 民用建筑构造的组成
    - 掌握——主要组成部分的概念、位置、作用、设计要求
    - 熟悉——次要组成部分的概念、位置、作用
  - 影响建筑构造的因素
    - 熟悉——外界环境的影响
    - 熟悉——建筑技术条件的影响
    - 熟悉——经济条件的影响
  - 建筑构造的设计原则
    - 熟悉——建筑构造设计需遵循的5项基本原则
- **能力目标**
  - 通过思考不同建筑的组成，培养对比、归纳、总结的能力，提升利用理论知识解决实际问题的能力
- **素质目标**
  - 通过分析建筑构造的影响因素，能够正确理解并处理各个因素之间相互影响、相互制约的关系
  - 通过工程案例的分析，理解设计原则的重要性，增强责任感，培养良好的职业素养

引言

自人类文明曙光初现，人类便开始了对居住空间的探索与创造。从原始社会的简陋洞穴到古代宫殿的宏伟壮丽，再到现代建筑的多元与智能，民用建筑的发展历程是一部人类与自然和谐共生的壮丽史诗。在这一过程中，构造作为建筑实现的基石，不仅关乎建筑的安全性、耐久性和功能性，更深刻影响着建筑的空间形态、使用体验和文化表达。

本项目首先从基本概念入手，解析民用建筑的组成，深入剖析民用建筑构造的核心要素，包括基础与地下室、墙体与楼地面、屋顶与天窗、门窗及细部构造等，通过翔实的案例分析和科学原理的阐述，揭示以上构造元素如何协同工作，共同构建既安全舒适又美观实用的居住或工作空间。随后，本项目简要探讨民用建筑构造与地域文化、气候环境的关系，强调在全球化背景下，尊重地方特色、融合传统文化的重要性。通过解析不同地域、不同文化背景下民用建筑构造的独特之处，编者希望能够激发读者对本土建筑文化的自豪感与保护意识，同时促进建筑设计的多元化与创新发展。最后，本项目讲解了建筑构造设计需要遵循的基本原则。

2.1 民用建筑构造的组成

课堂思考

- 在我们的日常生活中，建筑无处不在，它们不仅是用来遮风挡雨的物理空间，更是文化、艺术与功能的集合体。观察这些建筑，它们都是由哪些部分组成的？其中哪些部分是对确保建筑的基本功能和安全性而言必不可少的？

建筑模型－小别墅

民用建筑一般由基础、墙或柱、楼地层、楼梯与电梯、屋顶、门窗六个主要部分组成，此外还有其他的构配件，如阳台、雨篷、台阶、散水等，如图 2－1 所示。

2.1.1 基础

基础是建筑物的重要组成部分，是建筑物最下部的承重构件，承担着建筑物的全部荷载，并把这些荷载传给地基。基础埋置于地面以下，长期受冰冻、地下水侵蚀等不良因素影响。因此，基础应具有足够的强度、刚度、稳定性、耐久性和耐腐蚀性。

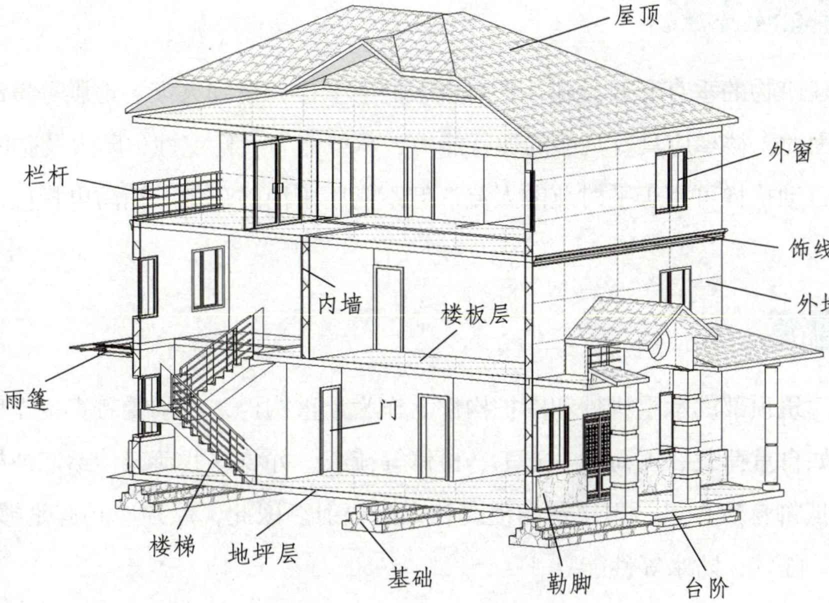

图 2－1　民用建筑的组成

2.1.2 墙或柱

墙在不同的结构中起到不同的作用。如在砌体结构、剪力墙结构和框架剪力墙结构中，墙体是主要的竖向承重构件，承担屋顶和楼板传下来的荷载，并把这些荷载传给基础。而在框架结构中，墙体则不承重。同时，外墙还具有围护功能，抵御风霜雨雪等自然界各种因素对室内的侵袭。内墙则起到分隔建筑水平空间、创造互不干扰的良好室内环境的作用。因此，墙体应具有足够的强度、刚度、稳定性、保温、隔热、防火、防水、隔声等性能。

柱是框架、排架或框架剪力墙等结构的竖向承重构件，承担屋顶和楼板传下来的荷载，并把这些荷载传给基础。因此，要求柱具有足够的强度、刚度、稳定性。

2.1.3 楼地层

楼地层是楼板层和地坪层的统称。

楼板层是建筑物的水平承重构件，承担楼面活荷载及自重荷载，并把这些荷载传给墙或柱，同时对墙体起到水平支撑的作用，抵抗建筑物的水平荷载。楼板层还起到分隔竖向空间的作用，将建筑物分为若干层。因此，楼板层应具有足够的承载力，并应具备防火、防水、隔声的能力。

地坪层直接与土层相连，它承担着底层房间的地面荷载。因此，要求地坪层具有良好的耐磨、防潮、防水、保温的性能。

2.1.4 楼梯与电梯

楼梯是建筑物的垂直交通设施，平时供人们上下楼，遇到火灾、地震等事故时供人们紧急疏散。因此，楼梯应具有足够的通行能力、承载能力、稳定性、防火及防滑性能。

电梯和自动扶梯可用于平时疏散人流，但不能用于消防疏散。消防电梯应满足消防安全的要求。

2.1.5 屋顶

屋顶是建筑顶部的承重构件和围护构件。作为承重构件，它承受着直接作用于屋顶的各种荷载，如自重荷载、雪荷载、施工、检修等荷载，并将这些荷载传给墙或柱。作为围护构件，它抵御自然界风、雨、雪的侵袭和太阳辐射。因此，屋顶应具有足够的承载力、保温、隔热、隔气、防水等性能。

2.1.6 门窗

门主要是建筑内供人们进行内外交通及灾害时疏散的构件，室内门有隔离空间之用，室外门有围护的作用，有时还能进行采光和通风。窗主要起采光、通风和眺望的作用。门和窗均是非承重构件，因此，不要求门窗具有承载力，但要求门窗具有隔声、保温、防风沙等性能。

除上述六部分以外，在一幢建筑中，还有其他为满足建筑功能所必需的附属部分，如阳台、散水、勒脚、踢脚、墙裙、台阶、烟囱等。

2.2 影响建筑构造的因素

课堂思考

- 不同建筑所使用的材料、外立面的造型、构造做法均不相同，想一想，它们主要受哪些因素的影响？

建筑构造设计的主要任务是确定构造方案、绘制切实可行的构造施工图。为保证建筑物的使用功能、满足耐久年限，在进行建筑构造设计时要注意与建筑构造密切相关的许多因素，主要包括外界环境、建筑技术条件、建筑质量标准等。

2.2.1 外界环境

1. 外力的影响

荷载的大小是建筑物结构设计的重要依据，也是结构选型的重要基础，荷载大小决定着构件尺度和用料的多少。而构件的选材、尺度、形状等又与其构造方式密切相关，所以在确定建筑物构造方案时，必须考虑外力的影响。

2. 自然环境的影响

我国幅员辽阔，各地区的气候、地质及水文等情况大不相同，日晒、雨淋、风雪、冰冻、地下水、地震等因素给建筑物带来不同的影响。为防止建筑物由于大自然条件的变化而引起构配件的破坏、保证其正常使用，在设计构造时，必须针对建筑物各相关部位采取防潮、防水、保温、隔热、防变形等措施。

扩展阅读

我国南北方建筑的差异

气候条件、地理环境往往影响建筑材料、建筑风格、装饰艺术和空间布局。我国幅员辽阔，南北气候差异较大，导致建筑存在较大差异。

北方气候干燥寒冷，冬季较长，阳光充足，地形平坦，多平原和草原，有利于形成规整的建筑布局。由于气候干燥寒冷，北方建筑多采用石头、砖块等重型材料，以抵御风沙和寒冷侵袭，同时也显得坚固耐用。例如，北京故宫的红墙黄瓦，就充分展示了北方建筑材料的特色。北方建筑风格厚重、粗犷、大气，强调整体的气势和稳定性，多采用对称的布局和厚重的墙体，屋顶坡度较缓，空间布局注重层次感和私密性，常采用四合院等布局方式，使室内空间更加独立、私密。同时，北方建筑也注重对地下室和阁楼的使用，以应对干燥气候和满足对空间的需求。

南方气候湿润炎热，雨量充沛，夏季漫长，地形复杂，多山丘和水系，建筑布局更加灵活，常依山傍水而建。南方森林资源丰富，因此建筑多采用木材、竹子、砖瓦等轻质材料建造，这些材料不仅易于获取和加工，还具有良好的通风透气性，能适应湿热的气候，减少霉变和潮湿的影响。建筑风格轻盈、灵动、细腻，注重与周围环境的和谐统一。南方建筑多采用坡屋顶、马头墙等元素，使得建筑看起来更加轻盈。同时，南方建筑还注重通风和采光，常采用天井、廊道等设计，使室内空间更加通透、舒适。空间布局多采用小院落、大房间的布局方式，注重空间的通透性和流动性。此外，南方建筑还常常采用高跷式的构造（如吊脚楼），以适应多雨潮湿的环境。

中国南北方建筑的差异是多方面的，这些差异不仅反映了各地域的自然环境特点，也承载了丰富的历史文化信息。无论是北方雄浑大气的建筑还是南方细腻温婉的建筑，都是中华建筑艺术宝库中不可或缺的瑰宝。

3. 人为因素的影响

人们从事生产活动和生活时，会对建筑物产生不利影响，如火灾、机械振动、噪声、化学腐蚀等。在进行建筑构造设计时，必须针对各种可能的因素，从建筑物构造上采取隔震、防腐、防爆、防火、隔声等相应的措施，以避免建筑物及其使用功能受到较大的影响。

2.2.2 建筑技术条件

除与建筑物使用功能有关外，构造方案的选择还与结构类型、材料供应和施工技术条件有密切关系。建筑物结构形式不同，相应的构造措施也不一样。随着建筑材料技术和施工技术的不断发展和变化，建筑构造技术受它们的影响和制约的情况也在变化着。因此，建筑构造方法一定要根据建筑技术条件而有所选择。

2.2.3 建筑质量标准

建筑质量标准主要是指建筑的耐久性、装修标准、设备标准等。建筑质量标准与造价的高低，经常直接影响建筑构造设计方案。标准高的建筑，装修质量好、设施齐全、对构造做法的要求更高，建筑造价相应也高；反之，则造价降低。

对住宅等居住建筑物而言，宜经济实用，采取因地制宜、就地取材的方案。对于使用功能复杂、质量标准和造价较高的公共建筑物，从造型处理、材料选用及装修标准上都有更高的要求，构造上也往往采取比较特殊的处理方法。

2.3 建筑构造的设计原则

建筑构造应根据建筑的类型特点、使用功能及影响因素，考虑坚固适用、先进合理、经济美观的基本原则，进行设计，具体应遵循下述原则。

2.3.1 满足建筑的功能要求

建筑物的使用功能要求及某些特殊需要，如隔热、保温、隔声、吸声、防射线、防腐蚀、防振动等，给建筑设计提出了技术上的要求。在构造设计时，应选择经济合理的构造方案，以满足建筑物的各项功能要求。

2.3.2 有利于结构的安全性

建筑物除根据荷载大小、结构的要求确定构件的必须尺度外，在构造上需采取措施，以保证构件的整体刚度和构件之间的连接，使之有利于结构的安全和稳定。

2.3.3 适应建筑工业化需求

在构造设计时，确定的建筑方案不仅应符合当地的施工条件，还应改进传统的建筑方法，大力开发对新材料、新技术、新构造的应用。同时，采用国家和地方的标准设计，尽量选用定型构配件，为构配件生产的工厂化、现场施工机械化创造有利条件，以提高建设速度，改善劳动条件，保证施工质量并满足建筑工业化的需要。

2.3.4 注重社会、经济和环境效益

在构造设计中，应注重社会、经济和环境效益问题，既要在保证工程质量的前提下尽量降低建筑造价，又要减少能源消耗，选用绿色低碳材料，考虑综合的经济效益。

2.3.5 美观大方

建筑的美观主要是通过建筑设计中的体型组合、立面造型、材料的色彩和质感、细部的处理等来体现的，因此构造方案的处理需要兼顾整体性和细致性，做到美观、大方，给人以良好的精神享受。

项目小结

（1）民用建筑通常由基础、墙或柱、楼地层、楼梯与电梯、屋顶、门窗六个主要构造部分组成，此外还有阳台、雨篷、台阶、散水等构配件和设施。

（2）影响建筑构造的因素主要有外界环境、建筑技术和经济条件。

（3）建筑构造设计应遵循“坚固适用、先进合理、经济美观”的原则。

课后练习

一、填空题

1. 民用建筑主要由________、________、________、________、________、________六部分组成。

2.________是建筑最下部的承重构件

3.________是建筑的竖向承重构件。

4.________是建筑的水平承重构件。

5.________是建筑的垂直交通设施。

二、单项选择题

1. 屋顶的作用不包括以下哪一项？(　　)

A. 承重　　B. 防水　　C. 围护　　D. 分隔

2. 在框架结构中，外墙的主要作用是(　　)。

A. 承重　　B. 防水　　C. 围护　　D. 分隔

项目3　基础与地下室

- **知识目标**
  - 地基与基础概述
    - 掌握——地基、基础的概念
    - 熟悉——地基的分类
    - 了解——人工地基的加固方法
  - 基础的埋置深度及其影响因素
    - 掌握——基础埋深的概念
    - 熟悉——影响基础埋深的因素
  - 基础的类型与构造
    - 熟悉——基础按受力特点分类
    - 掌握——基础按构造形式分类
  - 地下室
    - 了解——地下室的分类
    - 熟悉——地下室的构造组成与要求；地下室的防水、防潮构造
- **能力目标**
  - 通过学习和思考，提升分类、归纳和总结的能力
  - 通过学习，具备根据土质条件、建筑功能、结构形式、荷载大小等综合因素选择基础形式的能力
  - 通过学习，具备设计地下室构造做法的能力，并能够绘制地下室构造详图
- **素质目标**
  - 通过工程案例，认识基础的重要性，培养责任心和使命感，培养一丝不苟的工匠精神和职业素养
  - 通过学习实际工程构造做法，培养良好的职业规范意识，严格按照规范施工，保证工程质量
  - 通过了解我国在深基坑和基础工程中取得的成就和重要突破，树立民族自信，培养爱国情怀

引言

加拿大特朗斯康谷仓，南北长59.44m，东西宽23.47m，高31.00m，基础为钢筋混凝土筏板基础，厚61cm，埋深3.66m。该谷仓于1911年动工，1913年秋完成，建成后填装谷物时发现谷仓在1小时内沉降达30.5cm，并向西倾斜，24小时后倾倒，西侧下陷7.32m，东侧抬高1.52m，倾斜27°。地基发生整体滑动、丧失稳定性。事故原因是设计师对谷仓地基土层未进行勘察、试验与研究，其采用的设计荷载超过地基土的抗剪强度，好在谷仓整体刚度较高，地基破坏后，筒仓仍保持完整，无明显裂缝，为修复筒仓，设计师在基础下设置了70多个支承于深16m基岩上的混凝土墩，使用了388只50t的千斤顶，逐渐将倾斜的筒仓纠正。新的基础在地表下深10.36m。经过纠倾处理后，谷仓于1916年恢复使用。修复后，谷仓标高比原来降低了4m。

土的工程性质好坏及处理的好坏与建筑物的成功与否是十分相关的。作为工程人，对基础工程必须慎重对待，只有深入了解地基情况，掌握勘察资料，并精心设计与施工，才能使基础工程做到既经济合理，又安全可靠。

3.1 地基与基础概述

课堂思考

- 建筑物之所以能在外界各种复杂因素的影响下屹立不倒，关键在于其坚实的结构设计与优质的建筑材料选择。其中，地基与基础作为建筑稳固的根基，起着至关重要的作用。那你知道地基和基础的区别吗？

3.1.1 地基与基础的基本概念

小房子－独立基础

基础是建筑最下面与土壤直接接触的扩大构件，是建筑的下部结构，承受上部结构传来的全部荷载，并把这些荷载传给地基，如图3－1所示。

地基是承受由基础传来的荷载的土层，它不属于建筑物的组成部分。建筑物的全部荷载都是通过基础传给地基的。地基必须具有一定的强度和抵抗变形的能力。地基在荷载作用下产生的应力和应变是随土层深度的增加而减小的，一定深度以上产生的应力和应变可以忽略不计。地基中承受压力需要计算的土层称为持力层，持力层以下的土层称为下卧层。

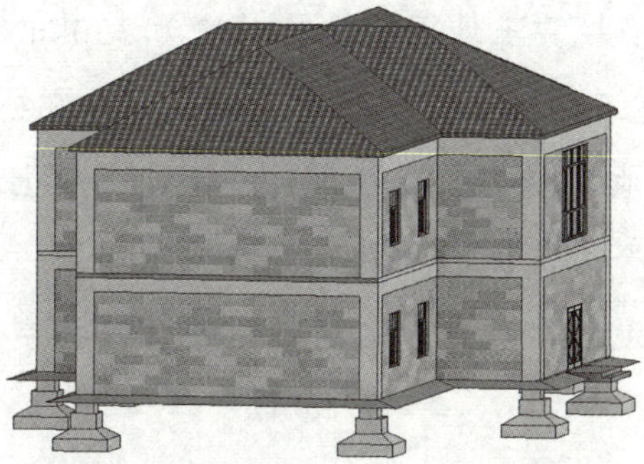

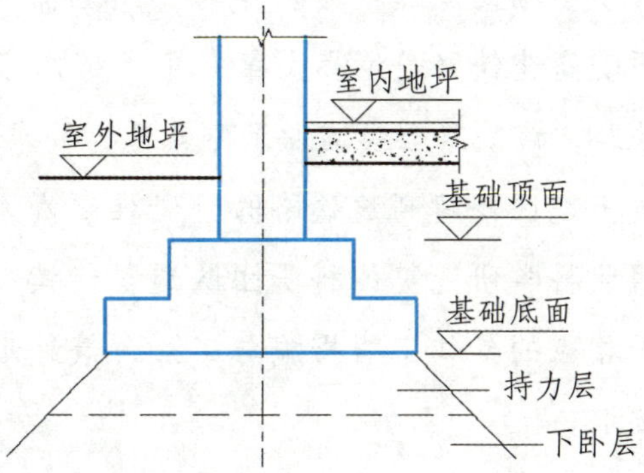

图3－1　基础与地基

3.1.2　地基的分类

按土层性质和承载力的不同，地基可分为天然地基和人工地基两大类。

1. 天然地基

天然地基指天然土层具有足够的地基承载力，不需要经人工改良或加固即可直接在上面建造房屋的地基。根据土质不同，天然地基可分为岩石、碎石土、砂土、黏性土和人工填土等。

2. 人工地基

当地基的承载力较差或虽然土质较好但上部荷载较大时，直接在上面建造房屋会缺乏足够的坚固性和稳定性，为使地基具有足够的承载力，需对土层进行人工加固，这种经人工处理的地基称为人工地基。

知识链接：软弱地基

地基处理的对象包括软弱地基和特殊土地基。软弱地基指主要由淤泥、淤泥质土、冲填土、杂填土或其他高压缩性土层构成的地基；特殊土地基主要指湿陷性黄土等区域性特殊土构成的地基。

扩展阅读

郑西铁路

近年来，随着西部大开发战略的推进，我国在广袤的黄土高原上开展了大量的工程建设活动，修建高速铁路与客运专线便是我国改善西部面貌、发展中西部经济的重要举措。

路基沉降控制问题是湿陷性黄土地区高铁建设中最大的技术难题之一，国内外均无可供参考的成熟经验。作为兰州至徐州客运专线的先期工程，途经黄土高原的郑州至西安高速铁路是世界上第一条大范围穿越湿陷性黄土地区、设计时速为 350km 的高速铁路，该铁路全线铺设无砟轨道，要求路基施工后沉降量不超过 15mm。攻克在湿陷性黄土地区修建高速铁路的科研难题责无旁贷地落在了中铁西北科学研究院肩上。中铁西北科学研究院的科研团队通过连续七年的努力，提出了六大沉降控制原则，并研究了相应的具体工程措施与工法，最终形成了湿陷性黄土地区高铁路基沉降控制的成套技术。

知识链接：
人工地基的处理方法

地基加固的方法有很多，且各自有不同的适用范围和作用原理。选择地基加固方法时，应对地基条件、目标要求、工程费用及材料、机具来源等方面进行综合分析，通过对几种可供采用的方案进行比较，择优选择一种技术先进、经济合理、施工可行的方案。

常见的地基加固方法有机械压实法、强夯法、换土垫层法、排水固结法、挤密法、振冲法、化学加固法等。

3.1.3 地基与基础的设计要求

为了保证建筑物的安全和正常使用，使基础工程做到安全可靠、经济合理、技术先进和便于施工，对地基和基础提出以下要求。

1. 对地基的要求

（1）地基应具有足够的强度和较低的压缩性。

（2）地基的承载力要均匀。

（3）地基应有较好的持力层和下卧层。

（4）尽可能采用天然地基。

2. 对基础的要求

（1）基础应具有足够的强度和耐久性，以便有效地传递荷载和保证使用年限。

（2）基础属于隐蔽工程，要确保按设计图纸和验收规范施工和验收。

（3）在选材上尽量就地选材，降低造价。

3.2 基础的埋置深度及其影响因素

课堂思考

- 表3-1中列举了上海部分超高层建筑的基坑深度。为什么不同的建筑有不同的基坑深度？基坑深度和基础埋深有什么区别和联系？影响基础埋深的因素有哪些？

表3-1 上海部分超高层建筑的基坑深度

工程名称	地上层数	地下层数	总高度（m）	基坑深度（m）
环球金融中心	101	3	492	17.85～18.35
金茂大厦	88	3	420	15.10～19.60
恒隆广场	66	4	288	15.00～18.20
花旗银行	40	3	180	15.00～19.00

3.2.1 基础埋深

基础的埋置深度，简称基础埋深，指由室外设计地坪到基础底面的距离，如图3-2所示。

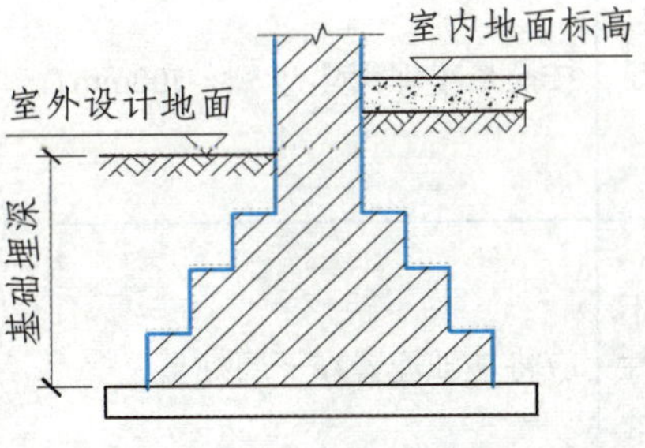

图3-2 基础埋深

室外地坪分为自然地坪与设计地坪。自然地坪指施工建造场地的原有地坪，设计地坪指按设计要求工程竣工后室外场地经过填垫或下挖后的地坪。

基础按其埋置深度分为深基础和浅基础。基础埋深超过5m时为深基础，小于5m时为浅基础。从经济角度看，基础埋深越小，工程造价越低。但基础底面的土层受到压力后，会把基础四周的土挤出，如果没有足够厚度的土层包围基础，基础本身将产生滑移而失去稳定性。同时，埋置过浅的基础易受到外界因素的影响而损坏。所以，基础埋置需要确定适当的深度，既保证建筑物的坚固安全，又节约基础的用材，并加快施工速度。根据实践证明，在没有其他条件的影响下，基础埋深不应小于 500mm。

3.2.2 影响基础埋深的因素

影响基础埋置深度的因素很多，一般应根据以下几个方面综合考虑确定。

1. 建筑的使用要求、基础的形式和荷载

当建筑物设置地下室、设备基础或地下设施时，基础埋深应满足其使用要求；高层建筑筏形和箱形基础的埋深应满足地基承载力、变形和稳定性要求；荷载大的建筑，其基础尺寸需要大一些，同时基础埋深也应适当增加；长期作用有较大水平荷载和位于坡顶、坡面上的建筑，其埋深也要适当增加，确保基础具有足够的稳定性；受上拔力的基础，应有较大埋深以满足抗拔力的要求。

2. 工程地质情况

一般情况下，基础应建造在坚实可靠的地基上，基础底面应尽量选在常年未经扰动而且坚实平坦的土层或岩石上。

不同工程地质条件对基础埋深的影响见表 3－2。

表 3－2　工程地质条件对基础埋深的影响

序号	地基土层构造	基础埋深	图示
1	均匀的、压缩性较小的良好土层，承载力能满足要求。	按照最小埋深建造（≥ 500mm）。	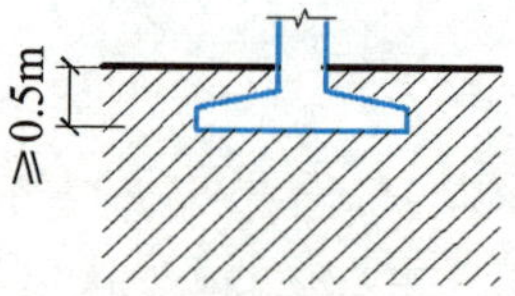
2	两层土：上层软土厚度不超过 2m，下层为压缩性较小的好土。	应将基础埋置在下层好土上。	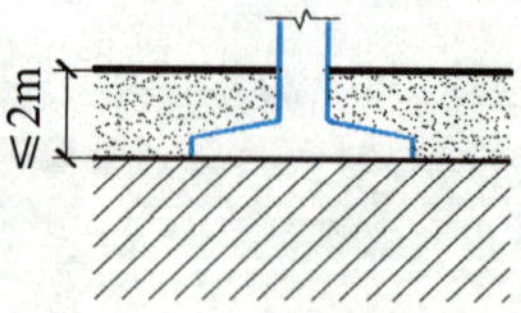
3	两层土：上层软土厚度为 2m ～ 5m，下层为压缩性较小的好土。	争取将低层和轻型建筑的基础埋置在表层的软弱土层内，以避免因开挖大量土方而延长工期、增加造价。可采用换土法、压实法等较经济的人工地基。对于高层建筑，则应将基础埋置在好土上，以保证安全。	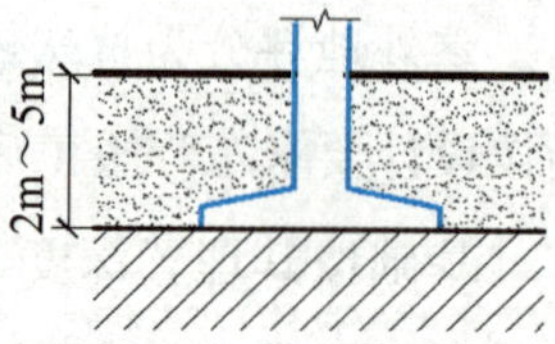

续表

序号	地基土层构造	基础埋深	图示
4	软弱土层的厚度大于 5m。	应尽量将低层和轻型建筑的基础埋置在表层的软弱土层内，必要时可加强上部结构或人工加固地基；对于高层建筑物，则应根据表层土层的厚度、施工设备等情况确定是否埋置在好土上。	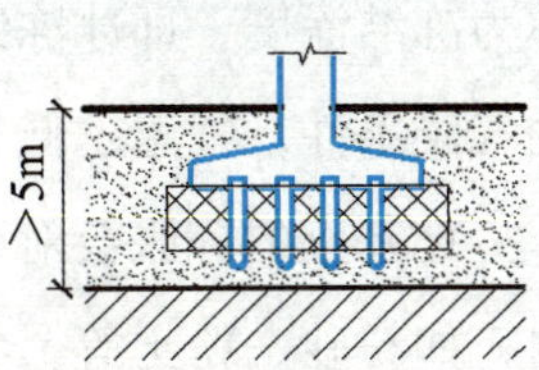
5	两层土：上层是压缩性较小的好土，下层是压缩性较大的软弱土。	应根据表层土的厚度确定基础埋深。如果表层土有足够的厚度，基础应尽可能浅埋，适当加大基础底面，以便有足够厚度的持力层，并验算下卧层的应力和应变，以确保建筑的安全。	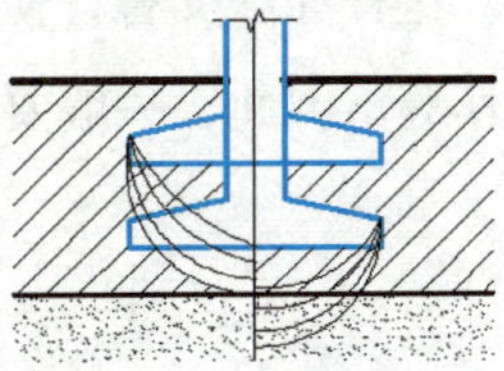
6	好土与软弱土交替构成。	应尽可能将低层轻型建筑的基础埋在好土内；对于重型建筑，可采用人工地基或将基础深埋到下层好土上。	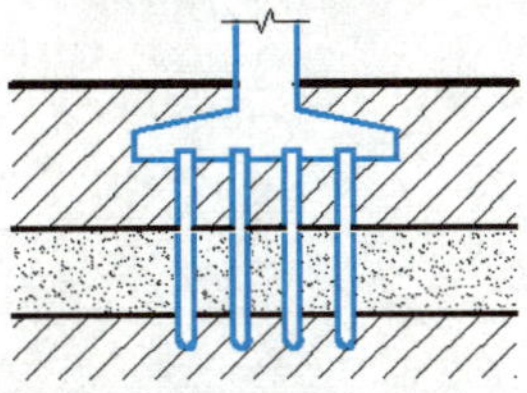

3. 地下水位

地下水对某些土层的承载力有很大影响。如黏性土在地下水上位升时，将因含水量增加而膨胀，使土的强度下降；当地下水位下降时，基础产生下沉。为了避免地下水位变化影响地基承载力，同时防止地下水对基础施工带来麻烦和有侵蚀性的地下水对基础进行腐蚀，一般应尽量将基础埋置在地下水位以上，如图 3－3 所示。

当地下水位较高，基础不能被埋置在地下水位以上时，宜将基础底面埋置在最低地下水位以下不小于 200mm 处，如图 3－4 所示。这是为了避免基础处于地下水位升降幅度之内，减少地下水的浮力对建筑的影响。

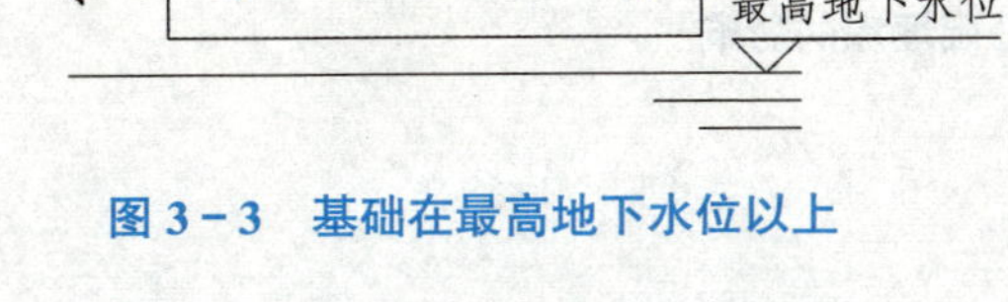

图 3－3　基础在最高地下水位以上

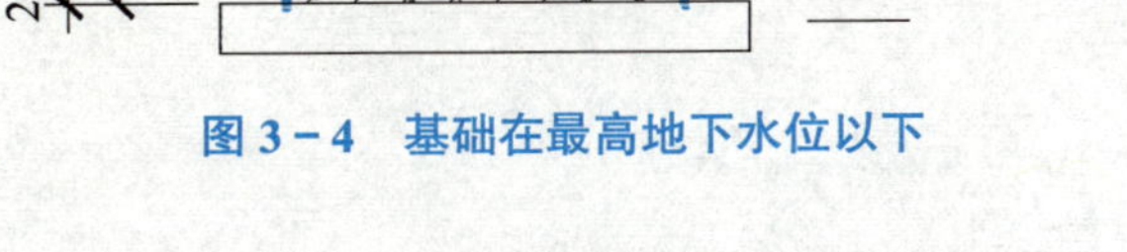

图 3－4　基础在最高地下水位以下

4. 地基土冻胀和融陷

当地基土的温度低于0℃时，大部分土内孔隙中的水会冻结。地基土冻结的极限深度称为冻结深度，即冰冻线，是冻结土与非冻结土的分界线。土的冻结深度主要取决于当地的气候条件，气温越低、低温持续的时间越长，冻结深度越大。

地基土的冻胀会对建筑物产生较大的不良影响。当建筑物处于有冻胀现象的土层范围内，如粉砂、粉土等，冬季土冻胀使房屋向上拱起，春季气温回升、土层解冻，基础又下沉。这种冻融交替，使建筑物处于不稳定状态，产生变形，如墙身开裂、门窗倾斜、结构破坏等。因此，一般要求将基础埋置在冰冻线以下200mm处，如图3-5所示。

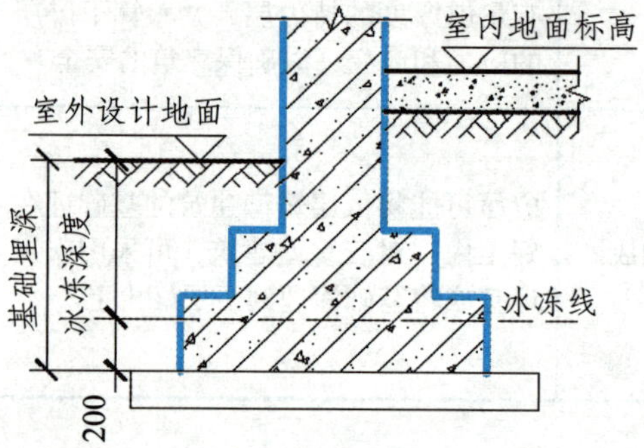

图3-5　冻胀对基础埋深的影响

5. 相邻建筑物

在原有建筑物附近建造房屋，新建建筑物的基础不宜深于原有建筑物的基础，以保证原有建筑物的安全和正常使用。当埋深大于原有建筑基础时，基础间的净距应根据荷载大小、基础形式和土质情况确定，并满足$L \geqslant (1 \sim 2)H$，如图3-6所示。当上述要求不能满足时，应加固原有建筑物地基，或采取分段施工、设临时加固支撑、地下连续墙等措施。

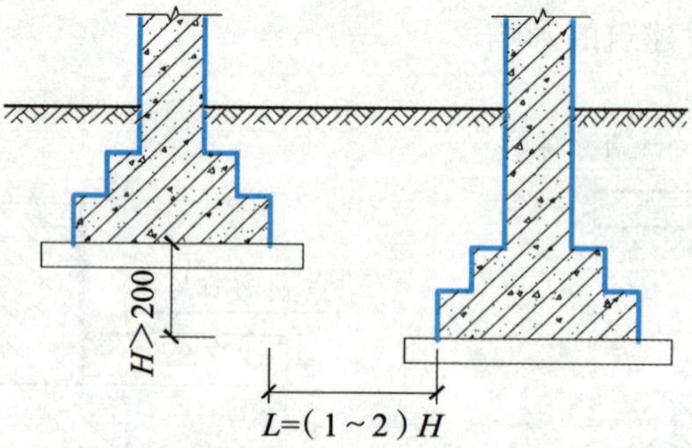

图3-6　相邻建筑物对基础埋深的影响

3.3 基础的类型与构造

课堂思考

- 天津某高职院校教学楼，地上 11 层，地下 1 层，为钢筋混凝土框架结构，采用筏板基础。邻近教学楼的食堂，地上 2 层，采用了条形基础。建筑的基础有哪些类型？不同的建筑应该如何选用基础？取决于哪些因素？

3.3.1 按材料及受力特点分类

1. 刚性基础

刚性基础也称无筋扩展基础，指由砖、石、素混凝土、灰土等刚性材料制作的基础。这种基础抗压强度高、抗拉和抗剪强度低。

由于土壤单位面积的承载力很小，上部结构通过基础将其荷载传给地基时，只有将基础底面积放大，才能满足地基承载受力的要求。但当放大的尺寸超过一定范围，超过基础材料本身的抗拉、抗剪能力，就会产生冲切破坏。从图 3－7 中可看出，破坏的方向不是沿墙或柱的外侧垂直向下，而是与垂线形成一个角度，这个角度就是材料特有的刚性角 α，刚性基础放大角不应超过刚性角，因此需要控制基础的出挑宽度 b 与基础高度 H 的比值。如砖、石基础的刚性角控制在（1∶1.25）～（1∶1.50），混凝土基础刚性角控制在 1∶1 以内。

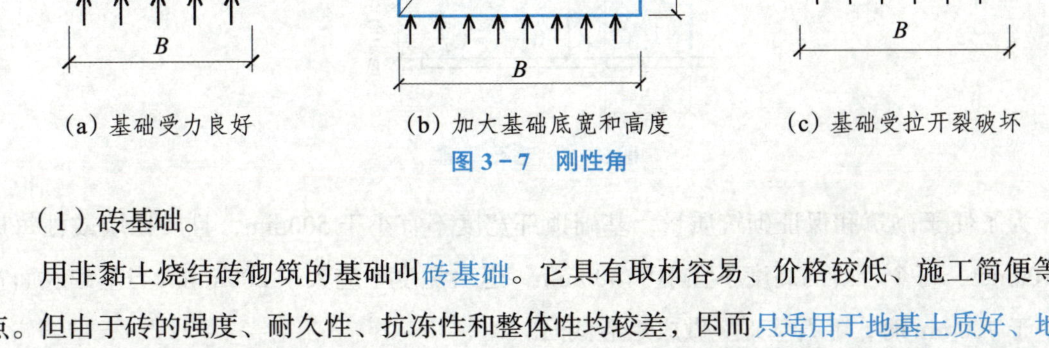

(a) 基础受力良好　　(b) 加大基础底宽和高度　　(c) 基础受拉开裂破坏

图 3－7　刚性角

（1）砖基础。

用非黏土烧结砖砌筑的基础叫砖基础。它具有取材容易、价格较低、施工简便等优点。但由于砖的强度、耐久性、抗冻性和整体性均较差，因而只适用于地基土质好、地下水位较低、5层以下的砖混结构中。

砖基础断面一般都做成阶梯形，这个阶梯形通常称为大放脚。从垫层上开始砌筑大放脚，其台阶宽高比允许值为 $b/H \leqslant 1/1.5$。为保证大放脚的刚度，应为"二皮一收"（等高式）或"二皮一收"与"一皮一收"相间（间隔式），但其最底下一级必须用二皮砖厚，砌筑前基槽底面要铺20mm厚的砂垫层或灰土垫层，如图3－8所示。

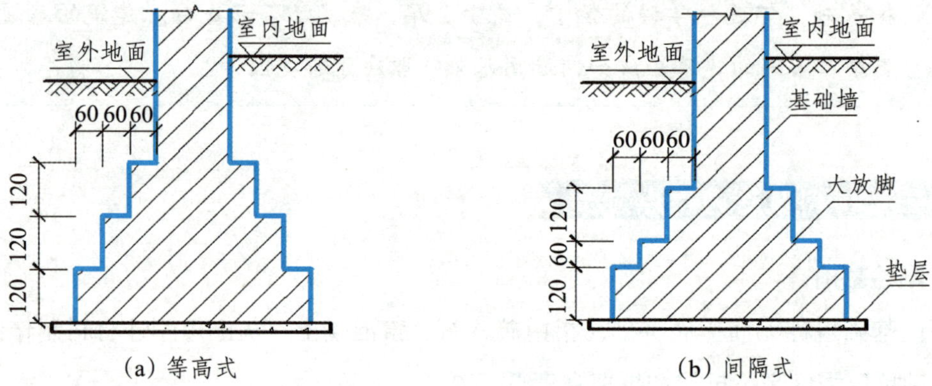

图3－8 砖基础大放脚

（2）毛石基础。

毛石基础是用乱毛石或平毛石与水泥混合砂浆或水泥砂浆砌成的。毛石基础的强度、抗水、抗冻、抗腐蚀性能均较好，但由于毛石自重较大，对操作的要求高，运输、堆放不便，故毛石基础多适用于邻近山区、石材丰富、一般标准的砖混结构中。

毛石基础断面形式一般为阶梯形，其台阶宽高比允许值为 $b/H \leqslant 1/1.5$，如图3－9所示。

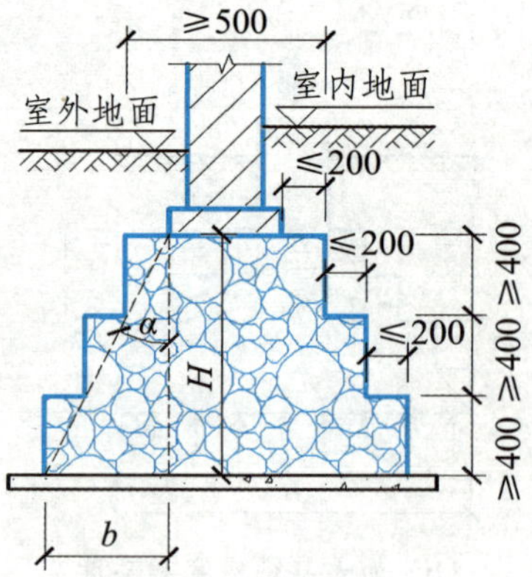

图3－9 毛石基础

为了便于砌筑和保证砌筑质量，基础顶部宽度不宜小于500mm，且要比墙或柱每边宽100mm，每个台阶的高度不宜小于400mm，退台宽度不应大于200mm。当基础底面宽度小于700mm时，毛石基础应做成矩形截面。

（3）混凝土基础。

混凝土基础多采用 C20 混凝土浇筑而成，它坚固耐久、抗水、抗冰，多用于地下水位较高或有冰冻情况的建筑。它的断面形式有梯形、阶梯形等，宽高比允许值为 $b/H \leqslant 1/1$，如图 3－10 所示。

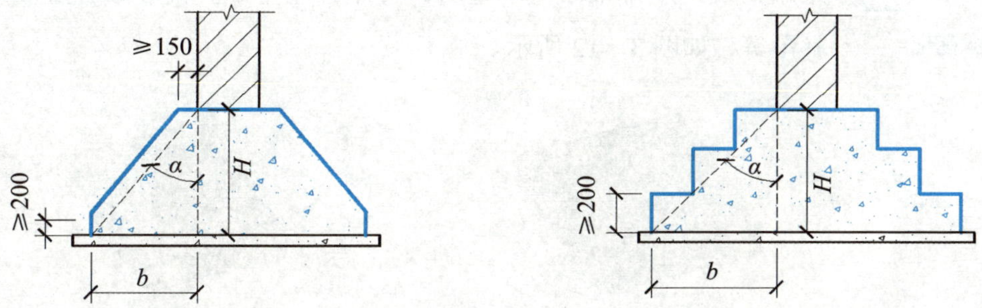

(a) 梯形截面混凝土基础　　(b) 阶梯形截面混凝土基础

图 3－10　混凝土基础

2. 柔性基础

柔性基础指在基础受拉区中配置钢筋的基础。在这种基础中，由弯矩产生的拉应力全部由钢筋承担，抗弯、抗剪性能良好，基础宽度加大不受刚性角的限制，因此柔性基础可以做得宽而薄，如图 3－11 所示。与素混凝土基础相比，柔性基础截面面积小，土方量少，但混凝土和钢筋的用量增多。

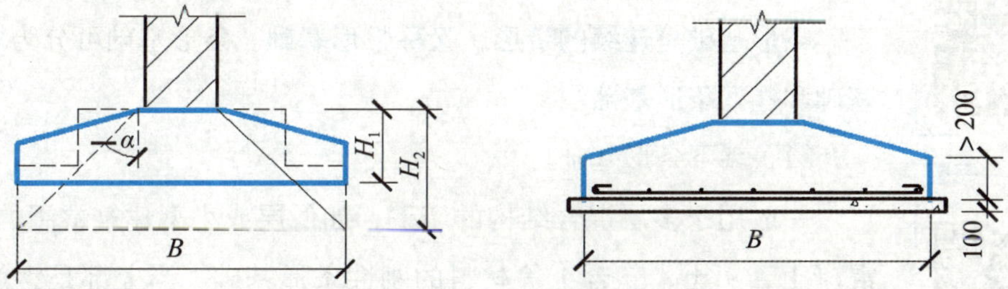

图 3－11　柔性基础

柔性基础相当于受均布荷载的悬臂板，其截面可做成锥形或阶梯形。锥形截面的板端最薄处不应小于 200mm，阶梯形截面的每阶高度宜为 300mm ～ 500mm，其混凝土强度等级不宜低于 C20，钢筋直径由计算确定，但受力筋直径不宜小于 10mm，间距不宜大于 200mm。基础垫层的厚度不宜小于 70mm，垫层混凝土强度等级应为 C20。

3.3.2　按构造形式分类

基础构造形式随建筑物上部结构形式、荷载大小及地基土壤性质的变化而变化。一般情况下，上部结构形式直接影响基础构造形式，当上部荷载较大、地基承载力有变化时，基础构造形式也随之变化。按构造特点基础可分为六种基本类型。

独立基础

1. 独立基础

独立基础呈独立的块状，也称单独基础。当建筑物上部结构采用框架结构或单层排架结构承重时，常用独立基础。其形式有阶形、锥形、杯形等，如图 3 - 12 所示。

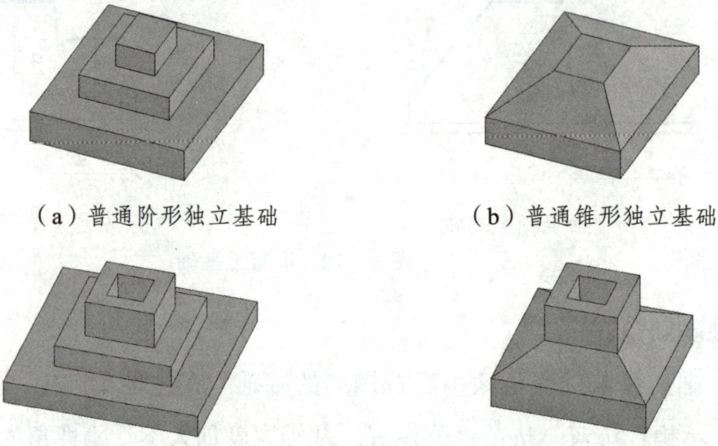

（a）普通阶形独立基础　（b）普通锥形独立基础

（c）杯口阶形独立基础　（d）杯口锥形独立基础

独立基础模型

图 3 - 12　独立基础

条形基础 - 完整

2. 条形基础

条形基础呈连续的带形，又称带形基础。条形基础可分为墙下条形基础和柱下条形基础。

（1）墙下条形基础。

条形基础

一般用于多层混合结构的墙下，如低层或小型建筑常用的砖、石、混凝土、灰土、三合土等材料的刚性条形基础。当上部是钢筋混凝土墙或地基很差、荷载较大时，承重墙下也可用钢筋混凝土条形基础，如图 3 - 13 所示。

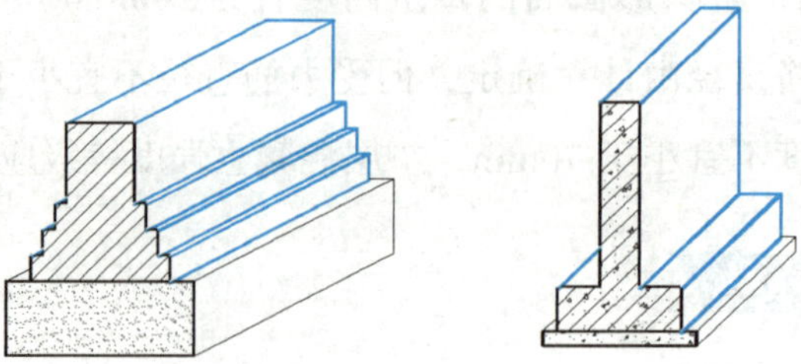

图 3 - 13　墙下条形基础

（2）柱下条形基础。

当建筑物上部为框架结构或部分框架结构时，荷载较大或荷载分布不均匀，地基承载力较低，为了增加整体刚度，防止不均匀沉降，将各柱下的基础相互连接在一起，形成钢筋混凝土条形基础，使整个建筑物的基础具有较好的整体性，如图3－14所示。

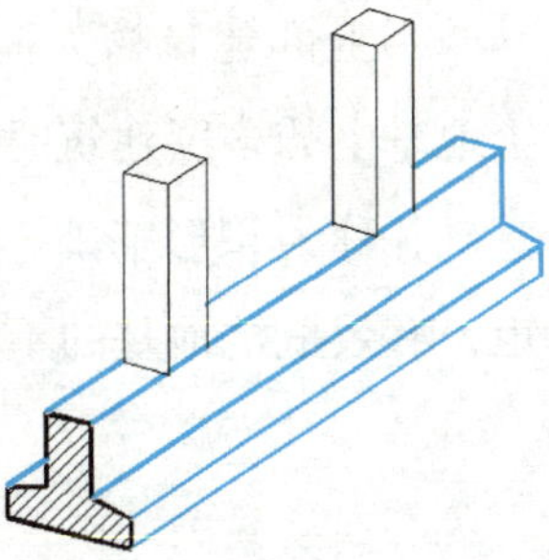

图3－14　柱下条形基础

3. 井格基础

当地基条件较差时，为了提高建筑物的整体性，防止柱子之间产生不均匀沉降，常将柱下基础沿纵横两个方向连接起来，形成十字交叉的井格基础，如图3－15所示。

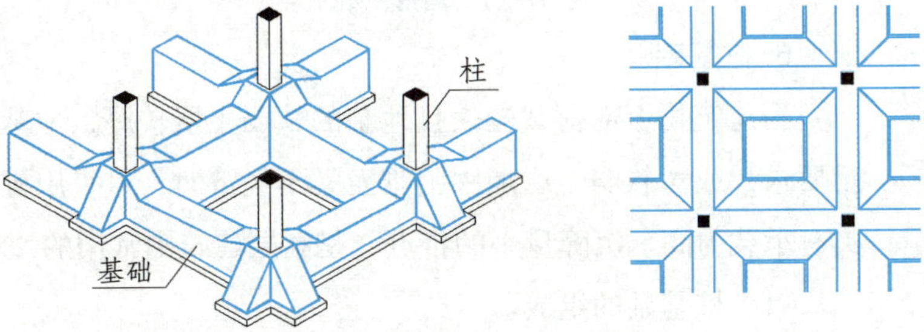

图3－15　井格基础

4. 筏形基础

建筑物的基础由整片的钢筋混凝土板组成，板直接作用于地基，这种基础称为筏形基础或片筏基础。当地基承载力较低，上部结构荷载较大且不均匀时，往往采用筏形基础。筏形基础的整体性好，可以跨越基础下的局部软弱土。筏形基础按其结构布置可分为板式和梁板式，其受力特点与倒置的楼板相似，如图3－16所示。

筏形基础

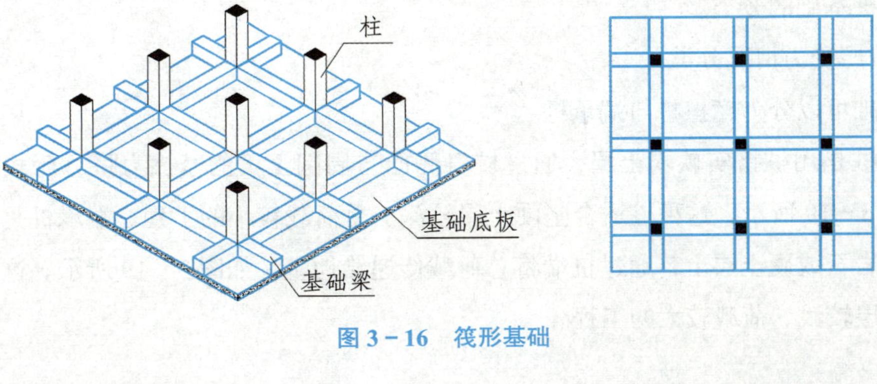

图3－16　筏形基础

5. 箱形基础

当上部建筑物为荷载大、对地基不均匀沉降要求严格的高层建筑、重型建筑及软弱土地基上的多层建筑时，为增加基础刚度，将地下室的底板、顶板和墙整体浇成箱子状的基础，称为箱形基础。箱形基础的刚度较大，整体性强，抗震性能好，能够承受很大的弯矩，有效抵抗地基的不均匀沉降，如图 3－17 所示。

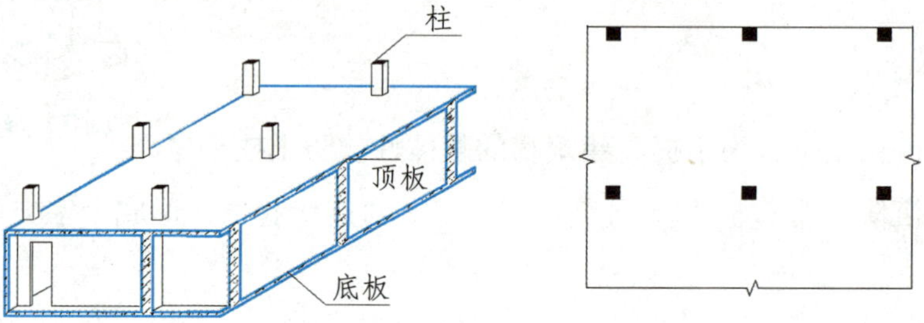

图 3－17　箱形基础

6. 桩基础

桩基础－完整

当建筑物上部荷载较大且地基的软弱土层较厚，地基承载力不能满足要求，或对软弱土层加固困难而又不经济时，可采用桩基础。桩基础具有承载力高、沉降量小的特点，是高层建筑中常用的一种深基础。

（1）桩基础的组成。

桩基础

桩基础由承台（梁）和桩身两部分组成。

承台是在桩顶现浇的钢筋混凝土板或梁，当上部结构为框架或排架时，采用块状的承台板；当上部结构为钢筋混凝土墙时，采用承台梁，如图 3－18 所示。

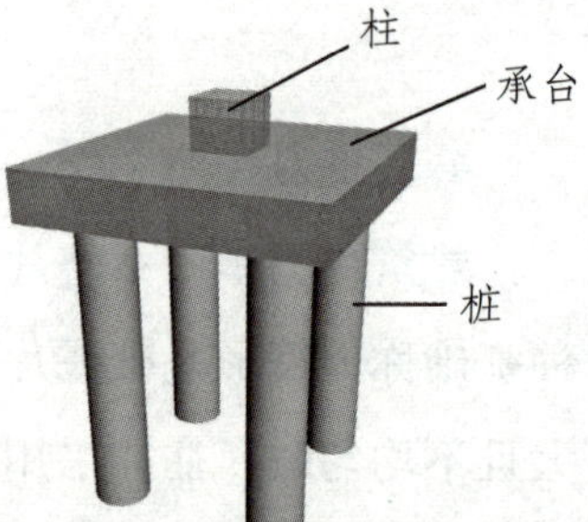

图 3－18　桩基础

桩身位于承台下方，埋于土中，承受上部荷载，并将荷载传递至地基，常见的有钻孔灌注桩、预应力管桩等。

（2）桩基础的分类。

1）按照受力情况分类。

桩基础可以分为摩擦桩与端承桩。

摩擦桩是用桩挤实软弱土层，通过桩身侧面与周围土壤的摩擦力将总荷载传递给地基，如图 3－19 所示。这种桩适合坚硬土层较深、总荷载较小的工程。端承桩是将桩尖直接支承在岩石或硬土层上，通过桩端将总荷载传递给地基，如图 3－19 所示。这种桩适用于坚硬土层较浅、荷载较大的工程。

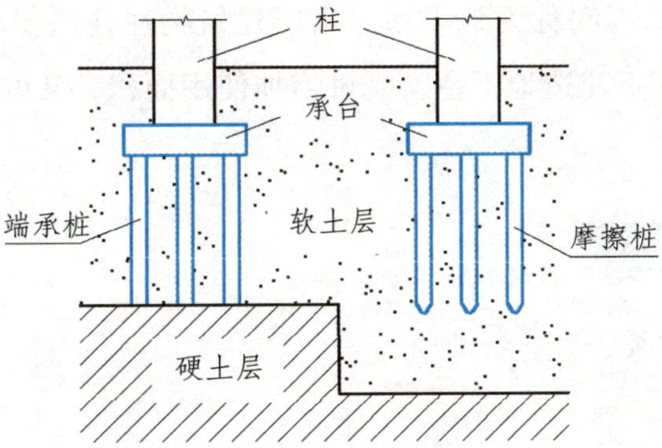

图 3－19　端承桩和摩擦桩

2）按照施工方法分类。

桩基础可以分为预制桩与灌注桩。

预制桩：桩身在混凝土构件厂或施工现场预制，然后运至工地，打入、压入或振入土中。桩身横截面可为方形、八边形、中空方形和圆形等。预制桩桩身质量易于保证和控制，承载力高，能根据需要制成多种尺寸和形状。桩身混凝土密实，抗腐蚀能力强。桩身制作方便，成桩速度快，适合大面积施工。成桩过程中的挤土效应可使松散土层的承载能力提高。预制桩也有一些缺点，如需运输、起吊、打桩，为避免损坏桩体需要配置较多的钢筋、选用较高强度等级的混凝土，使得预制桩造价较高。打桩时噪声大，对周围土层扰动大。

灌注桩：直接在桩位上就地成孔，然后在孔内灌注混凝土或钢筋混凝土的一种成桩方法。通常灌注桩的钢材使用量较低，比预制桩经济，其造价为预制桩的 40% ～ 70%，且没有振动和噪声。但灌注桩也存在一些缺点，如不能立即承受荷载，对操作的要求严，在软土地基中易缩颈、断裂，桩尖处虚土不易清除干净，等等。

知识链接：
泥浆护壁钻孔
灌注桩的施工方法

3.4 地下室

课堂思考

- 地下室和地上房间有什么体感上的区别？为什么要修建地下室？地下室有什么用途？

建筑物首层以下的房间称为地下室。高层建筑物往往需要较深的基础，为利用这一高度，在建筑物底层下建造地下室，既可增加使用面积，又可节省房心回填土，较为经济。

3.4.1 地下室的分类

1. 按照使用功能分类

（1）普通地下室。

普通地下室是建筑空间在地下的延伸，由于通风、采光等环境比地上部分差，往往用作公共场所或辅助房间，如健身房、车库、仓库、设备间等。

（2）人民防空地下室。

人民防空地下室简称人防地下室，是结合地面建筑修建的可用于战时防空的地下室，是有战时防护功能、防护等级要求的地下室，在战时提供人员、物资、车辆掩蔽，保护人民生命和财产安全，而平时能作为商场、停车场、储藏间等使用。

扩展阅读

人民防空地下室

人民防空地下室是人防工程的重要组成部分，是战时供人员、车辆、物资、医疗救护设施等掩蔽的重要场所，由于地下室的特殊性，在平时也可作为防灾、减灾指挥所及避难所。人民防空地下室由外墙、缓冲墙、防爆门、封闭墙、防护隔墙等部分组成。

在战时人民防空地下室具有防备空袭和核武器、生化武器袭击的作用，其设计、施工及设备设施与普通地下室有很多区别，比如人民防空地下室的顶板、侧墙、底板都比普通地下室更厚实、更坚固；除承重外，还有一定抗冲击波、抗常规炸弹爆轰波的能力；具有专门的防毒密闭通道、洗消间、防护门和密闭门；设置滤毒通风装置，防止化学武器和生物武器的袭击；在电气照明上配备应急系统，根据需要设置内部发电站；设置了供战时洗消、生活用的给排水系统；等等。

2. 按照地下室顶板标高分类

（1）全地下室。

当地下室房间地坪埋深为地下室房间净高的 1/2 以上时，为全地下室。全地下室埋深较大，不易采光、通风，一般多用作建筑辅助房间、设备用房等，如图 3－20 所示。

（2）半地下室。

当地下室房间地坪埋深为地下室房间净高的 1/3 ～ 1/2 时，为半地下室。半地下室有一部分处于室外地面以上，可进行自然采光和通风，故可作为普通房间使用，如图3－20所示。

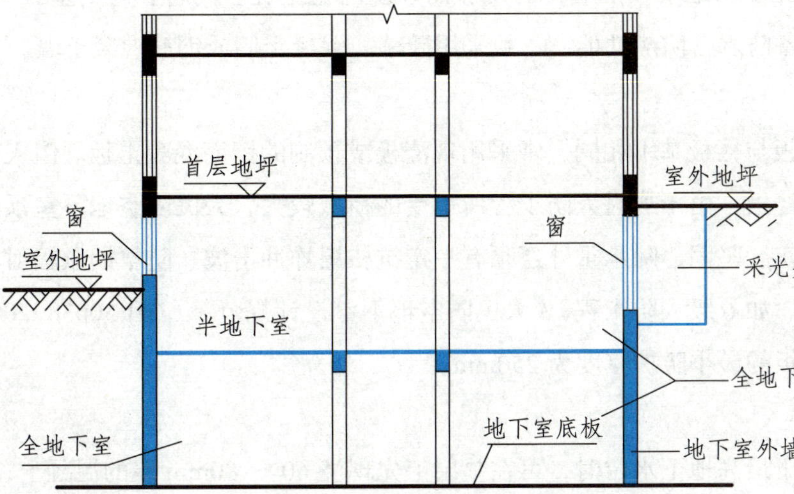

图3－20 全地下室和半地下室

3. 按照结构材料分类

（1）砖混结构地下室。

当建筑的上部结构荷载不大或地下室水位较低时，可采用砖墙作为地下室的承重外墙和内墙，形成砖墙结构地下室。

（2）钢筋混凝土结构地下室。

当建筑的上部结构荷载较大或地下室水位较高时，可采用钢筋混凝土墙作为地下室的外墙，形成钢筋混凝土结构地下室。

3.4.2 地下室的组成与构造要求

地下室一般由墙体、顶板、底板、门窗、楼梯、采光井等部分组成，如图3－21所示。

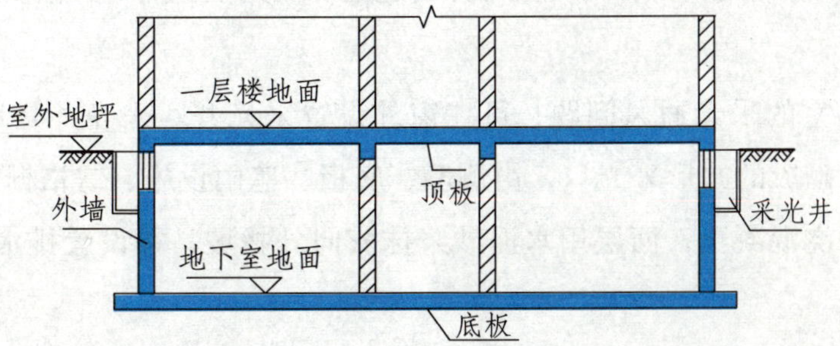

图3－21 地下室的组成

1. 墙体

地下室外墙的荷载包括上部结构传来的竖向荷载，以及土、地下水和土壤冻胀产生的侧向荷载，因此要求地下室的墙体有足够的强度与稳定性。同时，地下室处于潮湿环境，因此还需要具备防水、防潮功能，一般采用砖墙、混凝土墙或钢筋混凝土墙。

2. 顶板

地下室顶板与楼板基本相同，常采用现浇板或预制的钢筋混凝土板。但人民防空地下室必须采用现浇板，由于战时人防工程所承受的荷载较大，人民防空地下室顶板比普通地下室顶板更厚实、坚固，除承重外还须有一定抗核爆炸冲击波、防早期核辐射和常规炸弹爆轰波的能力。如 6 级人防工程，《人民防空地下室设计规范》（GB 50038-2005）规定其钢筋混凝土顶板的最小防护厚度为 250mm。

3. 底板

当底板高于最高地下水位时，可在垫层上先现浇 60 ～ 80mm 厚的混凝土，再做面层；当底板低于最高地下水位时，底板不仅承受上部的竖向荷载，还承受地下水的浮力作用，因此，底板需要具有足够的强度、刚度和抗渗性能，此时应采用钢筋混凝土底板，并在构造上做好防潮或防水处理。

4. 门窗

普通地下室的门窗与地上房间门窗相同。如地下室外窗在室外地坪以下时，应设置采光井，以利于室内采光、通风。人民防空地下室的口部防护是人防工程特有的系统性防护专项工程，主要通过人防门窗的抗力防护和气密性防护达到要求。因此，人防门窗应满足防护密闭的特殊要求，一般可采用防护门、密闭门、防护密闭门、防爆波活门、密闭观察窗等。

5. 楼梯

地下室的楼梯可以与地上部分的楼梯连通使用，地下室楼梯应采用封闭楼梯间，且不与地上部分共用楼梯间，确需共用楼梯间时，应在首层采用耐火极限不低于 2.00h 的防火隔墙和乙级防火门，将地下部分与地上部分的连通部位完全分隔，并应设置明显的标志。

6. 采光井

为解决地下室的采光通风问题，可在窗外设置采光井。采光井是地下室外墙的侧窗以及挡土墙围砌成的井形采光口，由侧墙、底板、遮雨设施、铁格栅等组成，侧墙为砖墙，底板为现浇混凝土，面层用水泥砂浆抹灰向外找坡，并设置排水管，如图 3 - 22 所示。

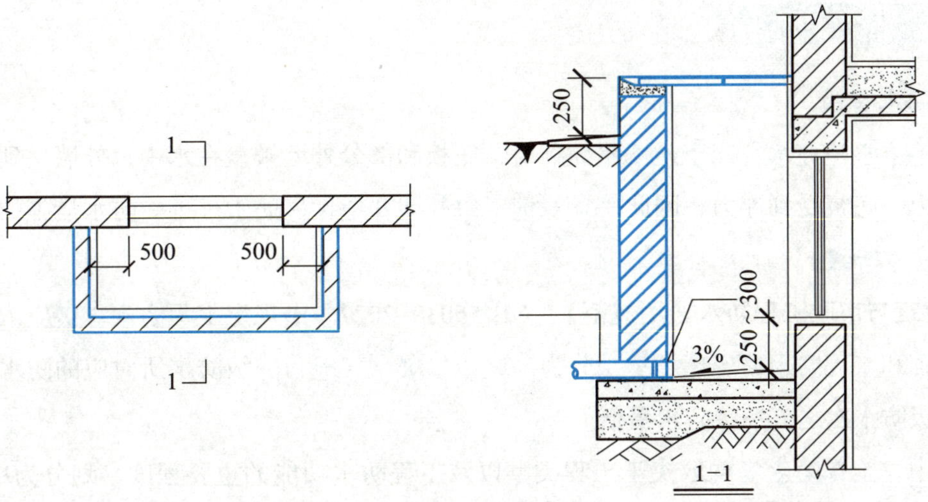

图3－22　采光井

3.4.3　地下室防潮

当地下水的常年水位和最高水位都在地下室地坪标高以下时，外墙和底板仅受土层中毛细管水和地面水下渗而造成的无压力水影响，此时地下室只需做防潮处理。

对于现浇钢筋混凝土外墙，一般可以起到自防潮效果，不必再做防潮处理。

对于普通砖墙，防潮的构造要求包括：（1）必须用水泥砂浆砌筑墙体；（2）墙外侧抹20mm厚1∶2.5的水泥砂浆，刷冷底子油一道及热沥青两道；（3）在防潮层外侧回填宽度约为500mm的低渗透性土壤，如黏土、灰土等，并逐层夯实；（4）所有墙体设置两道防潮层，一道在地下室底板附近，另一道在室外地坪以上150～200mm处，以防止土中潮气和地面雨水因毛细作用沿墙体上升而影响结构，如图3－23所示。

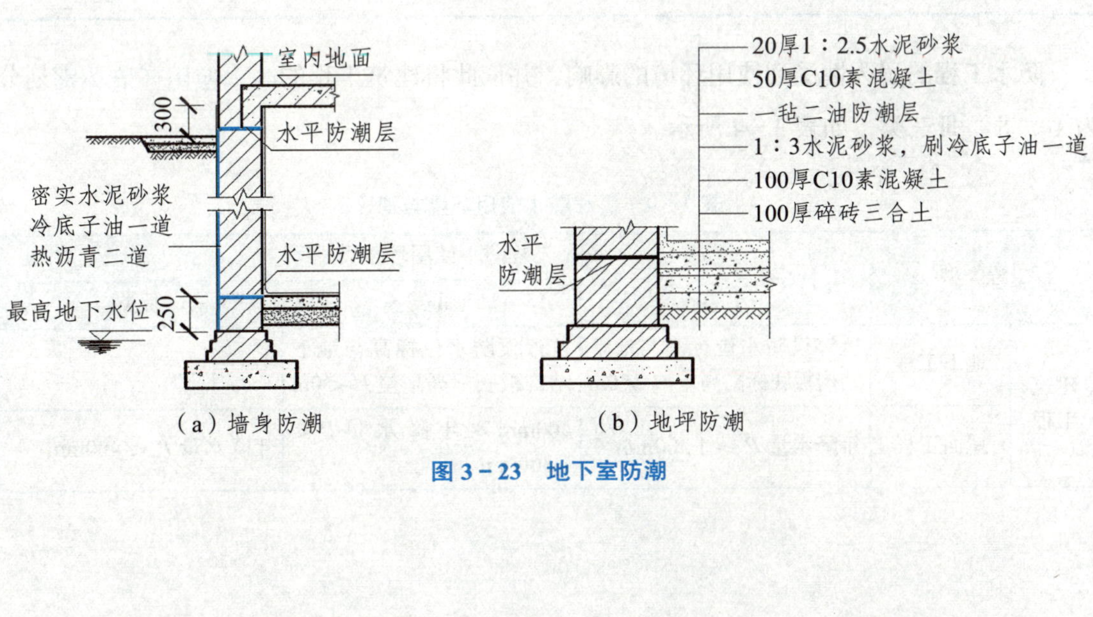

图3－23　地下室防潮

3.4.4 地下室防水

1. 防水等级

当地下水最高水位高于地下室地坪时，底板和部分外墙被浸在水中，外墙受到地下水的侧压力，底板受到浮力，因此必须对地下室外墙和地坪做防水处理。防水措施的依据是工程的防水等级。

《建筑与市政工程防水通用规范》（GB 55030–2022）中规定工程防水等级应依据工程防水类别和工程防水使用环境类别分为一级、二级、三级，一级防水所对应的防水等级最高，二级防水次之，三级防水最低。

其中，工程防水类别取决于工程类型以及工程防水功能的重要程度，划分为甲、乙、丙三类，如表 3－3 所示。甲类工程的防水功能重要程度最高，乙类次之，丙类最低。

表 3－3 工程防水类别

工程类型		工程防水类别		
		甲类	乙类	丙类
建筑工程	地下工程	有人员活动的民用建筑地下室，对渗漏敏感的建筑地下工程	除甲类和丙类以外的建筑地下工程	对渗漏不敏感的物品、设备使用或贮存场所，不影响正常使用的建筑地下工程
	屋面工程	民用建筑和对渗漏敏感的工业建筑屋面	除甲类和丙类以外的建筑屋面	对渗漏不敏感的工业建筑屋面
	外墙工程	民用建筑和对渗漏敏感的工业建筑外墙	渗漏不影响正常使用的工业建筑外墙	——
	室内工程	民用建筑和对渗漏敏感的工业建筑室内楼地面和墙面	——	——

防水工程的耐久性受到使用环境的影响，并依此将建筑工程的防水使用环境类别划分为Ⅰ、Ⅱ、Ⅲ三类，如表 3－4 所示。

表 3－4 工程防水使用环境类别

工程类型		工程防水使用环境类别		
		Ⅰ类	Ⅱ类	Ⅲ类
建筑工程	地下工程	抗浮设防水位标高与地下结构板底标高高差 $H \geqslant 0$m	抗浮设防水位标高与地下结构板底标高高差 $H < 0$m	——
	屋面工程	年降水量 $P \geqslant 1\,300$mm	400mm $\leqslant$ 年降水量 $P <$ 1 300mm	年降水量 $P < 400$mm

续表

工程类型		工程防水使用环境类别		
		Ⅰ类	Ⅱ类	Ⅲ类
建筑工程	外墙工程	年降水量 $P \geqslant 1\ 300$mm	400mm $\leqslant$ 年降水量 $P <$ 1 300mm	年降水量 $P < 400$mm
	室内工程	频繁遇水场合，或长期相对湿度 $RH \geqslant 90\%$	间歇遇水场合	偶发渗漏可能造成明显损失的场合

依据工程防水类别和工程防水使用环境类别，一级防水为Ⅰ类、Ⅱ类防水使用环境下的甲类工程和Ⅰ类防水使用环境下的乙类工程；二级防水为Ⅲ类防水使用环境下的甲类工程、Ⅱ类防水使用环境下的乙类工程和Ⅰ类防水使用环境下的丙类工程；三级防水为Ⅲ类防水使用环境下的乙类工程和Ⅱ类、Ⅲ类防水使用环境下的丙类工程。

2. 防水做法

地下室防水做法根据选用的材料，可以分为防水混凝土防水、卷材防水、水泥基防水材料防水、涂料防水四类。其中，前两种较为常用。

明挖法地下工程现浇混凝土结构主体结构的防水做法应符合表 3－5 的规定。

表 3－5　主体结构的防水做法

防水等级	防水做法	防水混凝土	外设防水层		
			防水卷材	防水涂料	水泥基防水材料
一级	不应少于 3 道	为 1 道，应选	不少于 2 道；防水卷材或防水涂料不应少于 1 道		
二级	不应少于 2 道	为 1 道，应选	不少于 1 道；任选		
三级	不应少于 1 道	为 1 道，应选	——		

（1）防水混凝土防水。

防水混凝土是在普通混凝土的基础上，通过调整配合比或掺外加剂等手段，改善混凝土自身密实性，使其具有抗渗能力的混凝土。防水混凝土既是承重结构，又是围护结构，并具有可靠的防水性能，因而简化了施工，加快了施工进度。

防水混凝土可以分为普通防水混凝土、外加剂防水混凝土和膨胀防水混凝土。普通防水混凝土是对混凝土中的骨料进行科学级配，适当减少骨料的用量并增加砂率与水泥用量，以保证砂浆充满于骨料之间，从而提高混凝土的密实性和抗渗性；外加剂防水混凝土是在混凝土中掺入加气剂或密实剂，提高其抗渗性能，从而达到防水目的；膨胀防水混凝土是在水泥中掺入适量膨胀剂或使用膨胀水泥，使混凝土在硬化过程中产生膨胀，弥补混凝土冷干收缩形成的孔隙，从而提高混凝土的密实性和抗渗性。

地下工程防水混凝土的防水构造示例，如图 3－24 所示。

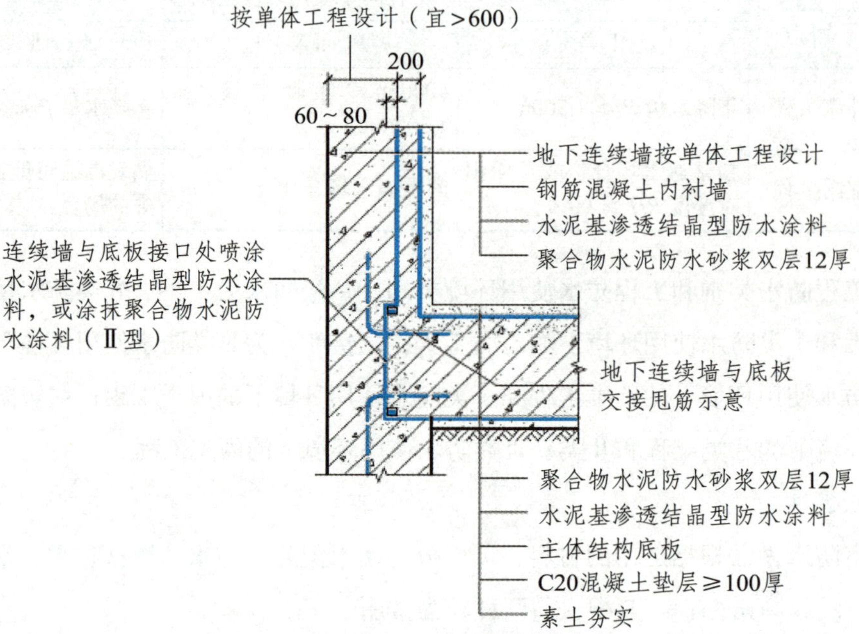

图 3－24　防水混凝土防水构造示例

（2）卷材防水。

卷材防水是采用柔性的防水卷材，在结构主体底板垫层至墙体顶端的基面上外围形成封闭的防水层。卷材应铺设在混凝土结构主体的迎水面，卷材防水适用于受侵蚀性介质作用或受振动作用的地下工程防水。

1）防水卷材。

防水卷材的品种有高聚物改性沥青类防水卷材和合成高分子类防水卷材两类。

知识链接：
常见卷材品种及特点

高聚物改性沥青类防水卷材具有耐老化、耐侵蚀、不浸润等特性和良好的憎水性、弹塑性、耐候性和黏结性，适用于受侵蚀性介质作用或受振动作用的基层变形较小、迎水面设防的地下工程。卷材搭接边应采用热融黏结。

合成高分子类防水卷材具有抗拉强度高、延伸率大、弹性好、温度特性好、耐水性能优异等特性，适用于受侵蚀性介质或振动作用的基层变形量较大、迎水面设防的地下工程。橡胶型卷材采用冷粘法施工；树脂型卷材、塑料板采用热熔、热风焊接施工。

2）施工方法。

防水卷材的施工方法一般有外防外贴法和外防内贴法。

① 外防外贴法。外防外贴法是先在垫层上铺贴防水卷材，在四周留有接头，待底板混凝土和立面混凝土浇筑完毕，将立面卷材防水层直接铺设在防水结构的外墙外表面，如图 3－25 所示。

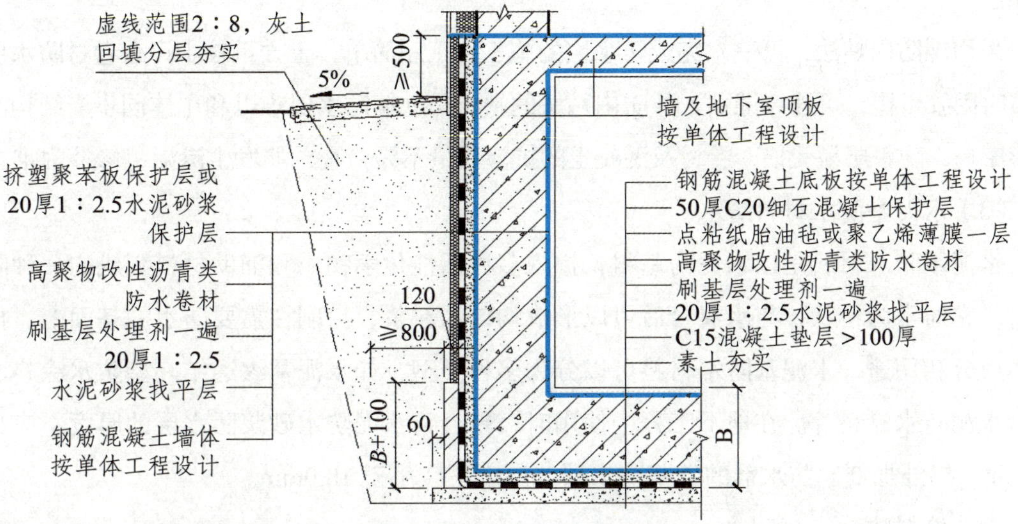

图 3－25 外防外贴法示例

采用外防外贴法铺贴防水卷材时，施工顺序如下：浇筑防水结构底板混凝土垫层，垫层找平；在底板垫层上砌 300 ～ 600mm 保护墙，墙下平铺油毡条一层；在保护墙和垫层抹水泥砂浆找平，将转角抹成圆弧形，待找平层基本干燥后，满涂冷底子油一道；在垫层及保护墙上铺贴防水卷材，在转角处加贴卷材附加层，铺贴时应先底面、后立面，在四周留接头；在防水卷材上抹热沥青，冷却后抹水泥砂浆，作为卷材防水层的保护层；浇筑底板和墙身混凝土；浇筑完工并检查验收后，清理出甩槎接头的卷材，再依次分层铺贴防水结构外表面的防水卷材，此处卷材可错槎接缝，上层卷材盖过下层卷材不应小于 150mm，在接缝处加盖条。

外防外贴法中，卷材防水层直接粘贴于主体外表面，使防水层能与混凝土结构同步，较少受结构沉降变形影响，施工时不易损坏防水层，也便于检查混凝土结构及卷材的质量，当发现问题时容易修补。外防外贴法的缺点是工期长，工作面大，土方量大，卷材接头不易保护，容易影响防水工程质量。

② 外防内贴法。外防内贴法是先浇筑混凝土垫层，在垫层上将保护墙全部砌好，抹水泥砂浆找平层，将卷材防水层直接铺贴在垫层和保护墙上的一种卷材施工方法。

采用外防内贴法铺贴防水卷材时，施工顺序如下：浇筑防水结构底板混凝土垫层，垫层找平；在混凝土垫层上砌保护墙，保护墙采用一砖墙，高度同结构墙，其下干铺油毡一层；在垫层和保护墙表面抹水泥砂浆找平层，将转角抹成圆弧形，找平层基本干燥后，满涂冷底子油 1 ～ 2 遍；将卷材防水层直接铺贴在保护墙和垫层上，铺贴卷材防水层时，应先铺立面，后铺平面。铺贴立面时，应先铺转角，后铺大面；浇筑防水结构的底板和墙体混凝土。

采用外防内贴法，可一次完成防水层的施工，工序简单，土方量较小，在卷材防水层无须临时固胶留槎，可连续铺贴。外防内贴法的缺点是立墙防水层难以和主体同步受结构沉降变形影响，防水层易受损，卷材及混凝土的抗渗质量不易检查，如发生渗漏，修补困难。

（3）水泥基防水材料防水。

水泥基防水材料是以水泥为基料，掺入多种活性化学物质和辅助材料制成的一种防水材料。它通常为粉状，与水混合后可以形成均匀的料浆，涂刷在需要防水的基面上。根据具体成分和用途，水泥基防水材料可以分为多种类型，如水泥基渗透结晶型防水涂料、聚合物水泥防水涂料等。在地下工程中使用时，聚合物水泥防水砂浆防水层的厚度不应小于 6.0mm，掺外加剂、防水剂的砂浆防水层的厚度不应小于 18.0mm。

（4）涂料防水。

防水涂料指常温下为液体，涂覆后经干燥或固化形成连续的弹性涂膜，从而达到防水目的柔性材料。防水涂料适用于各种复杂、不规则部位的防水，能形成无接缝的完整防水膜。

防水涂料可以分为无机防水涂料和有机防水涂料。无机防水涂料包括水泥基防水涂料、水泥基渗透结晶型防水涂料，宜用于结构主体的背水面；有机防水涂料包括反应型、水乳型、聚合物水泥防水涂料，宜用于地下工程主体结构的迎水面，当用于背水面时，有机防水涂料应具有较好的抗渗性，且与基层有较好的黏结性。

扩展阅读

防水材料的发展史

自古以来，人类就致力于解决建筑物漏水的问题，探寻防水材料的奥秘。开发与制备防水材料的历史悠久，可追溯到遥远的古代，经过漫长的岁月洗礼，如今已发展为繁荣且技术先进的产业。

在古代，人们巧妙地利用自然资源作为防水材料。古埃及人凭借其智慧，将泥土与稻草巧妙结合，制作出具有出色防水性能的土坯砖。古希腊和罗马的工匠们则选择了大理石、石灰石和火山灰等天然材料，它们表面光滑，具备天然的防水特性。此外，他们还发现了沥青，将其涂抹在建筑物表面，有效抵御了雨水的侵蚀。

随着工业革命的到来，建筑技术和材料科学迎来了飞速发展的黄金时期。19 世纪，煤焦油和石油、沥青等防水材料崭露头角，它们以优异的防水性能赢得了市场的青睐。然而，这些材料也存在着因易老化而造成环境污染等不容忽视的问题。

进入 20 世纪，高分子化学的崛起为防水材料领域注入了新的活力。橡胶、塑料等合成材料应运而生，它们具备更好的耐久性和防水性能，逐渐取代了传统材料，成为市场上的主流选择。20 世纪中叶以后，新型防水材料如雨后春笋般出现，塑性密封防水材料、弹性防水涂料、改性沥青防水卷材、高分子防水卷材等层出不穷，它们以优异的防水性能、耐久性赢得了赞誉，并广泛应用于房屋建筑、基础设施、水利工程等领域。

党的二十大报告中提出要推动绿色发展，加快发展方式绿色转型，稳妥推进碳达峰碳中和。展望未来，随着全球气候变化的严峻挑战和可持续发展理念深入人心，防水材料的发展将更加注重环保、高效和智能化。目前，研究人员正致力于开发可生物降解、低毒性的防水材料，以减少对环境的负面影响。同时，纳米技术、3D 打印技术等的应用也将为防水材料产业带来革命性的突破。智能防水系统将成为未来的重要发展方向，通过实时监测和自适应调整，实现建筑物的高效防水。

防水材料的发展历程见证了人类文明的进步和科技的力量。从古代的天然智慧到现代的科技创新，再到未来的无限可能，防水材料始终伴随着人类社会的发展而不断发展。

项目小结

（1）基础是建筑最下面与土壤直接接触的扩大构件，是建筑的下部结构，承受上部结构传来的全部荷载，并把这些荷载传给地基。地基是承受由基础传来的荷载的土层，它不属于建筑的组成部分。

（2）按土层性质和承载力的不同，地基可分为天然地基和人工地基两大类。

（3）基础埋深指由室外设计地坪到基础底面的距离，基础埋深不应小于 500mm。

（4）基础埋深的影响因素包括建筑的使用要求、基础的形式和荷载、工程地质情况、地下水位、地基土冻胀和融陷以及相邻建筑物。

（5）基础按照材料及受力特点可以分为刚性基础和柔性基础；按照构造形式可以分为独立基础、条形基础、井格基础、筏形基础、箱形基础、桩基础。

（6）当地下水的常年水位和最高水位都在地下室地坪标高以下时，地下室只需做防潮处理。当地下水的最高水位高于地下室地坪标高时，必须对地下室外墙和地坪做防水处理。地下室的防水方式包括防水混凝土防水、卷材防水、水泥基防水材料防水和涂料防水四类。

课后练习

一、名词解释

1. 地基
2. 基础
3. 基础埋深
4. 深基础
5. 浅基础
6. 刚性基础
7. 半地下室

二、单项选择题

1. 基础承担了建筑物的（　　）荷载。

A. 少量　　B. 部分　　C. 多半　　D. 全部

2. 直接在上面建造房屋的土层称为（　　）。

A. 原土地基　　B. 天然地基　　C. 人造地基　　D. 人工地基

3. 基础的埋置深度一般不小于（　　）mm。

A. 300　　B. 400　　C. 500　　D. 600

4. 当地下水位很高、基础不能埋在地下水位以上时，应将基础底面埋置在（　　）以下，从而减少和避免地下水的浮力影响。

A. 最高水位 200mm　　B. 最低水位 200mm

C. 最高水位 500mm　　D. 最低水位 500mm

5. 下列是基础按构造形式划分的分类为（　　）。

A. 刚性基础　　B. 条形基础　　C. 设备基础　　D. 混凝土基础

6. 以下不属于刚性基础的是（　　）。

A. 砖基础　　B. 毛石基础　　C. 混凝土基础　　D. 钢筋混凝土基础

7. 刚性基础的受力特点是（　　）。

A. 抗拉强度大、抗压强度小　　B. 抗拉强度小、抗压强度大

C. 抗拉强度、抗压强度均大　　D. 抗剪切强度大

8. 在下列基础类型中，可不受刚性角限制的是（　　）。

A. 砖基础　　B. 毛石基础　　C. 砼基础　　D. 钢筋砼基础

9. 当建筑物为柱承重且柱距较大时，宜采用（　　）。

A. 独立基础　　B. 条形基础　　C. 井格基础　　D. 筏形基础

10. 下列选项中，属于半地下室的是（　　）。

A. 地下室顶板在室外地坪以上

B. 地下室顶板在室外地坪以下

C. 地下室位于地面以上的高度超过地下室净高的一半

D. 地下室位于地面以下的高度超过地下室净高的一半

三、简答题

1. 什么是地基和基础？它们有什么区别？
2. 什么是天然地基和人工地基？人工地基的加固方法有哪些？
3. 什么是基础埋深？基础埋深的影响因素有哪些？
4. 什么是刚性基础和柔性基础？它们有什么区别？
5. 简述基础按照构造形成的分类，以及它们各自的特点和适用范围。
6. 简述地下室的分类。

项目4 墙 体

知识目标

- 墙体概述
  - 了解——墙体的分类
  - 掌握——墙体的承重方案
- 墙体设计要求
  - 了解——我国的热工设计分区
  - 掌握——墙体的设计要求
- 墙身细部构造
  - 掌握——墙体材料及其组砌方式
  - 掌握——砖墙墙身的细部构造措施
- 隔墙
  - 掌握——砌筑隔墙、立筋隔墙、板材隔墙的概念
  - 熟悉——各类隔墙的构造做法
- 幕墙构造
  - 了解——幕墙的种类
  - 熟悉——玻璃幕墙的构造做法
- 墙面装饰
  - 了解——墙面装修的作用及分类
  - 掌握——抹灰类、贴面类、涂料类墙装修
  - 熟悉——裱糊类、铺钉类墙装修

能力目标

- 能够分析墙体承重结构体系中荷载的传递原理，利用理论知识解决实践问题
- 能够分析不同建筑材料对墙体的保温、隔声性能的作用，根据房间的功能选择合适的材料
- 能够完成砖墙的防潮层、散水与明沟、勒脚、窗台、门窗过梁等的细部构造设计

素质目标

- 通过红砖类建筑的学习，感受建筑背后的文化内涵与艺术魅力，从而培养审美能力和人文素养
- 通过砌墙机器人的学习，深刻感受建筑行业发展的日新月异，激发对新技术、新工艺的好奇心和探索欲，培养创新思维和实践能力
- 通过学习玻璃幕墙的节能技术，树立对工程建设、自然环境及社会的责任感，将可持续发展理念融入每一次设计与施工中，积极探索更加环保、高效的解决方案

引言

在建筑中，墙体是最基础、最重要的组成部分之一，墙体不仅具有结构支撑和空间划分的功能，更体现了建筑风格与个性。墙体的造价、工程量和自重往往是建筑物构件中所占份额最大的。长期以来，人们一直围绕着墙体的技术、经济、美观等问题进行着不懈的努力和探索，并取得了一定的成果。

从材料上看，墙体由奴隶制社会时期的泥土墙，发展到封建社会时期的砖墙，再到现代的各类砌块墙，强度大幅度提升，且更加环保，推动低碳发展，践行了“绿水青山就是金山银山”的理念。

从外墙装饰上看，由早期的素面外墙到各种颜色的搭配、饰面线条的使用，墙体的立面更加美观，提升了建筑的艺术感。

而内墙的装饰，从土墙到报纸墙，再到乳胶漆、壁纸，以及硅藻泥、贝壳粉等生态壁材，可以感受到人们生活质量的提高和对美学追求的愿望，装修材料以及装修工艺更新迭代，越来越便捷，越来越环保。墙体是建筑物竖向方向的主要构件，主要起围护、分隔空间的作用，还有隔热、保温、隔声等功能。墙体的种类较多，有单一材料的墙体，还有复合材料的墙体。综合考虑围护、承重、节能、美观等因素，设计合理的墙体方案是建筑构造的重要任务。

在本项目中，我们将一起学习墙体的构造，包括墙体的设计要求、细部构造、隔墙构造和墙面的装饰等。

4.1 墙体概述

课堂思考

- 作为建筑物的重要组成部分之一，墙体扮演着什么样的角色，起到哪些作用？生活中有哪些不同类型的墙体？在设计墙体时，应该如何进行选择和布置？

4.1.1 墙体的作用

墙体是建筑物中重要的构造组成部分。民用建筑中的墙体一般有以下三个作用。

1. 承重作用

墙体承受着自重以及屋顶、楼板（梁）传给它的荷载和风荷载。

2. 围护作用

墙体为建筑物抵御风、雨、雪、太阳辐射的侵袭，防止噪声干扰及室内热量的散失，起隔热、隔声、防水等作用。

3. 分隔作用

可通过墙体将房屋划分为若干房间（使用空间）。

4.1.2 墙体的分类

根据墙体在建筑物中的受力情况、所处位置以及墙体的材料、构造形式、施工方法的不同，可以将墙体分为不同类型。

1. 按墙体所处位置分类

建筑物的墙体依其在房屋中所处位置的不同，有内墙和外墙之分。凡位于建筑物四周的墙体称为外墙，是房屋的外围护结构，起着抵御自然界各种因素对室内侵袭的作用。**凡位于建筑内部的墙体称为内墙，**主要起分隔内部空间的作用。其中，**凡沿建筑物短轴方向布置的墙体称为横墙，**不论建筑物是否采用坡屋顶，横向外墙可以统称为山墙；**凡沿建筑物长轴方向布置的墙体称为纵墙，**纵墙有内纵墙与外纵墙之分。

按墙体所处位置分类

另外，根据墙体与门窗的位置关系，**平面上窗洞口之间的墙体称为窗间墙，立面上窗洞口之间的墙体称为窗槛墙，**如图 4－1 所示。

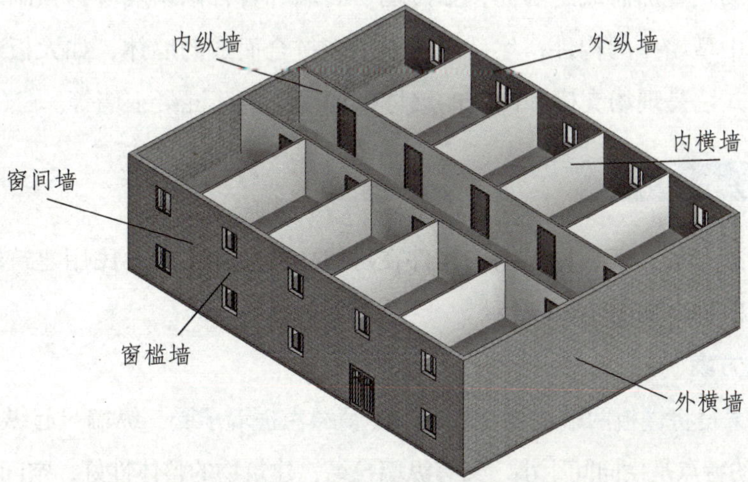

图 4－1 墙体位置及名称

2. 按墙体受力情况分类

按受力情况可以将墙体分为承重墙和非承重墙。承重墙直接承受楼板及屋面传下来的荷载。

在混合结构中，非承重墙可以分为自承重墙和隔墙。自承重墙仅承受自身重量，并把自重传给基础；隔墙则把自重传给楼板层或附加的小梁。在框架结构中，非承重墙可以分为填充墙和幕墙。填充墙是位于框架梁柱之间的墙体；当墙体悬挂于框架梁柱的外侧起围护作用时，称为幕墙，如金属、玻璃或石材幕墙等。幕墙的自重由其连接固定部位的梁柱承担。

3. 按墙体材料分类

按墙体材料分类

按墙体所用材料，可分为砖墙、石墙、土墙、混凝土墙及钢筋混凝土墙等。砖是我国传统的墙体材料，但由于受到原材料的限制，一些大城市已提出限制使用实心砖的规定；石墙适用于产石地区，有很好的经济效益；土墙便于就地取材，是造价低廉的地方性墙体；混凝土墙可现浇、预制，在高层建筑中应用广泛。

4. 按构造形式分类

按构造方式，墙体可分为实体墙、空体墙和组合墙三种。实体墙由单一材料组成，如砖墙、砌块墙等；空体墙也由单一材料组成，可由单一材料砌成内部空腔，也可用具有孔洞的材料建造，如空斗砖墙、空心砌块墙等；组合墙由两种以上材料组合构成，如混凝土、加气混凝土复合板材墙。其中混凝土起承重作用，加气混凝土起保温、隔热作用。

5. 按施工方法分类

按施工方法，墙体可分为叠砌式墙、预制装配式墙和现浇整体式墙三种。叠砌式墙是用零散材料通过砌筑叠加而成的墙体，如砖墙、石墙和各种砌块墙等；预制装配式墙是指在工厂制作大、中型墙体的构件，然后用机械吊装拼合而成的墙体，如大板建筑、盒子建筑等；现浇整体式墙是现场支模和浇筑的墙体，如现浇钢筋混凝土墙等。

4.1.3 墙体的承重方案

结构布置指梁、板、墙、柱等结构构件在房屋中的总体布局。民用建筑的结构布置方案，通常有以下四种，如图 4－2 所示。

1. 横墙承重方案

横墙承重方案是将楼板两端搁置在横墙上，荷载由横墙承受，纵墙只起纵向稳定和围护的作用。该方案的特点是横向间距小，又有纵墙拉结，建筑物的整体性好，空间刚度较大，对抵抗风力、地震力等水平荷载的作用十分有利。荷载传递路径为：楼面荷载→楼板→横墙→基础→地基。横墙承重方案适用于使用功能为小房间的建筑，如住宅、宿舍等，见图 4-2（a）。

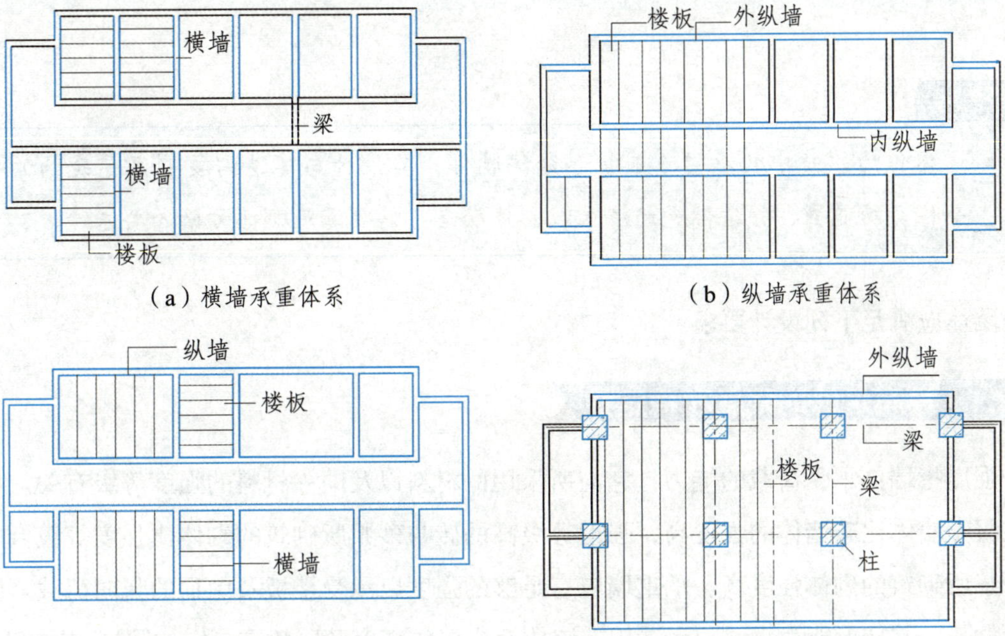

（a）横墙承重体系　（b）纵墙承重体系　（c）纵横墙混合承重体系　（d）部分框架承重体系

图 4-2　各承重方案平面布置图

2. 纵墙承重方案

纵墙承重方案是将大梁或楼板搁置在内外纵墙上，荷载由纵墙承受，横墙为非承重墙，仅起分隔房间的作用。荷载传递路径为：楼面荷载→楼板（或梁）→纵墙→基础→地基。纵墙承重方案的特点是房间平面布置较为灵活，适用于内部房间较大的建筑，如教学楼、办公楼等，见图 4-2（b）。

3. 纵横墙混合承重方案

由于建筑空间变化较多，结构方案可根据需要布置，房屋中一部分用横墙承重，另一部分用纵墙承重，形成纵横墙混合承重方案。荷载传递路径为：楼面荷载→楼板→横墙或纵墙→基础→地基。纵横墙混合承重方案的特点是建筑组合灵活，空间刚度较好，适用于开间、进深变化较多的建筑，如医院、实验楼等，见图 4-2（c）。

4. 部分框架承重方案

当建筑需要大空间时，采用部分框架承重方案，四周为墙承重，楼板的荷载传给梁、柱或墙。荷载传递路径为：楼面荷载→楼板→内部框架及四周墙→基础→地基。部分框架承重方案的特点是房屋的总刚度主要由框架保证，水泥及钢材用量较大，适用于内部需要大空间的建筑，如商店、综合楼等，见图 4-2（d）。

4.2 墙体设计要求

课堂思考

- 墙体作为建筑中的承重、围护和分隔构件，其设计与建造需要确保建筑物的安全性、功能性、舒适性和经济性。具体而言，需要满足哪些方面的要求？

墙体应满足下列设计要求。

4.2.1 具有足够的强度和稳定性

强度指墙体承受荷载的能力，它与所采用的材料以及同一材料的强度等级有关。如钢筋混凝土墙体比砖墙体的强度高，强度等级高的砖与砂浆所砌筑的砌体比强度等级低的砖与砂浆所砌筑的砌体强度高。承重墙应有足够的强度以承受楼板及屋顶的竖向荷载。砖是脆性材料，其变形能力小，因而采用砖墙体对房屋的高度及层数有一定的限制。

墙体作为承重构件时应满足一定的刚度要求。一方面构件自身应具有稳定性，另一方面如果建筑处在地震区还应考虑地震作用对墙体稳定性的影响。墙体的稳定性与高厚比有关。为满足高厚比要求，通常在墙体开洞口部位设置门垛，在长而高的墙体中设置壁柱，以增加墙体的稳定性。

4.2.2 满足热工要求

满足建筑物的热工要求指做好保温、隔热，保证建筑空间冬暖夏凉。现行《民用建筑热工设计规范》(GB 50176-2016)规定，建筑热工设计区划分为两级，一级分为严寒地区、寒冷地区、夏热冬冷地区、夏热冬暖地区和温和地区，二级区划指标及设计要求应符合表 4-1 的规定。

表 4-1　热工设计二级区划指标及设计要求

二级区划名称	设计要求	城市举例
严寒 A 区（1A）	冬季保温要求极高，必须满足保温设计要求，不考虑防热设计	黑河、漠河、嫩江、伊春
严寒 B 区（1B）	冬季保温要求非常高，必须满足保温设计要求，不考虑防热设计	哈尔滨、齐齐哈尔、牡丹江
严寒 C 区（1C）	必须满足保温设计要求，可不考虑防热设计	呼和浩特、长春、长岭、延吉、沈阳、酒泉、张掖、西宁、乌鲁木齐

续表

二级区划名称	设计要求	城市举例
寒冷 A 区（2A）	应满足保温设计要求，可不考虑防热设计	锦州、大连、丹东、青岛、日照、张家口、承德、唐山、太原、延安、宝鸡、兰州、敦煌、银川、伊宁、喀什、拉萨、林芝、毕节
寒冷 B 区（2B）	应满足保温设计要求，宜满足隔热设计要求，兼顾自然通风、遮阳设计	北京、天津、济南、石家庄、邢台、保定、郑州、西安、吐鲁番、徐州
夏热冬冷 A 区（3A）	应满足保温、隔热设计要求，重视自然通风、遮阳设计	上海、合肥、蚌埠、南京、溧阳、安庆、杭州、武汉、宜昌、长沙、岳阳、常德、邵阳、南昌、成都、绵阳、雅安、遵义
夏热冬冷 B 区（3B）	应满足隔热、保温设计要求，强调自然通风、遮阳设计	重庆、赣州、吉安、宜宾、泸州、武夷山、桂林、韶关、连州、南平、邵武
夏热冬暖 A 区（4A）	应满足隔热设计要求，宜满足保温设计要求，强调自然通风、遮阳设计	福州、柳州、梧州、河池、漳平
夏热冬暖 B 区（4B）	应满足隔热设计要求，可不考虑保温设计要求，强调自然通风、遮阳设计	厦门、广州、深圳、河源、汕头、湛江、阳江、汕尾、南宁、百色、北海、海口、琼海、三亚
温和 A 区（5A）	应满足冬季保温设计要求，可不考虑防热设计	贵阳、昆明、丽江、大理
温和 B 区（5B）	宜满足冬季保温设计要求，可不考虑防热设计	瑞丽、临沧

4.2.3 满足隔声要求

为了获得安静的工作和休息环境，必须隔绝室外及邻室传来的噪声，因而要求墙体具有良好的隔声能力。为满足隔声要求，对墙体一般采取增加墙体密实性及厚度的措施，或采用有空气间层或多孔性材料的夹层墙。通过墙体减振和吸声等作用，提高墙体的隔声能力。

4.2.4 满足防火要求

作为建筑墙体的材料，其燃烧性能和耐火极限须符合防火规范的要求。当建筑的单层建筑面积或长度达到一定指标时，应划分防火分区，以防止火灾蔓延。防火分区一般利用防火墙进行分隔。防火墙应采用不燃烧体制作，且耐火极限不应低于 3h。甲、乙类厂房和甲、乙、丙类仓库内的防火墙，耐火极限不应低于 4h。一般墙体根据所在位置、作用、耐火等级，防火规范要求采用不燃烧体或难燃烧体，耐火极限从 3h 到 0.25h 不等。

4.2.5 满足防水防潮要求

根据《建筑与市政工程防水通用规范》（GB 55030–2022）相应规定，墙面防水层做法应符合下列规定：

（1）防水等级为一级的框架填充或砌体结构外墙，应设置2道及以上防水层。防水等级为二级的框架填充或砌体结构外墙，应设置1道及以上防水层。当采用2道防水时，应设置1道防水砂浆、1道防水涂料或其他防水材料。

（2）防水等级为一级的现浇混凝土外墙、装配式混凝土外墙应设置1道及以上防水层。

（3）封闭式幕墙应达到一级防水要求。

位于卫生间、厨房、实验室等有水的房间及地下室的墙，应采取防水、防潮措施。应选择良好的防水材料以及恰当的做法，保证墙体的坚固耐久性，使室内有良好的卫生环境。

4.2.6 满足建筑工业化要求

建筑工业化的关键是墙体改革，尽可能采用预制装配式墙体材料和构造方案，为生产工厂化、施工机械化创造条件，以降低劳动强度，提高墙体施工的效率。

4.3 墙身细部构造

课堂思考

- 你知道墙体材料有哪些吗？这些材料是采用怎样的组砌方式来形成一整面墙的？为了保证墙身的整体稳定性，在施工中还需要采取哪些构造措施？

4.3.1 墙体材料

墙体材料是房屋建筑主要的围护和结构材料，由块材和黏结材料组成。目前常用的墙体材料有砖、砌块、钢筋混凝土、板材，黏结材料主要为砌筑砂浆。

1. 砖

砖有很多种类，如图4-3所示。按材料不同，分为页岩砖、粉煤灰砖、灰砂砖和炉渣砖等；按所用材料和制作工艺不同，分为烧结砖（页岩砖、煤矸石砖、烧结粉煤灰砖等）和蒸养砖（非烧结砖）；按形状不同，分为实心砖、多孔砖和空心砖等。从砖的制作工艺看，有烧结和蒸压养护成型等方式。目前，常用的有烧结普通砖、烧结空心砖、烧结多孔砖、蒸压粉煤灰砖、蒸压灰砂砖等。砖的强度等级按其抗压强度取值，例如某种砖的标号为MU30，即其抗压强度平均值大于或等于30.0N/mm^2。

黏土砖

灰砂砖

粉煤灰砖

图4－3 不同材料的砖

（1）烧结普通砖。

烧结普通砖指各种烧结的实心砖，以粉煤灰、煤矸石和岩石等为主要原材料。黏土砖具有较高的强度和热工、防火、抗冻性能，但由于黏土材料污染农田，我国已逐步禁止使用实心黏土砖，可用多孔砖、空心砖、工业小砖（灰砂砖、蒸压粉煤灰砖、煤矸石砖等）、承重及非承重混凝土砌块、加气混凝土制品及各种轻质板材取而代之。例如，北京市在取代黏土实心砖后的代用材料主要为两大类，分别是多孔砖和承重混凝土空心砌块。

常用的实心砖规格（长 × 宽 × 厚）为240mm×115mm×53mm，加上砌筑时所需的灰缝尺寸（10mm），正好形成4：2：1的比例关系，便于砌筑时相互搭接和组合。

（2）烧结空心砖。

烧结空心砖是以页岩和煤渣灰等为主要原料，经过原料处理、成型、烧结制成的。空心砖的孔洞总面积占其所在砖面积的百分率，称为空心砖的孔洞率，一般应在15%以上。空心砖和实心砖相比，可节省大量的土地用土和烧砖燃料，减轻运输重量；减轻制砖和砌筑时的劳动强度，加快施工速度；减轻建筑物自重，加高建筑层数，降低造价。

烧结空心砖的一般规格是390mm×190mm×190mm，由两两相对的顶面、大面及顺面组成直角六面体，在烧结空心砖的中部开设有至少两个均匀排列的条孔，条孔之间由肋相隔，条孔与大面、顺面平行，其间为外壁，条孔的两开口分别位于两顶面上，在条孔与顺面之间分别开设有若干孔径较小的边排孔，边排孔与其相邻的边排孔或相邻的条孔之间的部分为肋。烧结空心砖结构简单，制作方便；砌筑墙体后，能确保设置在这种墙面上的单点吊挂的承载能力，适用于非承重部位，作墙体围护材料，如图4－4所示。

（3）烧结多孔砖。

烧结多孔砖是以页岩、煤矸石或粉煤灰为主要原料，经焙烧而成，孔洞率不小于25%，孔的尺寸小而数量多，主要用于承重部位的砖，简称多孔砖。烧结多孔砖除具有较高的抗压强度、耐腐蚀性及耐久性之外，还具有容重轻、保温性能好等特点。烧结多孔砖可广泛用于工业与民用建筑的承重墙体。

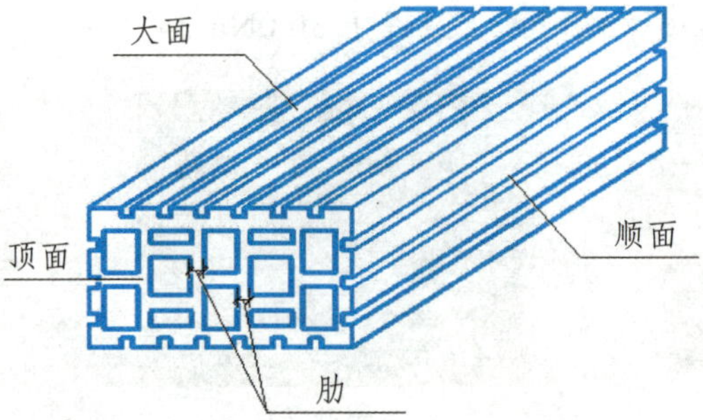

图 4－4　烧结空心砖

（4）蒸压粉煤灰砖。

蒸压粉煤灰砖是以粉煤灰、石灰、石膏和细集料为原料，压制成型后经高压蒸汽养护制成的实心砖，其强度高，性能稳定。蒸压灰砂砖是以石灰和沙子为主要原料，成型后经蒸压养护而成，是一种比烧结砖质量大的承重砖，其隔声能力和蓄热能力较好，有空心砖和实心砖两种。

2. 砌块

砌块墙是采用预制块材，按一定技术要求砌筑而成的墙体。预制砌块是利用混凝土、工业废料等材料制成的，既不占用耕地，又解决了环境污染问题。砌块具有生产投资少、外形尺寸比砖大、生产工艺简单、砌筑速度快等优点，因此，采用砌块墙符合建筑工业发展中墙体改革的基本要求。砌块尺寸较大，可分为小型、中型、大型三类。高度在 180 ～ 350mm 的一般称为小型砌块，其便于手工砌筑，在使用方面也较为灵活。高度在 350 ～ 900mm 的一般称为中型砌块；高度大于 900mm 的一般称为大型砌块。由于起重设备的限制，中型和大型砌块现已很少应用。常见砌块如图 4－5 所示。

图 4－5　砌块的常见形式

砌块的强度等级分为 MU20、MU15、MU10、MU7.5、MU5。

3. 钢筋混凝土

随着建筑层数和高度的进一步增加，水平荷载对建筑的影响增大。此时，采用钢筋混凝土墙体，可为整个建筑提供很大的抗剪强度和刚度，一般称这种墙体为“抗震墙”或“剪力墙”。

4. 板材

随着建筑结构体系的改革和大开间、多功能框架结构的发展，各种轻质和复合多功能墙用板材也蓬勃兴起。目前可用于墙体的板材品种很多，按墙板的功能分为外墙板、内墙板和隔墙板；按墙板的规格分为大型墙板、条板拼装的大板和小张的轻型板；按墙板的结构分为实心板、空心板和多功能复合墙板。

以建筑板材为围护结构的建筑体系，具有质轻、节能、施工方便快捷、使用面积大、开间布置灵活等特点，因此，板材具有良好的发展前景。

5. 砌筑砂浆

将砖、石、砌块等黏结成整体的砂浆称为砌筑砂浆。它起着黏结砖、石及砌块，传递荷载，协调变形的作用。同时砂浆具有嵌缝，可提高墙体的防寒、隔热和隔声的能力。砌筑砂浆应有一定的强度，以保证墙体的承载能力，同时还应有适当的流动性和保水性，即具有良好的和易性，方便施工。

常用的砌筑墙体的砂浆有水泥砂浆、石灰砂浆和混合砂浆三种。水泥砂浆属水硬性材料，其强度高，防潮性能好。通常在需要防潮的位置用水泥砂浆砌筑，如地下部分的墙体和基础。混合砂浆的强度较高，和易性好，其保水性优于水泥砂浆，常用于砌筑地面以上的砌体，是大量使用的砌筑砂浆。石灰砂浆属气硬性材料，其强度和防潮性均差，和易性好，用于砌筑次要民用建筑中地面以上对强度要求低的墙体。砌筑砂浆的强度也用强度等级表示，常用的砌筑砂浆等级有 M2.5、M5、M7.5、M10。

扩展阅读

砌体结构

砌体结构，作为建筑史上的一颗璀璨明珠，其历史悠久，可追溯至远古时代，天然石材便是那时最为质朴而坚韧的建筑材料之一。在古代文明的长河中，砌体结构不仅承载了居住与防御的功能，更成为无数纪念性建筑的基石，谱写了人类智慧与创造力的辉煌篇章。

我国作为砌体结构艺术的发源地之一，拥有着令世界瞩目的悠久历史和辉煌成就。举世闻名的万里长城，这条蜿蜒起伏、横亘东西的巨龙，不仅是中华民族坚韧不拔精神的象征，更是“秦砖汉瓦”精湛技艺的集中展现，作为世界上最伟大的砌体工程之一，其历史可追溯至两千多年前，至今仍令人叹为观止。

建于北魏时期的河南登封嵩岳寺塔，是座高达40米的砖砌密檐式古塔，以其独特的建筑风格和精湛的工艺技术，成为我国古代砌体结构艺术的杰出代表，它屹立于世，诉说着岁月的沧桑与文化的积淀。

始建于隋代的河北赵县安济桥，以其净跨37.37米、全长50.82米的雄伟身姿，不仅跨越了历史的长河，更以世界上最早的空腹式石拱桥的身份，展现了我国古代桥梁建筑的高超技艺与非凡成就。

此外，还有那至今仍发挥着重要灌溉作用的秦代都江堰水利工程，它不仅是古代劳动人民勤劳与智慧的结晶，更是我国古代砌体结构在水利工程领域的杰出应用，滋养了一方土地，造福了万千百姓。

这些宝贵的遗产，无一不彰显着我国砌体结构建筑艺术的独特魅力与深厚底蕴，是中华民族智慧与创造力的集中体现，值得我们每一位华夏儿女自豪与继承，让这份宝贵的文化遗产在新时代继续焕发光彩，传承永续。

4.3.2 墙体的组砌方式

组砌指砌块在砌体中的排列方式。为了保证墙体的强度，以及满足保温、隔声等要求，砌筑时砖缝砂浆应饱满、厚薄均匀，并且应保证砖缝横平竖直、上下错缝、内外搭接，避免形成竖向通缝，影响砖砌体的强度和稳定性。当外墙面作清水墙时，组砌时还应考虑墙面图案的美观。

1. 砖墙的尺寸及组砌

（1）砖墙的厚度。

实心砖墙的尺寸为砖宽加灰缝（115mm+10mm=125mm）的倍数。习惯上，在工程中砖墙的厚度以它们的标志尺寸来称呼，如12墙、18墙、24墙等，砖墙的厚度尺寸见表4－2。

表4－2　砖墙的厚度尺寸

墙厚名称	1/2砖	3/4砖	1砖	1砖半	2砖
尺寸组成	115×1	115×1+53+10	115×2+10	115×3+20	115×4+30
标志尺寸	120	180	240	370	490
构造尺寸	115	178	240	365	490
习惯称谓	12墙	18墙	24墙	37墙	49墙

（2）砖墙的组砌方式。

墙体在组砌时应遵循“内外搭接、上下错缝”的原则，使砖、砌块在墙体中能相互咬合，以增加墙体的整体性，保证墙体不出现连续的垂直裂缝，确保墙体的强度。

1）实体墙。

在砖墙的组砌中，长边平行于墙面砌筑的砖称为顺砖，长边垂直于墙面砌筑的砖称为丁砖，每排列一层砖称为一皮。上下皮之间的水平灰缝称为横缝，左右两砖之间的垂直缝称为竖缝，要求丁砖和顺砖交替砌筑，砂浆饱满，横平竖直。常见的砖砌体组砌方式如图 4－6 所示。

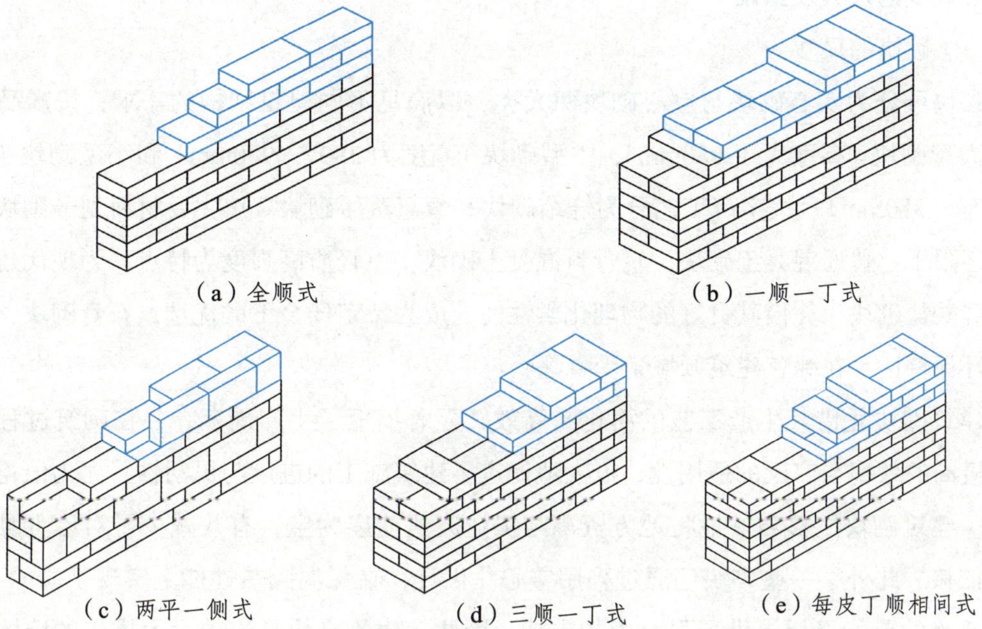

图 4－6　砖墙的组砌方式

2）空斗墙。

侧立砌筑的砖叫斗砖，内外皮斗砖之间离开较大空隙或填入松散材料而形成的墙叫空斗墙。内外皮斗之间需用通砖拉结，拉结砖可用丁斗砖，也可用卧砌丁砖。用眠砖拉结的叫有眠空斗墙；用丁斗砖拉结的叫无眠空斗墙。

空斗墙用料省、自重轻、保温隔热好，适用于炎热非震区的低层民用建筑。

3）组合墙。

为改善墙体的热工性能，外墙可采用砖与其他保温材料结合而成的组合墙。组合墙一般有外贴保温材料、内贴保温材料、中间填保温材料以及在墙体中间留空气间层等构造做法，构造做法见图 4－7。

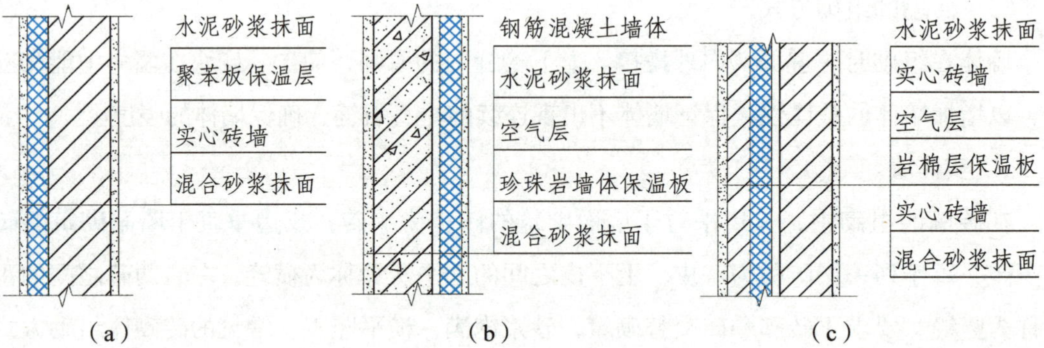

图 4－7　组合墙构造

2. 砌块的尺寸及组砌

（1）砌块的尺寸。

砌块可分为实心砌块与空心砌块两大类，以满足不同建筑结构的需求；按产品规格分为大型砌块（高度大于 980mm）、中型砌块（高度为 380 ～ 980mm）和小型砌块（高度为 115 ～ 380mm）；按生产工艺分为烧结砌块和蒸氧蒸压砌块。按主要材料划分砌块，包括但不限于：普通混凝土砌块；轻骨料混凝土砌块，以轻质高强度为特点，为现代建筑减负；硅酸盐砌块，凭借其良好的物理化学性能，成为特定场合下的优选；石膏砌块，其良好的环保特性，在绿色建筑领域备受青睐。

建筑砌块凭借其生产工艺的简化与高效，显著缩短了生产周期，并在砌筑过程中展现出极高的效率与广泛的适用性，极大地促进了建筑施工的进度与灵活性。尤为值得一提的是，建筑砌块能够巧妙地将地方资源与工业废渣变废为宝，有效减少了对珍贵黏土资源的依赖。此外，一些砌块还通过采用空心化设计，在保温隔热性能上实现了质的飞跃，为建筑物的节能降耗提供了强有力的支持。因此，建筑砌块是当前大力推广的墙体材料之一。

（2）砌块的组砌要求。

砌块必须在多种规格间进行排列设计，即设计时需要在建筑平面图和立面图上进行砌块的排列，并注明每一个砌块的型号；砌块排列设计时应正确选择砌块规格尺寸，减少砌块规格类型，优先选用大规格的砌块作主要砌块，以加快施工速度；上下皮应错缝搭接，内外墙和转角处的砌块应彼此搭接，以加强整体性；空心砌块上下皮应孔对孔、肋对肋，上下皮搭接长度不小于 90mm，保证有足够的受压面积。当采用混凝土空心砌块时，应在房屋四大角、外墙转角、楼梯间四角设芯柱。芯柱是用 C15 细石混凝土填入砌块孔中，并在孔中通入长钢筋。

扩展阅读

砌墙机器人的应用

《“十四五”智能制造发展规划》与《机器人产业发展规划（2016—2020年）》等一系列国家战略性规划文件的出台，明确勾勒了我国向智能制造迈进的宏伟蓝图，特别是在建筑行业，提出了至2025年前实施智能制造“两步走”战略，旨在加速该行业的智能化转型。为实现这一目标，国家已投入巨额资金，全力支持建筑施工机器人技术的研发与创新，特别是在砌体墙体自动砌筑装备这一关键领域，力求突破高水平、智能化砌筑作业技术的瓶颈，研发出符合我国国情、拥有自主知识产权的砌墙机器人，这不仅是工业化建筑施工现代化的迫切需求，更是推动“中国建造”向“中国智造”跨越的重要一步。

砌墙机器人的出现，彻底革新了传统的砌墙作业模式，其自动化、智能化的特性，使得砌筑作业速度更快、效率更高，同时依托精准的预设程序和参数控制，确保了墙体砌筑的精度与质量，包括墙体的垂直度、水平度和平整度等均达到前所未有的高标准。更为可喜的是，砌墙机器人有效替代了人工进行高空、狭小空间及有害环境下的作业，极大地降低了施工人员的安全风险，减少了高空作业事故，提升了整体施工的安全系数。

此外，砌墙机器人还集成了先进的数据记录与分析功能，能够实时监测砌墙过程中的各项参数、评估墙体质量，并即时反馈故障信息，这一特性不仅增强了施工过程的可追溯性和质量控制水平，也为后续的施工优化与技术创新提供了宝贵的数据支持。

面对建筑行业日益凸显的劳动力短缺问题，以及建筑工业化、信息化、数字化浪潮的加速推进，智能建筑机器人的研发与应用显得尤为关键。通过不断设计优化适用于不同施工场景的智能建筑机器人及其配套施工方案，并在现场进行实测验证，已充分证明智能建筑机器人在提高建筑施工效率、保障人员安全方面取得显著成效。展望未来，随着智能建筑机器人应用领域的不断拓展与深化，我们有理由相信，这一领域的持续创新与发展，将为中国乃至全球的建筑业带来革命性的转变，并推动“中国建造”品牌在全球舞台上的影响力与竞争力迈向新的高度。

4.3.3 墙体的细部构造

1. 散水与明沟

散水是沿建筑物外墙四周设置的向外倾斜的坡面。其作用是把屋面下落的雨水排到远处，进而保护墙基不受雨水等的侵蚀。散水适用于年降水量较少或建筑四周易于排出地面水的情况。

散水的宽度一般为 600 ～ 1 000mm。为保证屋面雨水能够落在散水上，当屋面采用无组织排水方式时，散水的宽度应比屋檐的挑出宽度大 200mm 左右；为了加快雨水的流速，散水表面应向外侧倾斜，坡度一般为 3% ～ 5%，其外边缘比室外地面高 20 ～ 30mm 为宜。散水上每隔 6m 需设伸缩缝一道，缝宽 20mm，散水与外墙间设通长缝，缝宽 10mm，缝内填沥青胶泥；散水下如设防冻层，做法为加铺 300 厚中砂。散水所用材料有砖、混凝土、水泥砂浆及石材等。图 4－8 为散水构造做法示例。

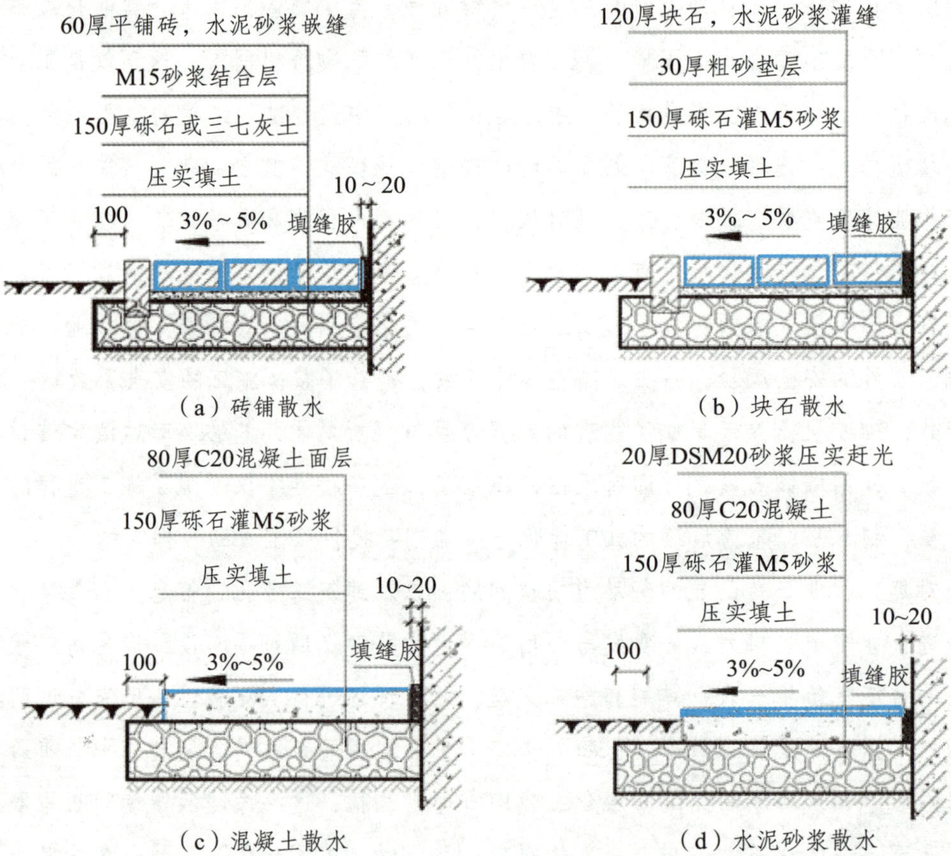

（a）砖铺散水　（b）块石散水
（c）混凝土散水　（d）水泥砂浆散水

图 4－8　散水构造做法

明沟又称为阳沟、排水沟，位于建筑物的四周。其作用是把屋面下落的雨水有组织地导向地下排水集井（又称集水口）而流入下水道。明沟面层为 5 厚 1∶2.5 水泥砂浆抹面，混凝土明沟沿长度方向每隔 6m 需设伸缩缝。一般在降雨量较大的地区采用明沟。

通常采用混凝土浇筑明沟，图 4－9 为明沟构造做法示例。

2. 勒脚

勒脚是室内地坪以下、室外地面以上的这段墙体。勒脚的主要作用：一是保护近地墙身不因外界雨、雪的侵袭而受潮、受冻导致破坏；二是加固墙身，以防止因外界机械性碰

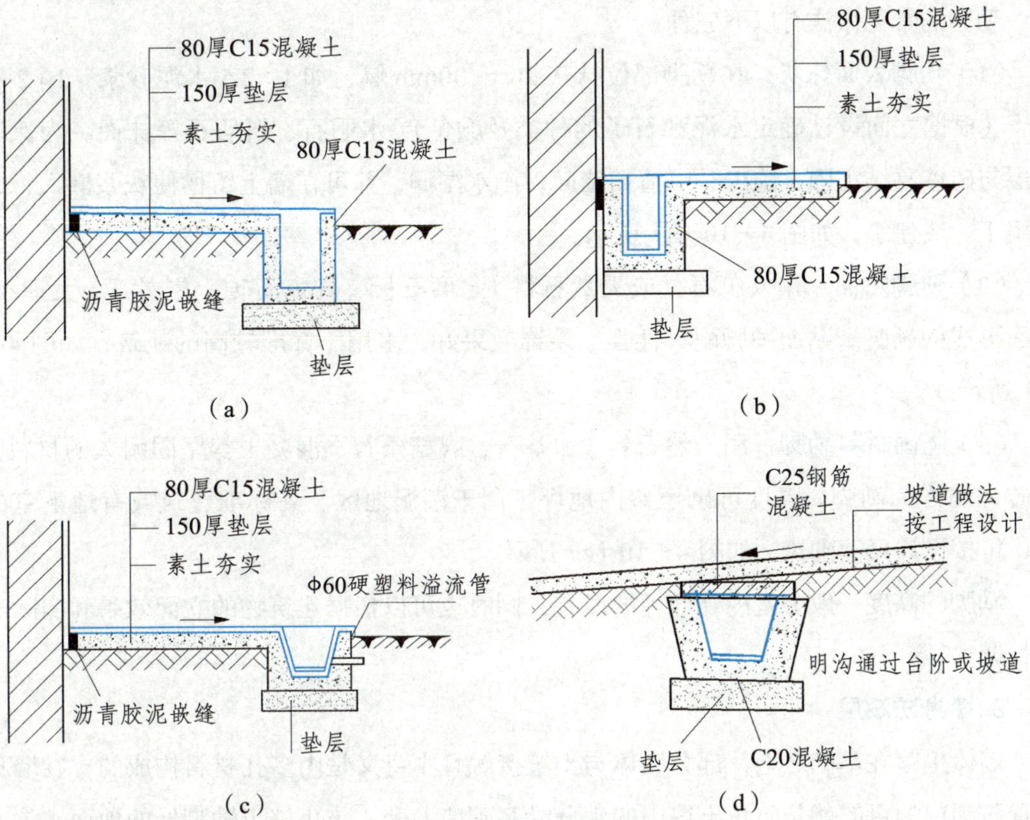

图 4-9　明沟构造做法

撞而使墙身受损；三是对建筑物立面处理产生一定的效果。因此，在勒脚构造上应采取防护措施，选用耐久性高、防水性能好的材料，做法中应结合建筑造型确定勒脚的高矮、颜色。勒脚一般采用的构造做法如图 4-10 所示。

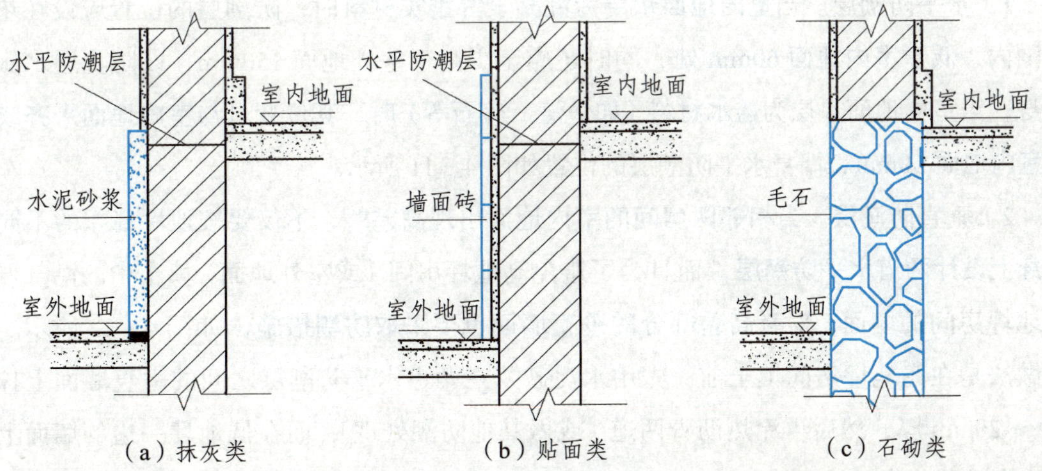

图 4-10　勒脚构造做法

勒脚的常见做法有以下三种：

（1）勒脚表面抹灰：在勒脚部位抹灰20～30mm厚，如1∶2.5水泥砂浆、1∶2水泥石子（根据立面设计确定水泥和石子的种类及颜色）、水刷石、斩假石等抹面。为保证抹灰层与砖墙黏结牢固，施工时应清扫墙面，洒水湿润，并可在墙上留槽使灰浆嵌入，此法多用于一般建筑，如图4-10（a）所示。

（2）勒脚贴面：用人工石材或天然石材（水磨石板、陶瓷面砖、花岗石、大理石等）贴面形成的勒脚。贴面勒脚耐久性强，装饰效果好，多用于标准较高的建筑，如图4-10（b）所示。

（3）坚固材料勒脚：用天然石料（如条石、蘑菇条石、混凝土等坚固耐久的材料）代替砖外墙作为勒脚。高度可砌至室内地坪，用于潮湿地区、高标准建筑或有地下室的建筑，可按设计尺寸砌筑，如图4-10（c）所示。

勒脚的高度一般为室内外地坪的高差，同时也可以根据建筑物的立面效果和实际需要进行调整。

3. 墙身防潮层

墙体坐落在基础之上，部分墙体与土壤接触且本身又是由多孔材料构成的，在墙身中设置防潮层的目的就是防止土壤中的水分沿基础墙上升，防止位于勒脚处的地面水渗入墙内使墙身受潮。墙身一旦受潮，会使饰面层脱落，降低其坚固性且影响室内环境卫生，因此，必须在内外墙脚部位连续设置防潮层。

（1）防潮层的类别。

按构造形式，防潮层分为水平防潮层和垂直防潮层。

1）水平防潮层。当室内地面垫层为混凝土等密实材料时，防潮层的位置应设在垫层范围内，低于室内地面60mm处，同时还应至少高于室外地面150mm，以防止遇水溅湿墙身；当室内地面垫层为透水材料（如炉渣、碎石等）时，其位置可与室内地面平齐或高于室内地面60mm。墙身水平防潮层的位置如图4-11所示。

2）垂直防潮层。当相邻两房间的室内地面出现高差时，不仅要按地坪高差的不同在墙身上设计两道水平防潮层，而且为了避免高地坪房间（或室外地面）填土中的潮气侵入低地坪房间的墙面，对有高差部分的垂直墙面也要采取防潮措施，如图4-12所示。具体做法是在高地坪房间填土前，先用水泥砂浆在两道水平防潮层之间的垂直墙面上抹灰15～20mm厚，然后再涂热沥青两道（或做其他防潮处理），而在低地坪一边的墙面上采用水泥砂浆打底的墙面抹灰。

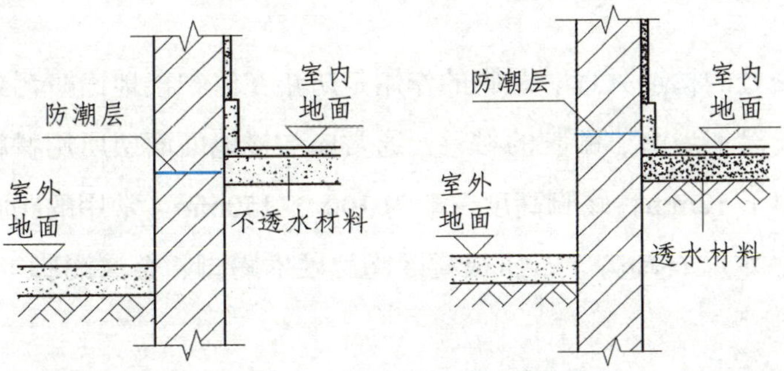

图 4－11　墙身水平防潮层的位置

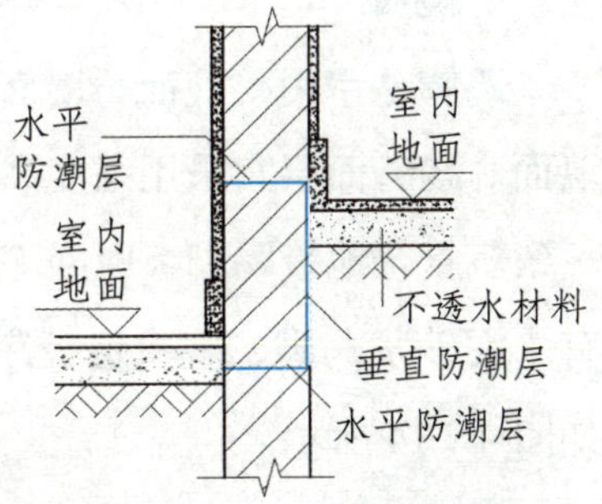

图 4－12　垂直防潮层

（2）防潮层的做法。

墙身防潮层的做法通常有以下三种：

1）卷材油毡防潮层。油毡防潮层通常采用沥青油毡，在防潮层部位先抹 20mm 厚的 1∶3 水泥砂浆找平层，然后干铺油毡一层或用沥青粘贴一毡二油。卷材的宽度应比墙体宽 20mm，搭接长度不小于 100mm。油毡防潮层具有一定的韧性、延伸性和良好的防潮性能，但其不能与砂浆有效地黏结，降低了结构的整体性，对抗震不利，而且卷材的使用年限往往低于建筑的耐久年限，卷材老化后将失去防潮的作用。因此，卷材防潮层在建筑中已较少采用。

2）砂浆防潮层。做法为在防潮层部位抹 20 厚 1∶2.5 水泥砂浆（掺水泥重量 3%～5% 的防水剂）。目前防水砂浆防潮层在实际工程中应用较多，特别适用于抗震地区、独立砖柱和扰动较大的砖砌体中。但砂浆开裂或不饱满时，影响防潮效果，所以在基础沉降量大或有较大振动的建筑中应慎重使用。

3）细石混凝土防潮层。细石混凝土防潮层是在防潮层部位铺设 60mm 厚 C15 或 C20 细石混凝土，内配 3Φ6 或 3Φ8 钢筋以抗裂。由于内配钢筋的混凝土密实性和抗裂性好、防水性和防潮性强，且与砖砌体结合紧密、整体性好，故适用于对整体刚度要求较高的建筑，特别是在抗震地区，墙身水平防潮层的做法如图 4－13 所示。

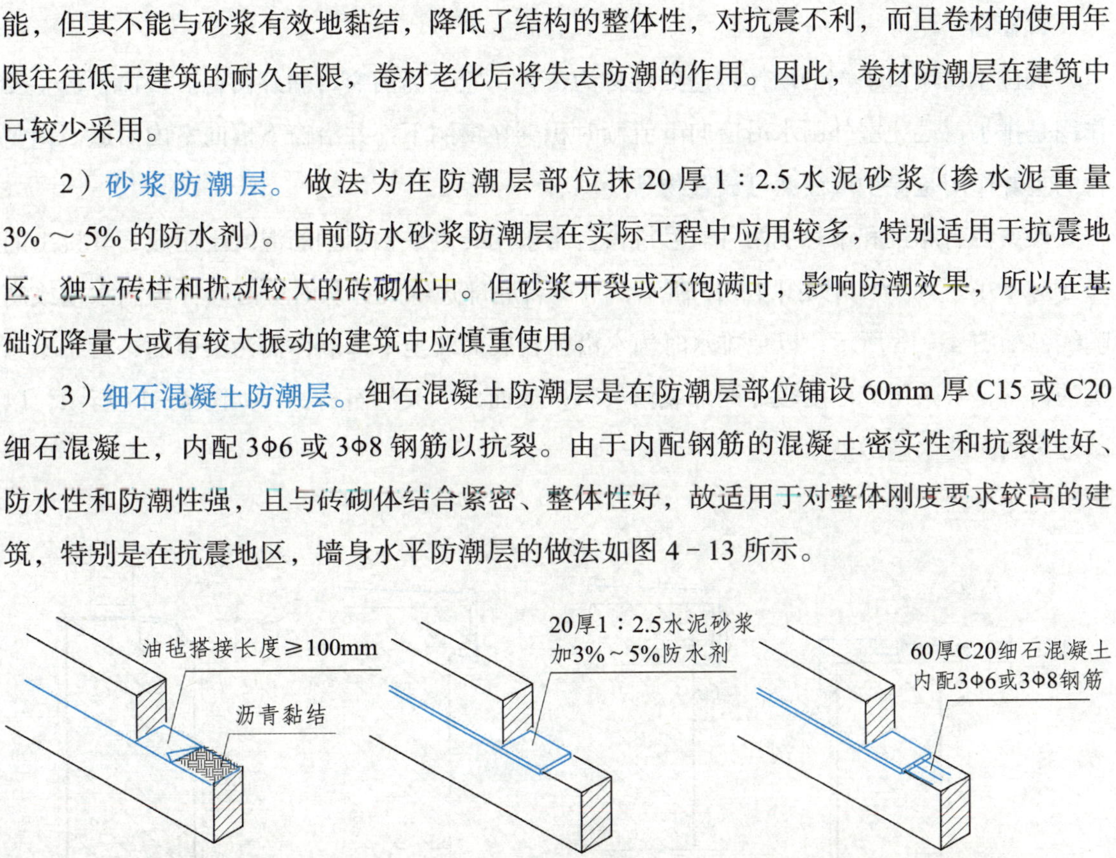

（a）油毡防潮层　　（b）防水砂浆防潮层　　（c）细石混凝土防潮层

图 4－13　墙身水平防潮层

4. 踢脚

踢脚是室内楼地面与墙面相交处的构造处理。踢脚的作用是防止在清扫楼地面时污染墙面。踢脚面层宜采用强度高、光滑、耐磨、耐脏的材料，通常应与楼地面面层所用材料一致。复合地板踢脚板厚度不应小于 12mm；踢脚高度一般为 100 ～ 150mm。常用的踢脚有水泥砂浆踢脚、塑料地板踢脚、水磨石踢脚、石质板材踢脚、硬木踢脚、金属踢脚等，如图 4 - 14 所示。

（a）瓷砖踢脚线

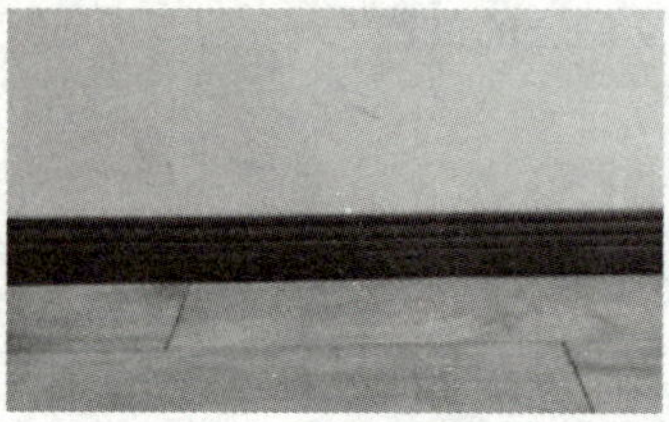
（b）硬木踢脚线

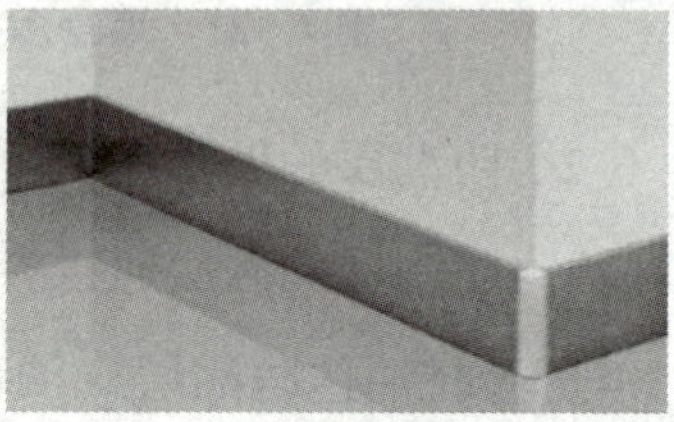
（c）金属踢脚线

图 4 - 14　踢脚线样式

5. 窗台

凡位于窗洞口下部的墙体构造处理称为窗台，它分为内窗台和外窗台。外窗台的主要作用是排水，避免室外雨水沿窗向下流淌时积聚在窗洞下部并沿窗下框向室内渗透。内窗台的主要作用是保护墙面并可放置物品。

外窗台有悬挑和不悬挑两种。悬挑窗台常采用砖砌或预制钢筋混凝土制成，其挑出的尺寸应不小于 60mm，如图 4 - 15 所示，且窗台底部边缘处抹灰时应必须抹出滴水槽或鹰嘴线，如图 4 - 16 所示，以免排水时雨水沿窗台底面流至下部墙体而污染墙面；对于不悬挑的窗台，宜采用光洁度较好的外装修材料，如面砖、天然石材等，如图 4 - 17 所示，以减轻对墙面的水迹污染。

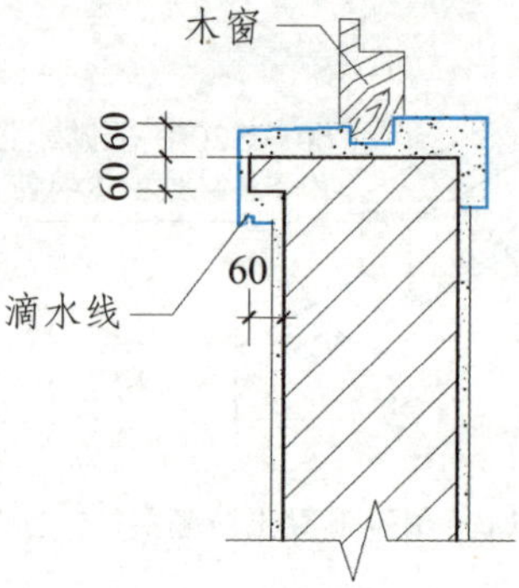

图 4 - 15　悬挑窗台构造

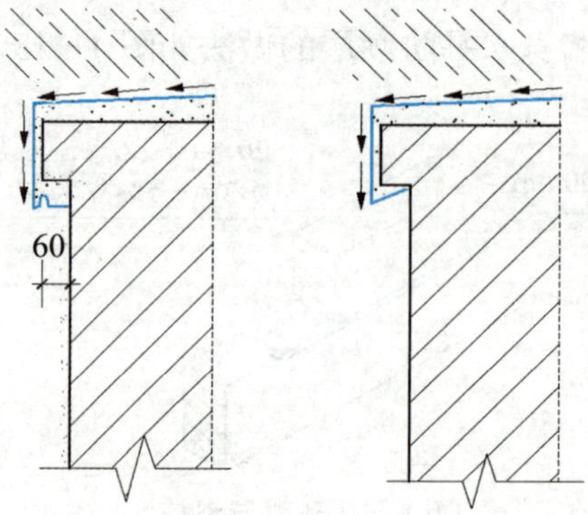

（a）滴水槽　（b）鹰嘴线

图 4 - 16　滴水槽与鹰嘴线

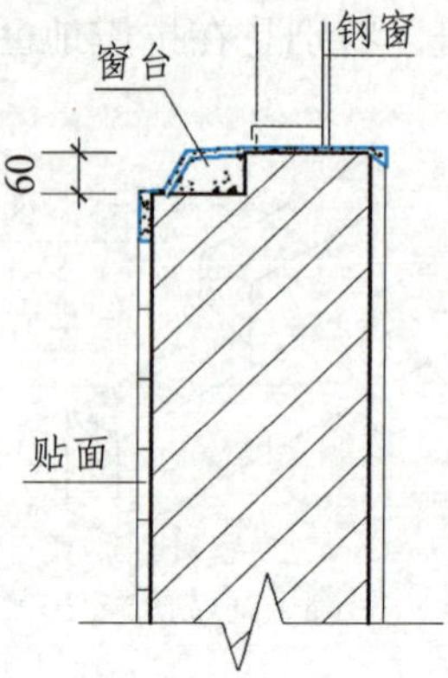

图 4 - 17　无悬挑窗台构造

外窗台面一般应低于内窗台面，且应抹成外倾坡，以利于排水，防止雨水流入室内，设计窗台的标高时以内窗台为准。内窗台可直接用砖砌筑，常常结合室内装饰做成砂浆抹灰、水磨石、贴面砖或天然石材等多种饰面形式。

6. 过梁

当墙体上要开设门窗洞口时，为了承担洞口上部砌体传来的荷载，并把这些荷载传给洞口两侧的墙体，常在门窗洞口上设置一根横梁。根据材料和构造方式不同，有钢筋混凝土过梁、砖拱过梁、钢筋砖过梁三种做法。

（1）钢筋混凝土过梁。

钢筋混凝土过梁的承载能力强，适应性强，可用于较宽的门窗洞口。按照施工方法不同，钢筋混凝土过梁可分为现浇和预制两种。为了施工方便，梁高应与砖的皮数相适应，如 60mm、120mm、180mm、240mm。过梁的宽度通常与墙厚相同，当墙面不抹灰，为清水墙结构时，其宽度应比墙小 20mm。为了避免局压破坏，过梁两端伸入墙体的长度不应小于 240mm。

钢筋混凝土过梁的截面形式有矩形和 L 形两种。矩形过梁多用于内墙和混水墙。钢筋混凝土的导热系数比砖砌体的导热系数大，为避免过梁处产生热桥效应致内壁结露，在严寒及寒冷地区外墙或清水墙中多用 L 形过梁。钢筋混凝土过梁的截面形式如图 4－18 所示。

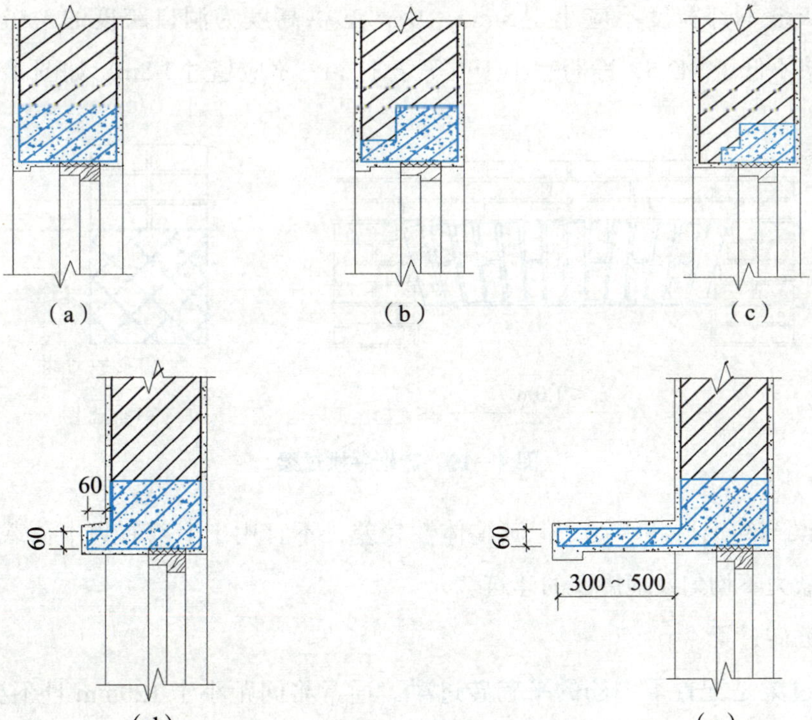

图 4－18 钢筋混凝土过梁的截面形式

扩展阅读

热桥效应

热桥，顾名思义就是热量传递桥梁的意思，特指低温空气沿着热绝缘性能不良的构件向高温端介质传递能量的现象。过去热桥又称冷桥，现统一定名为热桥。

由于热桥部位内表面温度较低，寒冬期间，当该处温度低于露点温度时，水蒸气就会凝结在其表面上，形成结露。此后，热桥部位容易沾上空气中的灰尘，逐渐变黑，从而生菌发霉。在寒冬时，热桥严重的部位甚至会淌水，对人们的生活和健康影响很大。

加强保温是处理热桥的有效办法。采用外墙内保温可以提高外墙的内表面温度，但外墙与隔墙、外墙与楼板等连接处的热桥比较明显。内保温越好，经由热桥散失热量所占的比例就越大。采用外保温则由于保温层覆盖住整个外墙面，有利于避免热桥的产生，但对于门窗口四周侧壁也应注意妥善保温，避免此处热量过多散失。至于铝窗框的热桥问题，可以通过在窗框内设置断热条的方法解决。

（2）砖拱过梁。

砖砌平拱过梁是我国的传统做法，采用竖砌的砖作为砖拱，利用灰缝上大下小的特点，使砖向两边倾斜、相互挤压形成拱的结构以承担荷载。砖拱过梁分为平拱和弧拱两种，建筑上常用砖砌平拱过梁。砖砌平拱过梁的高度多为一砖长，灰缝上部宽度不宜大于 15mm，灰缝下部宽度不应小于 5mm，中部起拱高度为洞口跨度的 1/50，砖不低于 MU7.5，砂浆不低于 M2.5，净跨宜小于或等于 1.2m，不应超过 1.8m，如图 4－19 所示。

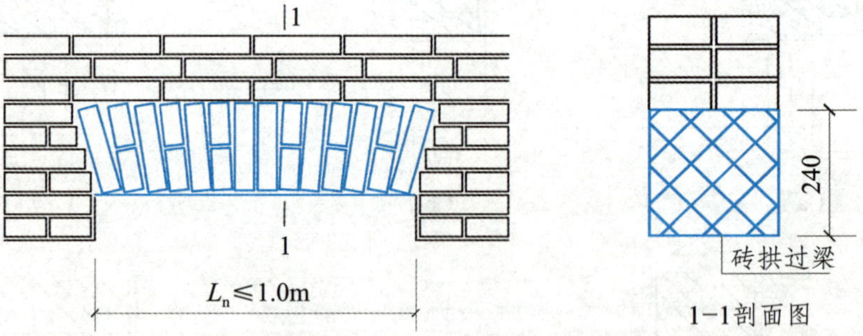

图 4－19　砖砌平拱过梁

砖拱过梁节约钢材和水泥，但其整体性较差，不宜用于上部有集中荷载、受振动荷载、地基承载力不均匀及地震区的建筑。

（3）钢筋砖过梁。

钢筋砖过梁是配置了钢筋的平砌砖过梁。通常将间距小于 120mm 且不少于两根 φ6 的钢筋埋在梁底部厚度为 30mm 的水泥砂浆层内，钢筋伸入洞口两侧墙内的长度不应小于

240mm，并设置 90° 直弯钩，埋在墙体的竖缝内。钢筋砖过梁应在洞口上部不小于 1/4 洞口跨度的高度范围内（且不应小于 5 皮砖），用不低于 M5 的砂浆砌筑。钢筋砖过梁净跨宜小于或等于 1.5m，不应超过 2m，如图 4－20 所示。

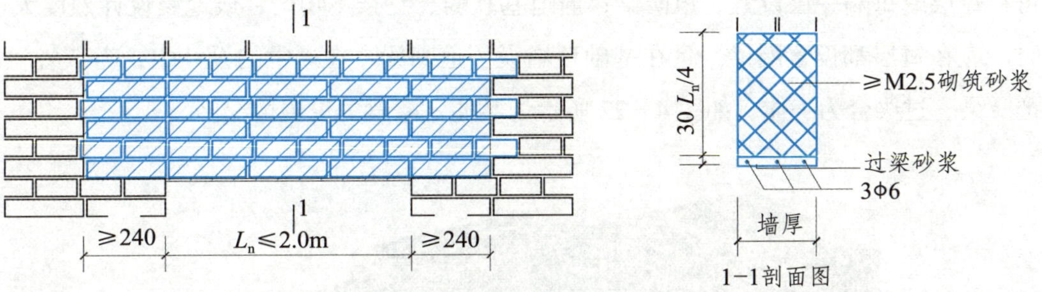

图 4－20　钢筋砖过梁

钢筋砖过梁施工方便，整体性好，但不宜用于上部有集中荷载、受振动荷载、地基承载力不均匀及地震区的建筑。

7. 圈梁

圈梁是沿外墙四周及部分内墙的水平方向设置的连续水平闭合的梁。圈梁配合楼板和构造柱共同作用，可提高建筑物的整体刚度及整体性，对建筑物起到腰箍作用，可增加墙体的稳定性，减少不均匀沉降引起的墙身开裂及对房屋的破坏。在抗震设防地区，圈梁与构造柱一起形成骨架，可提高抗震能力。

圈梁与构造柱

圈梁有钢筋砖圈梁和钢筋混凝土圈梁两种。钢筋砖圈梁多用于非抗震区，结合钢筋砖过梁使其沿外墙兜转而成。钢筋混凝土圈梁的宽度同墙厚且不小于 180mm，高度不应小于 120mm，常见的为 180mm、240mm。钢筋混凝土圈梁在墙身上的位置：外墙圈梁顶一般与楼板持平，铺预制楼板的内承重墙的圈梁一般设在楼板之下。圈梁最好与门窗过梁合一，在特殊情况下，当遇到门窗洞口导致圈梁不能闭合时，应在洞口上部增设相应截面的附加圈梁。附加圈梁与圈梁搭接长度不应小于其垂直间距的 2 倍，且不得小于 1m，如图 4－21 所示，但在抗震设防地区，圈梁应完全闭合，不能被洞口所截断。

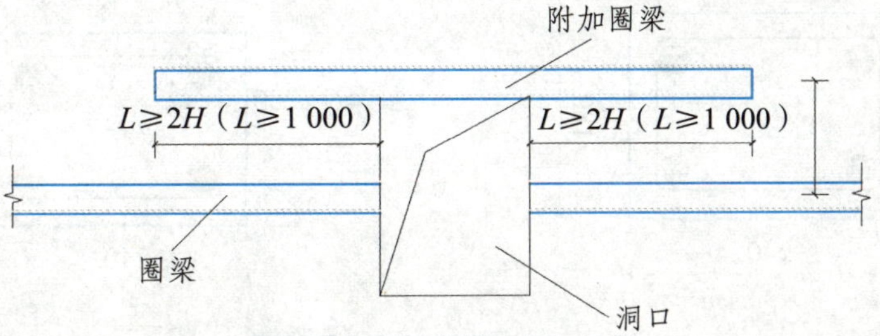

图 4－21　附加圈梁

在建筑中设置圈梁的道数，应结合建筑的高度、层数、地基情况和抗震设防要求等综合考虑。对于高度在 5 ～ 8m 的单层建筑，一般沿高度设置一道圈梁，并设置于顶部；而对于高度大于 8m 的单层建筑，设置两道圈梁，屋顶及基础顶各一道。对于多层建筑，一般可在每层或每隔一层设置一道圈梁；当地基软弱、复杂不均匀，或地震设计烈度大于 7 度时，应在每层都设置圈梁，且在基础顶增设一道圈梁。在通常的设计中，为节省材料，可把圈梁、过梁合为一体。如图 4 - 22 所示为某住宅圈梁的设置情况。

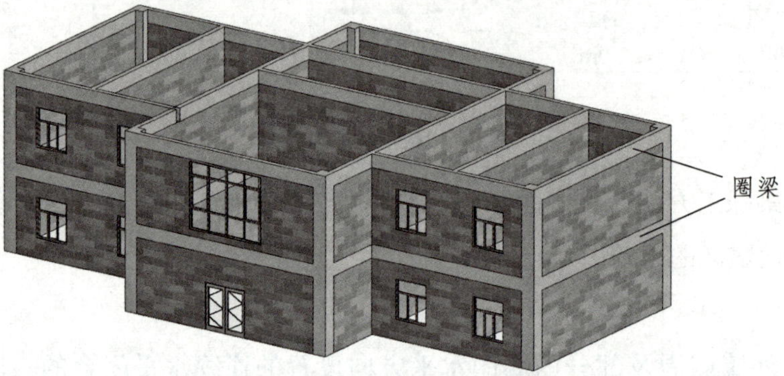

图 4 - 22　圈梁的设置情况

8. 构造柱

钢筋混凝土构造柱是从抗震角度考虑而设置的，构造柱的作用是帮助墙体受力，增强房屋的整体刚度及稳定性，减少不均匀沉降引起的墙身开裂。在抗震设防地区，圈梁与构造柱一起形成骨架，提高墙体抵抗变形的能力，并使砖墙在受震开裂后，也能裂而不倒。

构造柱的最小截面尺寸为 240mm × 180mm。构造柱的最小配筋量是：纵向钢筋 4ϕ12，箍筋为 ϕ6，间距不宜大于 250mm。7 度时超过 6 层、8 度时超过 5 层和 9 度时，主筋采用 4ϕ14，箍筋 ϕ6@200。构造柱下端应伸入地梁内，无地梁时，构造柱下端应伸入底层地坪下 500mm 处，构造如图 4 - 23 所示。

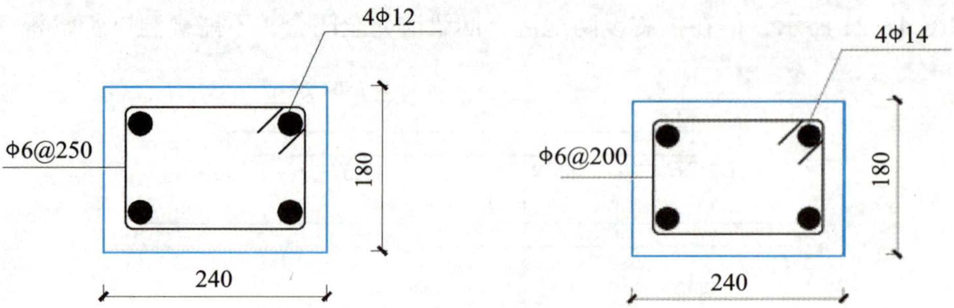

图 4 - 23　钢筋混凝土构造柱

为加强构造柱与墙体的连接，该处墙体宜砌成马牙槎，并应沿墙高每隔 500mm 设置 2φ6 拉结钢筋，每边伸入墙内不少于 1m。施工时应先砌砖墙形成马牙槎，而后随着墙体的升高而逐段现浇混凝土构造柱身，构造如图 4－24 所示。

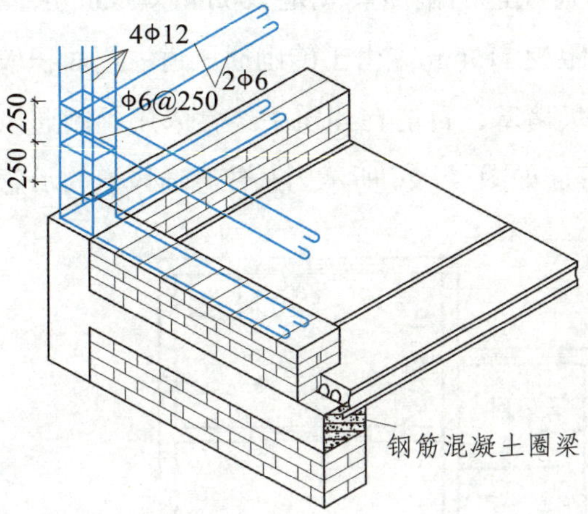

图 4－24　构造柱的马牙槎

钢筋混凝土构造柱一般设在建筑物的四周、内外墙交接处、楼梯间、电梯间以及某些较长墙体的中部，其平面位置如图 4－25 所示。

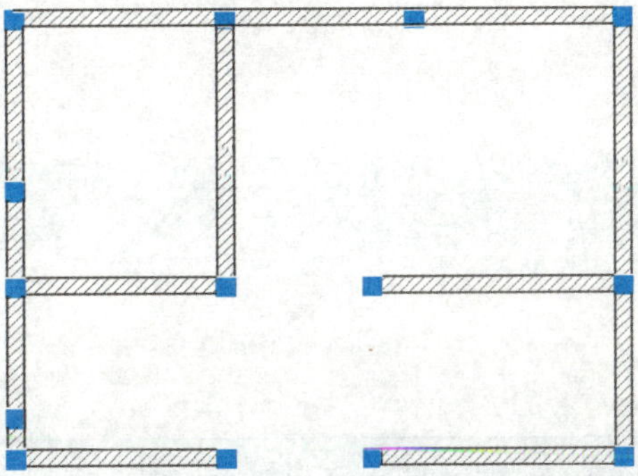

图 4－25　构造柱平面位置布置图

9. 墙体中竖向孔道

墙体中的竖向孔道主要有通风道、烟道，目前烟道在城市建筑中已较少见。

通风道是墙体中常见的竖向孔道，主要为了排除室内的污浊空气，减少不良气味。应在人流集中的房间、易产生不良气味的房间设置通风道。对由于建筑布局或气候限制无法经常利用开窗进行通风换气的房间，通风道的作用尤其重要。通风道的截面积与房间的面积和换气次数有关。

为了使通风道正常地发挥作用，通风道的设置应满足以下条件：通风道出屋面部分应高于女儿墙或屋脊；同层的房间不应共用一个通风道；寒冷及严寒地区的通风道不应设在外墙内，如受条件限制必须设在外墙内时，通风道不能削弱外墙的截面厚度；通风道在墙上的开口应靠近房间顶棚，一般为 300mm 左右。

通风道的组织方式较多，主要有每层独用、隔层共用、子母式三种，目前采用较多的是子母式通风道。砖砌子母式通风道中，母通风道的截面尺寸是 260mm × 135mm，子通风道的截面尺寸是 135mm × 135mm，二者间距为 115mm。由于砖砌通风道占用面积较多、施工复杂，而且容易在施工过程中被建筑垃圾堵塞，目前在建筑中经常采用预制通风道，如预制钢筋混凝土通风道、预制浮石通风道等。如图 4 – 26 所示为某住宅通风道的示意图。

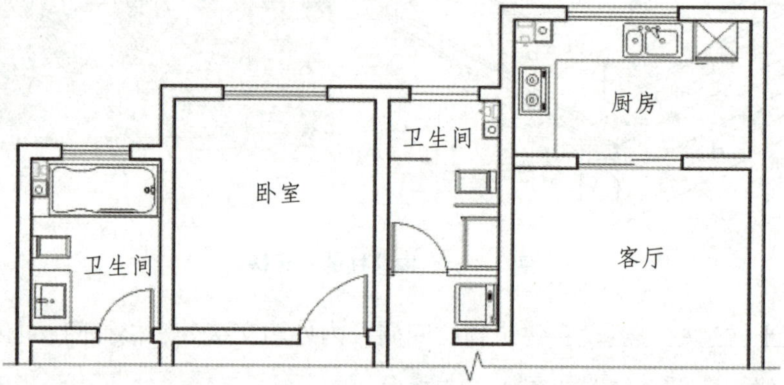

图 4 – 26　某住宅通风道的示意图

4.4 隔墙

课堂思考

- 建筑隔墙作为分隔建筑水平空间的构件，主要设置在室内各个功能区域之间，旨在优化空间布局，提升居住或使用的私密性、隔音效果及视觉美感。隔墙不仅承载着物理分隔的重任，还通过其材质、色彩、造型的设计，巧妙地融入整体装修风格，营造出既独立又和谐的空间氛围。那你知道隔墙一般采用什么材料吗？又有哪些构造要求？

在钢筋混凝土承重结构体系中，荷载由钢筋混凝土构件承受，墙体只起到围护和分隔空间的作用，这种结构中的墙就是隔墙。隔墙是分隔建筑物内部空间的非承重内墙，隔墙的重量由楼板或墙梁承担。隔墙的构造设计应满足：（1）重量轻，有利于减轻楼板的荷载；（2）厚度薄，增加建筑的有效空间；（3）有一定的隔声能力，避免各房间互相干扰；（4）便于拆装，能随着使用要求的改变而变化；（5）根据使用部位不同，还需满足防潮、防水、防火等要求。

根据材料和施工方式不同，隔墙可以分成砌筑隔墙、立筋隔墙和板材隔墙。

4.4.1 砌筑隔墙

砌筑隔墙有砖砌隔墙和砌块隔墙两种。这种隔墙自重较大，现场湿作业量较大，但经过抹灰装饰后其隔声效果较好。

1. 砖砌隔墙

普通砖砌隔墙有半砖（120mm）和1/4砖（60mm）两种。半砖隔墙是用普通砖顺砌而成的；当采用M5砂浆砌筑时，高度不宜超过4m，长度不宜超过6m；否则除砌筑时应与承重墙牢固搭接外，还应在墙身每隔1.2m高处加2Φ6拉结钢筋予以加固。顶部楼板相接处用立砖斜砌，填塞墙与楼板间的空隙，以防止楼板或梁产生挠度导致隔墙被压坏。在构造上，为保证墙体的稳定性，隔墙两端应与承重墙牢固连接，并沿墙身高度每隔1.2m设一道30mm厚的水泥砂浆层，内放2Φ6钢筋，如图4－27所示为半砖隔墙构造。

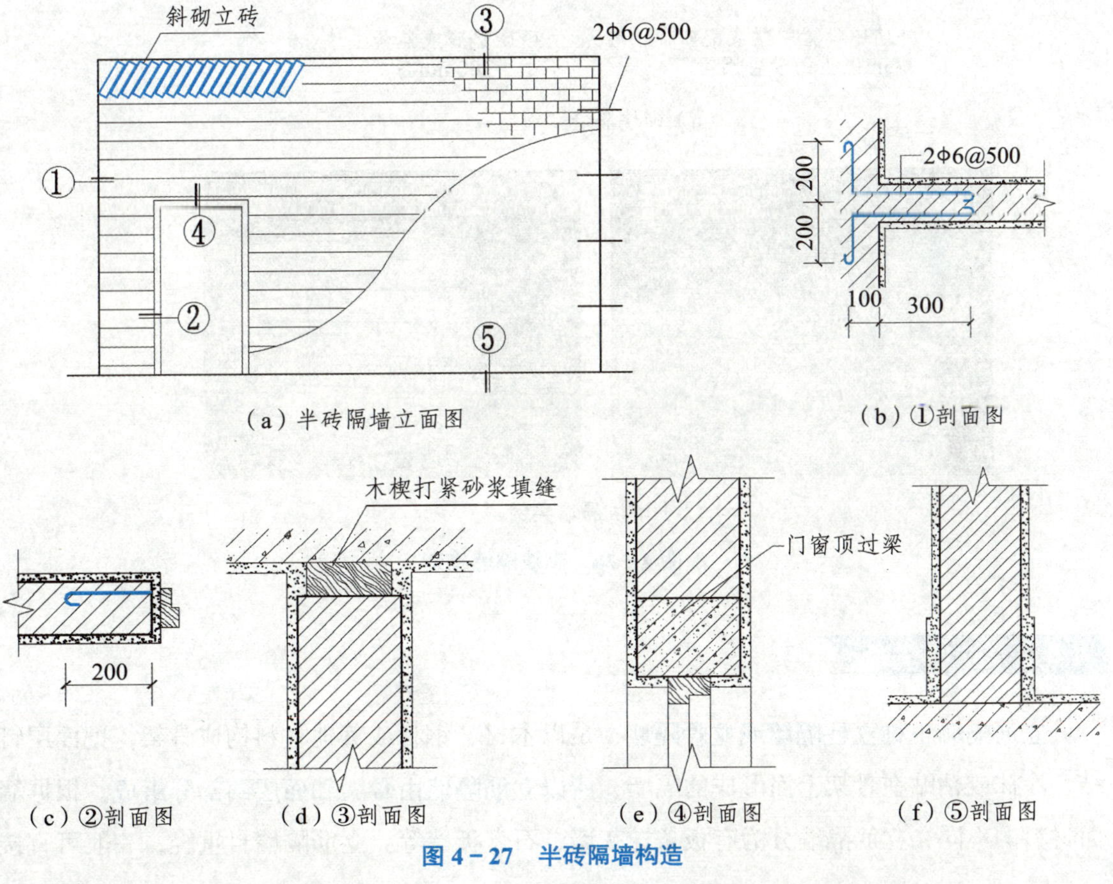

图4－27 半砖隔墙构造

2. 砌块隔墙

为了减轻自重和节约用砖，砌块隔墙常采用加气混凝土砌块、粉煤灰硅酸盐砌块、炉渣混凝土砌块、陶粒混凝土砌块等。砌块隔墙都具有重量轻、孔隙率大、保温隔热性能好、节省黏土等优点；但其吸水性强，一般应先在隔墙下部实砌 3 ～ 5 皮实心黏土砖，如图 4－28 所示。因砌块较薄，需采取措施加强其稳定性，方法与普通砖砌隔墙相同。

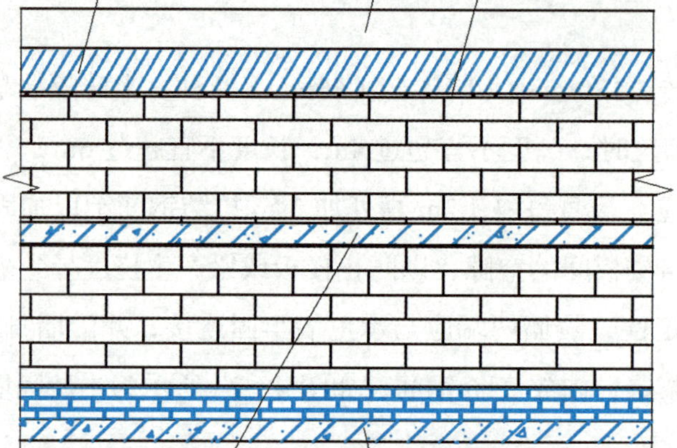

（a）砌块隔墙立面图

（b）砌块隔墙实例

图 4－28　砌块隔墙构造

4.4.2 立筋隔墙

立筋隔墙也称立柱隔墙或龙骨隔墙，是以木材、钢材或其他材料构成骨架，把面层钉结、涂抹或粘贴在骨架上而形成的隔墙，所以立筋隔墙由骨架和面层两部分组成。根据墙面材料的不同，立筋隔墙分为有板条抹灰墙、石膏板墙等。立筋隔墙自重轻，一般可直接设在楼板上，板下可不设梁。因立筋隔墙中有空气夹层，其隔声效果较好。但这类隔墙防水、防潮能力较差，不宜用在潮湿房间。

1. 板条抹灰隔墙

板条抹灰隔墙简称板条墙。它是在由上槛、下槛、立龙骨、斜撑等构件组成的骨架上钉灰板条，然后抹灰而成的，如图 4 - 29 所示。灰板条尺寸一般为 1 200mm × 24mm × 6mm。应在板条间留出 6 ～ 10mm 的空隙，使灰浆能挤到板条缝的背面，咬住板条。

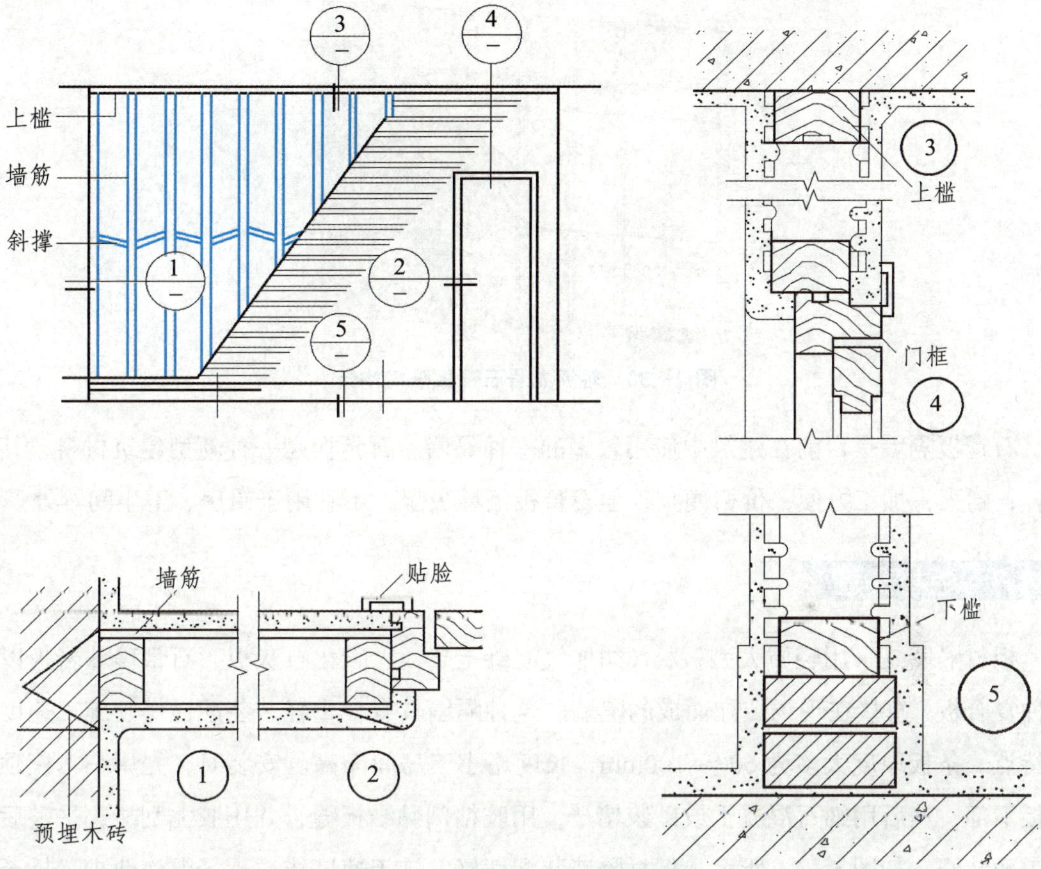

图 4 - 29　板条抹灰隔墙构造

板条抹灰隔墙防水、防潮、防火、隔声等性能差，并且耗费大量木材，施工复杂，湿作业多，难以满足建筑工业化的要求，目前已很少采用。

2. 立筋面板隔墙

立筋面板隔墙是在骨架两侧镶钉胶合板、纤维板、石膏板或其他轻质薄板构成的隔墙。胶合板、纤维板以木材料为原料，多采用木骨架，木骨架的做法同板条抹灰隔墙。石膏板多采用石膏或金属骨架，金属骨架通常采用薄壁型钢、铝合金薄板等，面板借助镀锌螺钉、自攻螺钉、膨胀螺钉或金属夹子固牢在金属骨架上。

轻钢龙骨隔墙

轻钢骨架由上槛、下槛、横龙骨、竖龙骨组成，其隔墙做法是在楼板垫层上浇筑混凝土墙垫，用射钉将下槛、上槛和边龙骨分别固定在墙垫、楼板底和砖墙上，安装中间龙骨及横撑，用自攻螺丝安装底板及面板，用50mm宽玻璃纤维带粘贴板缝、壁纸及其他装饰面料，如图4－30所示为轻钢龙骨石膏板隔墙构造。

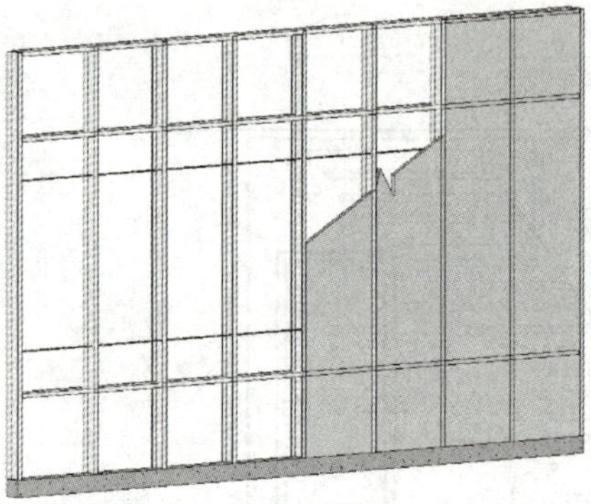

图4－30 轻钢龙骨石膏板隔墙构造

石膏板隔墙是目前在建筑中使用较多的一种隔墙。石膏板是一种新型建筑材料，其自重轻，耐火，加工方便，价格便宜，但石膏板极易吸湿，不宜用于厨房、卫生间等处。

4.4.3 板材隔墙

板材隔墙是采用轻质大型板材（如加气混凝土条板、碳化石灰板、石膏珍珠岩板以及各种复合板）直接在现场装配而成的隔墙。这种隔墙具有自重轻、装配性好、施工速度快的特点。条板厚度大多为60～100mm，长度略小于房间净高。安装时，先用小木楔顶紧条板下部，然后用细石混凝土或砂浆堵严，用胶粘剂黏结板缝，并用胶泥刮缝，平整后再做表面装修，如图4－31所示。板材隔墙装配性好，施工速度快，现场湿作业少，拆迁较方便，防火性能好；但也存在隔声效果较差、取材受条件限制、连接不理想等缺点。

图4－31 板材隔墙

4.5 幕墙构造

课堂思考

- 在现代建筑中建筑幕墙的作用广泛而深远，它不仅是建筑外观的重要组成部分，而且在功能性、环保性、美观性等多个方面发挥着关键作用。建筑幕墙与传统建筑外墙有何本质区别？在环保与可持续发展的背景下，现代建筑幕墙采用了哪些创新技术来降低能耗、提升能效？

建筑幕墙是建筑物不承重的外墙围护，通常由饰面板（玻璃、铝板、石板、陶瓷板等）、骨架材料及封缝材料组成。幕墙骨架是幕墙的支撑体系，它承受面层传来的荷载，然后将荷载传递给主体结构。幕墙骨架一般采用型钢、铝合金型材等。封缝材料是用于幕墙与框格、框格与框格之间缝隙的材料，如填充材料、密封材料和防水材料等。为了固定和装饰幕墙，还应配有连接件、固定件、装饰件。

幕墙按饰面材料的不同可分为玻璃幕墙、金属板幕墙、石材幕墙等。

4.5.1 玻璃幕墙

玻璃幕墙指用玻璃材料覆盖建筑物的表面。玻璃幕墙悬挂于骨架结构上，承受着风荷载，并通过连接固定体系将其自重和风荷载传递给骨架结构。玻璃幕墙因美观、自重轻、采光好及标准化、工业化程度高等特点，自 20 世纪 80 年代起，在商场、写字楼、酒店、机场、车站等大型和高层建筑的外装饰上得到广泛应用。幕墙玻璃主要有镜面玻璃、普通玻璃等品种。玻璃幕墙的骨架，主要由构成骨架的各种型材，以及用于连接与固定的各种连接件、紧固件组成。但考虑到能源损耗、光污染等问题，故不能滥用玻璃幕墙。

玻璃幕墙

1. 新建玻璃幕墙安全防护措施

根据 2015 年住房城乡建设部、国家安全监管总局发布的《关于进一步加强玻璃幕墙安全防护工作的通知》，进一步强化新建玻璃幕墙安全防护措施如下：

（1）新建玻璃幕墙要综合考虑城市景观、周边环境以及建筑形制和使用功能等因素，按照建筑安全、环保和节能等要求，合理控制玻璃幕墙的类型、形状和面积。鼓励使用轻质节能的外墙装饰材料，从源头上减少玻璃幕墙安全隐患。

（2）新建住宅、党政机关办公楼、医院门诊急诊和病房楼、中小学校、托儿所、幼儿园、老年人建筑，不得在二层及以上采用玻璃幕墙。

（3）人员密集和流动性大的商业中心、交通枢纽、公共文化体育设施等场所，临近道路、广场及下部为出入口、人员通道的建筑，严禁采用全隐框玻璃幕墙。

（4）玻璃幕墙宜采用夹层玻璃、均质钢化玻璃或超白玻璃。

（5）新建玻璃幕墙应依据国家法律法规和标准规范，加强方案设计、施工图设计和施工方案的安全技术论证，并在竣工前进行专项验收。

2. 有骨架体系玻璃幕墙

有骨架体系玻璃幕墙的主要受力构件是幕墙骨架，根据幕墙骨架与玻璃的连接构造方式，可分为明框式玻璃幕墙和隐框式玻璃幕墙，如图 4－32 所示。

（a）明框式玻璃幕墙　　（b）隐框式玻璃幕墙

图 4－32　有骨架体系玻璃幕墙

（1）明框式玻璃幕墙。

明框式玻璃幕墙也称为普通玻璃幕墙，它以特殊断面的铝合金型材为框架，其玻璃面板全嵌入型材的凹槽内，成为四边有铝框的幕墙构件。幕墙构件镶嵌在横框及立柱上，框、立柱均外露，铝框分格明显。横框和立柱本身兼具龙骨及固定玻璃的双重作用。横梁上有固定玻璃的凹槽，不用其他配件。明框式玻璃幕墙是一种传统的形式，其应用广泛，工作性能可靠，相对于隐框玻璃幕墙，更易满足对施工技术水平的要求。

（2）隐框式玻璃幕墙。

隐框式玻璃幕墙是将玻璃用硅酮结构胶黏结于主框架体系的竖梃和横梁上，因从其外表看不见框，故称为隐框式玻璃幕墙。安装玻璃时，要采用辅助固定装置，将玻璃定位固定后再涂硅酮胶，待胶固化后能承受力的作用时，才能将辅助固定装置拆除。该幕墙体系装饰效果好，但对玻璃与骨架的粘贴技术要求高。

3. 全玻璃幕墙

全玻璃幕墙又称为无骨架玻璃幕墙，其主要受力构件就是幕墙玻璃本身。全玻璃幕墙无支撑骨架，因此玻璃可以采用大块饰面，幕墙利用上下支架直接将玻璃固定在主体结构上，形成无遮挡的透明墙面。由于幕墙玻璃的面积较大，为加强自身刚度，每隔一定距离需粘贴一条垂直的玻璃肋板，称为肋玻璃，面层玻璃则称为面玻璃。在面玻璃与肋玻璃相交的部位应留一定的间隙，用以注满硅酮系列密封胶。全玻璃幕墙所用的玻璃多为钢化玻璃和夹层钢化玻璃。在建筑物底层及旋转餐厅，为满足人们游览观光的需要，有时需要采用完全透明、无遮挡的全玻璃幕墙。

扩展阅读

玻璃幕墙

在建筑施工的进程中，玻璃幕墙作为一种新型的外墙装饰形式，其核心在于融合玻璃材质与精密设计的支撑结构，共同构筑出既美观又实用的墙体系统。相较于传统装饰墙体，玻璃幕墙展现了显著的优越性，这得益于其独特的材质特性，在使用过程中，玻璃幕墙展现出卓越的稳定性——不变形、不偏移，同时兼具隔音、隔热、防结露、防潮以及抗风压等强大功能。尤为值得一提的是，由于玻璃幕墙安装于建筑外围，这一设计巧妙地避免了给建筑物增加额外的承重负担。

随着装饰材料技术的持续进步，玻璃幕墙的材料选择也日益丰富多样。现代玻璃幕墙采用多种创新材料，极大地提升了建筑物的视觉美感，通过新型材料的运用，玻璃幕墙有效吸收太阳光中的红外线成分，显著降低室内因太阳辐射而产生的热量，从而有效调节室内温度，减少能源消耗，为解决建筑能耗问题提供了创新途径。

玻璃幕墙的发展正逐步向美观性、环保性和健康性并重迈进。玻璃幕墙的制造商致力于为用户打造更加宜人、美观且符合可持续发展理念的建筑空间。玻璃幕墙的应用不仅提升了人们居住与工作的舒适度，也积极推动了我国建筑行业的绿色转型与健康发展。

4.5.2 金属板幕墙

金属板幕墙，包括以金属板为面板和由竖龙骨与横龙骨构成的龙骨框架，如图 4－33 所示。该幕墙由金属板作装饰性面层，通过面板背后的金属框架、转接件等与建筑物主体相连接。金属板幕墙中最常见的是钢板幕墙，其中的铝板常用平铝板、蜂窝铝板、复合铝板等。金属饰面板与骨架连接，通常采用镀锌螺钉或不锈钢螺栓连接。

图 4－33　金属板幕墙

4.5.3　石材幕墙

石材幕墙是目前建造墙面的一种广泛运用的施工工艺，是不承担主体结构荷载与作用的建筑围护结构，如图 4－34 所示。该工艺利用耐腐蚀的螺栓和耐腐蚀的柔性连接件，将花岗石、大理石、石灰石等饰面石材直接挂在建筑物的外表面，主要用于重要建筑的基座、墙面、柱面、勒脚、地面等部位。因石材通常质脆、硬度低、抗冻性差、室外耐用年限短，当将石材幕墙用于室外时，需在其表面涂刷有机硅等罩面材料进行保护。石材幕墙的形式分为有骨式和无骨式两种。

（a）石材幕墙立面

（b）石材连接

图 4－34　石材幕墙

扩展阅读

上海中心大厦

上海中心大厦巧妙地将中国的自然风貌与传统文化融为一体，将上海这座传统城市的丰富内涵以垂直的形态重新诠释。“龙形”流线玻璃晶体这一独特且优雅的外观造型，不仅是对中国传统文化的致敬与传承，更是现代中国活力与繁荣的生动展现，彰显了传统与现代的和谐共生。

设计团队运用参数化设计技术，深入探索多样化的立面设计方案。通过精密的计算与规划，成功地将超过两万块幕墙的元素巧妙组合，创造出七千余种独特规格的玻璃面板，每一块都承载着对细节极致追求的匠心。

上海中心大厦不仅是建筑艺术的典范，更是绿色可持续建筑的标杆。其双层透明幕墙系统作为设计的核心亮点之一，不仅大幅降低了制暖和制冷的能耗，还通过最大化利用自然光，显著减少了对照明电力的依赖。双层幕墙之间的空腔巧妙地充当了高效的温度缓冲区，有效隔绝了室内与室外环境的直接热交换，相比传统的单层幕墙，双层幕墙的能耗减少幅度可达约50%。

综上所述，上海中心大厦以其卓越的设计理念、精湛的工艺技术以及对可持续发展的深刻实践，为未来超高层建筑的发展树立了新的标杆。它不仅是一座建筑，更是人类智慧与文明进步的象征，引领着未来城市发展的新方向。

4.6 墙面装饰

课堂思考

- 墙面，作为建筑物的最大面积元素，不仅是建筑的肌肤，更是设计师表达个性、营造氛围的重要舞台。那么，利用不同的材料、色彩和构造做法，通过怎样的墙面装饰手法可以赋予建筑独特的个性和特色，从而提升建筑的艺术效果？

4.6.1 墙面装饰的作用与分类

1. 墙面装饰的作用

墙面装修是建筑装修中的重要内容，其主要作用如下：

（1）保护墙体。

建筑结构构件裸露在空气中，在风、霜、雨、雪、太阳辐射等的作用下，混凝土可能变得疏松、碳化；构件因热胀冷缩导致结构节点被拉裂，等等。对墙面进行装修，不仅可以提高建筑对不利因素的抵抗能力，还可以避免主体结构暴露在空气中，进而增强墙体的坚固性、提高其耐久性、延长其使用年限。

（2）改善墙体的物理性能。

对墙面进行装饰，墙厚增加，提高了墙体的保温、隔热能力。内墙面经过装修，变得平整、光洁，可以加强光线的反射，提高室内的照度和采光的均匀度。

（3）美化环境、丰富建筑的艺术形象。

墙面装修是建筑空间艺术处理的重要手段之一。外墙的装饰可通过饰面材料的质感、色彩、线条和纹样等在一定程度上改善建筑的内外气氛，展现丰富的建筑艺术形象。内墙装饰适当结合室内的地面和顶棚，可在不同程度上起到美化室内环境的作用。

2. 墙面装饰的分类

墙面装饰分类

（1）按装修部位分类。

墙面装修按其所处部位不同，可分为外墙面装饰和内墙面装饰。外墙面装饰应采用强度高、抗冻性强、耐风化、耐水性好及具有抗腐蚀性的建筑材料；内墙面装饰则根据使用功能及装修标准来确定，一般选择易清洁、接触感好、光线反射能力强的饰面。

（2）按材料和施工方式的不同分类。

常见的墙面装饰可分为抹灰类、贴面类、涂刷类、裱糊类、铺钉类和其他类。墙面装饰分类见表 4 - 3。

表 4 - 3　墙面装饰分类

类别	室外装饰	室内装饰
抹灰类	水泥砂浆、混合砂浆、聚合物水泥砂浆、拉毛、水刷石、干粘石、斩假石、拉假石、假面砖、喷涂、滚涂等	纸筋灰、麻刀灰粉面、石膏粉面、膨胀珍珠岩灰浆、混合砂浆、拉毛、拉条等
贴面类	外墙面砖、马赛克、玻璃马赛克、人造水磨石板、天然石板等	釉面砖、人造石板、天然石板等
涂刷类	石灰浆、水泥浆、溶剂型涂料、乳液涂料、彩色胶砂涂料、彩色弹涂等	大白浆、石灰浆、油漆、乳胶漆、水溶性涂料、弹涂等
裱糊类	——	塑料墙纸、金属面墙纸、木纹壁纸、花纹玻璃纤维布、纺织面墙纸及锦缎等
铺钉类	各种金属装饰板、石棉水泥板、玻璃	各种竹、木制品和塑料板、石膏板、皮革板等各种装饰面板
其他类	清水墙饰面	——

4.6.2 墙面装饰的构造

1. 抹灰类

抹灰又称粉刷，是我国传统的饰面做法，即用砂浆或石碴浆涂抹在墙体表面上的一种装修做法。该做法材料来源广泛、施工操作简便、造价低廉，通过改变工艺可获得不同的装饰效果，因此，抹灰在墙面装修中得到广泛的应用，但目前多为手工湿作业，工效低，劳动强度大。

（1）墙面抹灰的组成。

抹灰用的各种砂浆，往往在硬化过程中随着水分的蒸发，体积收缩。当抹灰层厚度过大时，会因体积收缩而产生裂缝。为保证抹灰层牢固、表面平整、颜色均匀，抹灰要分层操作。抹灰装饰层一般由底层、中层和面层三个层次组成，如图 4 - 35 所示。普通抹灰分底层和面层；对于一些标准较高的中级抹灰和高级抹灰，在底层和面层之间还要增加一层或数层中间层，各层抹灰不宜过厚，总厚度一般为 15 ～ 20mm。

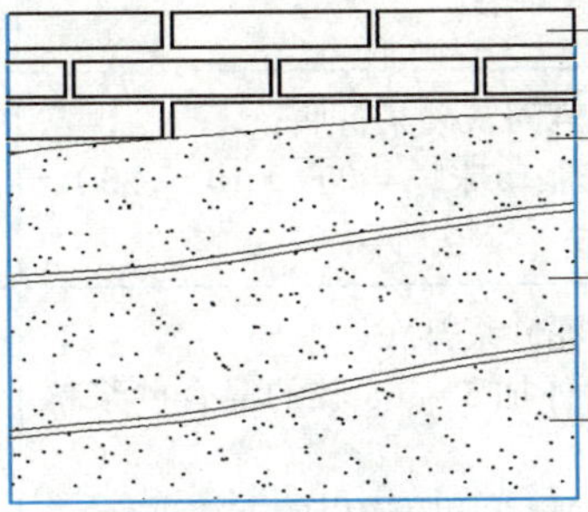

图 4 - 35　抹灰的组成

底层抹灰也叫刮糙，作用是与基层（墙体表面）黏结和初步找平，厚度为 5 ～ 15mm。中层抹灰主要起进一步找平和弥补底层砂浆的干缩裂缝的作用，中层厚 5 ～ 12mm；面层抹灰厚 3 ～ 8mm，表面应平整、色彩均匀、无裂纹，以取得良好的装饰效果。

（2）墙面抹灰的做法。

根据面层所用材料及做法，抹灰装修分为一般抹灰和装饰抹灰。

一般抹灰中常用的有石灰砂浆抹灰、水泥砂浆抹灰、混合砂浆抹灰、纸筋石灰浆抹灰、麻刀石灰浆抹灰。装饰抹灰一般指采用水泥、石灰砂浆等抹灰的基本材料，除对墙面作一般抹灰之外，利用不同的施工操作方法将其直接做成饰面层。常用的装饰抹灰有水刷石面、斩假石面、喷涂面等。常用抹灰的具体构造做法见表 4 - 4。

表 4 - 4　常用抹灰做法举例

抹灰名称	做法说明	适用范围
水泥砂浆墙面	12mm 厚 1∶3 水泥砂浆打底 8mm 厚 1∶2.5 水泥砂浆抹面	外墙或内墙需防潮部位

续表

抹灰名称	做法说明	适用范围
混合砂浆	12～15mm 厚 1：1：6 水泥、石灰膏、砂的混合砂浆打底； 5～10mm 厚 1：1：6 水泥、石灰膏、砂的混合砂浆饰面	一般砖、石砌筑的外墙、内墙均可
石膏灰	13mm 厚 1：（2～3）麻刀灰砂浆打底；2～3mm 厚纸筋（麻刀灰）、玻璃丝罩面	高级装饰的内墙面抹灰的罩面
水磨石	15mm 厚 1：3 水泥砂浆打底； 10mm 厚 1：1.5 水泥石碴饰面，并磨光、打蜡	室内潮湿部位
水刷石	15mm 厚 1：3 水泥砂浆打底； 10mm 厚 1：（1.2～1.4）水泥石碴饰面，并磨光、打蜡	室内潮湿部位
膨胀珍珠岩	13mm 厚 1：（2～3）麻刀灰砂浆打底； 9mm 厚水泥:石灰膏:膨胀珍珠岩 =100：（10～20）：（3～5）(质量比)，分 2～3 次饰面	室内有保温、隔热或吸声要求的房间内墙抹灰
干粘石	10～12mm 厚 1：3 水泥砂浆打底； 7～8mm 厚 1：0.5：2 外加 5%108 胶的混合砂浆粘结层； 3～5mm 厚彩色石碴面层（用喷或甩的方式进行）	用于外墙
斩假石	15mm 厚 1：3 水泥砂浆打底后刷素水泥浆一道； 8～10mm 厚水泥石碴饰面； 用斩假斧斩去表面水泥浆或石尖部分，使其显出凿纹	用于外墙或局部内墙

另外，由于抹灰类墙面阳角处很容易碰坏，通常在抹灰前先在内墙阳角、门洞转角、柱子四角等处，用强度较高的 1：2 水泥砂浆抹制护角或预埋角钢护角，护角高度应高出楼地面 1.5～2m，每侧宽度不小于 50mm，如图 4－36 所示。

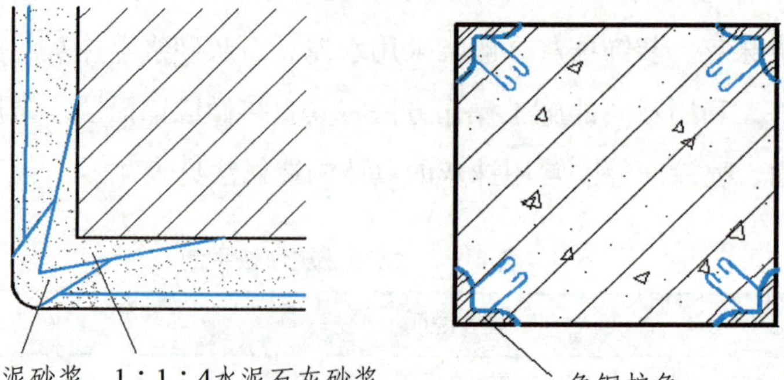

（a）墙护角　　（b）柱护角

图 4－36　墙和柱的护角

2. 贴面类

贴面类墙面装修是利用石材、陶瓷制品和预制板材直接粘贴于基层表面或通过构造连接固定于基层上的装修做法。这类装修具有坚固耐用、装饰效果好、容易清洗等优点，但造价较高，一般用于对装修要求较高的建筑中。常用的贴面材料有三类：一是陶瓷制品，如釉面砖、通体砖（同质砖）、瓷砖、陶瓷锦砖等；二是天然石材，如大理石、花岗岩等；三是预制块材，如水磨石饰面板、人造石材等。由于块料的形状、重量、适用部位不同，其构造方法也有一定差异。轻而小的块面可以直接镶贴，构造比较简单，由底层砂浆、黏接层砂浆和块状贴面材料面层组成；大而厚重的块材则必须采用一定的构造连接措施，用贴挂等方式加强与主体结构连接。

（1）石材类墙面装饰。

天然石材饰面板不仅具有各种颜色、花纹、斑点等天然材料的自然美感，装饰效果强，而且质地密实坚硬，故耐久性、耐磨性等均较好。常见的天然石板墙面有花岗石板、大理石板两类。花岗石主要用于外墙面，大理石主要用于内墙面。花岗石质地坚硬、不易风化，能在各种气候条件下采用。大理石是一种变质岩，属于中硬石材。大理石质地比较密实，抗压强度较高，可以将大理石锯成薄板，经过抛光、打蜡，加工成表面光滑的板材。

1）天然石材墙面装修。

天然石材贴面装修构造通常采用石材拴挂法，有时也采用石材干挂法。

① 石材拴挂法（湿法挂贴）。先在墙内或柱内预埋 Φ6 铁箍，间距依石材规格而定，然后在铁箍内立 Φ6～Φ10 竖筋，在竖筋上绑扎横筋，形成钢筋网，将天然石板上下边钻小孔；最后，用钢丝将石材绑扎固定在钢筋网上。用不锈钢卡销固定上、下两块石板，板与墙面之间预留 20～30mm 的缝隙，上部用定位活动木楔做临时固定。校正无误后，在板与墙之间浇筑 1 : 3 水泥砂浆，待砂浆初凝后，取掉定位活动木楔，继续上层石板的安装，如图 4－37 所示。

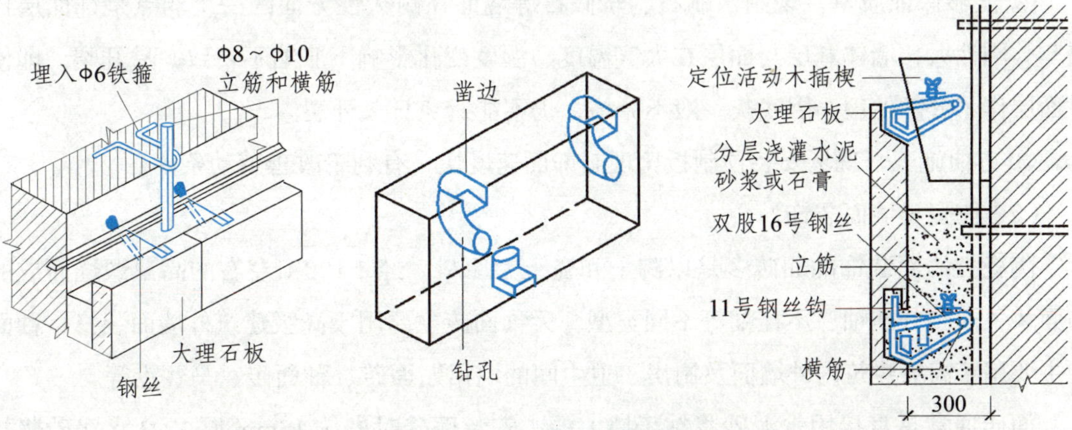

图 4－37　石材拴挂法构造

采用传统的湿挂法安装天然石材，由于水泥砂浆在水化时析出大量氢氧化钙，在石材表面产生不规则的花斑，俗称返碱现象，严重影响建筑物室内外石材饰面的装饰效果。因此，在安装天然石材前，必须对石材饰面采用防碱背涂剂，进行背涂处理。

② 石材干挂法（连接件挂接法）。用型钢做骨架，在板材侧面开槽，用专用的不锈钢或铝合金挂件连接于型钢上，从而将饰面石材与结构可靠地连接，其间形成空气间层，不进行灌浆处理，可在缝中垫泡沫条，打硅酮条密封，其安装方法详见图 4－38。

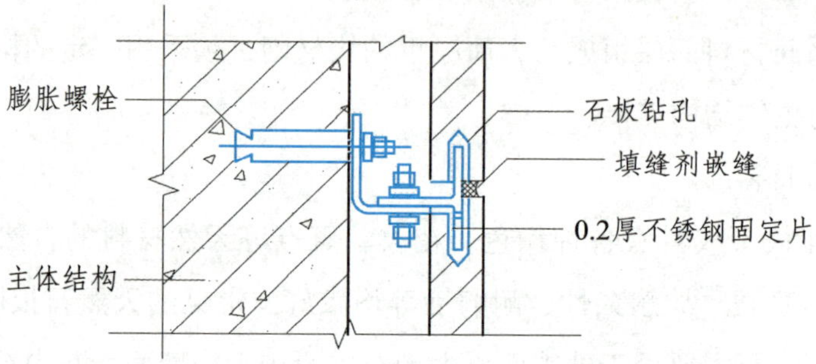

图 4－38　石材干挂法构造

2）人造石板墙面装修。

预制人造石材饰面板也称为预制饰面板，大多在工厂预制，然后进行现场安装，其主要类型有人造大理石材饰面板、预制水磨石饰面板、预制斩假石饰面板、预制水刷石饰面板及预制陶瓷砖饰面板。根据材料厚度的不同，人造石材饰面板分为厚型和薄型两种，厚度为 30 ～ 40mm 以下的称为板材，厚度在 40 ～ 130mm 的称为块材。人造石材饰面板的安装方法与天然石材饰面板相同。

人造石材饰面板具有以下优点：

① 工艺可以更合理，并能充分利用机械加工。

② 能够保证质量。现制水刷石、斩假石等墙面在耐久性方面的一个弱点是饰面层比较厚，刚性大，墙体基层与面层在大气温度、湿度变化影响下胀缩不一致，易开裂。即便对面层作了分割处理，因底灰一般不分格，仍不能避免日久开裂。

③ 方便施工，现场安装预制板比现制饰面速度快，有利于改善劳动条件。

（2）陶瓷类墙面装饰。

陶瓷类墙面装饰的面砖多是以陶土和瓷土为原料，经 1 100℃左右的高温煅烧而成的饰面块。面砖分挂釉、不挂釉等不同类型。无釉面砖主要用于高级建筑外墙面装修，釉面砖主要用于高级建筑内外墙面及厨房、卫生间的墙裙贴面砖、釉面砖、马赛克等。

面砖通常是直接用水泥砂浆粘于墙上的，安装面砖时先抹 15mm 厚 1∶3 水泥砂浆打底找平并划毛，再抹 5mm 厚 1∶1 水泥细砂砂浆粘贴面层制品，粘贴面砖时，一般不留灰缝；用白水泥擦平细缝。

3. 涂刷类

涂刷类墙面装修指利用各种涂料敷于基层表面而形成完整、牢固的保护膜，从而起到保护墙面和装饰墙面的一种装修做法。这类装修做法装饰效果好，造价低，操作简单，工期短，工效高，自重轻，维修、更新方便，是当今最有发展前途的装修做法之一。涂刷类墙面装修要求基层平整，施工质量好。

（1）涂料。

按成膜物的不同，涂料分为无机涂料和有机涂料两大类。

1）无机涂料。

无机涂料有普通无机涂料和无机高分子涂料等。普通无机涂料有石灰浆涂料、大白浆涂料等。石灰浆涂料的耐久性、耐候性、耐水性及耐污染性均较差。大白浆涂料又称胶白，主要原料是大白粉、石花和胶。大白浆涂料覆盖力强，涂层细腻洁白、价格低、施工和维修方便，多用于一般标准的室内装修。无机高分子涂料有 JH80-1 型、JH80-2 型、JHN84-1 型等。无机高分子涂料有耐水、耐碱、耐冻融、装修效果好、价格较高等特点，多用于外墙面装修和有耐擦洗要求的内墙面装修。

2）有机涂料。

有机涂料依其主要成膜物质与稀释剂不同，有溶剂型涂料、水溶性涂料和乳液型涂料三类。溶剂型涂料有传统的油漆涂料、苯乙烯内墙涂料等。

① 溶剂型涂料。溶剂型涂料是以高分子合成树脂为主要成膜物质，以有机溶剂为稀释剂，加入适量的颜料填料及辅料，经辊扎塑化、研磨搅拌溶解而配制成的一种挥发性涂料。溶剂型涂料一般有较好的硬度、光泽、耐水性、耐化学药品性及一定的耐老化性。它与类似树脂的乳液型外墙涂料相比，在耐污染、耐水和耐酸碱等方面都比较好。

② 水溶型涂料。典型的水溶型涂料有聚乙烯醇内墙涂料。它是以聚乙烯醇树脂为主要成膜物质，其优点是不掉粉，能经受湿布轻擦，价格不高，施工也较方便。聚乙烯醇类内墙涂料主要有聚乙烯醇水玻璃内墙涂料和聚乙烯醇缩甲醛内墙涂料。聚乙烯醇水玻璃内墙涂料的商品名称是“103 内墙涂料”，聚乙烯醇缩甲醛内墙涂料又称为 SJ-803 内墙涂料。

③ 乳液型涂料。各种有机物单体经乳液聚合反应后生成的聚合物，以非常细小的颗粒分散在水中，形成乳状液，将这种乳状液作为主要成膜物质配成的涂料称为乳液型涂料。当所用的填充料为细粉末时，所得涂料可以形成类似于油漆涂膜的平滑涂层，这

种涂料称为乳胶漆，一般用于室内墙面装饰。若掺有云母粉、粗砂粒等粗填料所配得的涂料能形成有一定粗糙质感的涂层，称为乳液型厚涂料。乳液型厚涂料对墙面基层有一定的遮盖能力，涂层均匀、饱满，有较好的装饰质感，通常用于建筑外墙或大墙面装饰。

（2）构造做法。

建筑涂料的施涂方法一般有粉刷涂、滚涂和喷涂。施涂溶剂型涂料时，施涂后一遍涂料必须在前一遍涂料干燥后进行，否则易发生皱皮、开裂等质量问题。施涂水溶性涂料时，要求与做法同施涂溶剂型涂料。每遍涂料均应施涂均匀，使各层结合牢固。当采用双组分和多组分的涂料时，施涂前应严格按产品说明书规定的配合比混合涂料，根据使用情况可分批混合，并在规定的时间内用完涂料。

在湿度较大，特别是有遇明水部位的厨房、厕所、浴室等房间内施涂涂料时，为确保涂层质量，应选用耐洗刷性较好的涂料和耐水性能好的腻子材料（如聚醋酸乙烯乳液水泥腻子等）。涂料工程使用的腻子应坚实牢固，不得粉化、起皮和产生裂纹，待腻子干燥后，还应打磨平整、光滑，并清理干净。

考虑到用于外墙的涂料长期直接暴露于自然界中，经受日晒雨淋的侵蚀，因此要求外墙涂料除应具有良好的耐水性、耐碱性外，还应具有良好的耐洗刷性、耐冻融循环性、耐久性和耐沾污性。当外墙施涂涂料面积过大时，可以外墙的分格缝、墙的阴角处或落水管等处为分界线，在同一墙面应用同一批号的涂料，施涂每遍涂料不宜过厚，涂料要均匀，颜色应一致。

4. 裱糊类

裱糊类墙面装修是将各类装饰性的墙纸、墙布和微薄木等卷材类的装饰材料裱糊在墙面上的一种装修。裱糊类墙体饰面装饰性强、造价较经济、施工方法简捷高效、材料更换方便，并且粘贴在曲面和墙面转折处可以顺应基层获得连续的饰面效果。常见的饰面卷材有塑料墙纸、墙布、纤维壁纸、木屑壁纸、金属箔壁纸、皮革、人造革、锦缎、微薄木等。

按构成材料和生产方式，墙纸可分为以下五种：

（1）塑料墙纸（PVC 墙纸）。

塑料墙纸以纸基、布基和其他纤维为底层，以聚氯乙烯或聚乙烯为面层。塑料墙纸的种类：普通墙纸、发泡墙纸、特种墙纸。塑料墙纸的衬底分纸底与布底两类。纸底加工简单、价格低，但抗拉性能较差；布底则有较高的抗拉能力，但价格较高。塑料墙纸易于粘贴，施工简单，通常表面不吸水，擦洗方便，易于更换。

（2）纤维墙纸。

纤维墙纸是用棉、麻、毛、丝等纤维胶贴在纸基上制成的墙纸。纤维墙纸质感强、高雅舒适，但不耐脏，不能擦洗，且裱糊用胶会从纤维中渗漏出来，其在潮湿环境中还会霉变，目前多被仿锦缎的塑料壁纸所替代。

（3）天然材料墙纸。

天然材料墙纸是用树叶、草、木材等制成的墙纸，它类似于胶合板，具有特殊的装饰效果。

（4）金属墙纸。

金属墙纸是采用铝箔、金、银等原料制成各种花纹图案，并同用以衬托金属效果的漆面相间配制成面层，然后将面层与纸质衬底复合压制而成的墙纸。这种墙纸可形成多种图案，色彩艳丽，可耐酸、防油污，多用于高级房间的装修。

（5）墙布。

墙布是以纤维织物直接作为墙面装饰材料，包括玻璃纤维墙面装饰墙布（以玻璃纤维织物为基材）和织锦等材料。玻璃纤维墙面装饰墙布耐水、防火、抗拉力强、可以擦洗、价格低，但使用久变黄并容易泛色。织锦颜色艳丽、色调柔和，但价格昂贵，常用于高级装修工程。

墙纸与墙布的裱贴主要在抹灰的基层上进行，首先要处理墙面，然后弹垂直线，再根据房间的高度裁纸、润纸，最后涂胶裱贴。一般用 107 胶与羧甲基纤维素配制的黏合剂，也可采用 8504 和 8505 粉末墙纸胶，粘贴玻璃纤维布可采用 801 墙布黏合剂。墙面应采用整幅裱糊，并统一预排对花拼缝。裱糊的顺序为先高后低，应使饰面材料的长边对准基层上弹出的垂直准线，用刮板或胶辊赶平压实。阴阳转角应垂直，棱角分明。阴角处墙纸（布）搭接顺光，阳面处不得有接缝，并应包角压实。裱糊工程的质量标准是粘贴牢固，表面色泽一致，无气泡、空鼓、翘边、皱折。

5. 铺钉类

铺钉类墙面装修指采用天然木板或各种人造薄板，借助于镶、钉、胶等固定方式对墙面进行装饰处理。这种做法一般不需要对墙面抹灰，属于干作业范畴，可节省人工，提高工效。铺钉类墙面装修一般适用于对装修要求较高或有特殊使用功能的建筑工程中，铺钉类墙面构造与骨架隔墙相似，由骨架和面板两部分组成，施工时先在墙面上立骨架，然后在骨架上铺钉装饰面板。

板材类墙面由骨架和面板组成。骨架通常有木骨架和金属骨架两种：木骨架由墙筋和横挡组成，通过预埋在墙上的木砖钉固定到墙身上；金属骨架多采用冷轧薄钢板构成槽形断面。为防止骨架与面板受潮损坏，可先在墙体上刷热沥青一道，再干铺油毡一层；也可在墙面上抹 10mm 厚混合砂浆，并涂刷热沥青两道。

铺钉类墙面的装饰面板多为人造板，有硬木板、胶合板、纤维板、石膏板等各种装饰面板和近年来应用日益广泛的金属面板。

常见的构造方法如下：

（1）木质板墙面。

木质板墙面是用各种硬木板、胶合板、纤维板以及各种装饰面板等进行装修的墙面，具有美观大方、装饰效果好、安装方便等优点，但其防火、防潮性能欠佳，一般多用作宾馆、大型公共建筑的门厅以及大厅的内墙面装修。

木质板墙面的构造做法：在墙面上钉木骨架，木骨架由竖筋和横筋组成，竖筋的间距为 400 ～ 600mm，横筋的间距视面板规格而定，然后钉装木面板。为了防止墙体的潮气对面板的影响，往往采取防潮构造措施，可先在墙面上做一层防潮层，或装饰时在面板与墙面之间留缝。如果是吸声墙面，则必须先在墙面上做一层防潮层，再钉装。如果在墙面与吸声面板之间填充矿棉、玻璃棉等吸声材料，则吸声效果更佳。

（2）金属薄板墙面。

金属薄板墙面指利用薄钢板、不锈钢板、铝板或铝合金板作为墙面装修材料，因其精密、轻盈，体现了新时代的审美情趣。

金属薄板墙面装修构造，也是先立墙筋，然后外钉面板。墙筋用膨胀铆钉固定在墙上，间距为 60 ～ 90mm。金属板用自攻螺栓或膨胀铆钉固定，也可先用电钻打孔，然后用木螺栓固定。

（3）皮革和人造革饰面。

皮革和人造革饰面具有质地柔软、格调高雅、保温、耐磨、吸声、易清洁的特点，常用于需防碰撞的房间，如健身房、练功房、幼儿园等，或咖啡室、酒吧台、会客室等优雅舒适的房间，或有一定消声要求的录音室、电话亭等。

皮革和人造革饰面的做法与木护壁相似。在墙面先用 20mm 厚 1∶3 水泥砂浆找平，刷冷底子油一道，再粘贴油毡，然后通过预埋木砖立木龙骨，间距按皮革面分块，钉胶合板衬底，最后将皮革铺钉或铺贴成饰面。可在皮革里衬泡沫塑料做成硬底，或衬玻璃棉、矿棉等软材料做成软底。

6. 清水类

清水类墙面是暴露墙体本身材料，不做抹灰和饰面，利用墙体材料的质感和颜色以取得装饰效果，只对缝隙进行处理的墙面。为防止雨水浸入墙身，可用1:1或1:2水泥细砂浆勾缝。勾缝的形式有凹缝、斜缝、凹圆缝、凸圆缝等，如图4-39所示。清水类墙面的特点是朴素淡雅、耐久性好、不易变色、不易污染、不易褪色、不易风化，一般有清水砖墙和清水混凝土墙两种。

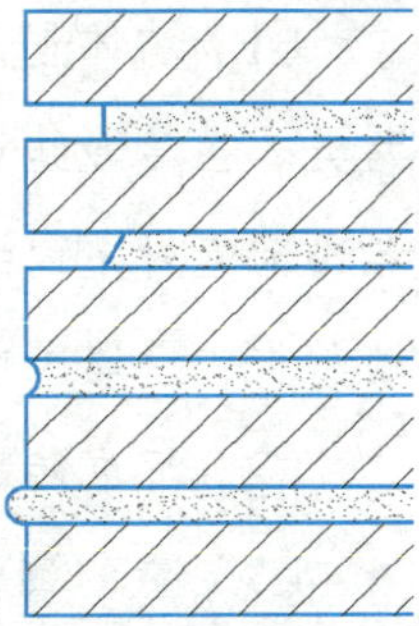

图4-39 清水类墙面勾缝

4.6.3 墙面装饰构造工程实例

工程概况：某幼儿园位于夏热冬冷区，有一栋建筑，根据建筑使用功能要求，对墙体采用了多种装饰装修做法，见表4-5。

表4-5 某工程墙体构造做法

涂料外墙面一（含保温层）	面砖外墙面一（含保温层）
基层墙体	基层墙体
专用界面处理剂1厚（混凝土墙面用Ⅰ型，加气混凝土墙面用Ⅱ型）	专用界面处理剂1厚（混凝土墙面用Ⅰ型，加气混凝土墙面用Ⅱ型）
砌体墙与混凝土结构墙结合缝侧每边不小于150宽墙面上，抹一层3厚聚合物水泥砂浆加强层，中间压入一层耐碱网布	砌体墙与混凝土结构墙结合缝侧每边不小于150宽墙面上，抹一层3厚聚合物水泥砂浆加强层，中间压入一层耐碱网布
15厚M5.0加气混凝土专用抹面砂浆	15厚M5.0加气混凝土专用抹面砂浆
5厚干粉聚合物水泥防水砂浆	5厚干粉聚合物水泥防水砂浆
50厚双面水泥基EPS板（A级），10厚专用胶粘剂背面粘牢，并采用Φ8锚栓辅助固定，板面清理干净	50厚双面水泥基EPS板（A级），10厚专用胶粘剂背面，10厚专用胶粘剂背面粘牢，并采用Φ8锚栓辅助固定，板面清理干净
5厚抹面胶浆，中间压入一层耐碱网布	5厚抹面胶浆，中间压入一层耐碱网布
涂刷弹性底涂，刮柔性止水砂浆	专用胶粘贴8～10厚外墙面砖，1:1水泥浆勾缝
乳胶漆内墙	**水电风管井内墙**
清理墙体基层	加气混凝土砌体墙
专用界面处理剂1厚（混凝土墙面用Ⅰ型，加气混凝土墙面用Ⅱ型）	刷专用界面处理剂一遍
12厚1:1:6水泥石灰砂浆，分两次抹灰	砌筑砂浆，随砌随抹灰
8厚1:1:4水泥石灰砂浆	15厚M5.0加气混凝土专用抹面砂浆
满刮两遍成品腻子，打磨平整	
白色乳胶漆一底二面	

项目小结

（1）墙体是建筑物的重要构造组成部分。按承重情况，墙体可分为承重墙和非承重墙两类。在砖混结构中，墙体具有承重作用，外墙还具有围护功能，抵御风霜雨雪等自然界各种因素对室内的侵袭。隔墙主要起分隔建筑内部空间的作用。墙体有四种承重方案：横墙承重、纵墙承重、纵横墙混合承重、部分框架承重。

（2）标准砖的规格为240mm×115mm×53mm。

（3）砖的砌筑方法主要有顺砖、丁砖和侧砖。常用的砌筑砖墙有12墙、18墙和24墙，北方地区还有37墙。

（4）砖墙的细部构造有散水与明沟、勒脚、墙身防潮层、踢脚、窗台、过梁、圈梁和构造柱等。

（5）圈梁是沿建筑物外墙及部分内墙设置的连续水平闭合的梁。设置构造柱能有效地加强建筑物的整体性，是防止房屋倒塌的有效措施。圈梁与构造柱一起形成骨架，可提高建筑物的抗震能力。

（6）在构造柱的施工时应先砌墙后形成“马牙槎”，随着墙体的上升，逐段现浇钢筋混凝土构造柱。

（7）根据材料和施工方式不同，隔墙可分为砌筑隔墙、立筋隔墙和板材隔墙。

课后练习

一、填空题

1. 普通砖的规格为________。

2. 墙体的承重方案一般有________、________、________和部分框架承重四种方案。

3. 室外地坪以上、室内地坪以下的这段外墙称为________。

二、判断题

（　　）1. 圈梁是均匀地卧在墙上的闭合的梁。

（　　）2. 钢筋混凝土过梁的断面尺寸是由荷载的计算来确定的。

（　　）3. 构造柱属于承重构件，同时它对建筑物起到抗震和加固作用。

（　　）4. 与建筑物长轴方向垂直的墙体为横墙。

三、单项选择题

1. 按受力情况，墙体可分为（　　）。

A. 纵墙和横墙　　B. 承重墙和非承重墙

C. 内墙和外墙　　D. 空体墙和实体墙

2. 关于散水的构造做法，下列哪种说法是不正确的？（　　）

A. 在素土夯实上做 60 ~ 100mm 厚砼，其上再做 5% 的水泥砂浆抹面

B. 散水与墙体之间应整体连接，防止开裂

C. 散水宽度一般为 600 ~ 1 000mm

D. 散水宽度比采用自由落水的屋顶檐口宽 200mm 左右

3. 钢筋混凝土圈梁断面高度不宜小于（　　）。

A. 180mm　　B. 120mm　　C. 60mm　　D. 200mm

4. 散水的宽度应比房屋挑檐宽度大（　　）。

A. 300mm　　B. 600mm　　C. 200mm　　D. 500mm

5. 如果室内地面面层和垫层均为不透水性材料，其防潮层应设置在（　　）。

A. 室内地坪以下 60mm　　B. 室内地坪以上 60mm

C. 室内地坪以下 120mm　　D. 室内地坪以上 120mm

6. 散水宽度一般应为（　　）。

A. ≥ 80mm　　B. ≥ 600mm　　C. ≥ 2 000mm　　D. ≥ 1 000mm

7. 圈梁的设置主要是为了（　　）。

A. 提高建筑物的整体性、抵抗地震力　　B. 承受竖向荷载

C. 便于砌筑墙体　　D. 建筑设计需要

8. 标准砖的尺寸为（　　）(单位：mm)。

A. 240×115×53　　B. 240×115×115　　C. 240×180×115　　D. 240×115×90

9. 横墙承重一般不用于（　　）。

A. 宿舍　　B. 教学楼　　C. 办公楼　　D. 旅馆

10. 在墙体中设置构造柱时，构造柱中的拉结钢筋每边伸入墙内应不小于（　　）。

A. 1 000mm　　B. 500mm　　C. 100mm　　D. 200mm

四、简答题

1. 墙体在设计上有哪些要求？

2. 墙体的承重方案有几种？它们的优缺点是什么？

3. 砖墙的组砌原则是什么？组砌方式有哪些？

4. 简述墙体防潮层的作用、常见的做法和设置的位置。

5. 简述散水和明沟的作用，以及常用的做法。

6. 过梁主要有哪几种？它们的适用范围和构造特点分别是什么？

7. 圈梁的作用是什么？一般应设置在什么位置？

8. 构造柱的作用是什么？有哪些构造要求？

9. 常用的隔墙有哪些？它们的构造要求是什么？

项目 5 楼地层

知识目标

- 楼板的组成与类型
  - 掌握——楼板和地坪层的构造组成
  - 熟悉——楼板设计要求
  - 了解——楼板的分类
- 钢筋混凝土楼板
  - 掌握——钢筋混凝土楼板的分类
  - 熟悉——各类钢筋混凝土楼板的特点
- 楼地面
  - 掌握——楼地面的构造做法
  - 熟悉——楼地面的设计要求
- 楼地层的特殊构造
  - 熟悉——楼地层的各种特殊构造
- 顶棚
  - 了解——顶棚的分类
  - 掌握——顶棚的构造做法
- 阳台与雨篷
  - 熟悉——阳台的分类
  - 了解——雨篷的分类
  - 掌握——阳台的构造做法；雨篷的构造做法

能力目标

- 通过学习和观察，具备正确识别楼板类型的能力
- 通过思考，具备根据施工图样正确判别楼地层构造做法的能力

素质目标

- 通过学习预制楼板，了解装配式建筑的发展，培养紧跟行业热点的学习精神
- 通过对PVC地板可循环利用等特点的学习，增强绿色节能、绿色施工的环保意识
- 通过对新型地面装饰材料的学习，了解行业中新技术、新产业、新业态、新模式，培养创新意识

引言

楼地层是指建筑物的楼板层和地坪层，具有多种作用。楼地层可以在水平方向上把建筑物内的空间分割为上下两个不同的空间，而且还可以在墙体中起到水平支撑的作用，帮助房屋提高墙体的刚度和整体性，从而让房屋的安全性得到提高。

楼地层是建筑物中非常重要的承重构件，直接承受着建筑物内各个楼层上的房屋、家具、电器、人等各方面的重量。另外，楼地层通常还具有防火、隔音、防水等方面的性能，针对不同的性能要求，有不同的楼地层构造措施。楼地层作为在房屋中人们接触最多的部分之一，其质量好坏对房屋的使用和美观影响很大，因此必须充分重视楼地层用料的选材。

5.1 楼板的组成与类型

课堂思考

- 我们每天行走在教室、宿舍、走廊的楼板层上，你知道它们由哪些构造组成吗？不同结构类型的楼板有什么区别？

5.1.1 楼地层的构造组成

1. 楼板层的构造组成

楼板层是用来分隔建筑物垂直方向室内空间的水平构件，也是承重构件。一方面，楼板层承受着自重和作用在它上部的各种荷载，并将这些荷载传递给下面的墙或柱；另一方面，楼板层是墙或柱在水平方向的支撑构件，加强建筑墙体抵抗水平方向变形的刚度。同时，楼板层还提供了敷设各类水平管线的空间，如电缆、水管、暖气管、通风管等。此外，楼板层还要具有一定程度的隔声、防水、防火等能力。

楼板层主要由面层、结构层和顶棚层三部分组成，根据实际的使用需要可在楼板层中设置附加层，如图 5-1 所示。

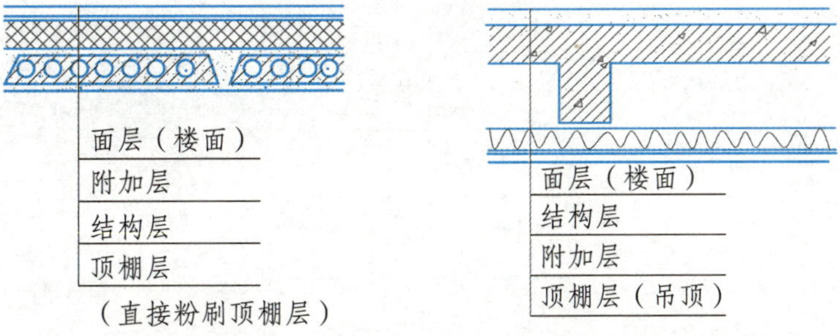

（a）预制钢筋混凝土楼板层　　（b）现浇钢筋混凝土楼板层

图 5－1　楼板层的构造组成

（1）面层。

面层指人们进行各种活动与建筑接触的楼面表面层。面层起保护楼板、分布荷载、室内装饰等作用。楼面的名称是以面层所用材料命名的，如面层为水泥砂浆则称为水泥砂浆楼面。

（2）结构层。

结构层即楼板，是楼板层的承重部分，一般由板或梁板组成。结构层的主要功能是承受楼板层上部荷载，并将荷载传递给墙或柱，同时还对墙身起水平支撑作用，以加强建筑物的整体刚度。

（3）顶棚层。

顶棚层位于楼板层最下面，也是室内空间上部的装修层，俗称天花板。顶棚层主要起保温、隔声、装饰室内空间的作用，同时还应满足管线敷设的要求。根据不同建筑物的要求，在构造上有直接抹灰顶棚层和悬吊式顶棚层。

（4）附加层。

附加层位于面层与结构层或结构层与顶棚层之间，设置附加层的位置根据楼板层的具体功能要求而定。附加层通常有隔声层、保温层、隔热层、防水层等类型，其主要作用是找平、隔声、隔热、保温、防水、防潮、防腐蚀、防静电等，故又称为功能层。

2. 地坪层的构造组成

地坪层是建筑物底层地坪，是建筑物底层与土壤相接的构件。地坪层和楼板层一样，承受其上的荷载，并将荷载均匀地传给其下的地基。

地坪层主要由面层、垫层和基层三部分组成，一些有特殊要求的地坪层只有基本层次，不能满足使用要求，需要增设相应的附加层（如找平层、防水层、防潮层、保温层等），如图 5－2 所示。

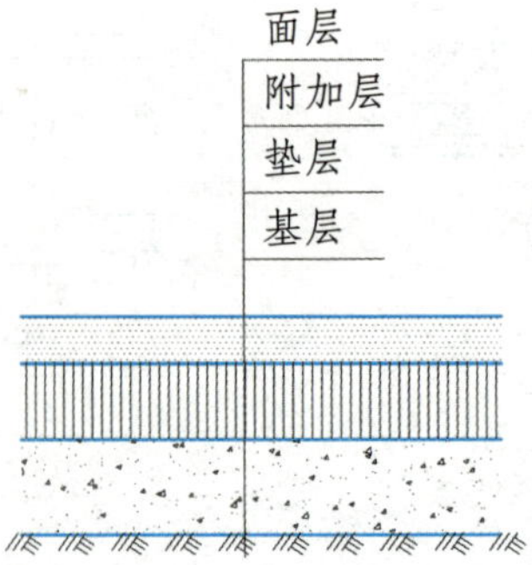

图 5－2　地坪层的构造组成

（1）面层。

面层是人们生活、工作、学习时直接接触的地面层，是地坪层直接经受摩擦、洗刷和承受各种物理、化学作用的表面层。依照不同的使用要求，面层应耐磨、不起尘、平整、防水、有弹性、吸热少等。

（2）垫层。

垫层指面层和基层之间的填充层，起承上启下的作用，即承受面层传来的荷载和自重，并将其均匀地传给下部的基层，具有初步找平的作用。垫层一般采用 60 ～ 100mm 的 C20 素混凝土。建筑物有时可采用柔性垫层，如砂、粉煤灰垫层等。

（3）基层。

基层为地面的承重层，一般为土壤。当土壤条件较好、地层上荷载不大时，一般采用原土夯实或填土分层夯实。当地层上荷载较大时，则需对土壤进行换土或夯入碎砖、砾石等，如 100 ～ 150mm 厚 2∶8 灰土，100 ～ 150mm 厚碎砖、道砟、三合土，等等。

（4）附加层。

附加层是为满足某些特殊使用功能要求而设置的，一般位于面层与垫层之间，如防潮层、保温层、防水层、隔声层、管道敷设层等。

5.1.2　楼板的类型

按使用的材料，楼板可分为木楼板、砖拱楼板、钢筋混凝土楼板、压型钢板组合楼板等多种类型。

1. 木楼板

木楼板是在木格隔栅上下铺钉木板，并在格栅之间设置剪刀撑以加强整体性和稳定性，如图 5－3 所示。木楼板具有构造简单、自重小、施工方便、保温性能好等特点，但其防水性、耐久性差，并且对木材的消耗量大，故目前极少应用。

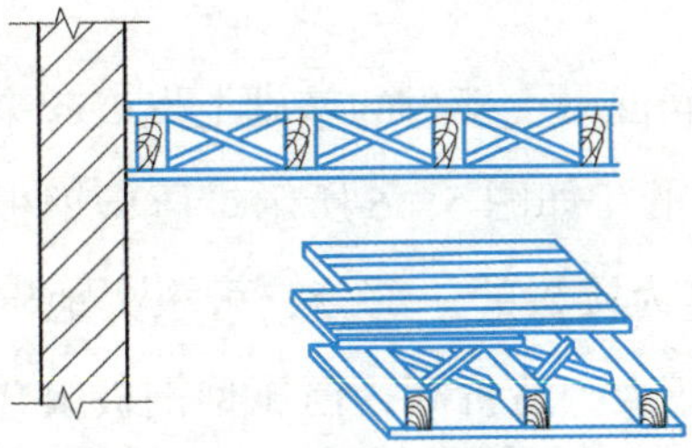
（a）木楼板线条图

（b）木结构中的木楼板

图5-3 木楼板

2. 砖拱楼板

砖拱楼板是通过砖砌成拱形结构来承受楼板层的荷载的，如图5-4所示。砖拱楼板可以节约钢材、水泥、木材，但其自重大，承载能力和抗震能力差，施工较复杂，现在基本上已经不采用了。

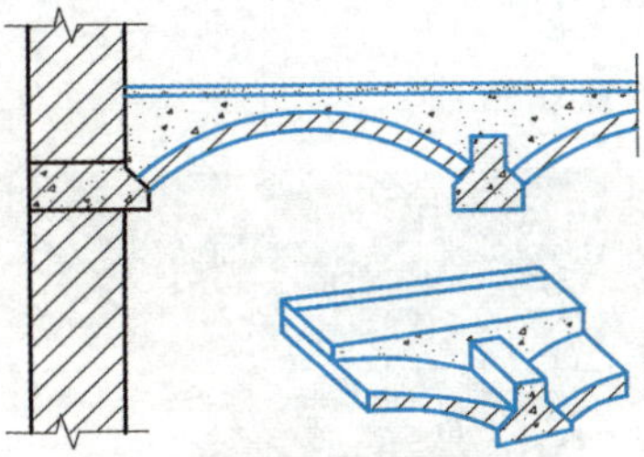
（a）砖拱楼板线条图

（b）砖拱楼板示意图

图5-4 砖拱楼板

3. 钢筋混凝土楼板

钢筋混凝土楼板具有强度高、刚度大、耐久性好、防火、可塑性好、便于工业化施工等特点，是目前采用极为广泛的一种楼板，如图5-5所示。

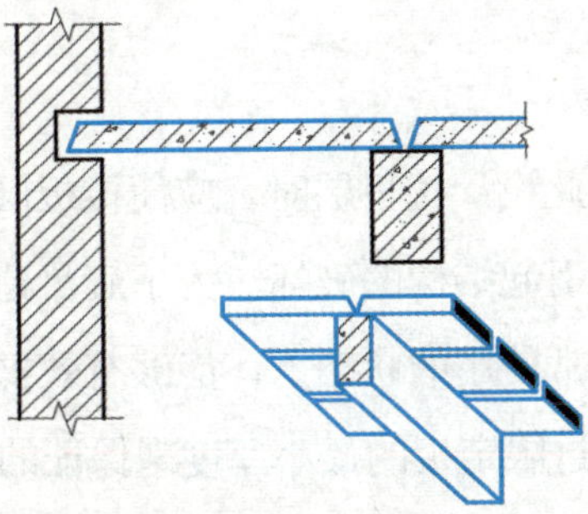
（a）钢筋混凝土楼板线条图

（b）钢筋混凝土楼板中的钢筋

图5-5 钢筋混凝土楼板

4. 压型钢板组合楼板

压型钢板组合楼板又称为钢衬板楼板，是在钢筋混凝土楼板的基础上发展起来的，是利用压型钢板作为模板，在其上现浇混凝土而制成的，如图 5－6 所示。压型钢板作为模板，省掉了支模拆模的复杂工序。同时压型钢板作为楼板的一部分，可永久地留在楼板中，提高了楼板的抗弯刚度和强度，虽然钢材用量较大、造价高，但压型钢板组合楼板仍是值得大力推广应用的楼板类型。

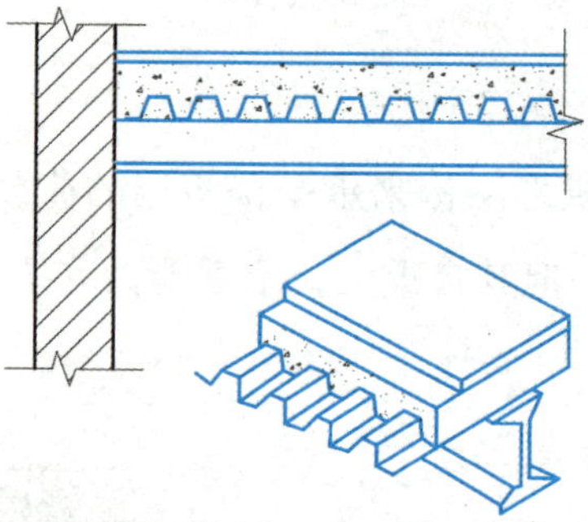

（a）压型钢板组合楼板的线条图

（b）压型钢板施工图

（c）压型钢板模型图

图 5－6　压型钢板组合楼板

5.1.3　楼板层的设计要求

1. 具有足够的强度和刚度

楼板层直接承受自重和作用在其上的各种荷载，因此设计楼板层时，应使楼板层具有一定的强度，保证在荷载作用下不因楼板层承载力不足而引起结构的破坏。为了满足建筑物的正常使用要求，楼板层还应具有一定的刚度，保证在正常使用的状态下，能够有效抵抗因荷载作用而产生的裂缝及挠度变形，楼板层刚度通常是通过限定板的最小厚度来保证的。

2. 具有一定的隔声能力

噪声会影响我们的工作、学习和生活。建筑设计中，隔声是很重要的问题。可通过空气传声和撞击传声等方式将一定音量的声音通过楼板层传到相邻的上下空间。为避免噪声干扰，楼板层必须具备一定的隔撞击传声的能力。不同使用性质的房间对隔声的要求不同，如我国住宅楼板层的隔声标准中规定：一级隔声标准为 65dB，二级隔声标准为 75dB，对一些有特殊要求的房间，如广播室、演播室、录音室等，隔声要求更高，如表 5－1 和表 5－2 所示。

表 5－1　公用建筑允许噪声标准

建筑名称	允许噪声标准（A 声级）/dB		
	甲等	乙等	丙等
剧场观众厅	≤ 35	≤ 40	≤ 45
影院观众厅	≤ 40	≤ 45	≤ 45
电影院、小会议室	35 ～ 42		
教室、大会议室、电视演播室	30 ～ 38		
音乐厅、剧院	25 ～ 30		
测听室、广播录音室	20 ～ 30		

表 5－2　民用建筑允许噪声标准

房间名称	允许噪声标准（A 声级）/dB			
	一级	二级	三级	四级
卧室（或卧室兼起居室）	≤ 40	≤ 45	≤ 50	
起居室	≤ 45	≤ 50	≤ 50	
学校教学用房	≤ 45	≤ 50	≤ 55	
病房、医护人员休息室	≤ 40	≤ 45	≤ 50	
门诊室		≤ 30	≤ 65	
手术室		≤ 45	≤ 50	
测听室		≤ 25	≤ 30	≤ 50
旅馆客房	≤ 35	≤ 40	≤ 45	≤ 50
会议室	≤ 40	≤ 45	≤ 50	
多用途大厅	≤ 40	≤ 45	≤ 50	≤ 55
办公室	≤ 45	≤ 50	≤ 50	
餐厅、宴会厅	≤ 50	≤ 55	≤ 50	

3. 满足相应的热工要求

对有一定温度、湿度要求的房间，在其中设置保温层，使楼板层的温度与室内温度趋于一致，可减少通过楼板层造成的冷热损失。

4. 防水、防潮要求

对于一些房间，如厨房、厕所、卫生间等，楼面潮湿、易积水，应注意处理好楼面的防渗漏问题。对楼面变形缝也应进行合理的构造处理，楼面变形缝应结合建筑物的结构（墙、柱）变形缝位置而设置，变形缝应贯通楼面各层。

5. 具有一定的防火能力

楼板作为分割竖向空间的承重构件，应具有一定的防火能力。楼板的燃烧性能和耐火极限应符合 2018 年版《建筑设计防火规范》（GB 50016–2014）的规定：一级耐火等级的建筑，楼板采用不燃烧体，耐火极限不小于 1.5h；建筑物耐火等级为二级时，建筑楼板采用不燃烧体，耐火极限不小于 1.00h；建筑物耐火等级为三级时，民用建筑楼板采用不燃烧体，耐火极限不小于 0.50h，工业建筑楼板采用不燃烧体，耐火极限不小于 0.75h；建筑物耐火等级为四级时，民用建筑楼板可采用燃烧体，工业建筑楼板采用难燃烧体，耐火极限不小于 0.5h。

6. 设备管线布置要求

现代建筑的各种功能日趋完善，必须有更多管线借助楼板层敷设，为使室内平面布置灵活，空间使用完整，在楼板层设计中应充分考虑各种管线布置的要求。

7. 建筑经济的要求

多层建筑中，楼板层的造价占建筑总造价的 20% ～ 30%。因此，在保证质量标准和使用要求的前提下，楼板层的设计要选择经济合理的结构形式和构造方案，尽量减少材料消耗和自重，并为工业化生产创造条件。

5.2 钢筋混凝土楼板

课堂思考

- 当我们走在高楼的走廊上、家里的客厅中时，脚下的楼板为什么能够承受我们和家具的重量，确保建筑结构的稳定性和安全性？根据施工方式，钢筋混凝土楼板可以分为几种类型？

钢筋混凝土楼板是应用最广泛的楼板形式之一。按照楼板的施工方式，钢筋混凝土楼板可分为现浇钢筋混凝土楼板、装配式钢筋混凝土楼板和装配整体式钢筋混凝土楼板三种。

5.2.1 现浇钢筋混凝土楼板

现浇钢筋混凝土楼板是在施工现场通过支模板、绑扎钢筋、浇筑混凝土及养护等施工工序而制成的楼板。这种楼板具有整体性好、抗震性强、防水抗渗性好、便于留孔洞、方便布置管线、适用于各种平面形状的建筑等优点。但现浇钢筋混凝土楼板有模板用量大、施工速度慢、施工现场湿作业量大、施工受季节影响等缺点。近年来，由于工具式模板的采用和施工现场机械化程度的提高，现浇钢筋混凝土楼板的应用越来越广泛。

不同类型楼板

现浇钢筋混凝土楼板按受力和传力情况，可分为板式楼板、梁板式楼板、无梁楼板、压型钢板组合楼板等多种形式。

1. 板式楼板

板式楼板是楼板内不设置梁，将板直接搁置在墙上的楼板。板式楼板底面平整、美观、施工方便，适用于小跨度房间，如走廊、厕所和厨房等。板式楼板的厚度一般不超过120mm，经济跨度在 2m ～ 3m。

如图 5－7 所示，板有单向板和双向板之分。当板的长边与短边之比大于 2 时，这种板称为单向板，荷载由沿短边方向布置的钢筋传递到板的长边；当板的长边与短边之比不大于 2 时，这种板称为双向板，荷载沿双向传递，短边方向内力较大，长边方向内力较小，受力主筋平行于短边并摆在下面。

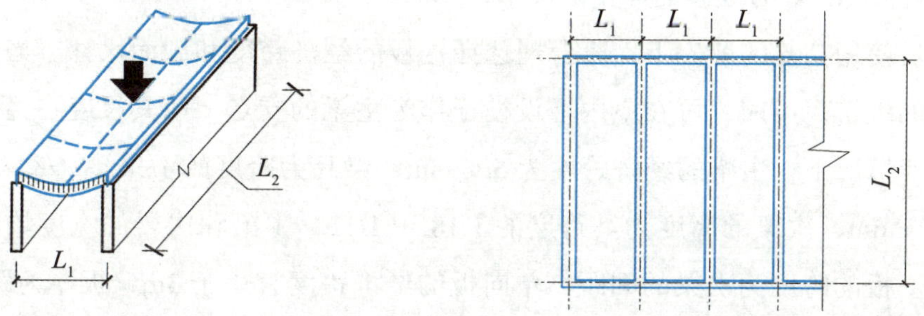

（a）单向板

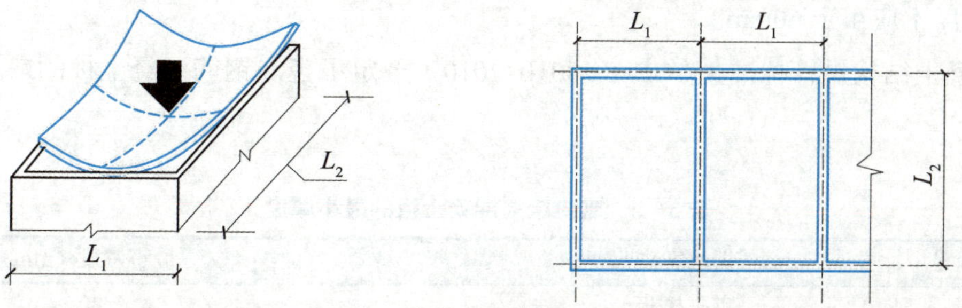

（b）双向板

图 5－7　单向板和双向板

2. 梁板式楼板

当房间的尺寸较大时，如仍采用板式楼板，板的厚度会因跨度较大而增加，这样很不经济，且自重加大。为使楼板的受力和传力更为合理，常在楼板下设梁，作为板的支承点，以减少板的跨度和厚度，这种楼板称为梁板式楼板，如图 5－8 所示。

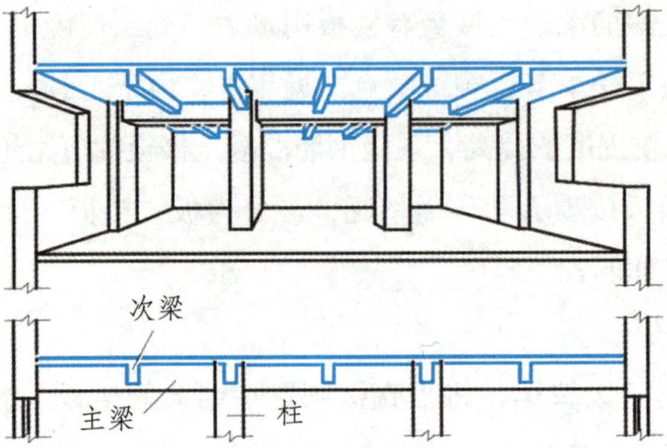

图 5－8　梁板式楼板

梁板式楼板下的梁呈双向布置，并分为主梁和次梁，主次梁交叉形成梁格。主梁一般沿房间短向布置。次梁跨度即为主梁的间距，板的跨度即为次梁的间距。

梁板式楼板结构的荷载由板传给次梁，次梁传给主梁，再由主梁传给墙或柱。合理布置梁对建筑的使用、造价、美观等有很大影响。当板为单向板时，称为单向梁板式楼板；当板为双向板时，称为双向梁板式楼板。

在满足使用功能的前提下，应合理选择楼板的经济跨度和截面尺寸。当房间的尺度超过构件的经济尺度时，可在室内增设柱子作为主梁的支点，使其尺度在经济跨度范围以内。一般情况下，主梁的经济跨度为 5 ～ 8m，梁高为跨度的 1/14 ～ 1/8。次梁的经济跨度为 4 ～ 6m，次梁的高度为其跨度的 1/18 ～ 1/12。主梁和次梁的宽度均为其高度的 1/3 ～ 1/2。板的跨度为次梁的间距，单向板的经济跨度宜小于 3m，板厚为跨度的 1/30，连续板为 1/40；双向板短边的长度宜小于 4m，板厚为短边跨度的 1/40，连续板为 1/50。现浇板厚度不应小于 60mm。

《混凝土结构设计标准》（GB/T 50010–2010）规定了现浇钢筋混凝土板的最小厚度，见表 5－3。

表 5－3　现浇钢筋混凝土板的最小厚度

板的类别	最小厚度（mm）
实心楼板	80
实心屋面板	100

续表

板的类别		最小厚度（mm）
密肋楼盖	面板	50
	肋高	250
悬臂板（根部）	悬臂长度不大于 500mm	80
	悬臂长度 500mm ～ 1 200mm	100
无梁楼板		150
现浇空心楼盖		200

井字楼板是梁板式楼板的一种特殊形式。当房间平面形状为方形或接近方形时，常沿两个方向布置等距离、等截面高度的梁（不分主、次梁），板为双向板，形成井格形式的梁板结构，如图 5 - 9 所示。井字楼板的跨度一般为 6 ～ 10m，板厚为 70 ～ 80mm，井格边长一般为 2.5m 之内。可将井格布置成正交正放、正交斜放、斜交斜放，如图 5 - 10 所示。井字楼板一般井格外露，产生结构带来的自然美感，房间内不设柱，适用于门厅、大厅、会议室、小型礼堂等。

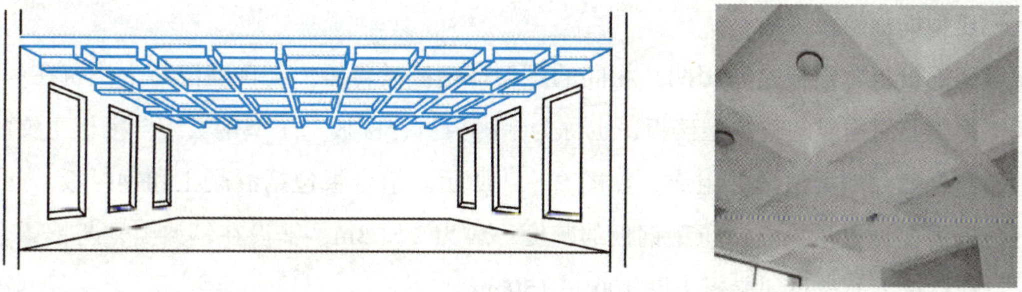

图 5 - 9　井字楼板

（a）正交正放式井字楼板　（b）正交斜放式井字楼板　（c）斜交斜放式井字楼板

图 5 - 10　井字楼板的布置方式

3. 无梁楼板

对于平面尺寸较大的房间或门厅，有时楼板层也可以不设梁，而是直接将板支承于柱上，这种楼板称为无梁楼板，如图 5 - 11 和图 5 - 12 所示。无梁楼板分为无柱帽和有柱帽两种类型。当楼面荷载较大时，为避免楼板太厚，应采用有柱帽无梁楼板，以增加板在柱上的支承面积；当楼面荷载较小时，可采用无柱帽无梁楼板。无梁楼板的柱网应尽量按方形网格布置，跨度为 6m 左右较为经济。由于板的跨度较大，故板厚不宜小于 150mm，一般为 160 ～ 200mm。

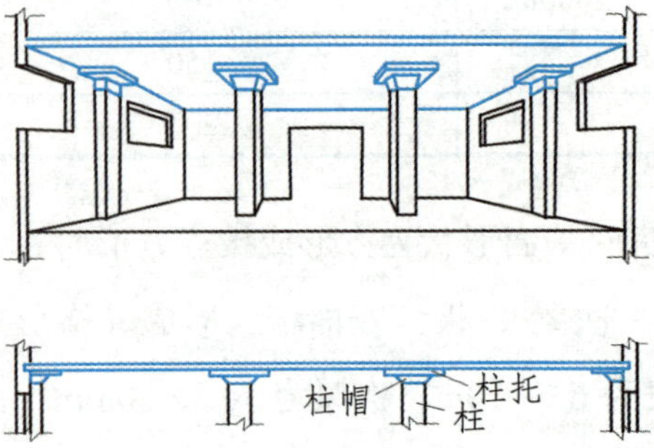

图 5－11　无梁楼板

图 5－12　无梁楼板实例

无梁楼板顶棚平整，楼层净空大，采光、通风好，多用于楼板上活荷载较大的商店仓库、展览馆等建筑。

4. 压型钢板组合楼板

压型钢板组合楼板是利用凹凸相间的压型薄钢板做衬板，与现浇混凝土浇筑在一起，支承在钢梁上而构成的整体型楼板，也称为钢衬板组合楼板。压型钢板组合楼板主要由楼面层、组合板和钢梁三部分组成，如图 5－13 所示。组合板包括混凝土和钢衬板。此外，还可根据需要设置吊顶棚。压型钢板的跨度一般为 2 ～ 3m，铺设在钢梁上，与钢梁之间用栓钉连接，上面浇筑的混凝土厚 100 ～ 150mm。

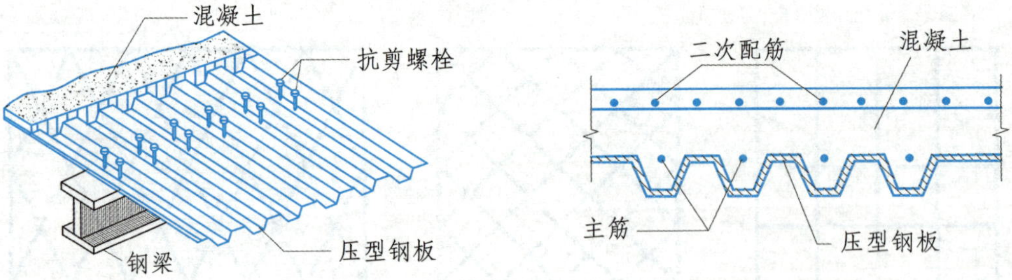

（a）示意图　　（b）断面图

图 5－13　压型钢板组合楼板构造图

压型钢板起现浇混凝土的永久性模板的作用，同时承受楼板下部的弯拉应力，起模板和受拉钢筋的双重作用，省掉了拆模板的程序，加快了施工进度。压型钢板的肋部空间可用于电力管线的穿设，还可以在钢衬板底部焊接架设悬吊管道、吊顶的支托等，从而充分利用楼板结构所形成的空间。压型钢板组合楼板整体性强，刚度大，承载能力好，施工速度快，自重轻，但其防火性和耐腐蚀性不如其他类型的钢筋混凝土楼板，外露的受力钢板需进行防火处理。压型钢板组合楼板适用于大空间建筑、高层建筑和大跨度工业建筑，近年来国内建成的高层建筑，如上海金茂大厦、上海环球金融中心、中央电视台总部大楼、广州大剧院、广州国际金融中心等都采用了这种楼板。

压型钢板组合楼板的构造形式较多，根据压型钢板的形式，压型钢板组合楼板有单层钢衬板组合楼板和双层钢衬板组合楼板之分，如图5-14所示。单层钢衬板组合楼板的构造比较简单，只设单层钢衬板；双层钢衬板组合楼板通常是由两层截面相同的压型钢板组合而成的，也可由一层压型钢板和一层平钢板组成。双层钢衬板组合楼板的承载能力更好，两层钢板之间形成的空腔也更便于设备管线敷设。

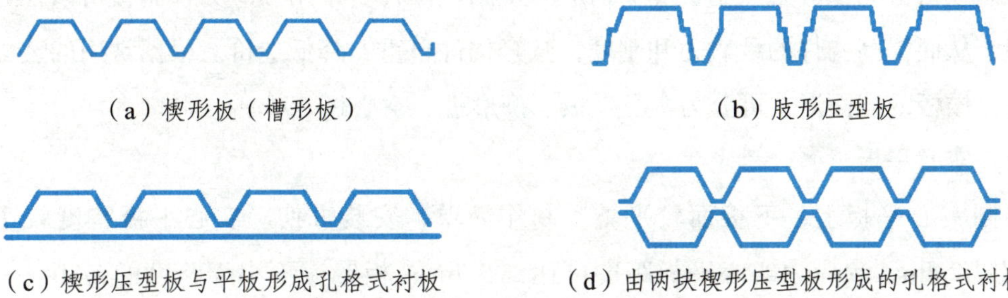

图5-14 单层和双层钢衬板

钢衬板之间及钢衬板与钢梁之间的连接，一般采用焊接、自攻螺栓连接、膨胀铆钉连接、压边咬接的方式，如图5-15所示。

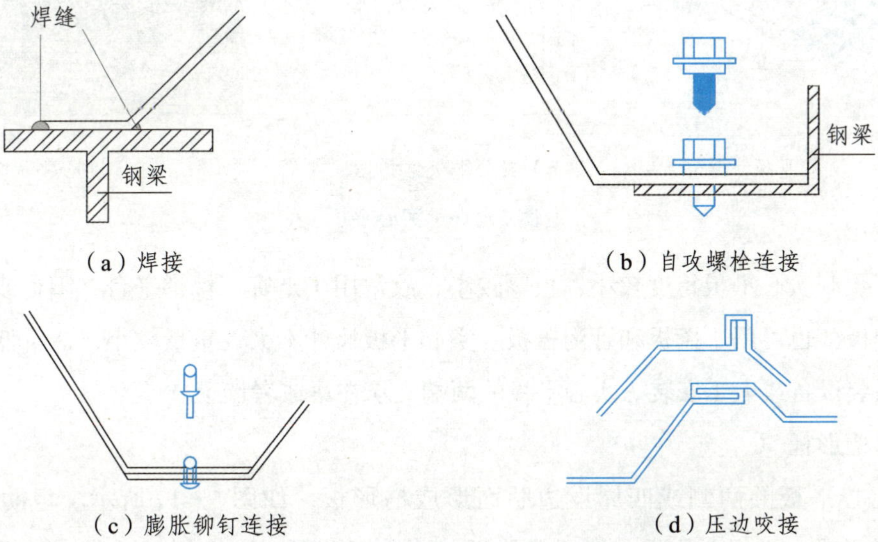

图5-15 钢衬板之间及钢衬板与钢梁之间的连接方式

应避免在腐蚀的环境中使用压型钢板组合楼板，且应避免长期暴露，以防钢板和梁生锈，破坏结构的连接性能。在动荷载作用下，应仔细考虑压型钢板组合楼板的细部设计，并注意结构组合作用的完整性和共振问题。

5.2.2 装配式钢筋混凝土楼板

装配式钢筋混凝土楼板指在预制厂或施工现场制作，然后在施工现场装配而成的楼板。装配式钢筋混凝土楼板可提高工业化施工水平，节约模板，缩短工期，减少施工现场的湿作业，但这种楼板的整体性差，板缝嵌固不好时易出现通长裂缝，不宜在抗震要求较高的地区和建筑中应用。

1. 装配式钢筋混凝土楼板的类型

预制板可分为预应力预制板和非预应力预制板两种。采用预应力预制板可以推迟裂缝的出现，从而提高构件的承载力和刚度，减轻构件自重，降低造价。根据常用的装配式钢筋混凝土楼板的截面形式可分为实心平板、槽形板、空心板三种。

（1）实心平板。

预制实心平板上、下板面较平整，制作简单，安装方便。实心平板跨度较小，一般不超过 2.4m，预应力实心平板跨度可达到 2.7m；板厚应不小于跨度的 1/30，一般为 60 ～ 100mm，板宽为 600 ～ 900mm，如图 5－16 所示。

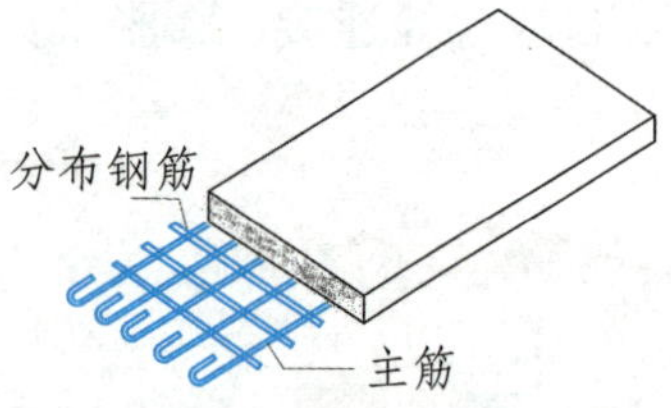

（a）实心平板示意图

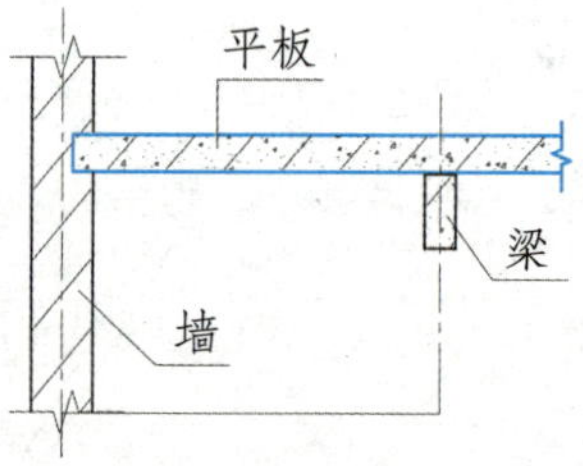

（b）实心平板结构图

（c）实心平板实例

图 5－16　实心平板

由于预制实心平板跨度较小，板厚较小，故常用于走廊、楼梯平台、阳台或者小开间房间的楼板，也可用于搁板和管沟盖板。实心平板尺寸不大，重量较小，造价低，可以采用简易吊装设备或人工安装。实心平板的两端支承在梁或者墙上。

（2）槽形板。

在实心平板的两侧或四周设边肋而形成槽形板，如图 5－17 所示。板肋相当于小梁，故属于梁、板组合构件。由于槽形板的边肋起到了梁的作用，因此槽形板可以做得很薄，而且跨度可以很大，一般跨度为2.1～3.9m，最大可达7.2m；板宽有600mm、900mm、1 200mm等；肋部高度为板跨度的1/25～1/20，通常为150～300mm；板厚为25～40mm。

图5－17　槽形板

根据搁置方式的不同。槽形板可分为正置槽形板（板肋朝下）和倒置槽形板（板肋朝上），如图5－18所示。正置槽形板由于板底不平整，通常须做吊顶，为避免板肋被压坏，可在板端伸入墙内部分堵砖填实，如图5－19所示。倒置槽形板受力不如正置槽形板合理，但可在槽内填充轻质材料，以解决板的隔声和保温隔热问题，倒置槽形板容易保持顶棚层的平整，如图5－20所示。槽形板具有自重轻、节省材料、造价低、便于开孔等优点，但其隔声性能差。

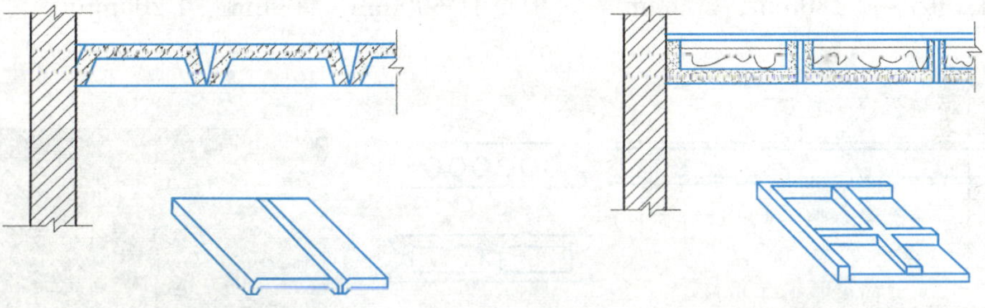

（a）正置槽形板　　（b）倒置槽形板

图5－18　槽形板搁置方式

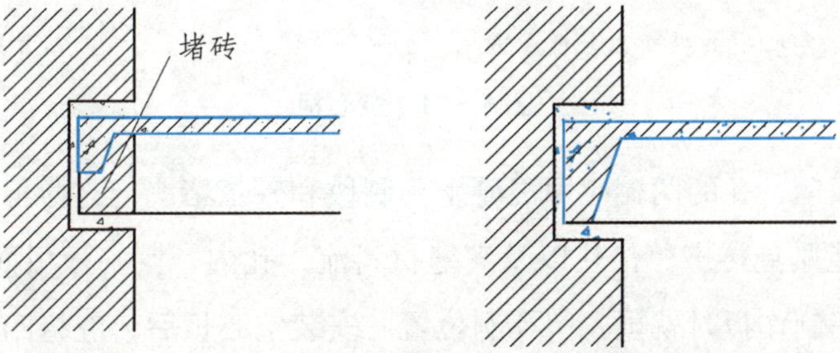

图5－19　正置槽形板板端支撑在墙上

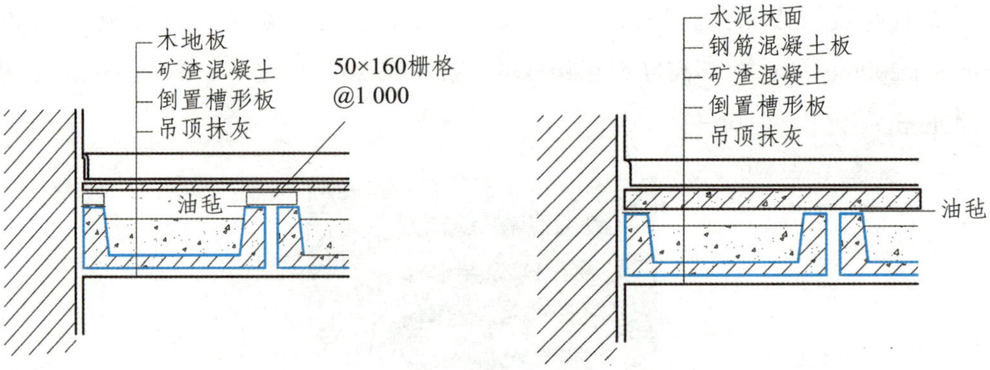

图 5－20　倒置槽形板的楼面及顶棚层构造

（3）空心板。

钢筋混凝土受弯构件受力时，其截面上部由混凝土承受压力，其截面下部由钢筋承担拉力，中性轴附近内力较小，去掉中性轴附近的混凝土并不影响钢筋混凝土构件的正常工作。空心板就是按照上述原理将平板沿纵向轴抽空而成的，孔洞形状有圆形、长方圆形和矩形等，如图 5－21 所示，其中以圆孔板的制作最为方便，应用最广。空心板也是一种梁、板结合的预制构件，其结构计算理论与槽形板相似，但空心板上、下板面平整，自重小，隔热、隔声效果优于槽形板，因此目前被广泛采用。非预应力空心板的长度为 2.1 ～ 4.2m，板厚有 120mm、150mm、180mm 等多种；预应力空心板的长度为 4.5 ～ 6m，板厚有 180mm、200mm 等，板宽有 600mm、900mm、1 200mm 等。

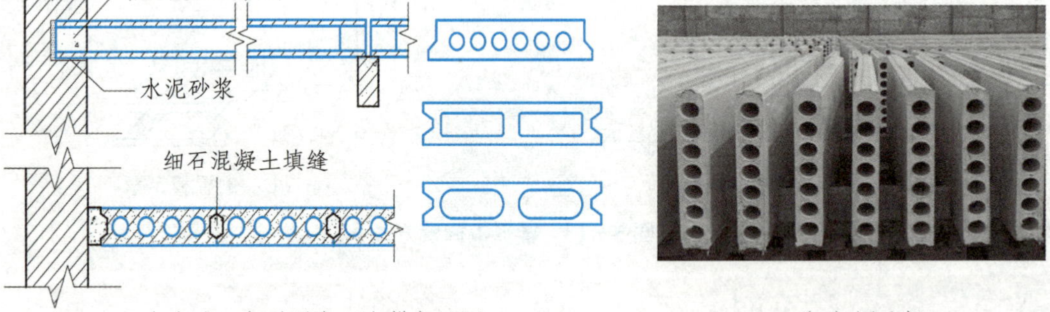

（a）空心板的纵断面与横断面图　　（b）圆孔板

图 5－21　空心板

在安装空心板前，孔的两端应用混凝土预制块和砂浆堵严，这样不仅能避免板端被上部墙体压坏，还能避免传声、传热以及灌缝材料流入孔内。空心板板面不能随意开孔洞，如需开孔洞，应在制作板时就预先留孔洞位置。安装空心板后，应将四周的缝隙用细石混凝土灌注，以增强楼板的整体性、增加房屋的整体刚度和避免缝隙漏水。

2. 装配式钢筋混凝土楼板的结构布置与细部构造

在进行楼板结构布置时，应先根据房间的开间和进深尺寸确定构件的支承方式，然后选择板的规格，进行合理的安排。当房间开间、进深不大时，板直接支承在墙体上，称为板式布置，多用于横墙较密的住宅、宿舍等建筑中。当房间开间、进深较大时，可将板支承在梁上，梁支承在墙体或者柱上，称为梁板式布置，多用于教学楼等建筑中。

为满足荷载传递、墙体抗压的要求，预制楼板搁置在钢筋混凝土梁上时，搁置长度不小于 80mm；搁置在内墙上时，搁置长度不小于 100mm；搁置在外墙上时，搁置长度不小于 120mm，如图 5－22 所示。支承楼板的墙或梁表面应平整，同时，必须在墙或梁上铺水泥砂浆坐浆，厚度为 20mm 左右，以保证安装后的楼板平整、不错动，避免面层在板缝处开裂。

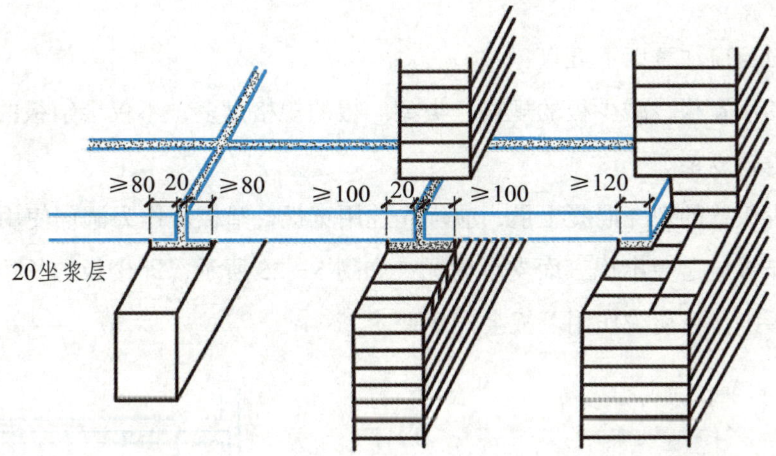

图 5－22　楼板的搁置

板搁置在梁上，因梁的断面形状不同，有两种情况，如图 5－23 所示。第一种情况为板搁置在矩形梁顶，梁板占空间较大。第二种情况：当梁的截面形状为花篮形、T 形时，可把板搁置在梁侧挑出的部分，板不占用高度。

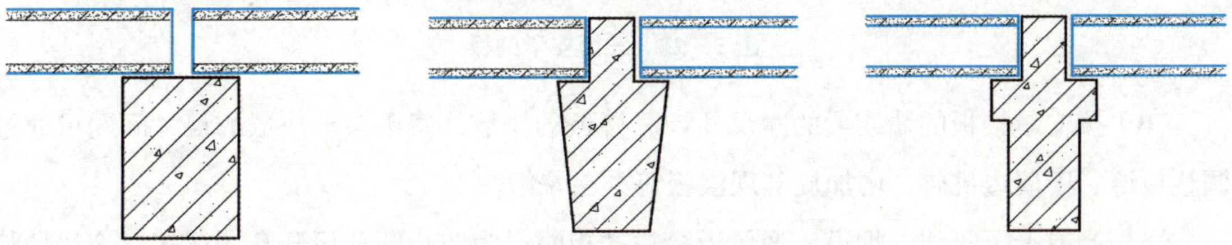

（a）板搁置在矩形梁上　（b）板搁置在花篮梁上　（c）板搁置在T形梁上

图 5－23　板在梁上的搁置

为增强房屋的整体刚度，板搁置在墙上，应用拉结钢筋将楼板与墙体之间、楼板与楼板之间拉结起来。在非地震区，拉结钢筋间距不超过 4m；在地震区，拉结钢筋的具体设置要求按抗震要求及刚度要求设定，如图 5－24 所示。

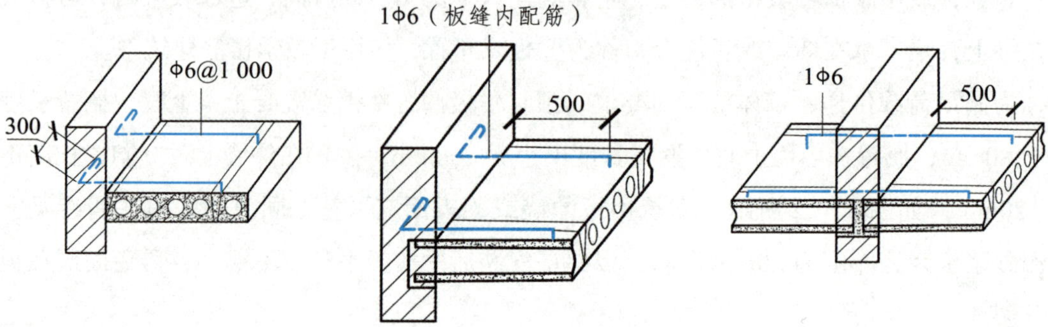

图 5－24　预制板安装节点构造

结构布置时还应注意以下五点：

（1）尽量使用宽板，减少板的规格、类型。板的规格过多，不仅会给板的制作增加麻烦，而且施工也较复杂。

（2）为减少板缝的现浇混凝土量，应优先选用宽板，窄板可作为调剂使用。

（3）板的布置应避免出现三面支承情况，如图 5－25 所示，即楼板的长边不得搁置在梁或砖墙内，否则，在荷载作用下板会产生裂缝。

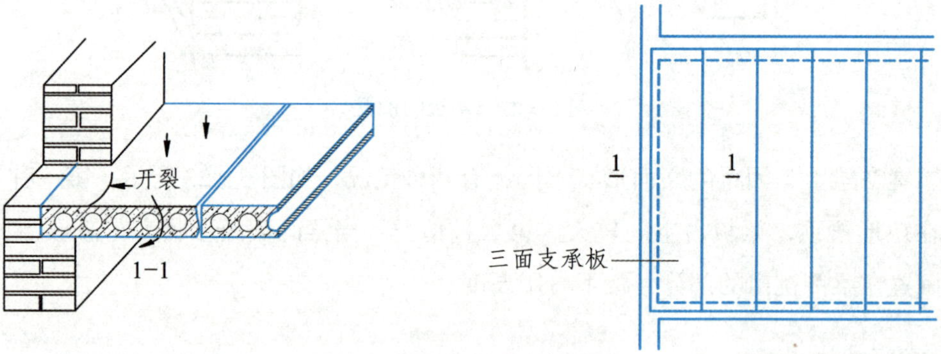

图 5－25　三面支承的板

（4）按支承楼板的墙或梁的净尺寸计算楼板的块数，凑不够整块数的尺寸问题可通过调整板缝、于墙边挑砖、增加局部现浇板等办法来解决。

（5）当有上下管线、烟道、通风道穿过楼板时，为防止圆孔板开孔洞过多，应尽量将该处楼板现浇。

3. 板缝处理

为了便于安装楼板，预制楼板的制作尺寸总是比其标志尺寸小 10 ～ 20mm，这样预制楼板布设时就形成了板端缝和板侧缝。

（1）板端缝的处理。

一般需在板端缝内灌以砂浆或细石混凝土，使板间相互连接。为了增强板的整体性和抗震能力，可将板端露出的钢筋交错搭接在一起，或加钢筋网片，再用细石混凝土灌缝，当板端缝正好处在圈梁处时，可在缝内加筋，使缝与圈梁浇筑在一起。

（2）板侧缝的处理。

板侧缝一般有 V 形缝、U 形缝和凹槽缝三种形式（见图 5－26）。V 形缝具有制作简单的优点，但容易开裂、连接不牢固；U 形缝上面有大口，易于灌浆，但牢固性不如凹槽缝。凹槽缝连接牢，整体性强，相邻板之间共同工作的效果好，抵抗板间裂缝和错动的能力最强，但灌浆和捣浆都比较困难。

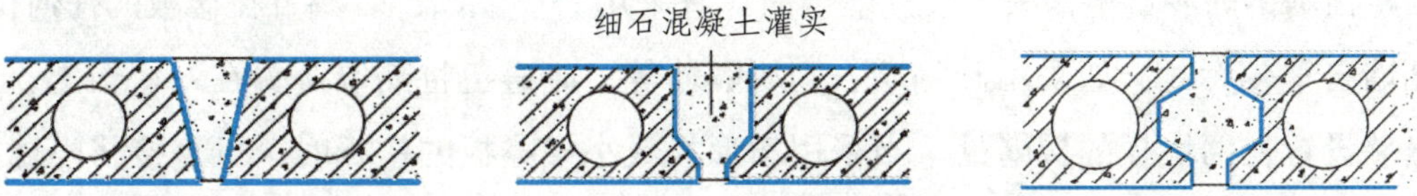

（a）V形缝　（b）U形缝　（c）凹槽缝

图 5－26　预制板的三种侧缝

调整板缝的具体措施，如图 5－27 所示。

1）一般将板缝宽度设置为 10mm，当最后一块板与墙或梁的缝隙小于 60mm 时，可适当加大各板缝的宽度，必要时可加大到 20mm。

2）当缝隙在 60 ～ 120mm 时，在灌缝的混凝土中加配通长钢筋。

3）挑砖：当缝隙不超过 120mm，可沿平行于板边的墙砌挑砖，用与板上、下表面平齐的挑砖来调整板缝。

4）现浇板带：板缝在 120 ～ 200mm 时，在板缝内根据板的配筋而设置钢筋，做成现浇板带。现浇板带可调整任意宽度的板缝，加强板与板之间的连接，现应用较多。

5）当缝隙大于 200mm 时，调整板的规格。可以交替采用不同宽度的板，例如，在采用宽 600mm 的板时，换用一块宽度为 900mm 的板，宽度增加 300mm，相当于半块宽 600mm 的板，可用以填充大于 300mm 的空隙。也可以采用调缝板，在生产预制板时，生产一部分标志宽度为 400mm 的调缝板，用以调整板间空隙。

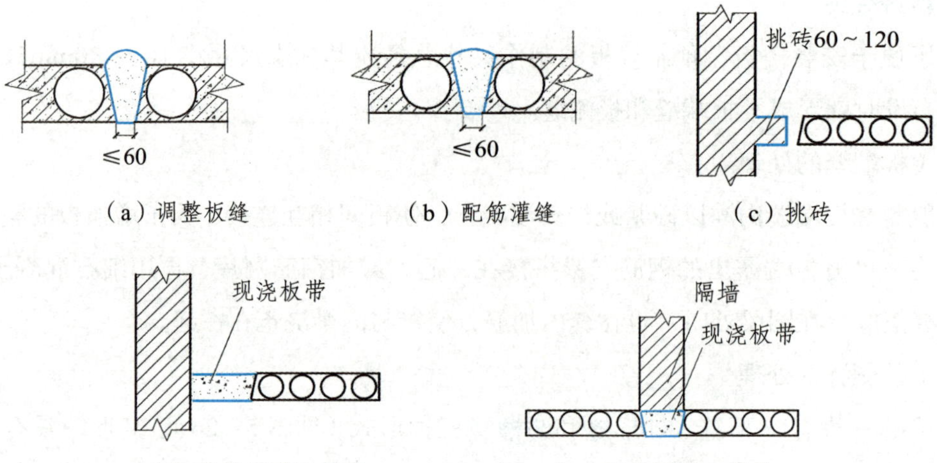

（a）调整板缝　（b）配筋灌缝　（c）挑砖

（d）墙边设现浇板带　（e）隔墙下现浇板带

图 5－27　板缝处理措施

4. 楼板上隔墙的处理

在预制钢筋混凝土楼板上设立隔墙时，宜采用轻质隔墙，可搁置在楼板的任何位置。若隔墙自重较大时，如采用砖隔墙、砌块隔墙等，应避免将隔墙搁置在一块板上，通常将隔墙设置在两块板的接缝处。当采用槽形板或小梁隔板的楼板时，可直接将隔墙搁置在板的纵肋或小梁上；当采用空心板时，须在隔墙下的板缝处设现浇板带或梁来支承隔墙，如图 5－28 所示。

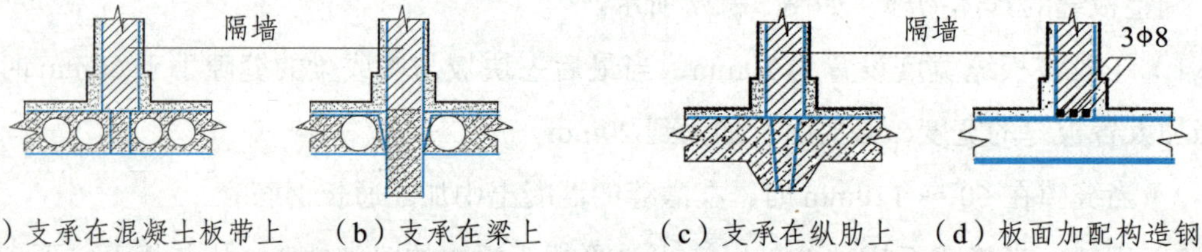

（a）支承在混凝土板带上　（b）支承在梁上　（c）支承在纵肋上　（d）板面加配构造钢筋

图 5－28　楼板上隔墙的处理

扩展阅读

大力发展装配式建筑

关注国家政策、行业动态，才能跟上建筑业的发展趋势。2016 年 9 月，国务院发布《关于大力发展装配式建筑的指导意见》。发展装配式建筑是建造方式的重大变革，是推进建筑业供给侧结构性改革的重要举措，有利于节约资源和能源、减少施工污染、提升劳动生产效率和质量安全水平，有利于促进建筑业与信息化深度融合，培育新产业、新动能，推动化解过剩产能。要按照适用、经济、安全、绿色、美观的要求，坚持市场主导、政府推动，不断提高装配式建筑在新建建筑中的比例。读者应充分认识到发展装配式建筑是国策，具有深远意义。

5.2.3 装配整体式钢筋混凝土楼板

装配整体式钢筋混凝土楼板是先预制部分构件，然后在现场安装，再以整体浇筑的方法将其连成一体的楼板，目前多用于住宅、宾馆、学校、办公楼等建筑中。装配整体式钢筋混凝土楼板具有整体性好、施工简单、工期较短等优点，弥补了现浇钢筋混凝土楼板湿作业量大、施工复杂和装配式楼板整体性较差的不足。常用的装配整体式钢筋混凝土楼板有预制薄板叠合楼板和密肋填充块楼板两种。

1. 预制薄板叠合楼板

预制薄板叠合楼板是由预制薄板和现浇钢筋混凝土层叠合而成的装配整体式钢筋混凝土楼板。预制薄板既是楼板结构的组成部分之一，又是现浇钢筋混凝土叠合层的永久性模板。现浇叠合层内可敷设水平设备管线。预制薄板底面平整，可直接喷浆或贴其他装饰材料作为顶棚层。叠合层一般采用 C20 混凝土，厚度一般为 70 ～ 120mm，其中只需配置少量支座负弯矩筋。

叠合楼板的预制薄板部分通常采用预应力或非预应力薄板。为了保证预制薄板与叠合层有较好的连接，薄板上表面需经过处理，如对薄板表面进行刻槽处理、板面露出较规则的三角形结合钢筋等，如图 5－29 所示。

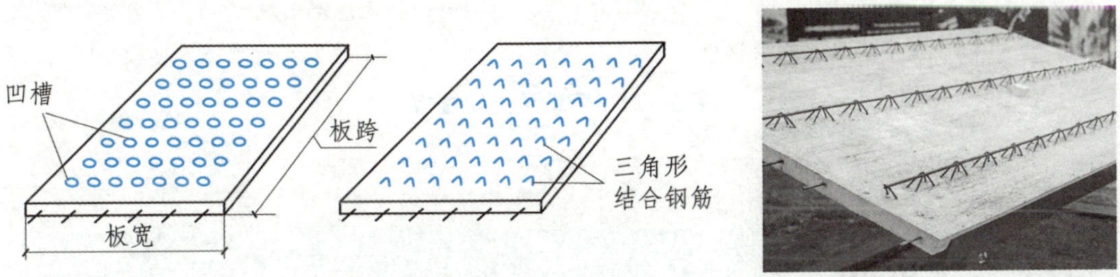

（a）预制薄板的板面处理　　（b）叠合楼板实例

图 5－29　叠合楼板

叠合楼板的跨度一般为 4 ～ 6m，预应力薄板跨度可达 9m。叠合楼板的宽度一般为 1.1 ～ 1.8m；厚度一般为 50 ～ 70mm，叠合后总厚度一般为 150 ～ 250mm，可视板的跨度而定，以大于或等于预制薄板厚度的 2 倍为宜，如图 5－30（a）所示。

叠合楼板的预制部分也可采用普通的钢筋混凝土空心板，此时现浇叠合层的厚度较小，一般为 30 ～ 50mm，如图 5－30（b）所示。

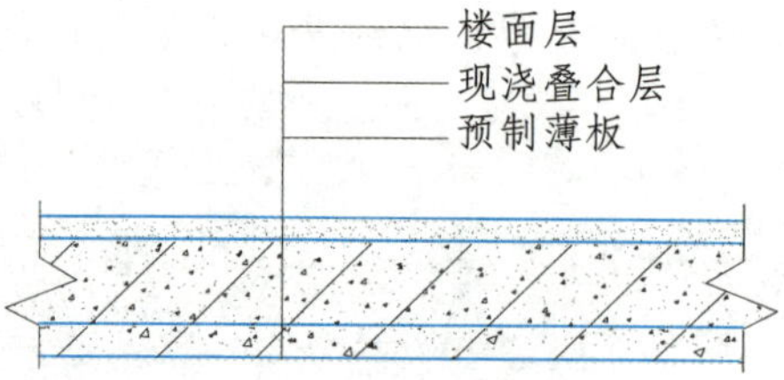

（a）预制薄板叠合楼板

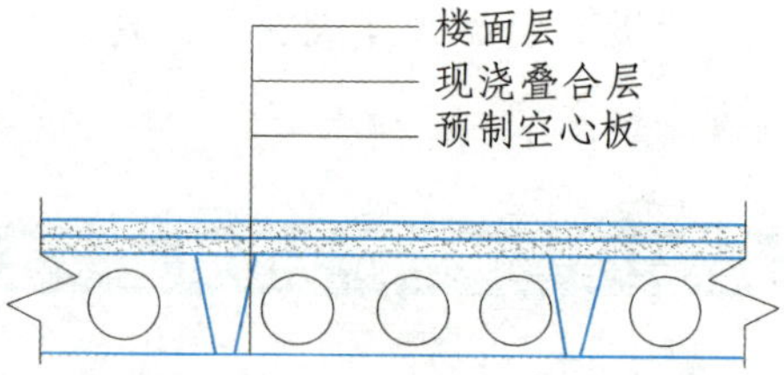

（b）预制空心板叠合楼板

图 5－30　叠合楼板的构造

2. 密肋填充块楼板

密肋填充块楼板的密肋小梁有现浇和预制两种。现浇密肋填充块楼板是以陶土空心砖、矿渣混凝土实心块等作为肋间填充块，现浇密肋和面板而成的。预制小梁填充块楼板是在预制小梁之间填充陶土空心砖、矿渣混凝土实心块、煤渣空心块等，在上面现浇面层而成的，如图 5－31 所示。密肋填充块楼板板底平整，有较好的隔声、保温、隔热效果，在施工中空心砖还可起模板作用，也有利于管道的敷设，这种楼板常用于学校、住宅、医院等建筑中。

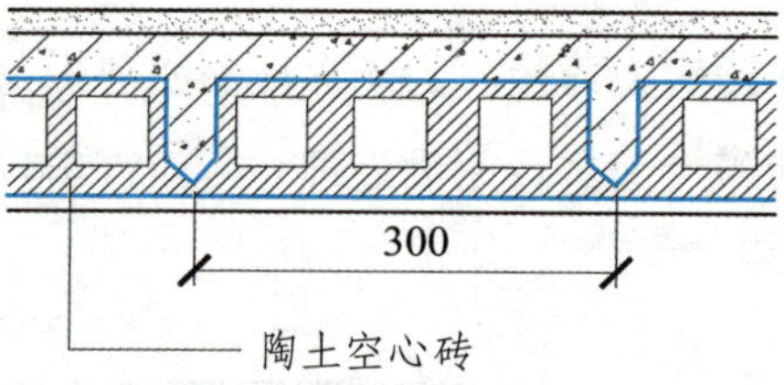

（a）现浇密肋填充块楼板

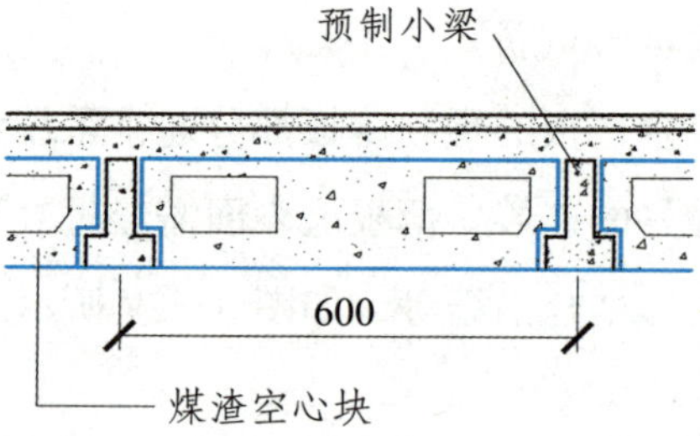

（b）预制小梁填充块楼板

图 5－31　密肋填充块楼板

5.3 楼地面

课堂思考

- 楼地面装修是室内装饰中至关重要的一环，选择合适的楼地面材料更是决定建筑整体效果和舒适度的关键因素。在众多地面材料中，瓷砖和地板是常见的选择。那么，究竟是使用瓷砖好还是使用地板好呢？楼地面的设计有哪些要求呢？

5.3.1 楼地面的设计要求

楼板层的面层和地坪层的面层统称为楼地面，两者在构造的要求上基本是一致的。楼地面是人们日常生活、工作和生产时必须接触的部分，也是建筑中直接承受荷载，经常受到摩擦、清扫和冲洗的装饰部分。因此，对楼地面应有一定的功能要求。

1. 坚固性方面的要求

楼地面要有足够的强度，以便承受人、家具、设备等荷载而不被破坏。人走动和家具、设备移动对楼地面产生摩擦，所以楼地面应当耐磨。不耐磨的楼地面在使用时易产生粉尘，影响人的健康与卫生。

2. 热工方面的要求

人们经常接触的楼地面，应给人们以温暖、舒适的感觉，保证在寒冷天气脚部舒适。所以，应尽量采用导热系数小的材料，使楼地面具有较低的吸热指数。

3. 弹性方面的要求

在弹性方面，要使人们行走在上面时没有过硬的感觉，同时有弹性的楼地面对减弱撞击声也有利。

4. 某些特殊要求

对不同房间而言，楼地面还应满足一些特殊要求。例如，对有水作用的房间，楼地面应满足防水要求；对有火源的房间，楼地面应具有一定的防火能力；对有腐蚀性介质的房间，楼地面应具有一定的防腐蚀能力。

5. 经济方面的要求

设计楼地面时，在满足使用要求的前提下，要选择经济的材料和构造方案。

5.3.2 楼地面的装修构造

1. 水泥类整体面层楼地面

（1）水泥砂浆面层简称水泥地面，是使用最普遍的一种地面，如图 5－32、图 5－33 所示。其构造简单、坚固，能防潮、防水且造价低廉。但水泥地面蓄热系数大，冬天感觉冷，空气湿度大时易产生凝结水，而且水泥地面吸水性差，在湿度大的黄梅天容易返潮；此外水泥地面还有易起灰、不易清洁等问题。

水泥砂浆地面的做法为：若基层较平整，可以在基层上抹一道界面剂，然后直接抹 20mm 厚的 1∶2.5 水泥砂浆抹面，表面撒适量水泥粉抹压平整，在常温湿润条件下养护。

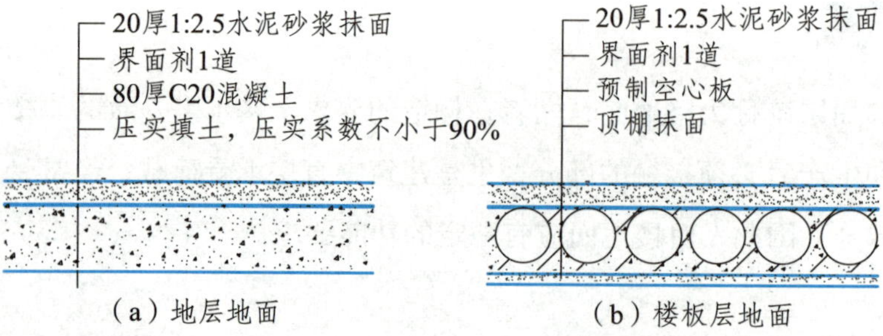

图 5-32 水泥砂浆地面构造图

图 5-33 水泥砂浆楼地面实例

（2）现制水磨石面层是用水泥作为胶结材料，用大理石、白云石等中等硬度石料的石屑作为骨料，混合铺设，经磨光、打蜡而成。其性能与水泥砂浆楼地面相似，但耐磨性更好，表面光洁，不易起灰。由于造价较高，水磨石楼地面常用于卫生间和公共建筑的门厅走廊、楼梯间以及标准较高的房间。

现制水磨石面层的做法是在结构层上刷一道界面剂，用厚 20mm 的 1∶3 水泥砂浆打底，厚 15mm 的 1∶2.5 的水泥、石渣抹面。石渣要求用颜色美观的石子，中等硬度，易磨光，故多用白云石或彩色大理石石渣，其粒径为 3 ～ 20mm。水磨石有水泥本色和彩色两种，后者是采用彩色水泥或白水泥加入颜料以构成美丽的图案，颜料以水泥质量的 4% ～ 5% 为好，不宜太多，否则将影响地面强度。面层一般是先在底层上按图案嵌固玻璃条（也可嵌铜条或铝条）进行分格，一是为了分大面为小块，以防面层开裂，且分块后万一局部损坏，维修也比较方便，不影响整体；二是可按设计图案分区，确定不同颜色，以增添美观。

分格形状有正方形、矩形及多边形等，尺寸为 400 ～ 1 000mm，视需要而定；分格条高 10mm，用 1∶1 水泥砂浆嵌固，然后将拌和好的石渣浆浇入，石渣浆应比分格条高 2mm。再浇水养护 6 ～ 7 天后用磨石机磨光，最后打蜡保护。其构造和做法如图 5-34、图 5-35 所示。

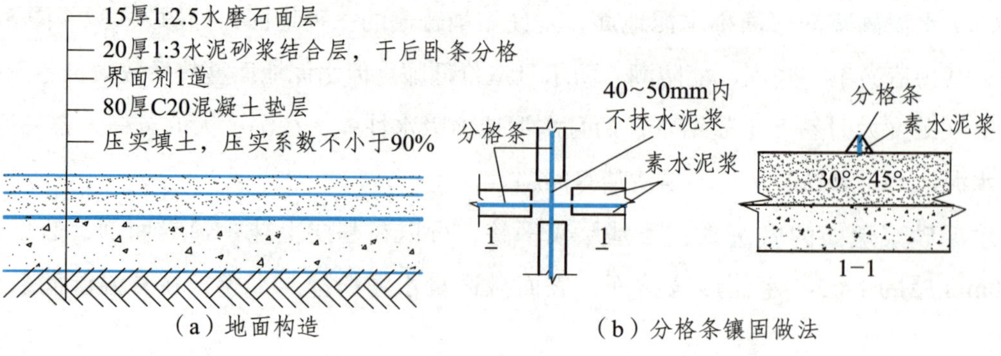

图 5-34 现制水磨石楼地面构造图

图 5-35　现制水磨石楼地面实例

（3）细石混凝土面层是用水泥、砂和小石子级配而成的细石混凝土做面层。如图 5-36、图 5-37 所示。细石混凝土楼地面可以克服水泥砂浆楼地面干缩性大的缺点，这种地面强度高，干缩性小，耐磨，耐久性、防水性好，不易开裂、翻砂；但厚度较大，一般为 40mm。地面厚度要视建筑物的用途而定，一般住宅和办公楼为 30 ～ 50mm，厂房车间为 50 ～ 80mm。混凝土的配合比水泥：砂：石子 =1：2：4，混凝土强度等级不低于 C20，采用 C25 号普通硅酸盐水泥、中砂或粗砂、5 ～ 15mm 的碎石或卵石配制而成。

知识链接：
细石混凝土楼地面和水泥砂浆楼地面的区别

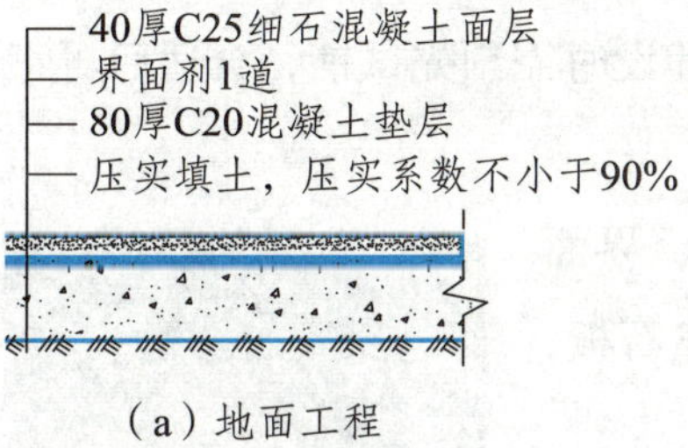

图 5-36　细石混凝土楼地面构造

图 5-37　细石混凝土楼地面

施工之前，在地坪四周的墙上弹出水平线，以控制其厚度，为使混凝土铺筑后表面平整、不露石子，操作时采用小辊子来回交叉滚轧 3 ～ 5 遍，直至表面泛浆为止，然后用木抹子压实，待混凝土初凝后、终凝前再用铁抹子反复抹压收光，抹光时不得撒干水泥。施工后一昼夜内要覆盖，浇水养护不少于 7 天。

2. 板块类面层楼地面

此类地面又称为块材类楼地面，是利用各种预制块材或板材镶铺在基层上形成的地面，常见的有以下两种：

（1）地砖楼地面。

地砖在铺贴前应在水中充分浸泡，浸泡时间一般为 2 ～ 3h，阴干备用（吸水率小于

2%的地砖不用漫水）。地砖可用水泥铺贴，也可采用专用胶黏剂粘贴，采用地砖胶黏剂与传统水泥粘贴法相比更安全、更牢固，具有良好的抗渗与抗老化性能。采用胶黏剂时可不浸砖，如图5-38、图5-39所示，其做法是在基层上用30mm厚1∶3干硬性水泥砂浆打底、找平，铺贴地砖面层，用橡胶锤锤击以保证黏结牢固，避免空鼓，最后用素水泥砂浆擦缝。

图5-38　地砖楼地面

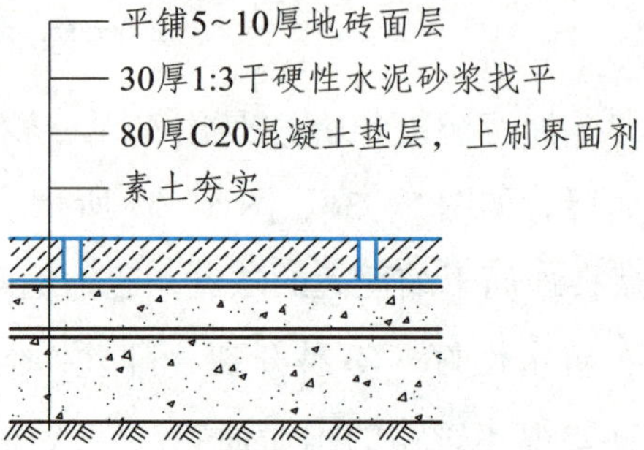

图5-39　地砖楼地面做法

（2）石板楼地面。

石板楼地面包括天然石楼地面和人造石楼地面。

天然石有大理石和花岗石等，人造石有预制水磨石、人造大理石等。

这些石板尺寸较大，一般为500mm×500mm以上，铺设时需预先试铺，合适后再正式铺贴，对铺贴表面的平整度要求高。

天然石板面层的构造做法是在混凝土垫层上先刷1道界面剂，用30mm厚1∶3干硬性水泥砂浆找平，然后镶铺天然石板，最后用水泥浆擦缝，待能上人后擦净。

人造石板面层的构造做法是在混凝土垫层上先刷1道界面剂，用20mm厚1∶2.5水泥砂浆找平，再用5mm厚人造石专用胶粘剂镶铺人造石板，最后用人造石专用填缝剂填缝，如图5-40所示。

图5-40　大理石楼地面

3. 木地板面层楼地面

木地板面层楼地面的主要特点是有弹性、不起灰、不返潮、易清洁、保温性好，但其耐火性差，保养不善时易腐朽，且造价较高，一般用于装修标准较高的住宅、宾馆、体育馆、健身房、剧院、舞台等建筑中。

根据材质不同，木地板分为实木地板、强化地板、实木复合地板、竹木地板、软木地板等。不同的木地板铺设方式不同，可以采用无龙骨满粘、无龙骨平铺、有龙骨单层黏结

（或锁扣）和有龙骨双层钉铺（或锁扣），如图5－41所示。

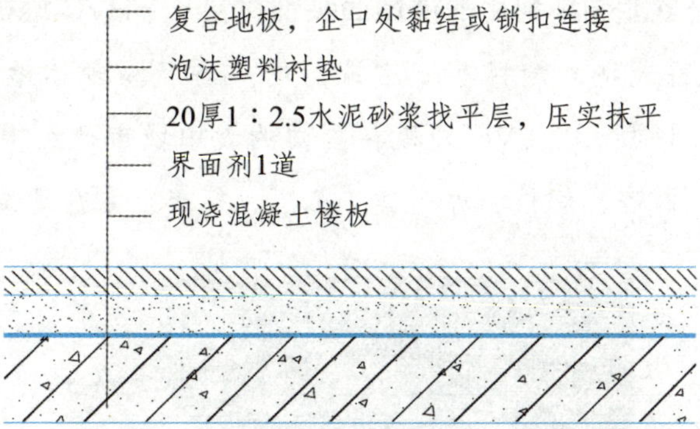

图5－41　单层木地板面层楼地面

4. 地毯面层楼地面

地毯面层楼地面可分为单层地毯面层楼地面和双层弹性地毯面层楼地面。多用无纺织地毯，常见的有化纤无纺织针刺地毯、黄洋麻纤维针刺地毯和纯羊毛无纺织地毯等。这类地毯加工精细、平整丰满、图案典雅、色调宜人，具有柔软、舒适、清洁、吸声、美观、适用等特点，有局部、满铺、干铺、固定等不同铺法。固定地毯时一般用黏结剂满贴，或在四周用倒刺条挂住，如图5－42所示。

图5－42　地毯面层楼地面

5. 树脂类整体面层楼地面

树脂类整体面层楼地面是水泥砂浆或混凝土地面的表面处理形式，解决了水泥地面易起灰和欠美观的问题。常见的涂料包括水乳型涂料、水溶型涂料和溶剂型涂料。水乳型涂料有氯－偏共聚乳液涂料、聚乙酸乙烯厚质涂料及SJ82-1地面涂料等；水溶型涂料有聚乙烯醇缩甲醛胶水泥地面涂料、109彩色水泥涂料及804彩色水泥地面涂料等；溶剂型涂料有聚乙烯醇缩丁醛涂料、H80环氧涂料、环氧树脂厚质地面涂料及聚氨酯厚质地面涂料等。

扩展阅读

一款能循环利用的楼地面装饰材料——PVC 地板

PVC 地板属于塑料地毡，是目前非常流行的一种新型轻体地面装饰材料，也称为“轻体地材”，如图 5－43 所示。PVC 地板在国内的大中城市已经得到普遍的认可，使用非常广泛，比如居室、医院、学校、办公楼、工厂、超市、体育场馆等各种场所。

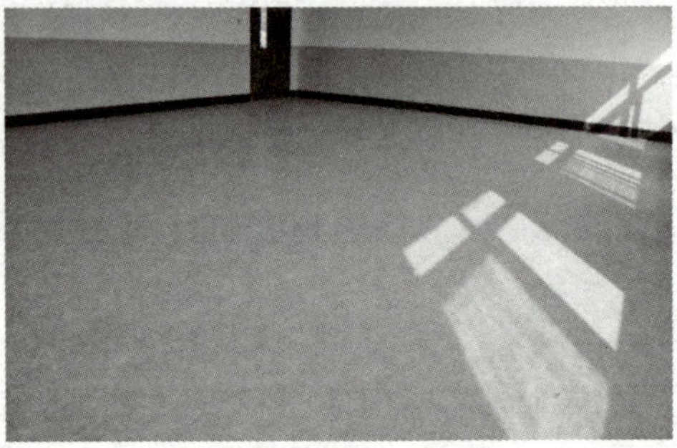

图 5－43　PVC 地板

“PVC 地板”是以聚氯乙烯及其共聚树脂为主要原料，加入填料、增塑剂、稳定剂、着色剂等辅料，在片状连续基材上，经涂敷工艺或经压延、挤出工艺生产而成。

我们都知道，人流量大的场所，会过度地对楼地面产生磨损，而针对这一点，在 PVC 地板表面添加了一层经 UV 涂层处理的 PVC 耐磨层，并且将花纹印刷在经轮压的纯 PVC 耐磨层下面。

质量高一点的 PVC 地板耐磨损的平均圈数可达到 18 000 转，耐磨等级达到 AC4 级，比传统的地板耐磨得多，这也使得它的使用寿命更加长久，一般可以使用十年以上。

对于 PVC 地板的抗压性，因为它采用创新的密实挤出工艺设计，这种设计使地板的承受能力变强，所以经久耐磨。只要受力点均匀，长久使用也不会因为在上面放置重物而出现局部下陷的问题，地板的抗压性得到了极大的优化，对于日常办公环境的承重是可以胜任的。

PVC 地板的保养非常方便，脏了，用拖布擦拭即可，若想达到更好的光亮度，只需定期打蜡。如果 PVC 地板破损，后期维修只需撬起损坏处，重新黏合新的地板即可。

PVC 地板是能循环利用的楼地面装饰材料，这对于保护自然环境和节约能源是有利的。

6. 涂料楼地面

涂料与水泥表面的黏结力强，具有良好的耐磨、抗冲击、耐酸、耐碱等性能，水乳型涂料与溶剂型涂料还具有良好的防水性能。涂料对改善水泥砂浆楼地面的使用性能具有根本性意义，如环氧树脂厚质地面涂层和聚氨酯厚质地面涂层素有“树脂水磨石”之称。

JA-1-1 型聚酯合成橡胶也是当今一种新型高分子合成材料，它具有耐老化、耐水、耐磨、抗压强度大、绝缘性能好、无静电效应以及与其他材料黏结性强等特点，其综合性能亦优于其他涂料，特别适用于高级电子计算机房、配电房等，是理想的楼地面材料。

涂料楼地面要求水泥地面坚实、平整，涂料与面层黏结牢固，不得有掉粉、脱皮、开裂等现象，且涂层的色彩要均匀，表面要光滑、洁净，给人以舒适、明净、美观的感觉，如图 5－44 所示。

图 5－44　环氧树脂楼地面

扩展阅读

新型装饰材料

随着国家大力提倡绿色发展，建筑建材行业响应号召，不断推陈出新，地面装饰装修材料也不断更新迭代。

新型装饰材料积极响应绿色生活理念，摒弃了传统材料中可能含有的有害物质，转而采用对环境友好的原材料，从根本上降低了对环境的污染，确保了居住者的健康安全。同时，新型装饰材料出色的耐久性和便捷的维护特性，确保了长期的美观与实用，有效减少了资源浪费与更换频率，加之其具备的吸音、降噪、防霉、防潮等功能，为居住者营造了更加健康、舒适的居住环境。

此外，新型装饰材料还以其独特的美学魅力赢得了青睐。从细腻多变的纹理到丰富多样的色彩，这些材料不仅能够满足多样化的装饰需求，还能显著提升室内空间的艺术感与层次感，让生活中的每个角落都焕发出独特的光彩。

新型装饰材料正以其全面的优势，引领着装饰材料的潮流。我们应不断学习建筑建材行业中的新技术、新产业、新业态、新模式，培养紧跟行业热点、终身学习的意识，树立起“绿色施工，节能环保”的发展观。

5.4 楼地层的特殊构造

课堂思考

- 李某购买了某小区的一套二手房。入住后李某发现自家卫生间顶板出现滴水现象。漏水时，先是卫生间楼板板缝位置洇湿，渗水面积扩散后水就滴落到地面。李某曾联系楼上业主，希望其能对卫生间渗漏情况进行维修，但几年后，渗漏情况愈发严重，对李某的生活造成了很大影响。于是李某将楼上业主告上了法庭……卫生间漏水是一个令人困扰的问题，那么如何做好卫生间的排水和防水呢？

5.4.1 楼地层防水构造

知识链接：下沉式卫生间

在用水频繁的房间，如厕所、盥洗室、淋浴室、实验室等，楼地面容易积水，且易发生渗漏现象，因此应做好楼地面的排水和防水工作。

1. 楼地层排水

有水房间应设置地漏，并使楼地面由四周向地漏有一定坡度，从而引导水流入地漏。地面排水坡度一般为 1% ～ 1.5%。有水房间的排水如图 5 - 45 所示。

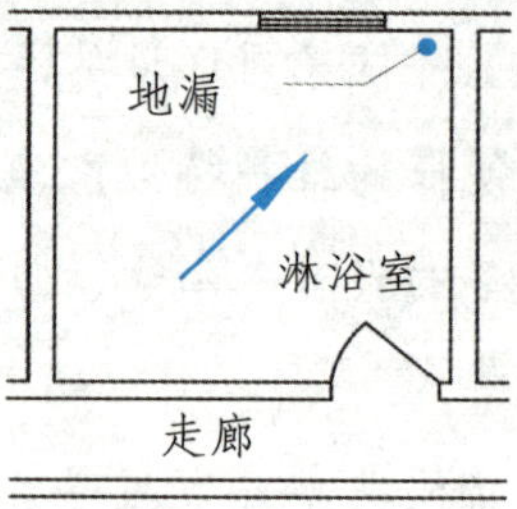

图 5 - 45 有水房间的排水

2. 楼地面防水

室内楼地面防水做法应符合表 5 - 4 的规定。

表 5-4　室内楼地面防水做法

防水等级	防水做法	防水层		
		防水卷材	防水涂料	水泥基防水材料
一级	不应少于 2 道	防水涂料或防水卷材不应少于 1 道		
二级	不应少于 1 道	任选		

有水房间楼板以现浇钢筋混凝土楼板为佳，面层材料通常为整体现浇水泥砂浆、水磨石、瓷砖等防水性较好的材料。对于防水要求较高的房间，还应在楼板与面层之间设置防水层。常见的防水材料有卷材、防水砂浆和防水涂料。为防止房间四周墙脚受水，应将防水层沿周边向上泛起至少 250mm，如图 5-46（a）所示；为防止水多或地漏不畅通时积水外溢，影响其他房间的使用，有水房间的地面标高应比周围其他房间或走廊低 20 ～ 30mm；当遇到门洞时，应将防水层进行延展，向外延伸的长度不应小于 500mm，向两侧延展的宽度不应小于 200mm，如图 5-46（b）所示。

当竖向管道穿越楼地面时，也容易产生渗透，为防止因温度变化引起热胀冷缩现象，常在穿管位置预埋比竖管管径稍大的套管，高于装饰层 20mm 以上，并在缝隙内填塞弹性防水材料，如图 5-46（c）所示。

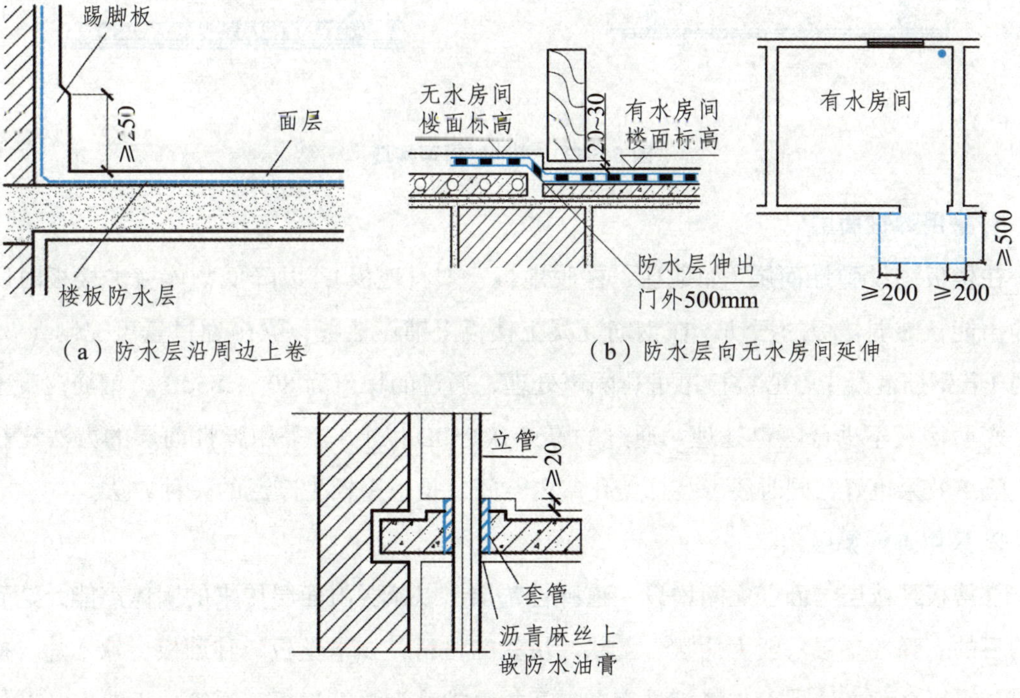

（a）防水层沿周边上卷　（b）防水层向无水房间延伸

（c）立管穿越楼层

图 5-46　楼地面的防水构造

5.4.2 楼地层隔声构造

楼地层应有一定的隔声能力，楼板的隔声量一般在 40 ～ 50dB。楼板隔声的重点是对撞击声的隔绝，可从以下三个方面进行改善，如图 5－47 所示。

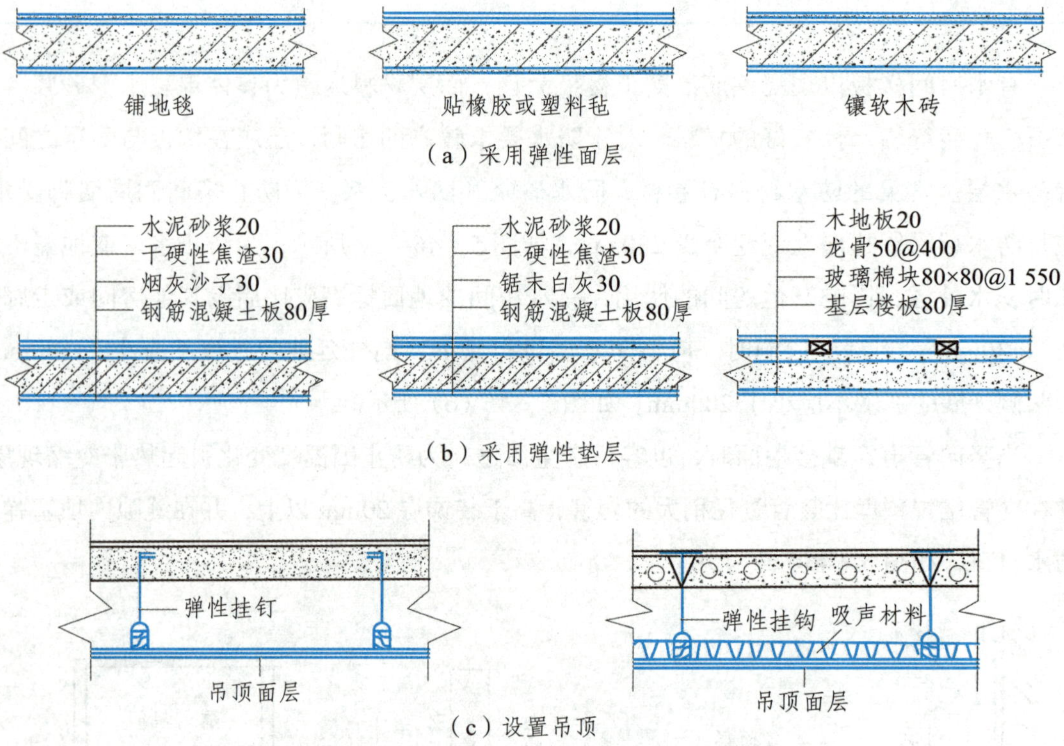

图 5－47 楼地层隔声构造

1. 采用弹性面层

在楼板铺设弹性面层（如地毯、橡胶地板、塑料地板），以降低物体撞击楼板时所产生的声能，减弱楼板的振动。在钢筋混凝土楼板上铺设地毯，噪声通过量可控制在 75dB 以内（若钢筋混凝土空心楼板不进行隔声处理，通过的噪声为 80 ～ 85dB ；钢筋混凝土槽板、密肋楼板不进行隔声处理，通过的噪声在 85dB 以上）。采用弹性面层的方法比较简单，隔声效果也好，同时还可装饰美化室内空间，是采用较为广泛的一种方法。

2. 采用弹性垫层

在楼板结构层与面层之间增设一道弹性垫层，以减弱由面层传来的固体声能，达到隔声的目的。弹性垫层一般为片状、条状、块状的材料，如木丝板、甘蔗板、软木片、矿棉毡等，采用这种方法楼面与楼板是完全隔开的，常称为浮筑楼板。浮筑楼板要保证结构层与面层完全脱离，防止产生“声桥”。

3. 设置吊顶

结合室内空间的要求，在楼板下设置吊顶棚（即吊顶），使物体撞击楼板产生的振动不能直接传入下层空间。在楼板与顶棚间留有空气层，吊顶与楼板采用弹性挂钩或挂钉连接，使声能减弱。对于隔声要求高的房间，还可在顶棚上铺设吸声材料以加强隔声效果，其隔声效果取决于它的单位面积质量及其整体性，质量越大、整体性越强，隔声效果越好。

对于楼地层隔声的三种措施，以采用弹性面层的效果最好，也便于工业化。采用浮筑楼板虽增加造价不多，效果也较好，但施工较麻烦，因而较少采用。

5.4.3 楼地层保温构造

在严寒和寒冷地区，建筑底层室内如果采用实铺地面构造，则对于直接接触土壤的部分，应当采取保温处理，其构造做法可以参照图5-48。

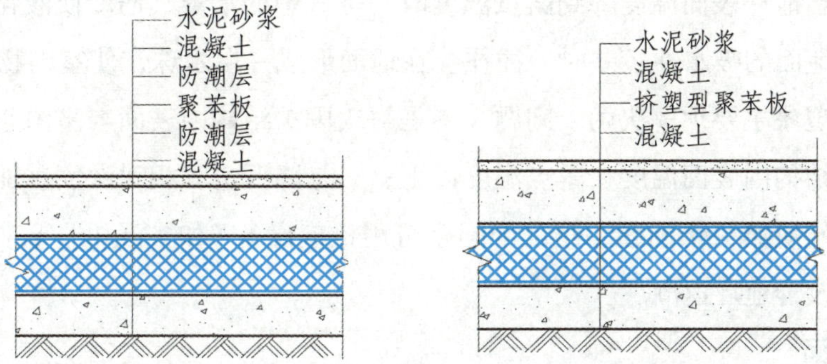

图5-48 地面保温构造示意图

此外，如果底层地面之下还有不采暖的地下室，则地下室以上的底层地面应该全部采取保温处理。保温层除了放在底层地面的结构面板与地面的饰面层之间外，还可以考虑放在底层地面的结构面板，即地下室的顶板之下。在实际工程中，需先分析保温层的设置与板底的各种管道的架设是否会相互影响，施工是否方便，是否有利于管道的检修，是否符合相关的防火规范等，权衡利弊后，再做决定。

针对楼地层的节能保温，可根据不同的情况（如底面是不接触室外空气的层间楼板，底面是接触室外的架空楼板、外挑楼板、底层地坪层楼板，等等）采用不同的节能技术，具体做法如下：

（1）层间楼板可采取将保温层直接设置在楼板上表面或楼板底面的方式，也可铺设木龙骨（空铺）或无木龙骨的实铺木地板。

1）在楼板上面的保温层，宜采用硬质挤塑型聚苯板、泡沫玻璃保温板等板材或强度符合地面要求的保温砂浆等材料，其厚度应满足建筑节能设计标准的要求。

2）在楼板底面的保温层，宜采用强度较高的保温砂浆抹灰，其厚度应满足建筑节能设计标准的要求。

3）铺设木龙骨的空铺木地板，宜在木龙骨间嵌填板状保温材料，使楼板的保温和隔声性能更好。

（2）底面接触室外空气的架空或外挑楼板宜采用外保温系统。

（3）严寒及寒冷地区采暖建筑的地坪层楼板应以保温为主，在持力层以上土壤层的热阻已符合地面热阻规定值的条件下，宜在地面面层下铺设适当厚度的板状保温材料，进一步提高地面的保温性能。

5.4.4 楼地层防潮构造

地面返潮现象主要出现在我国南方，每当梅雨季节，气温升高，雨水较多，空气中相对湿度较大。当地坪表面温度降到露点温度时，空气中的水蒸气遇冷便液化成小水珠，附在地面上，当地面的吸水性较差时，往往会在地面形成一层水珠，使室内物品受潮。

避免返潮现象主要须解决两个问题：一是解决围护结构内表面与室内空气温差过大的问题，使围护结构内表面温度在露点温度以上；二是降低空气相对湿度，加强通风。在建筑构造上只能解决第一个问题，第二个问题可用机械设备（如去湿机）等来解决。采用以下构造措施可改善地坪返潮。

1. 保温地面

对地下水位低、地基土壤干燥的地区，可在面层下面直接铺设一层保温层，以改善地面与室内空气温度差过大的问题。在地下水位较高的地区，可将保温层设在面层与结构层之间，并在保温层下铺防水层，如图 5－49 所示。

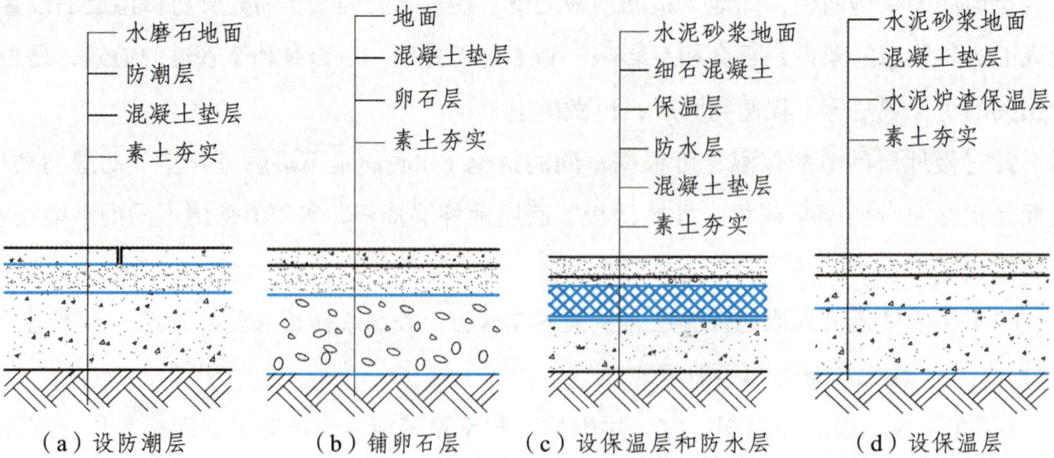

图 5－49　地坪层防潮层示例

2. 吸湿地面

用普通砖、大阶砖、陶土防潮砖做地面。由于这些材料中存在大量孔隙，当返潮时，面层会暂时吸收少量冷凝水，待空气湿度较小时，水分自动蒸发，因此地面不会有明显的返潮现象。

3. 架空式地坪

在底层地坪下设通风间层，使底层地坪不接触土壤，以改变地面的温度状况，从而减少冷凝水的产生，使返潮现象得到明显的改善。但增加了一层楼板，使得造价增加。

5.5 顶棚

课堂思考

- 关于房屋的顶棚装修，根据需求的不同，顶棚的类型和装修方式也有差异，最终呈现的效果也不同。某办公室采用的是石膏板吊顶，某教室采用的是 PVC 吊顶，某酒店客房采用乳胶漆粉刷顶棚……不同的顶棚具有不同的构造方式，是如何划分的呢？

顶棚是楼板层下面的装修层。对顶棚的基本要求是光洁、美观，能通过反射光照来改善室内采光和卫生状况，对于特殊房间，还要求具有防水、隔声、保温、隐蔽管线等功能。

按构造做法的不同，顶棚可分为直接式顶棚和吊式顶棚两种。

5.5.1 直接式顶棚

直接式顶棚指直接在钢筋混凝土楼板下表面喷刷涂料、抹灰或粘贴装修材料的一种构造形式。直接式顶棚不占据房间的净空高度、构造简单、造价低、效果好，适用于大多数房间，但其易剥落、维修周期短，不适用于需要布置管网的顶棚。直接式顶棚的构造如图 5－50 所示。

1. 直接喷刷涂料顶棚

当楼板底面平整，对室内装饰要求不高时，可在楼板底面填缝刮平后直接喷刷大白浆、石灰浆等涂料，以增加顶棚反射光照的作用。

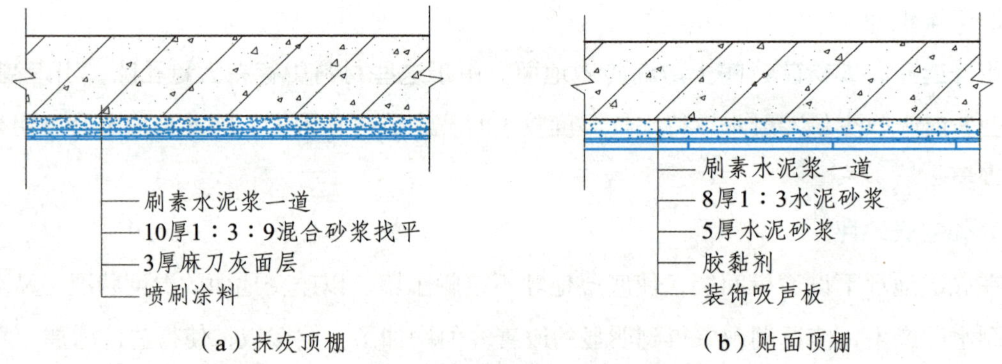

图 5-50 直接式顶棚的构造

2. 抹灰顶棚

当楼板底面不够平整或对室内装修要求较高时，可在楼板底抹灰后再喷刷涂料。顶棚抹灰可用纸筋灰、水泥砂浆和混合砂浆等，其中纸筋灰应用最普遍。纸筋灰抹灰应用混合砂浆打底，再用纸筋灰罩面。

3. 贴面顶棚

对于某些有保温、隔热、吸声要求的房间，以及楼板底不需要敷设管线而对装修要求高的房间，可于楼板底用砂浆打底找平后，用黏结剂粘贴墙纸、泡沫塑料板、铝塑板、装饰吸声板等，形成贴面顶棚，如图 5-50 (b) 所示。

5.5.2 吊式顶棚

吊式顶棚指当房间顶部不平整或楼板底需要敷设导线、管线，其他设备或建筑本身要求平整、美观时，在屋面板（楼板）下，通过设吊筋将主、次龙骨所形成的骨架固定，在骨架下固定各类装饰板组成的顶棚。

1. 吊顶的设计要求

(1) 吊顶应具有足够的净空高度，以便进行各种设备管线的敷设。

(2) 合理地安排灯具、通风口的位置，以符合照明、通风的要求。

(3) 选择合适的材料和构造做法，使吊顶的燃烧性能和耐火极限满足防火规范的规定。

(4) 吊顶应便于制作、安装和维修。

(5) 对于特殊房间，吊顶应满足隔声、保温等特殊要求。

(6) 吊顶应满足美观和经济等方面的要求。

2. 吊顶的构造

吊顶一般由吊杆、基层和面层三个基本部分组成，如图 5-51 所示。

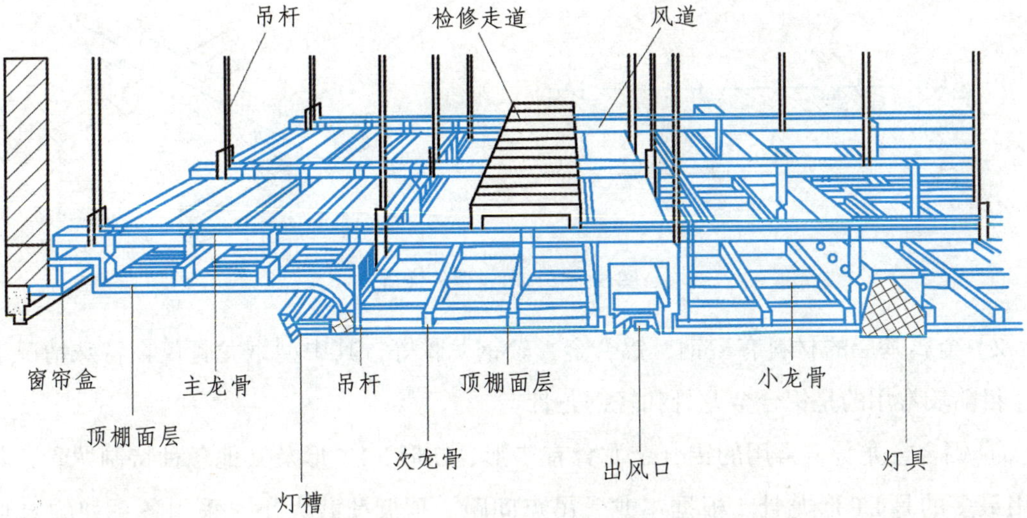

图5-51 吊顶的构造组成

（1）吊杆（吊筋）。

吊杆是顶棚基层与承重结构之间的连接传力构件，通过它可以将顶棚的重量传给楼板（屋面板）、屋架等结构构件，还可以通过调整、确定吊顶的空间高度，满足各种装饰要求。吊杆通常采用方木、钢筋、型钢、轻钢型材等，具体选择应考虑基层骨架的类型、顶棚及其附属物件（如灯具、附设的轻型管件等）的重量等因素。

方木吊杆可采用40mm×40mm断面的方木，与木龙骨、木梁（用钢钉或膨胀螺栓固定在结构构件上的方木）的钉接处，每处不少于2个铁钉；钢筋吊杆一般选用φ6或φ8的钢筋，通常与固定在结构构件上的连接角钢焊接或穿孔缠绕；型钢、轻钢型材吊杆的规格要通过具体结构计算来确定。

吊杆距承载龙骨端部的距离不应超过300mm，否则，必须增设吊杆，以免龙骨下坠，吊杆长度大于1.5m时，应设置反支撑。

（2）基层（顶棚骨架）。

基层是由主龙骨、次龙骨（或称主搁栅、次搁栅）所形成的网格骨架体系，主要用于承受饰面面层重量并连同自重通过吊杆传到结构层上。基层可分为木制基层和金属基层两种。

1）木制基层的主龙骨断面尺寸一般采用50mm×70mm，主龙骨钉接或栓接在吊杆上，间距为0.9～1.2m，次龙骨断面尺寸一般为50mm×50mm或40mm×40mm，其间距由面层板材规格及板材间隙大小而定，多用于造型复杂的吊式顶棚。主龙骨在上层，次龙骨在下层，用40mm×40mm的方木吊挂钉牢在主龙骨底部，主、次龙骨也可以同层布置，并依其间距开槽，凹槽对凹槽钉接牢固，如图5-52所示。对木龙骨必须进行防腐、防火处理，涂刷防腐剂和防火涂料。

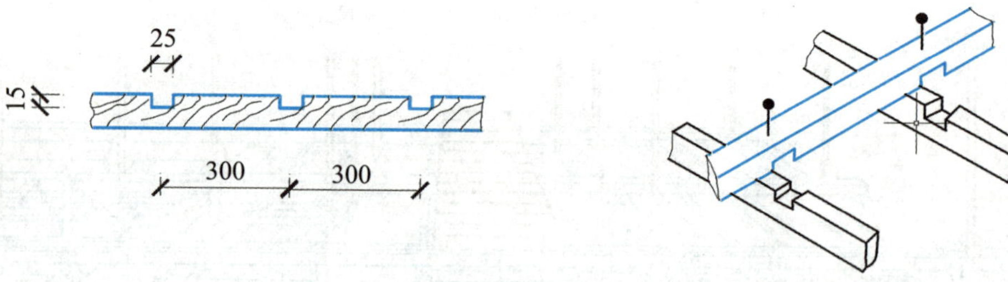

图 5 - 52　木龙骨的连接

2）金属基层的材料有型钢、铝合金、轻钢龙骨等，其中型钢龙骨仅在特殊情况下采用，目前较常用的是铝合金龙骨和轻钢龙骨。

① 铝合金龙骨。常用的铝合金龙骨有 T 形、U 形、LT 形及其他各种特制龙骨，其中应用最多的是 LT 形龙骨。根据主龙骨吊点间距、顶棚荷载大小，采用各系列的 U 形断面铝合金型材；对于次龙骨、横撑龙骨（垂直搭于次龙骨两翼之上），用于中部的龙骨断面为 T 形，用于四边的龙骨断面为 L 形。吊杆与主龙骨、主龙骨与次龙骨之间要有可靠连接。

② 轻钢龙骨。轻钢龙骨断面有 U 形、T 形等，一般 U 形较为常用。依吊点间距、顶棚荷载大小选用不同系列的 U 形、T 形轻钢龙骨。主、次龙骨在同一水平面的吊挂方式为单层构造，仅适用于不上人吊顶棚，主、次龙骨不在同一水平面的吊挂方式为双层构造。吊杆与主龙骨、主龙骨与次龙骨之间的连接构造，如图 5 - 53、图 5 - 54 所示。

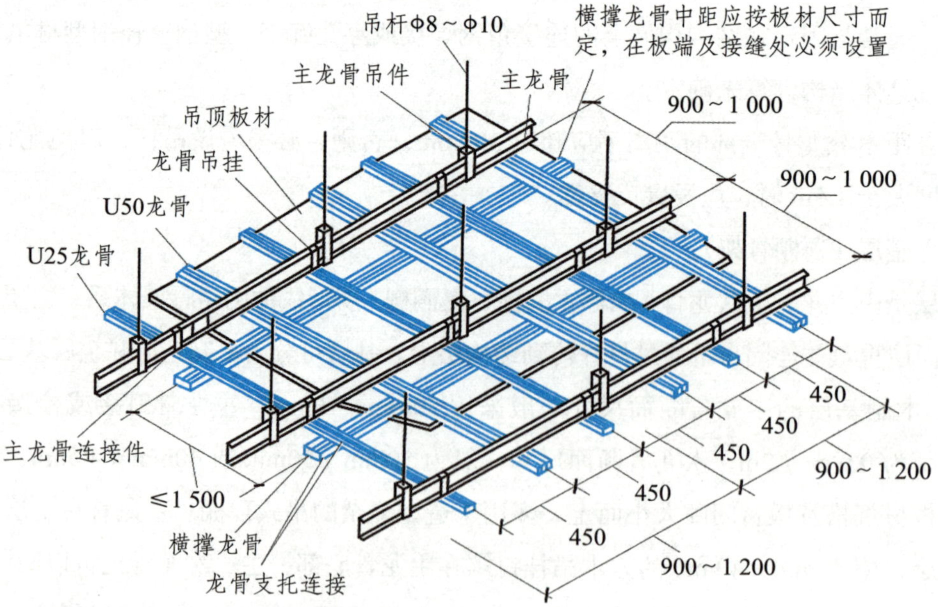

图 5 - 53　U 形轻钢龙骨吊式顶棚构造

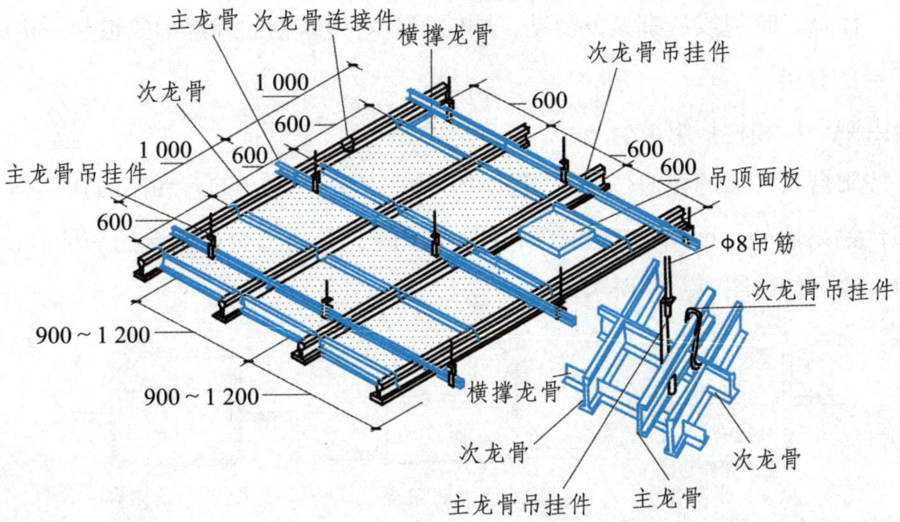

图 5－54　T 形轻钢龙骨吊式顶棚构造

③ 格栅。常用的格栅有木制格栅、金属格栅、塑料格栅等，格栅通过若干个单体构件组合而成，与照明设施布置有机结合，会给人一定的韵律感，形成一种特殊的艺术效果。但格栅上部空间的一些设备管线要处理成深色的，与其向下反射的灯光形成亮度反差，以免影响观瞻。

（3）面层。

除装饰室内空间的作用外，面层还有吸声、反射等功能。常用的面层有各种装饰板材，比如装饰石膏板、铝合金装饰板、纤维板等。

5.6 阳台与雨篷

课堂思考

- 阳台、雨篷不仅能给房屋增光添色，而且非常实用。在房屋设计中，阳台、雨篷并不是越大越好，如果设计不当容易发生坍塌开裂事故，严重威胁住户生命财产安全。那么，如何设计阳台和雨篷呢？

5.6.1 阳台

阳台是附设于建筑物外墙，设有栏杆或栏板，可供人活动的室外空间。人们可以在阳台上晒衣、休息、瞭望或从事家务活动，同时阳台对建筑物的外部形象也起一定的作用。

1. 阳台的分类

阳台由阳台板和栏板组成。

（1）按阳台与外墙的相对位置，阳台可分为凸阳台、半凸阳台和凹阳台三类。凸阳台指全部阳台挑出墙外，凹阳台指整个阳台凹入墙内，半凸阳台指阳台的一部分挑出墙外，一部分凹入墙内，如图 5-55 所示。

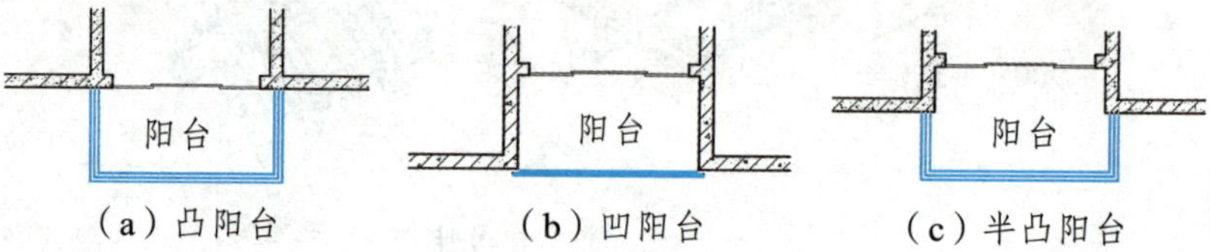

图 5-55　阳台的类型

（2）按施工方法，阳台可以分为现浇式钢筋混凝土阳台和预制装配式钢筋混凝土阳台。现浇式钢筋混凝土阳台具有结构布置简单、整体刚度好、抗震性好、防水性能好等优点，其缺点是模板用量较多，现场工作量大。预制装配式钢筋混凝土阳台便于工业化生产，但其整体性、抗震性较差。

（3）按阳台是否封闭可分为封闭阳台和非封闭阳台。

2. 阳台的结构布置

作为水平承重构件，阳台的结构形式及布置方式应与楼板结构统一考虑。阳台板是阳台的承重构件，其承重方式主要有墙承式、挑板式、挑梁式三种。

（1）墙承式。

墙承式阳台适用于凹阳台，它是将阳台板简支于两侧凸出的墙上，如图 5-56（a）所示。阳台板可以现浇也可以预制，一般与楼板施工方法一致。阳台的跨度与对应房间的开间跨度相同。阳台板类型和尺寸同房间楼板一致，这种方式施工方便，在寒冷的地区采用墙承式阳台可以避免热桥，节约能源。

（2）挑板式。

挑板式阳台是利用楼板延伸外挑做阳台板，如图 5-56（b）和图 5-56（c）所示。一般有两种做法：一种是将阳台板和墙梁现浇在一起，利用梁上部的墙体或楼板来平衡阳台板，以防止阳台倾覆。这种做法阳台底部平整，外形轻巧，阳台宽度不受房间开间限制，但梁受力复杂，阳台悬挑长度受限，一般不宜超过 1.2m。另一种是将房间楼板直接向外悬挑形成阳台板。这种做法构造简单，阳台底部平整，外形轻巧，但板受力复杂，构件类型增多，由于阳台地面与室内地面标高相同，不利于排水。

（3）挑梁式。

当楼板为预制楼板，结构布置为横墙承重时，可选择挑梁式阳台，即从横墙内向外伸挑梁，其上搁置预制板，如图 5－56（d）所示。阳台荷载通过挑梁传给纵、横墙，由压在挑梁上的墙体和楼板来抵抗阳台的倾覆力矩。阳台悬挑长度一般为 1.0 ～ 1.5m，以 1.2m 左右为常见，挑梁压在墙中的长度应不小于 1.5 倍的挑出长度。为美观起见，可在挑梁端头设置边梁，这样既可以遮挡挑梁头，承受阳台栏杆的重力，还可以加强阳台的整体性。

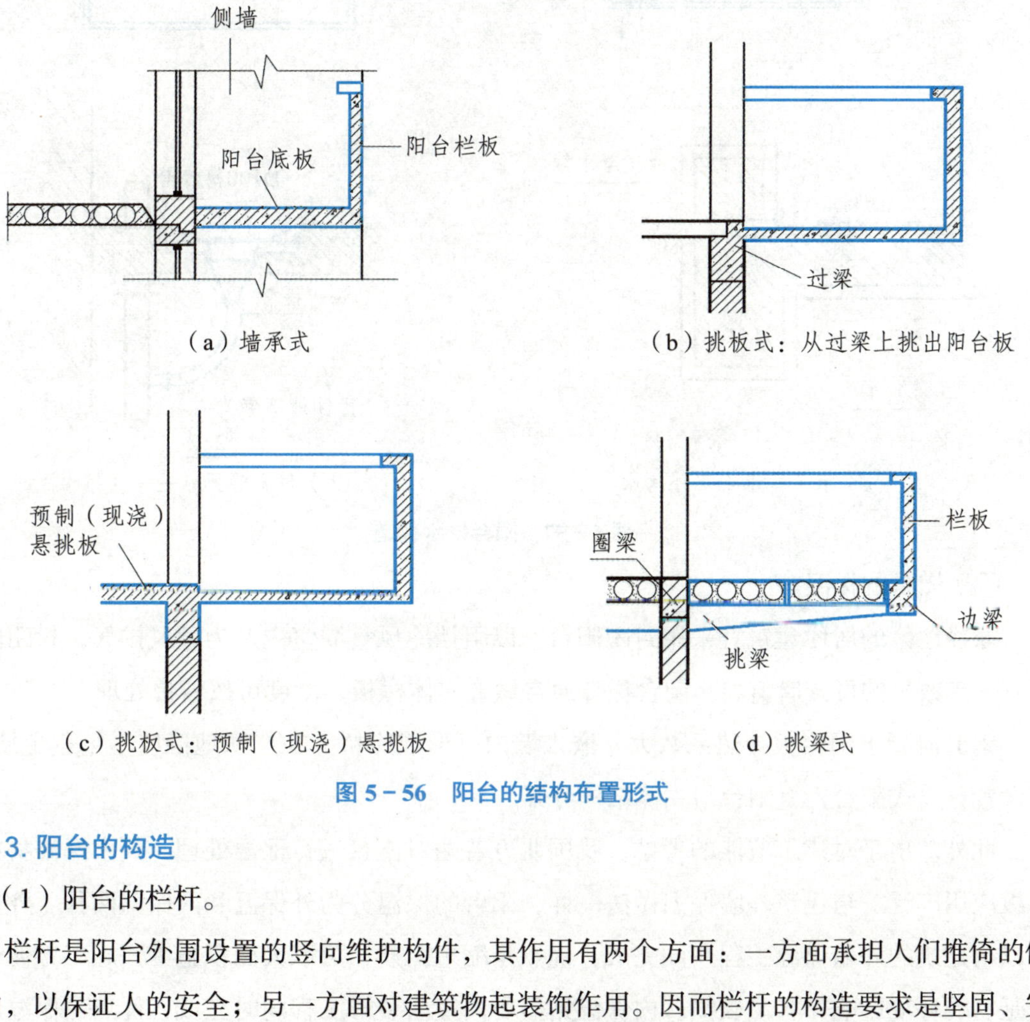

图 5－56　阳台的结构布置形式

3. 阳台的构造

（1）阳台的栏杆。

栏杆是阳台外围设置的竖向维护构件，其作用有两个方面：一方面承担人们推倚的侧推力，以保证人的安全；另一方面对建筑物起装饰作用。因而栏杆的构造要求是坚固、安全、美观。为倚扶舒适和安全，栏杆的高度应大于人体重心高度，一般不宜小于 1.05m，高层建筑的栏杆应加高，高度不应小于 1.1m，但不宜超过 1.2m。

（2）阳台的排水。

为防止雨水进入室内，要求阳台地面低于室内地面 30mm 以上。阳台排水有外排水和内排水两种，但以有组织排水为宜。外排水是在阳台外侧设置泄水管，将水排出。泄水管为直径 40 ～ 50mm 的镀锌铁管或塑料管，外挑长度不小于 80mm，以防雨水溅到下层阳台。内排水适用于高层和高标准建筑，即在阳台内侧设置排水立管和地漏，将雨水直接排入地下管网，以保证建筑物立面美观，如图 5－57 所示。

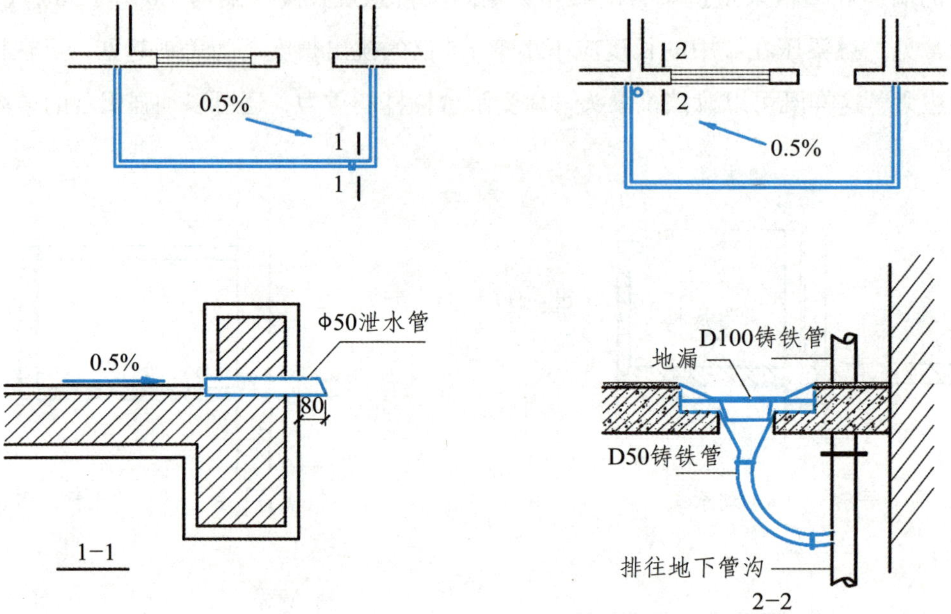

（a）水舌排水——外排水　　（b）排水管排水——内排水

图 5－57　阳台排水构造

（3）阳台的保温。

寒冷地区的居住建筑宜采用封闭阳台，以阻挡冷风直灌室内。为通风排气，封闭阳台应有一定数量的可开启窗扇。阳台栏杆通常做成实体栏板，高度可按窗台处理。

钢筋混凝土阳台板导热系数大，嵌入墙内可形成冷桥，在严寒地区应尽量避免使用。可设置分离式阳台，将阳台与主体结构分开。

此外，出于对建筑节能的考虑，我国北方普遍对阳台进行保温处理。其中保温材料聚苯板应用广泛。与建筑外墙保温做法一样，阳台的保温分为外保温和内保温两种。外保温可以与建筑的外墙保温工程一同完成，优点是缩短工期，可以大面积施工，施工方便；缺点是易受环境影响，容易破损。内保温则需要同室内装饰工程同时完成，优点是保温层不容易破损，在室内受到良好的保护；缺点是占用室内使用面积，而且容易由于阳台墙体产生冻害而破损，所以在我国北方外保温的做法比较常见。

5.6.2　雨篷

建筑物入口处的雨篷对外墙、柱廊、屋面来说是不可缺少的一部分，它是室内外空间的过渡地带，具有遮风挡雨、标识性引导的作用，同时也使建筑物入口处更加美观。随着建筑对雨篷的装修要求越来越高，雨篷的形式也越来越多样。从构造形式上，雨篷可分为钢筋混凝土雨篷和钢结构玻璃采光雨篷等。

1. 钢筋混凝土雨篷

钢筋混凝土雨篷具有结构牢固、造型厚重有力、坚固耐久、不易受风雨影响等特点，如图 5 - 58 所示。雨篷的受力情况与阳台相似，均为悬臂构件，但雨篷仅承担雪荷载、自重及检修荷载，承担的荷载比阳台小，故雨篷的截面高度较小。

图 5 - 58　钢筋混凝土雨篷

根据雨篷板的支承方式不同，钢筋混凝土雨篷有悬板式和梁板式两种，如图 5 - 59 所示。

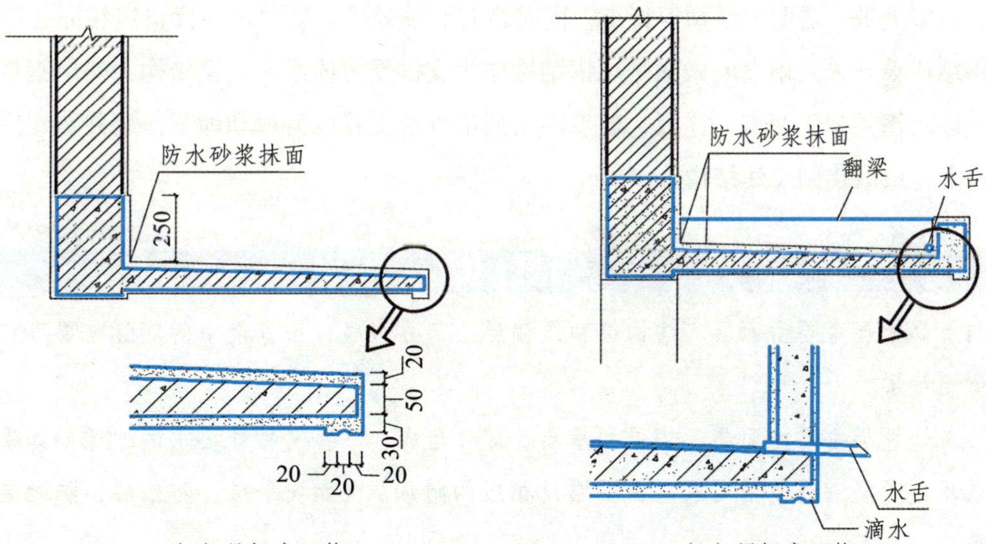

（a）悬板式雨篷　（b）梁板式雨篷

图 5 - 59　雨篷构造

（1）悬板式雨篷。

悬板式雨篷［见图 5 - 59（a）］的雨蓬板与墙内过梁连接在一起，多用于次要出入口。

雨篷板外挑长度一般为 0.9 ～ 1.5m，雨篷板大多做成变厚度的，根部板厚不小于挑出长度的 1/12，雨篷宽度比门洞每边宽 250mm。雨篷板的受力钢筋布置在板的上部，分布钢筋布置在受力钢筋的内侧。雨篷的排水方式可采用无组织排水和有组织排水两种，板面可抹 15mm 厚 1：2 水泥砂浆内掺 5% 防水剂的防水砂浆。为防止雨水渗入墙内，雨篷板顶面应低于过梁顶面 250mm 以上，或者在过梁顶设置高于板顶 60mm 以上的凸块。与雨篷板相连的过梁，嵌入墙内的支承长度不应小于 370mm，按规定楼地层计算配置纵筋和缩筋，纵筋间距不应大于 200mm。

（2）梁板式雨篷。

当门洞口尺寸较大，雨篷挑出尺寸也较大时，雨篷应采用梁板式结构，即雨篷由梁和板组成，为使雨篷底面平整，梁一般翻在板的上面成为翻梁，如图 5－59（b）所示。当雨篷尺寸更大时，可在雨篷下面设柱支撑。

雨篷顶面应做好防水和排水处理，一般采用 20mm 厚的防水砂浆抹面进行防水处理，防水砂浆应沿墙面上升，高度不小于 250mm，同时在板的下部边缘做滴水，防止雨水沿板底漫流。雨篷顶面需设置 1% 的排水坡，并在一侧或双侧设排水管，将雨水排出。为了建筑立面的需要，可由雨水管集中排除雨水，这时雨篷外缘上部需做挡水边坎。

2. 钢结构玻璃采光雨篷

用阳光板、钢化玻璃制成采光雨篷是比较流行的做法，钢结构玻璃采光雨篷具有结构轻巧、造型美观、透明、新颖等特点，同时富有装饰效果，展现出现代建筑装饰的特点。

钢结构玻璃采光雨篷的做法是用钢结构作为支撑受力体系，在钢结构上伸出钢爪固定玻璃。该雨篷类似于四点支撑板，玻璃四角的爪件承受着风荷载和地震作用并传到后面的钢结构上，最后传到土建结构上。

项目小结

（1）楼板层主要由面层、结构层和顶棚层三部分组成，根据使用的实际需要可在楼板中设置附加层。

（2）地坪层主要由面层、垫层和基层三部分组成，一些有特殊要求的地坪层如果只有基本层次，不能满足使用要求，需要增设相应的附加层（如找平层、防水层、防潮层、保温层等）。

（3）按使用的材料，楼板可分为木楼板、砖拱楼板、钢筋混凝土楼板、压型钢板组合楼板等多种类型。

（4）按照楼板的施工方式，钢筋混凝土楼板可分为现浇钢筋混凝土楼板、装配式钢筋混凝土楼板和装配整体式钢筋混凝土楼板三种。

（5）现浇钢筋混凝土楼板是在施工现场通过支模板、绑扎钢筋、浇筑混凝土及养护等施工工序而制成的楼板，可分为板式楼板、梁板式楼板、无梁楼板、压型钢板组合楼板等多种形式。

课后练习

一、单项选择题

1. 楼板层基本上由三个层次组成，它们是面层、结构层和（　　）。

A. 防潮层　　B. 抹灰层　　C. 附加层　　D. 顶棚层

2. 建筑物的楼板层组成中，（　　）是起承重和传递荷载作用的。

A. 面层　　B. 结构层　　C. 顶棚层　　D. 功能层

3. 以下楼板中，（　　）强度最高，并且正在推广使用。

A. 木楼板　　B. 砖拱楼板

C. 钢筋混凝土楼板　　D. 压型钢板组合楼板

4. 楼板要有一定的隔声能力，以下的隔声措施中，效果不理想的是（　　）。

A. 楼面铺地毯　　B. 采用软木地砖

C. 在楼板下加吊顶　　D. 地面铺地砖

5. 如按受力及传力情况划分，下列选项中不属于现浇钢筋混凝土楼板的是（　　）。

A. 压型钢板组合楼板　　B. 板式楼板

C. 空心板　　D. 梁板式楼板

6. 当楼板的长边与短边之比（　　）时，荷载沿双向传递，称为双向板。

A.>2　　B. ≤ 2　　C.>1　　D. ≤ 1

7. 钢筋混凝土单向板的受力钢筋应在（　　）方向设置。

A. 短边　　B. 长边　　C. 双向　　D. 斜向

8. 根据受力情况的不同，现浇梁板式楼板可分为（　　）。

A. 单向板梁板式楼板、多向板梁板式楼板

B. 单向板梁板式楼板、双向板梁板式楼板

C. 双向板梁板式楼板、三向板梁板式楼板

D. 有梁楼板、无梁楼板

9. 当房间尺寸较大、形状近似于正方形时，现浇混凝土楼板常采用（　　）。

A. 井式楼板　B. 板式楼板　C. 梁板式楼板　D. 无梁楼板

10. 框架结构中，钢筋混凝土梁板式楼板的传力路径为（　　）。

A. 板→主梁→次梁→墙　B. 板→次梁→主梁→柱

C. 板→次梁→主梁→墙　D. 板→梁→柱

11. 叠合楼板有预应力混凝土薄板和普通钢筋混凝土薄板之分。楼板的跨度一般为（　　），预应力混凝土薄板跨度可达 9m。

A. 4 ~ 6m　B. 3 ~ 5m　C. 3 ~ 6m　D. 4 ~ 5m

12. 在水磨石地面中设置分格条的目的主要是（　　）。

A. 美观　B. 维修方便　C. 施工方便　D. 减少开裂

13. 楼地面遇到门洞时，应将防水层向外延伸（　　）以上。

A. 150mm　B. 200mm　C. 250mm　D. 300mm

14. 按构造做法顶棚可分为（　　）。

A. 直接式顶棚和悬吊式顶棚　B. 抹灰类顶棚和贴面类顶棚

C. 抹灰类顶棚和悬吊式顶棚　D. 喷刷类顶棚和抹灰类顶棚

15. 建筑施工中，一般把雨篷板与入口过梁浇筑在一起，形成由过梁挑出的板，出挑长度一般以（　　）较为经济。

A. 0.5 ~ 1m　B. 1 ~ 1.5m　C. 1.5 ~ 2.0m　D. 2.0 ~ 2.5m

二、多项选择题

1. 楼板层通常由（　　）组成。

A. 面层　B. 结构层　C. 地坪层　D. 顶棚层

2. 下列选项中是现浇钢筋混凝土楼板的有（　　）。

A. 板式楼板　B. 梁板式楼板

C. 无梁楼板　D. 压型钢板组合楼板

3. 现浇梁板式楼板由（　　）组合而成。

A. 板　B. 柱　C. 次梁　D. 主梁

三、判断题

（　　）1. 预制钢筋混凝土楼板中预制板属于楼板组成部分的结构层。

（　　）2. 水磨石面层属于整体面层。

（　　）3. 多用于凹阳台的支撑方式是悬挑式。

(　　) 4. 阳台和雨篷多采用悬挑式结构。

四、填空题

1. 根据所用的材料，楼板的类型主要有________、________、________和________等。

2. 钢筋混凝土楼板的施工方法可分为________、________和________三种。

3. 根据受力和传力情况，现浇钢筋混凝土楼板可分为________、________、________、和________。

4. 预制板的支撑方式有________和________。

5. 预制钢筋混凝土楼板的种类有________、________和________三种。

6. 按楼地面所用材料和施工方式，楼地面可分为________、________、________、________等。

7. 阳台按其与外墙的相对位置分为________、________和________三类。

8. 按构造方式顶棚分为________和________两种。

五、简答题

1. 楼板层主要由哪些部分组成？各部分的作用是什么？

2. 现浇钢筋混凝土楼板的类型有哪几种？

3. 预制混凝土楼板的侧缝形式有哪几种？板缝如何处理？

4 常用的顶棚有哪几种类型？

5. 阳台有哪几种类型？如何处理阳台的排水？

项目 6　楼梯与电梯

- 知识目标
  - 楼梯概述
    - 掌握
      - 楼梯的组成
      - 楼梯尺寸的设计要求
      - 楼梯的类型
  - 钢筋混凝土楼梯
    - 掌握
      - 现浇钢筋混凝土楼梯的结构形式
    - 熟悉
      - 装配式钢筋混凝土楼梯的结构形式
  - 楼梯的细部构造
    - 掌握
      - 楼梯踏面防滑措施
    - 熟悉
      - 楼梯栏杆、扶手构造
      - 栏杆转弯处扶手高差
  - 台阶与坡道
    - 熟悉
      - 台阶的类型与构造
      - 坡道的类型与构造
    - 了解
      - 无障碍坡道的设计要求
  - 电梯与扶梯
    - 了解
      - 电梯的组成
      - 电梯的技术要求
      - 自动扶梯的组成
  - 楼梯构造设计实例
- 能力目标
  - 通过学习和思考，提升归纳、总结和知识迁移的能力，能够理论联系实际，举一反三
  - 通过学习，具备根据楼梯间的大小和建筑的层高设计楼梯，并绘制楼梯施工详图的能力
  - 通过学习，具备设计台阶、坡道和无障碍构造做法的能力
- 素质目标
  - 通过学习相关工程实例，认识到建筑防火及安全疏散的重要性，培养“科学严谨、以人为本，安全第一”的工程思维意识
  - 通过对装配式楼梯的学习，了解建筑工业化的概念，关注建筑业的升级转型，关注行业的前沿动态和绿色发展
  - 通过对安全事故案例的学习，了解楼梯细部构造的重要性，认识到工程人员的使命，培养责任感
  - 通过对无障碍设施的学习，了解我国建筑设计的人文关怀，培养社会责任心

引言

在民用建筑中，楼梯、电梯、自动扶梯、台阶及坡道等多元化的垂直交通设施，如同建筑的脉络，连接着不同的楼层空间，是建筑必不可少的组成部分。

电梯，是现代建筑中的常见元素，在高层和部分多层建筑中有所使用，为人们的出行提供了便捷。自动扶梯，则是人流量较大的公共建筑中的一道流动风景线，为人们提供了轻松舒适的移动体验。然而在设置了电梯和自动扶梯的建筑物中也必须设置楼梯，楼梯不仅是垂直交通设施，也是紧急情况下的逃生通道，在宽度、坡度、数量、位置、平面形式、细部构造及防火性能等方面，对楼梯都有严格的要求。必须保证楼梯有足够的通行能力，同时还要具备防滑、防火等安全特性，确保使用者的安全。台阶和坡道，作为楼梯的衍生形式，也在建筑中扮演着重要的角色。当室内外地面标高存在差异时，台阶或坡道便成了室内外之间联系的桥梁，使得人们能够轻松自如地进出建筑。

在建筑的垂直交通设计中，我们追求的不仅是效率与便捷，更是安全与舒适。这些垂直交通设施，既是建筑的一部分，也是连接每一层空间的纽带，它们共同构建了既实用又美观的立体空间。

6.1 楼梯概述

课堂思考

- 我们每天都要走楼梯，仔细观察身边的楼梯：它们有哪些类型？楼梯是由哪些部分组成的？对楼梯有哪些设计上的要求？

6.1.1 楼梯的组成

楼梯一般由梯段、平台、栏杆和扶手组成，如图 6-1 所示。

楼梯的组成

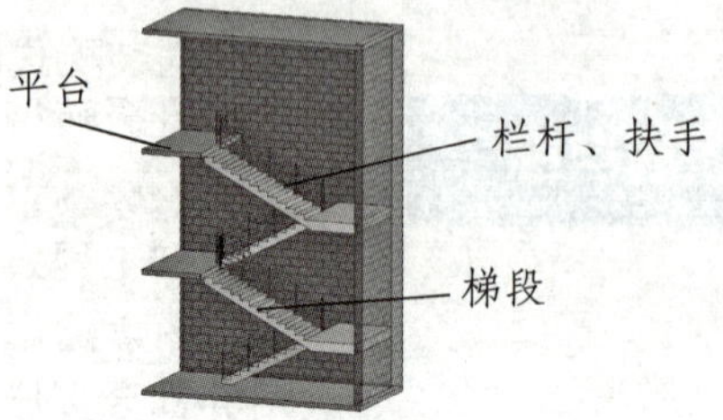

图 6-1 楼梯的组成

1. 梯段

梯段是联系两个不同标高平台的倾斜构件，俗称梯跑。梯段由若干个踏步和梯板组成，每个踏步包含水平的踏面和竖直的踢面。为避免人们上下楼梯时疲劳及符合人们的行走习惯，《民用建筑设计统一标准》（GB 50352-2019）中规定，每个梯段的踏步级数不应少于 3 级，且不应超过 18 级。

2. 平台

平台指两梯段之间的水平构件，其主要作用是缓解疲劳、转换行走方向、分配人流。根据平台所处的位置不同，可以分为中间平台和楼层平台。位于两楼层之间的平台称为中间平台或休息平台；与楼层地面标高一致的平台称为楼层平台。

3. 栏杆（栏板）和扶手

栏杆（栏板）和扶手是设在梯段及平台边缘的安全防护设施。当梯段宽度不大时，可只在梯段临空面设置栏杆和扶梯。当梯段宽度较大时，非临空面也应加设靠墙扶手。当梯段宽度很大时，则需在梯段中间加设中间扶手。栏杆和扶手是防护设施，必须坚固、耐久、能承受荷载规范规定的水平荷载且具有足够的防护高度。

6.1.2 楼梯的分类

1. 按材料分类

楼梯按照材料可以分为钢筋混凝土楼梯、木楼梯、金属楼梯、混合材料楼梯。其中，钢筋混凝土楼梯因其坚固、耐久、防火等优点，应用最为广泛。木楼梯多用于木结构和民用建筑套内楼梯。金属楼梯如钢梯，多用于检修梯。

楼梯的分类

2. 按使用性质分类

楼梯按照使用性质可以分为主要楼梯、辅助楼梯、安全楼梯、消防楼梯。

3. 按结构形式分类

楼梯按照结构形式可以分为梁式楼梯、板式楼梯、悬挑楼梯等。

4. 按楼梯间平面形式分类

楼梯的楼梯间按照平面形式可以分为敞开楼梯间、封闭楼梯间、防烟楼梯间，如

图 6－2 所示。

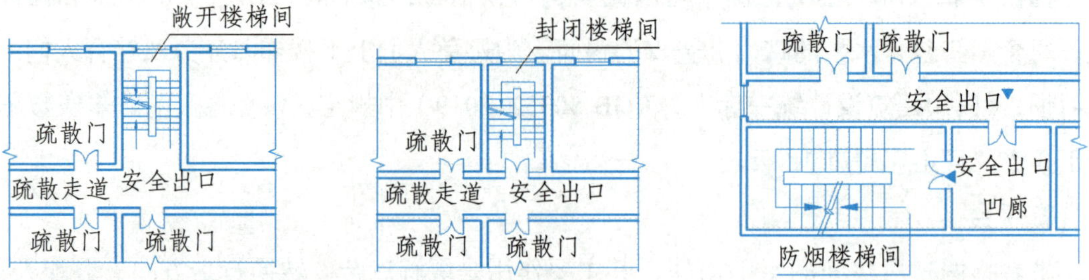

（a）敞开楼梯间　（b）封闭楼梯间　（c）防烟楼梯间

图 6－2　楼梯间平面形式

（1）敞开楼梯间。

敞开楼梯间的楼梯与走廊或大厅直接连通，未进行分隔，在发生火灾时，不能阻挡烟气进入，而且可能成为烟气向其他楼层蔓延的主要通道，因此，敞开楼梯间仅适用于低、多层的住宅建筑。

知识链接：防火门的类型和特点

2018 年版《建筑设计防火规范》（GB 50016–2014）中规定了可采用敞开楼梯间的情况：

1）建筑高度不大于 21m 的住宅建筑；

2）建筑高度大于 21m、不大于 33m 的住宅建筑，当户门采用乙级防火门时；

3）与电梯井相邻布置的疏散楼梯，当户门采用乙级防火门时。

（2）封闭楼梯间。

封闭楼梯间指设有能阻挡烟气的防火门的楼梯间。封闭楼梯间有墙和门，与走道分隔，比敞开楼梯间安全。但因封闭楼梯间通常只设一道门，在发生火灾的情况下，人员进行疏散时难以保证烟气不进入楼梯间，所以应对封闭楼梯间的使用范围加以限制。

2018 年版《建筑设计防火规范》（GB 50016–2014）中规定了应采用封闭楼梯间的情况如下：

1）建筑高度大于 21m、不大于 33m 的住宅建筑。

2）与电梯井相邻布置的疏散楼梯。

3）裙房和建筑高度不大于 32m 的二类高层公共建筑，其疏散楼梯应采用封闭楼梯间。

4）下列多层公共建筑的疏散楼梯，除与敞开式外廊直接相连的楼梯间外，均应采用封闭楼梯间：医疗建筑、旅馆及有类似使用功能的建筑；设置歌舞、娱乐、放映、游艺场所的建筑；商店、图书馆、展览建筑、会议中心及有类似使用功能的建筑；6 层及以上的其他建筑。

续表

名称	图示	平面形式	特点和适用范围
弧线形楼梯	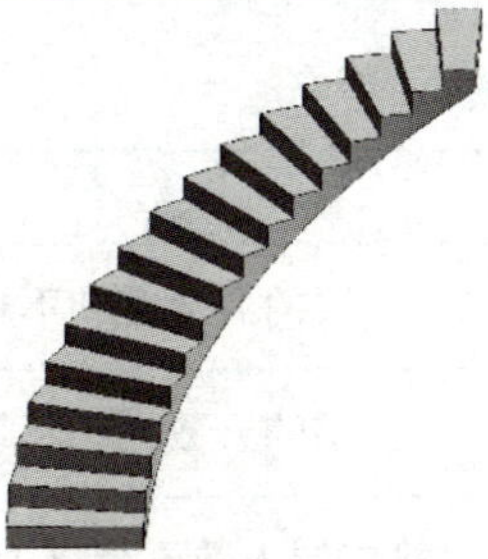	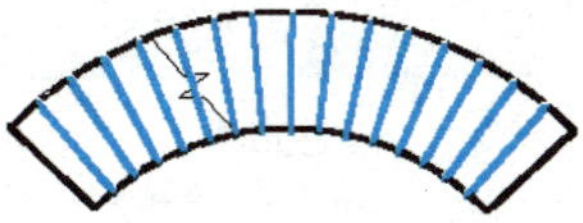	1. 特点：梯段为弧形，围绕一较大的轴心空间旋转，扇形踏步的内侧宽度也较大（≥ 220mm），使坡度不至于过陡，可以用来通行较多的人流，且造型流畅、美观，但构造复杂、施工不便。 2. 适用范围：对建筑造型要求较高的公共建筑的门厅。
螺旋楼梯	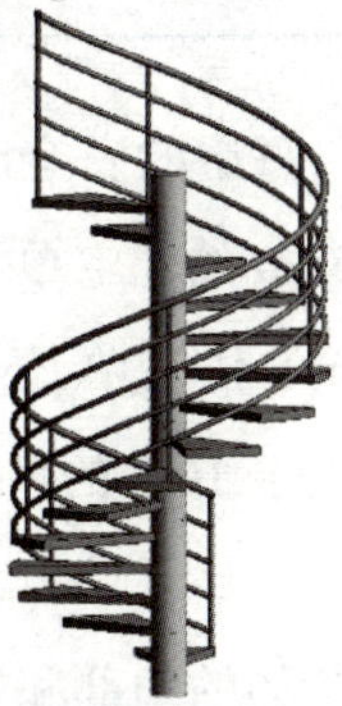		1. 特点：楼梯踏步围绕一根中心柱布置，平面呈圆形，平台与踏步均呈扇形平面，造型美观，但踏步内侧宽度较小，行走时不安全。 2. 适用范围：常布置在庭院或室内，不能作为主要人流交通和疏散楼梯。

6.1.3 楼梯的设计

楼梯的设计包括：楼梯的布置和数量；梯段的坡度、宽度、踏步尺寸；平台宽度；栏杆和扶手的防护高度；梯井宽度；楼梯的净空高度；防火、通风；等等。

1. 楼梯的布置和数量

民用建筑应根据其建筑高度、规模、使用功能和耐火等级等因素合理设置安全疏散和避难设施。楼梯的数量、位置应满足人员安全疏散的要求。

（1）楼梯的数量

《建筑防火通用规范》（GB 55037–2022）中规定建筑中的最大疏散距离应根据建筑的耐火等级、火灾危险性、空间高度、疏散楼梯（间）的形式和使用人员的特点等因素确定，并应符合下列规定：疏散距离应满足人员安全疏散的要求；房间内任一点至房间疏散门的疏散距离，不应大于建筑中位于袋形走道两侧或尽端房间的疏散门至最近安全出口的最大允许疏散距离。

1）公共建筑。公共建筑内每个防火分区或一个防火分区的每个楼层，其安全出口的数量应经计算确定，且不应少于 2 个。符合下列条件之一的公共建筑，可设置 1 个安全出口或 1 部疏散楼梯：除托儿所、幼儿园外，建筑面积不大于 $200m^2$ 且人数不超过 50 人的单层公共建筑或多层公共建筑的首层；除医疗建筑、老年人照料设施、儿童活动场所、歌舞娱乐放映游艺场所外，符合表 6-2 规定的公共建筑。

表 6-2　可设置 1 部疏散楼梯的公共建筑

耐火等级或类型	最多层数	每层最大建筑面积（m^2）	人数
一、二级	3 层	200	第二、三层的人数之和不超过 50 人
三级、木结构建筑	3 层	200	第二、三层的人数之和不超过 25 人
四级	2 层	200	第二层人数不超过 15 人

2）住宅建筑。住宅建筑中符合下列条件之一的住宅单元，每层的安全出口不应少于 2 个：任一层建筑面积大于 650m^2 的住宅单元；建筑高度大于 54m 的住宅单元；建筑高度不大于 27m，但任一户门至最近安全出口的疏散距离大于 15m 的住宅单元；建筑高度大于 27m、不大于 54m，但任一户门至最近安全出口的疏散距离大于 10m 的住宅单元。

（2）楼梯的位置。

楼梯应设置在明显和易于找到的部位；楼梯不宜设置在建筑物的角部和端部，要便于荷载的传递；楼梯间应有直接采光；4 层以上建筑物的楼梯间，其底层应设出入口，4 层及以下的建筑物，楼梯间可以设在距出入口不大于 15m 处。

建筑内的安全出口和疏散门应分散布置，且建筑内每个防火分区或一个防火分区的每个楼层、每个住宅单元每层相邻两个安全出口以及每个房间相邻两个疏散门最近边缘之间的水平距离不应小于 5m，如图 6-3 所示。

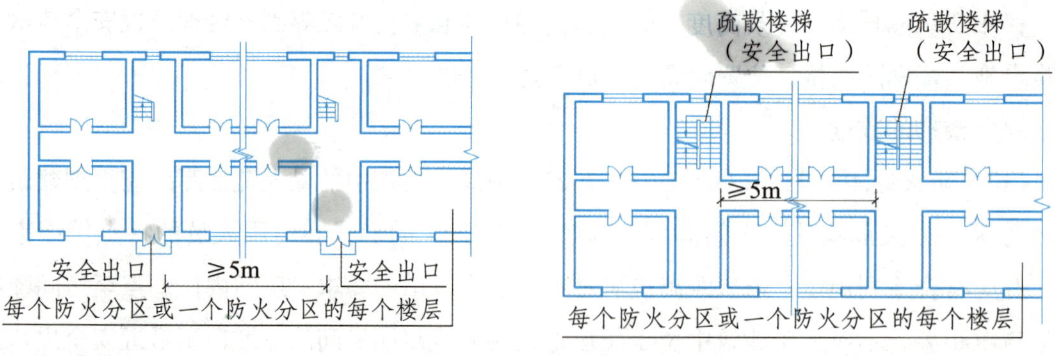

图 6-3　安全出口的要求

2. 楼梯各部位名称和尺寸

楼梯间各部分名称如图 6-4 所示。

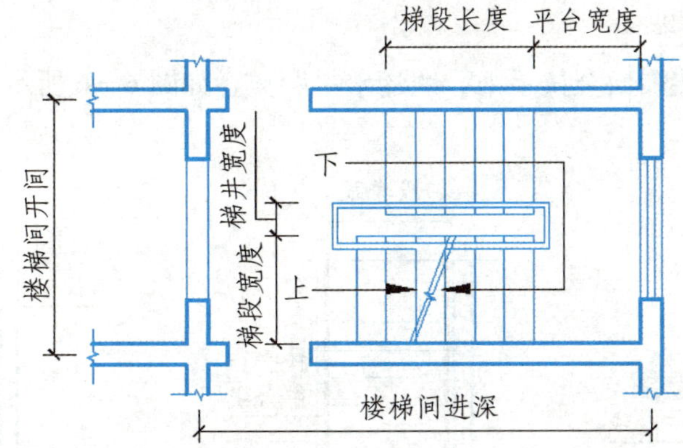

图 6－4　楼梯间各部分名称

（1）梯段尺度。

楼梯梯段的尺度包括梯段坡度、梯段宽度、梯段长度、踏步尺寸。

1）梯段坡度。

梯段坡度指梯段与水平面的倾斜角度，一般用踏面和踢面的投影长度之比表示。梯段的坡度与使用功能有关：人流量大的公共建筑，梯段坡度应小一些，楼梯平缓，在上面行走比较舒适；人流量小一些的住宅建筑，梯段坡度可以大一些，楼梯间占用面积小，节省空间；次要楼梯坡度可以更加陡峭。为保证楼梯通行顺畅、安全，梯段坡度应在 23° ～ 45°，其中以 30° 左右较为通用。当坡度小于 20° 时，可将踏步处理成斜面，此时称为坡道；当坡度大于 45° 时，由于坡度较陡，需要借助扶手扶持，此时宜采用爬梯，一般只用作通往屋顶、电梯机房等非公共区域的检修梯。竖向交通设施的坡度范围如图 6－5 所示。

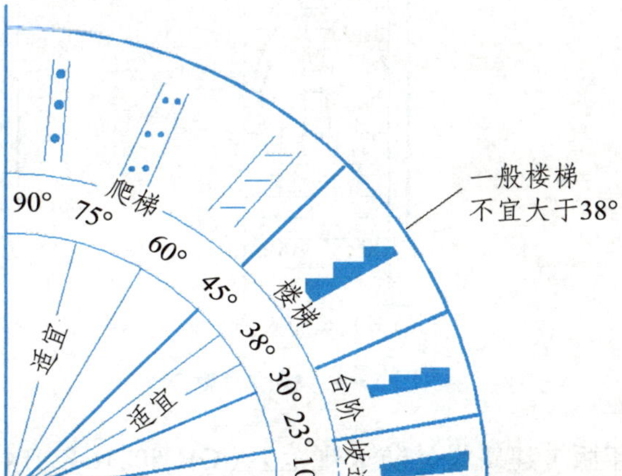

图 6－5　竖向交通设施的坡度范围

2）梯段宽度和长度。

梯段净宽为墙体装饰面至扶手中心线的水平距离，如图 6－6 所示。

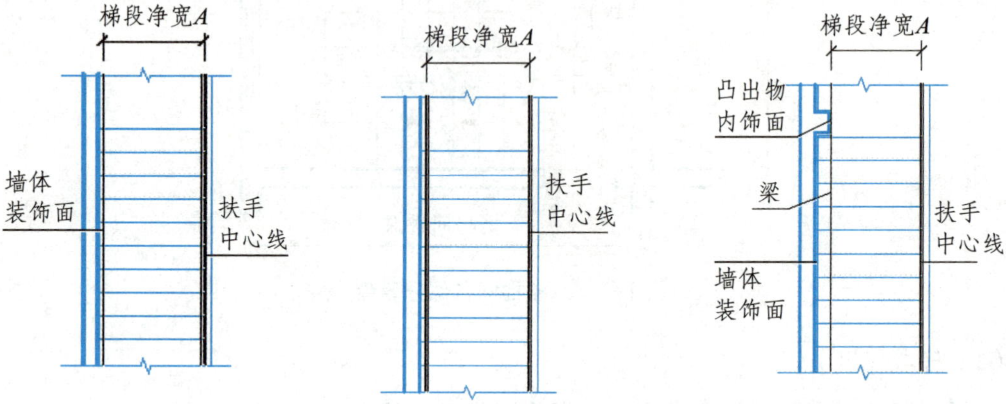

（a）一侧有扶手　（b）双侧有扶手　（c）有突出物时

图 6－6　梯段净宽

楼梯梯段最小净宽应根据使用要求、模数标准、防火标准等的规定，综合各因素予以确定。日常主要交通用的楼梯的梯段净宽应根据建筑物的使用特征，按每股人流宽度为 0.55m+（0～0.15）m 来确定人流股数，不应少于两股人流。（0～0.15）m 为人流在行进中人体的摆幅，对于公共建筑等人流量大的场所应取上限值。

一般单股人流通行时，梯段宽度应不小于 900mm，如图 6－7（a）所示；双股人流通行时梯段宽度为 1 100～1 400mm，如图 6－7（b）所示；三股人流通行时梯段宽度为 1 650～2 100mm，如图 6－7（c）所示。

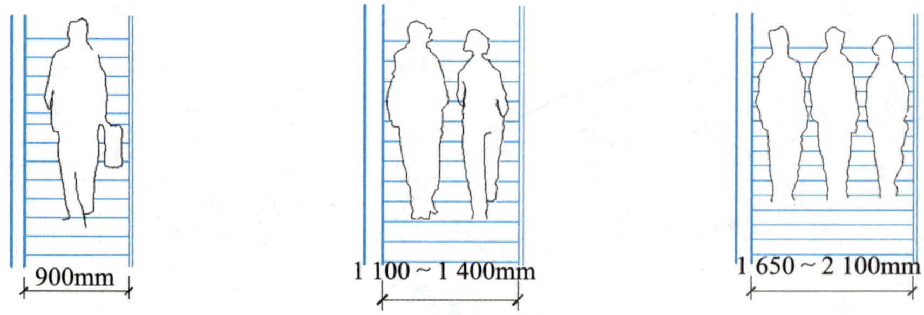

（a）一股人流　（b）双股人流　（c）三股人流

图 6－7　梯段宽度

除此之外，2018 年版《建筑设计防火规范》（GB 50016–2014）中规定了公共建筑疏散楼梯的净宽度不应小于 1.10m，高层公共建筑中医疗建筑疏散楼梯的净宽度不应小于 1.30m，高层公共建筑中其他建筑疏散楼梯的净宽度不应小于 1.20m。

梯段长度是每一梯段的水平投影长度，其值为踏步宽 × 踏面数（踏步数 -1）。

3）踏步尺寸。

踏步尺寸包括踏步的宽度和高度。踏步的宽度应考虑行人的脚长，踏步高度应符合行人的步距。踏步的高宽比需要根据人流行走的舒适、安全和楼梯间的尺度、面积等因素进行综合权衡。

《民用建筑设计统一标准》（GB 50352-2019）中规定楼梯踏步的最小宽度和最大高度应符合表 6－3。

表 6－3　楼梯踏步最小宽度和最大高度

楼梯类别		最小宽度（m）	最大高度（m）
住宅楼梯	住宅公共楼梯	0.260	0.175
	住宅套内楼梯	0.220	0.200
宿舍楼梯	小学宿舍楼梯	0.260	0.150
	其他宿舍楼梯	0.270	0.165
老年人建筑楼梯	住宅建筑楼梯	0.300	0.150
	公共建筑楼梯	0.320	0.130
托儿所、幼儿园楼梯		0.260	0.130
小学校楼梯		0.260	0.150
人员密集且竖向交通繁忙的建筑和大、中学校楼梯		0.280	0.165
其他建筑楼梯		0.260	0.175
超高层建筑核心筒内楼梯		0.250	0.180
检修及内部服务楼梯		0.220	0.200

由于踏步的宽度受楼梯进深的限制，当无法满足要求时，可以通过在踏步的细部进行适当的处理来增加踏面的尺寸，如加做踏步檐或使踢面倾斜，如图 6－8 所示。踏步檐的挑出尺寸一般不大于 25mm，若挑出过大，则踏步易损坏，而且会给行走带来不便。

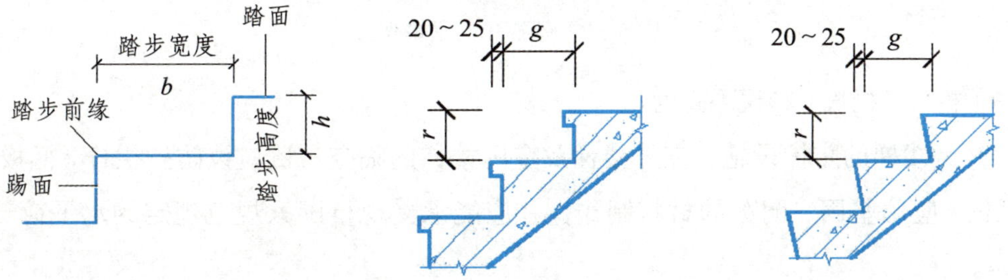

图 6－8　踏步尺寸

（2）平台宽度。

平台宽度指楼梯间墙面至转角扶手中心线的水平距离，它分为中间平台宽度和楼层平台宽度，如图 6－9 所示。梯段改变方向时，平台最小宽度不应小于梯段宽度，以保证通行与梯段同股数人流，且不得小于 1.20m。当有搬运大型物件需要时，应适量加宽平台，如医院建筑应保证担架在平台处能转向通行，其中间平台宽度应不小于 2 000mm。

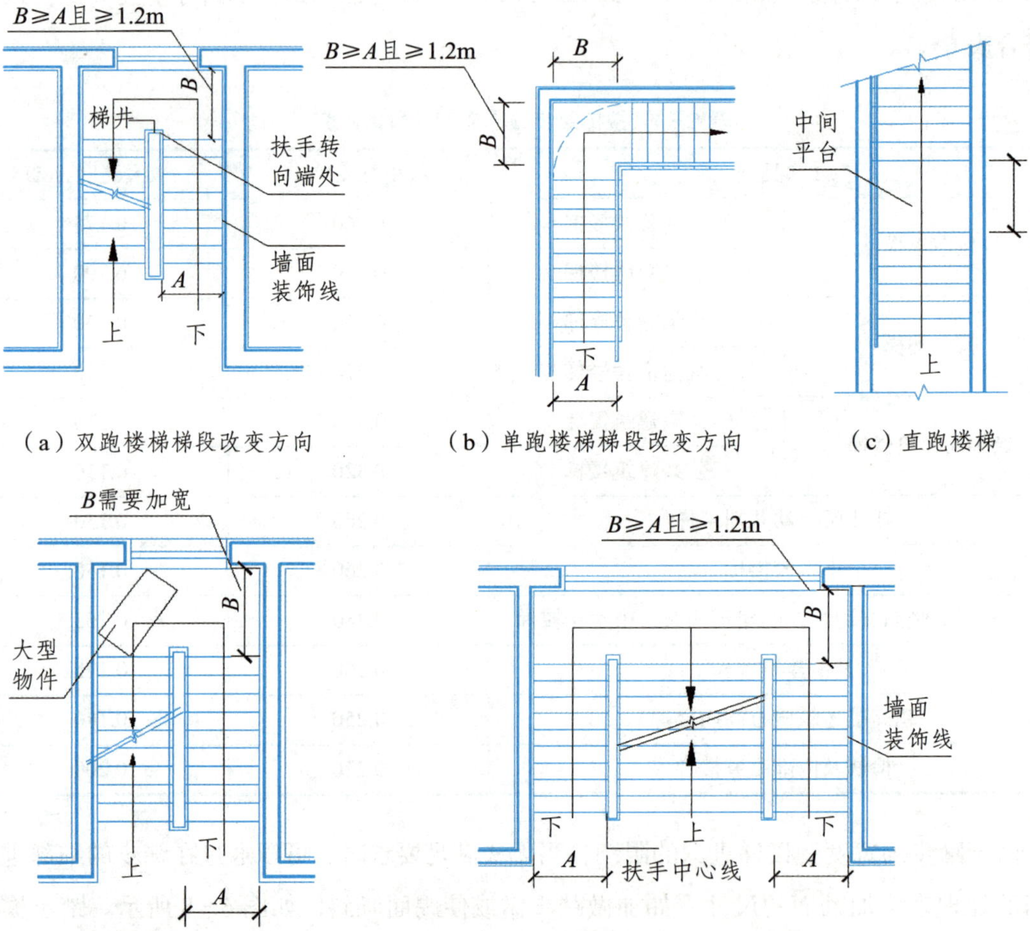

（a）双跑楼梯梯段改变方向　（b）单跑楼梯梯段改变方向　（c）直跑楼梯

（d）搬运大型物件时　（e）双分平行楼梯梯段改变方向

A—梯段净宽；B—扶手转向端处平台最小宽度

图 6－9　楼梯中间平台宽度

（3）栏杆（栏板）和扶手高度。

栏杆是楼梯的防护设施。室外楼梯及室内楼梯的临空一侧应设防护栏杆（栏板），栏杆（栏板）应用坚固、耐久的材料制作，并应能承受现行国家规范规定的水平荷载，见表 6－4。

表 6－4　栏杆活荷载标准值

建筑类别	水平荷载	竖向荷载	依据标准
住宅、宿舍、办公楼、旅馆、医院、托儿所、幼儿园	栏杆顶部不应小于 1.0kN/m	—	《建筑结构荷载规范》（GB 50009-2012）
学校、食堂、剧场、电影院、车站、礼堂、展览馆或体育场	栏杆顶部不应小于 1.0kN/m	栏杆顶部不应小于 1.2kN/m	
中小学校	栏杆最薄弱处不应小于 1.5kN/m	—	《中小学校设计规范》（GB 50099-2011）
宿舍	栏杆最薄弱处不应小于 1.5kN/m	—	《宿舍建筑设计规范》（JGJ36-2016）

扶手是设置在栏杆（栏板）顶部供人手扶的构件，作人行走时依扶之用，兼具装饰作用。扶手多为木制，也有用金属、塑料、水磨石、大理石等制作的。扶手应安全、牢固、美观、表面光滑且无尖锐棱角。楼梯一般应至少于一侧设置扶手，梯段净宽达三股人流时应两侧都设扶手，达四股人流时宜加设中间扶手，如图 6－10 所示。

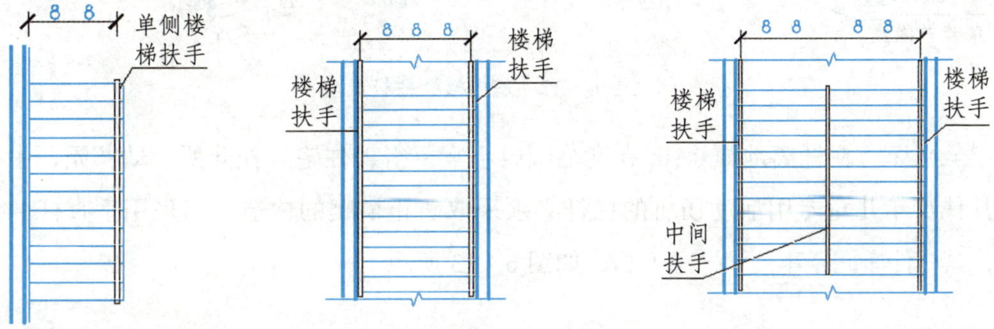

（a）两股人流设单侧扶手　（b）三股人流设双侧扶手　（c）四股人流加设中间扶手

图 6－10　楼梯扶手

室外楼梯的栏杆和扶手高度是从可踏部位顶面至栏杆扶手顶面的垂直高度。根据《民用建筑设计统一标准》（GB 50352-2019）规定：当临空高度在 24.0m 以下时，栏杆高度不应低于 1.05m；当临空高度在 24.0m 及以上时，栏杆高度不应低于 1.1m，如图 6－11 所示。根据 2019 年版《托儿所、幼儿园建筑设计规范》（JGJ39-2016）规定，托儿所、幼儿园室外楼梯栏杆高度不应低于 1.3m。

室内楼梯的栏杆和扶手高度是从踏步前缘线至扶手顶面的垂直高度。根据《民用建筑设计统一标准》（GB 50352-2019）规定：室内楼梯扶手高度自踏步前缘线量起不宜小于 0.9m；楼梯水平栏杆或栏板长度大于或等于 0.5m 时，其高度不应小于 1.05m，如图 6－12 所示。

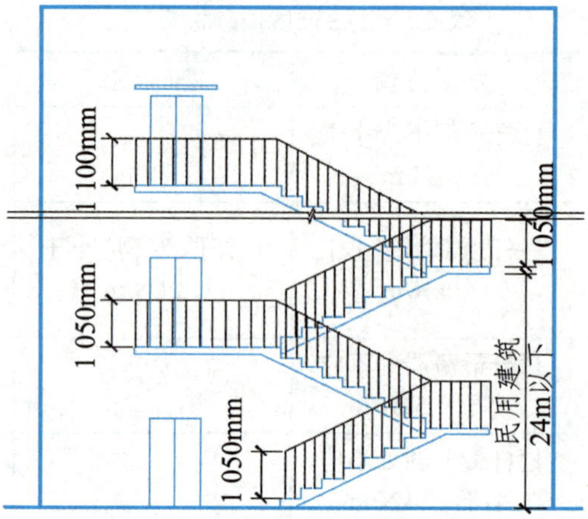

图 6－11　室外楼梯栏杆高度

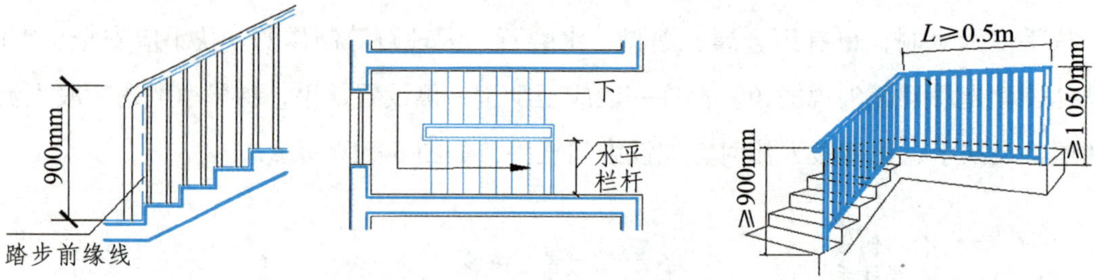

图 6－12　室内楼梯栏杆高度

公共场所栏杆离地面 0.1m 高度范围内不宜留空，住宅、托儿所、幼儿园、中小学校及其他少年儿童专用活动场所的栏杆必须采取防止攀爬的构造。当采用垂直杆件作栏杆时，其杆件净间距不应大于 0.11m，如图 6－13 所示。

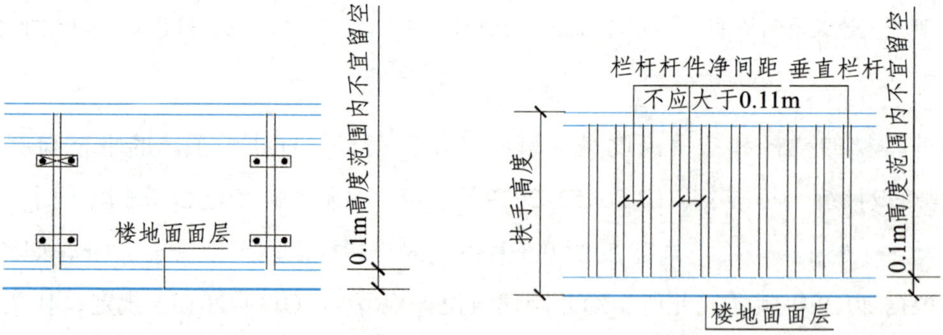

（a）公共场所栏板　（b）儿童专用活动场所垂直栏杆

图 6－13　栏杆要求

（4）梯井宽度。

梯井是楼梯梯段和休息平台所围成的上下贯通的空间。梯井的主要功能是方便施工和安装栏杆扶手，以及在建筑着火时使消防水管能从梯井通到需要灭火的楼层。梯井的宽度应在 60mm ～ 200mm，当梯井净宽大于 200mm 时，必须采取防止儿童攀滑的措施。

（5）楼梯的净空高度。

楼梯的净空高度指在平台或梯段下通行时，应具有的最低高度，包括平台净高和梯段净高。

平台净高指平台过道地面至上部结构最低点（通常为平台梁）的垂直高度，《建筑防火通用规范》（GB 55037–2022）中规定，疏散通道、疏散走道、疏散出口的净高度均不应小于 2.1m。梯段净高为自踏步前缘（包括每个梯段最低和最高一级踏步前缘线以外 0.3m 范围内）至上方突出物下缘间的垂直高度，该高度不应小于 2.2m，如图 6－14 所示。

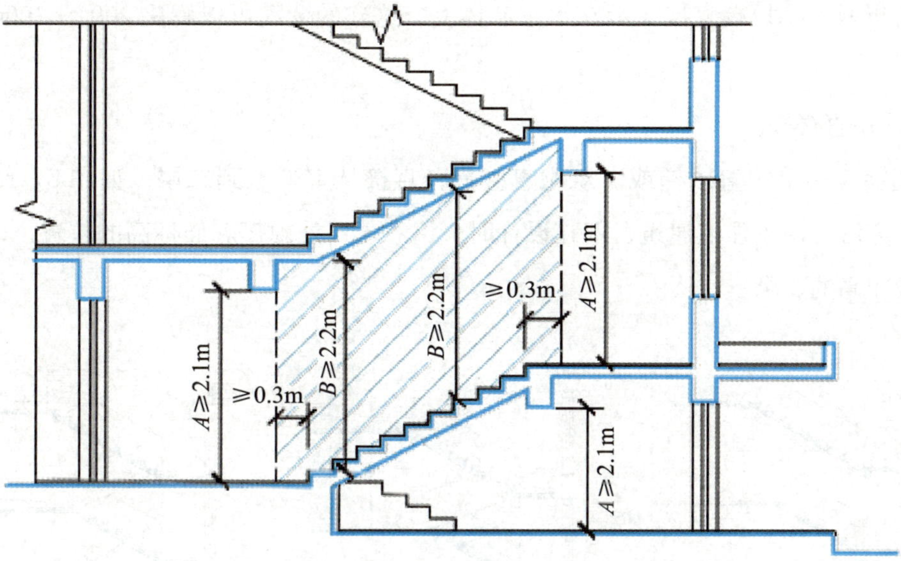

图 6－14　楼梯的净空高度

楼梯的中间平台一般设置在楼层的 1/2 处，除底层外，其余各层的平台净高均为层高，能够达到规范要求，但底层往往难以满足上述对平台净高的要求，需要采取一定的措施。

以平行双跑楼梯为例，保证平台净高可以采用以下方式：

1）采用长短跑楼梯。

将底层楼梯的等跑楼梯改为长短跑楼梯，即增加第一跑踏步数，相应减少第二跑踏步数，从而提高中间平台标高，如图 6－15（a）所示。这种方法要求楼梯间有较大进深，否则平台宽度难以满足要求。同时，当层高较小时，需检验第一、三段楼梯之间的梯段净高是否满足要求。

2）采用下沉地面。

将底层平台下过道处的地面降低，低于室内地坪标高，以增加底层平台净高，如

图 6－15（b）所示。这种方式可以保持等跑梯段，使构件统一，但要求建筑的室内外高差较大，否则降低后的地坪标高若低于室外地坪，会导致雨水倒灌。

3）采用综合法。

在采用长短跑楼梯的同时，降低底层平台下过道处的地面，如图 6－15（c）所示。这种方式兼具采用长短跑楼梯和采用下沉地面两种方式的优点，且可弥补缺点。

4）不设平台梁。

平台梁高一般在 300 ～ 400mm，去掉底层中间平台的梁，可以增加底层平台净高，如图 6－15（d）所示。不设平台梁是从结构上进行调整，即将上、下梯段和平台组成一个整体式的折板，将板端直接支承在承重墙体上，这样的变动可以解决 200 ～ 300mm 的净高问题。

5）采用直楼梯。

在底层应用单跑直楼梯或者双跑直楼梯，直接从室外上到二层，如图 6－15（e）所示。这种方法常用于住宅建筑，但在设计时应注意入口处雨篷底面标高的位置，以保证满足对梯段净高的要求。

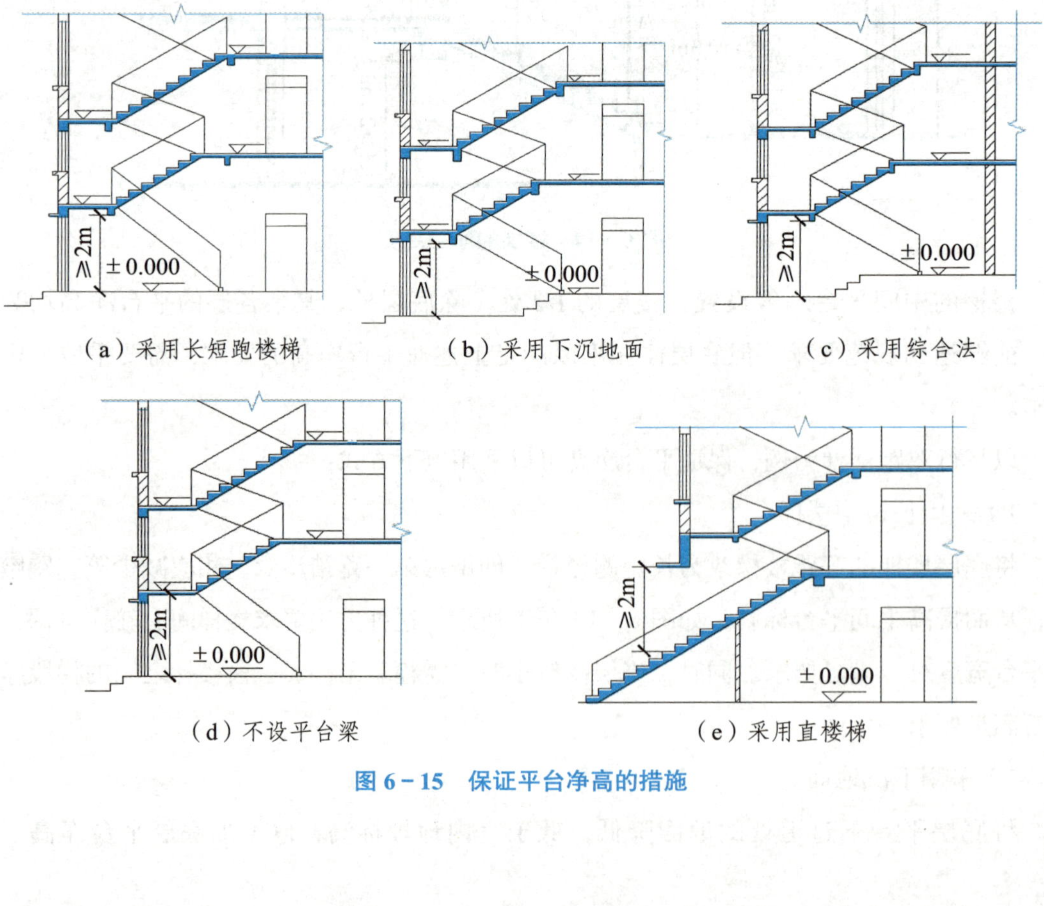

（a）采用长短跑楼梯　（b）采用下沉地面　（c）采用综合法

（d）不设平台梁　（e）采用直楼梯

图 6－15　保证平台净高的措施

6.2 钢筋混凝土楼梯

课堂思考

- 2015 年以来，国家密集出台了多项装配式建筑相关政策，鼓励建筑业发展和推广装配式混凝土建筑。装配式建筑的大量建筑构件由车间生产加工完成，构件种类包括外墙板、内墙板、叠合板、楼梯、预制梁、预制柱等。相较于传统的现浇钢筋混凝土楼梯，装配式楼梯有哪些优点和缺点？

楼梯按照所用材料分为钢筋混凝土楼梯、木楼梯、金属楼梯和混合材料楼梯。钢筋混凝土楼梯由于其承载力高、耐火性和耐久性好得到了广泛的应用。根据施工方式不同，钢筋混凝土楼梯可以分为现浇整体式钢筋混凝土楼梯和预制装配式钢筋混凝土楼梯。

6.2.1 现浇整体式钢筋混凝土楼梯

现浇整体式钢筋混凝土楼梯是将梯段、平台与主体结构浇筑为整体的楼梯。这种楼梯整体性好，刚度大，抗震性能强，且能做成各种造型，但现场浇筑湿作业多，模板用量大，施工速度慢，建设周期长，且受季节影响较大，适用于造型复杂以及对抗震要求较高的建筑。

根据梯段的传力路径不同，现浇整体式钢筋混凝土楼梯可以分为板式楼梯和梁式楼梯。

1. 板式楼梯

板式楼梯一般由梯段、平台板和平台梁组成。楼梯的荷载由梯段传给两端的平台梁，再由平台梁传给墙或柱，如图 6－16（a）所示。板式楼梯也可不设平台梁，将梯段和平台板连为一体，将荷载直接传到墙上，如图 6－16（b）所示。板式楼梯底面平整，支模简单，施工方便，但当楼梯跨度较大时，梯板厚度大，材料用量增多，因此，板式楼梯适用于跨度和荷载较小的楼梯，如住宅、宿舍的楼梯。

2. 梁式楼梯

梁式楼梯一般由梯段、斜梁、平台板和平台梁组成，如图 6－17 所示。楼梯的荷载由梯板传给斜梁，斜梁传给两端的平台梁，再由平台梁传给墙或柱。

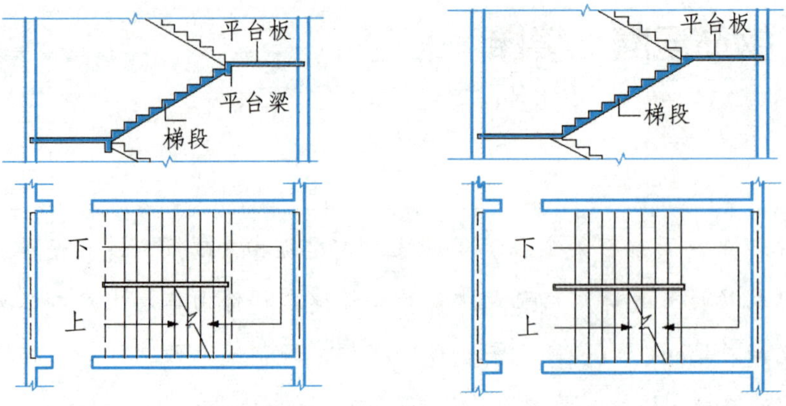

（a）有平台梁板式楼梯　　（b）无平台梁板式楼梯

图 6-16　现浇整体式钢筋混凝土板式楼梯

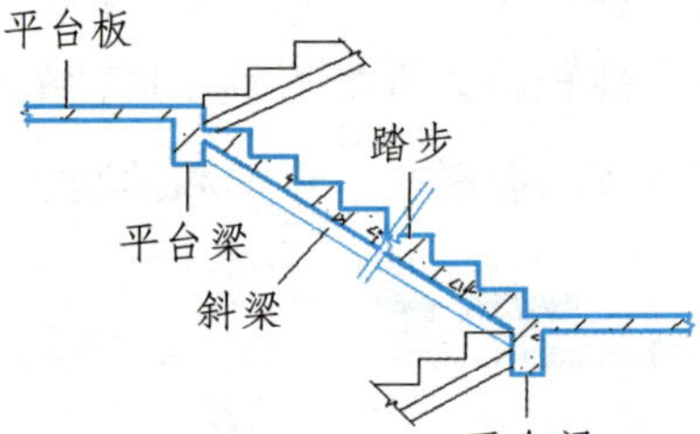

图 6-17　现浇整体式钢筋混凝土梁式楼梯

斜梁一般在板底，可布置在一侧、两侧或中部，如图 6-18 所示。

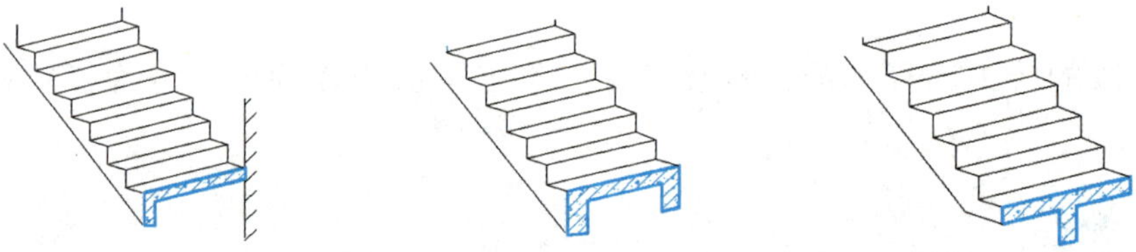

（a）斜梁在一侧　　（b）斜梁在两侧　　（c）斜梁在中部

图 6-18　梁式楼梯的斜梁位置

当斜梁布置在侧面时，有明步和暗步两种做法。明步做法指斜梁在踏步板两侧下方，踏步外露，如图 6-19（a）所示，这种做法使楼梯下斜梁的阴角处容易积灰。暗步做法指斜梁上翻包住踏步板，梯段底面平整，但凸出的斜梁会使梯段净宽减小，如图 6-19（b）所示。

梁式楼梯受力合理，能够跨越较大的跨度，当楼梯较长时采用梁式楼梯比较经济，但由于底面不平整，施工不便，梁式楼梯适用于层高大、荷载大的建筑，如商场、图书馆、教学楼等公共建筑。

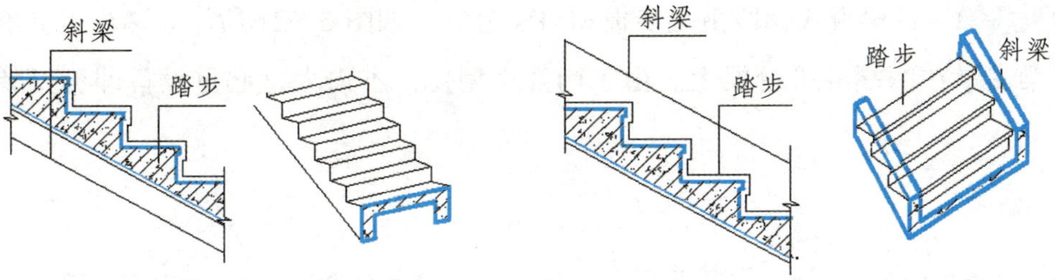

（a）明步梁式楼梯　　　　（b）暗步梁式楼梯

图 6－19　明步和暗步梁式楼梯

6.2.2 预制装配式钢筋混凝土楼梯

预制装配式钢筋混凝土楼梯是将楼梯的各部分在构件厂或施工现场预制，施工时将构件进行装配、焊接的楼梯。预制装配式钢筋混凝土楼梯施工速度快，现场湿作业少，不受季节影响，有利于节约模板、提高建筑工业化程度，但其整体性和抗震性能较差，使用受限。

预制装配式钢筋混凝土楼梯根据楼梯的尺寸，可以分为小型构件装配式楼梯和大、中型构件装配式楼梯。

1. 小型构件装配式楼梯

小型构件装配式楼梯的主要特点是构件小而轻，易制作，但施工复杂且速度慢，湿作业多，耗费人力多，适用于施工机械化程度低的工地。

小型构件装配式楼梯按构造方式可以分为梁承式、墙承式和墙悬臂式三种。

（1）梁承式。

梁承式楼梯的梯段由平台梁支承，预制构件包括梯段（板式或梁板式梯段）、平台梁和平台板三部分。

1）梯段。

板式梯段：板式梯段为整块或数块带踏步梯板，没有斜梁，梯段底面平整，其上下端直接支承在平台梁上。为了减轻梯段板自重，也可做成空心构件，如图 6－20 所示。

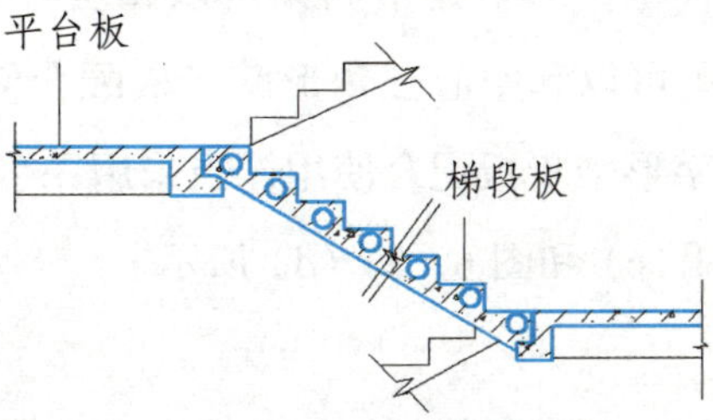

图 6－20　板式梯段

梁板式梯段：梁板式梯段由踏步板和斜梁组成，如图 6－21 所示。踏步板支承在斜梁上，斜梁支承在两端的平台梁上。由于构件小型化，不需大型起重设备即可安装，施工简便。

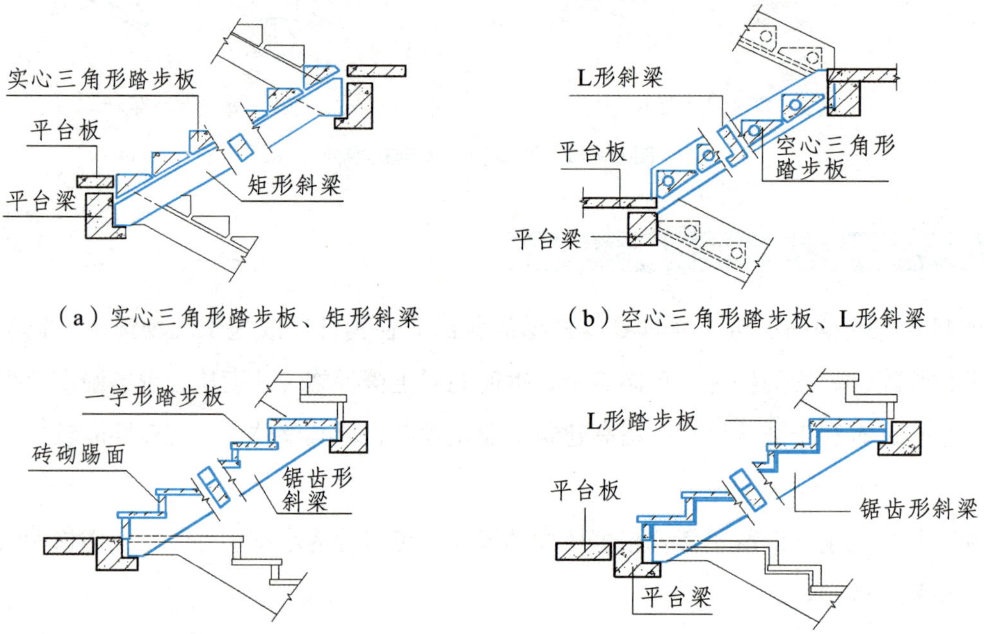

（a）实心三角形踏步板、矩形斜梁　（b）空心三角形踏步板、L形斜梁

（c）一字形踏步板、锯齿形斜梁　（d）L形踏步板、锯齿形斜梁

图 6－21　梁板式梯段

踏步板的断面形式有三角形（实心、空心）、L 形（正、反）、一字形等，如图 6－22 所示。三角形断面踏步板底面平整，但自重大，因此常将三角形断面踏步板做成空心构件，以减轻自重；L 形断面踏步板自重轻、用料省，但拼装后底面形成折板，容易积灰；一字形断面踏步板制作简单，但其受力不太合理，仅用于简易梯、室外梯等。

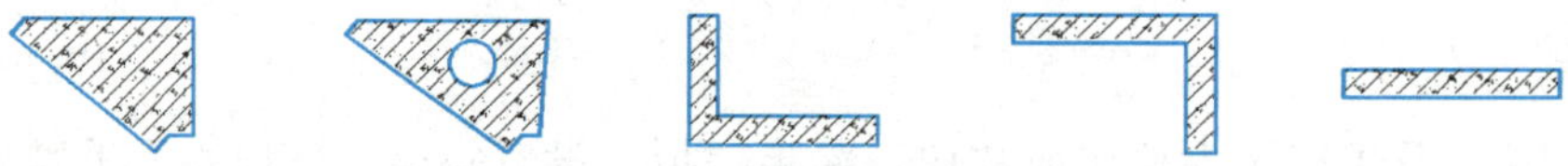

图 6－22　踏步板断面形式

斜梁有矩形、L 形、锯齿形三种。矩形斜梁可以和实心三角形踏步板配合使用，如图 6－21（a）所示；L 形斜梁可以和空心三角形踏步板配合使用，如图 6－21（b）所示；锯齿形斜梁可以和 L 形、一字形踏步板配合使用，当采用一字形踏步板时，一般用侧砌墙作为踏步的踢面，如图 6－21（c）和图 6－21（d）所示。

2）平台梁。

平台梁一般做成 L 形断面，斜梁搁置在 L 形平台梁的翼缘上，也可做成矩形断面，但在两端局部做成 L 形，形成缺口，将梯梁插入缺口内，如图 6－23 所示。这是为了节省楼梯空间，使上下梯段可以在同一位置起止，避免由于梯梁的搁置，导致平台梁底面标高降低而影响平台净高。

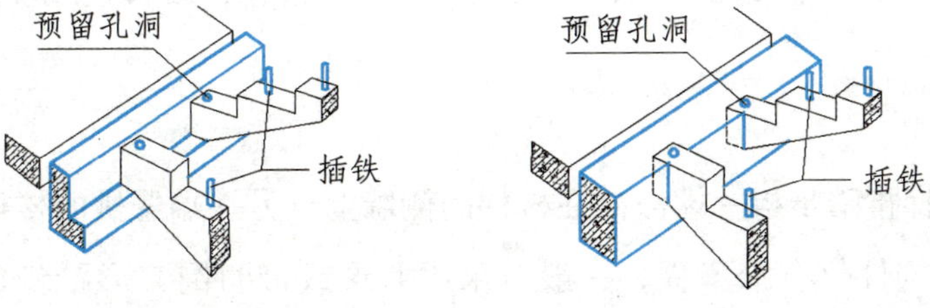

（a）L形平台梁　　（b）矩形局部L形平台梁

图 6－23　平台梁

3）平台板。

平台板可采用钢筋混凝土空心板、槽形板或平板。平台板一般平行于平台梁布置，当垂直于平台梁布置时，常采用小平板，如图 6－24 所示。

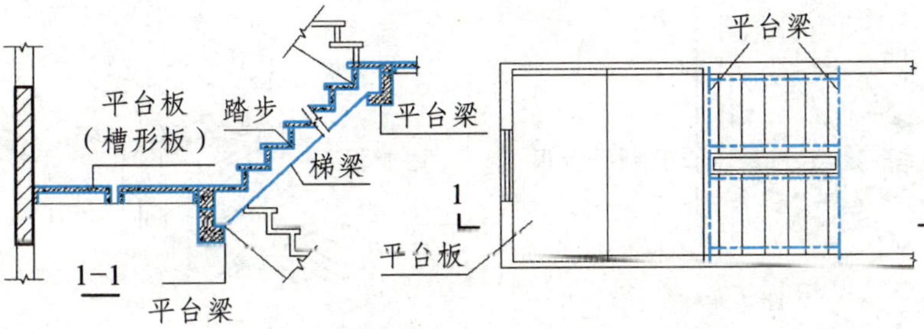

（a）槽形板或空心板

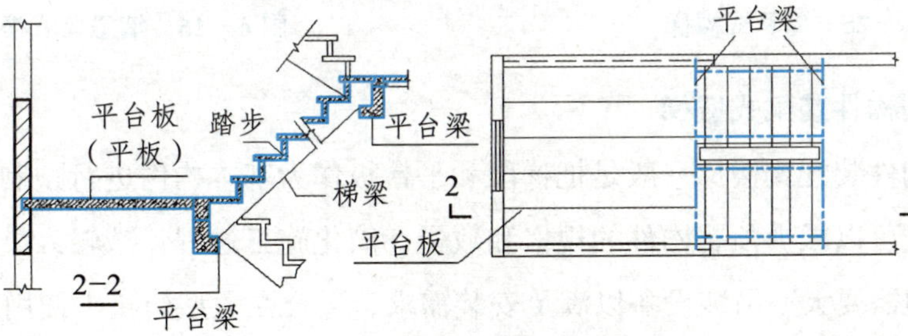

（b）平板

图 6－24　平台板

（2）墙承式。

墙承式楼梯是踏步板直接搁置在墙上的楼梯，荷载由两侧的墙承担，预制构件仅有踏步板，一般采用 L 形或一字形踏步板。当采用一字形踏步板时，需加砌立砖做踢面。墙承式楼梯不需要设梯梁和平台梁，故构造简单，制作、安装简便，节约材料，造价低。这种支承方式适用于直跑楼梯，或中间有电梯间的折形楼梯。当平行双跑楼梯采用墙承式时，为支承踏步，必须在梯井处设墙，但这样做造成空间受限、视线受阻，上下人流易相撞，且搬运家具、设备不便。因此，常在墙上开设观察孔，改善视线和采光，如图 6－25 所示。

（3）墙悬臂式。

墙悬臂式楼梯指踏步板一端嵌固在楼梯间侧墙上，另一端悬挑的楼梯，荷载全部由单侧墙承担，预制构件仅有踏步板，一般可采用 L 形或带肋倒 L 形踏步板，如图 6－26 所示。墙悬臂式楼梯不设梯梁和平台梁，构造简单，造价低，外形轻巧美观，但安装预制踏步时，须在踏步临空一端设临时支撑，以防倾覆，施工较麻烦。墙悬臂式楼梯的悬挑长度一般不超过 1.5m，且悬挑构件受地震荷载尤其是竖向地震荷载影响较大，因此在地震区不宜采用这种楼梯。

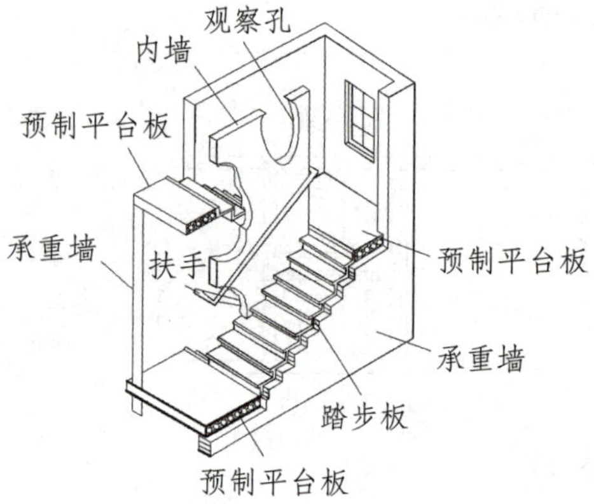

图 6－25　墙承式楼梯

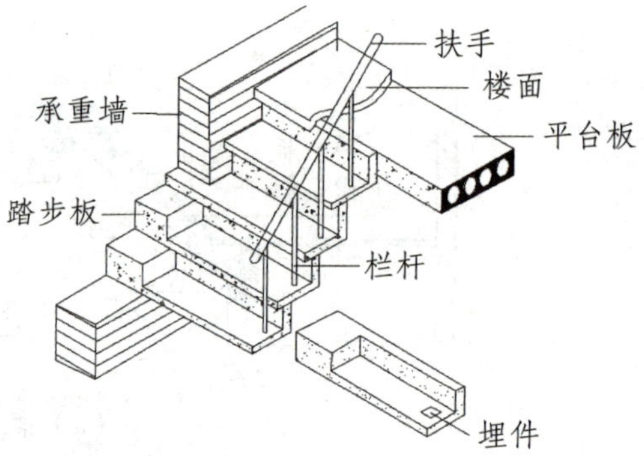

图 6－26　墙悬臂式楼梯

2. 大、中型构件装配式楼梯

大、中型构件装配式楼梯一般是把梯段和平台板作为基本构件进行预制，构件从小型改为大、中型，可以减少预制构件的规格和数量，简化施工过程，减轻人员劳动强度，加快施工速度，但需要大型吊装设备以满足安装需求，适合在大型建筑中使用。

（1）中型构件装配式楼梯。

中型构件装配式楼梯一般由梯段和平台板组成。

1）平台板。

当构件预制和吊装能力不高时，可以把平台板和平台梁制作成两个构件，这种做法增加了构件的类型和吊装的次数，但平台的宽度变化灵活，此时平台的构件与梁承式楼梯相同。

也可以将平台板和平台梁结合制作成一个构件。平台板一般采用槽形板，靠近梯板一侧边肋截面加大，并预留缺口，以搁置梯段，如图6-27所示。楼梯顶层平台板的细部处理与其他各层略有不同，边肋的一半留有缺口，另一半不留缺口，但应预留埋件或插孔，以便安装栏杆。为使底面平整，也可采用空心板，但其厚度较大，现在已很少使用。

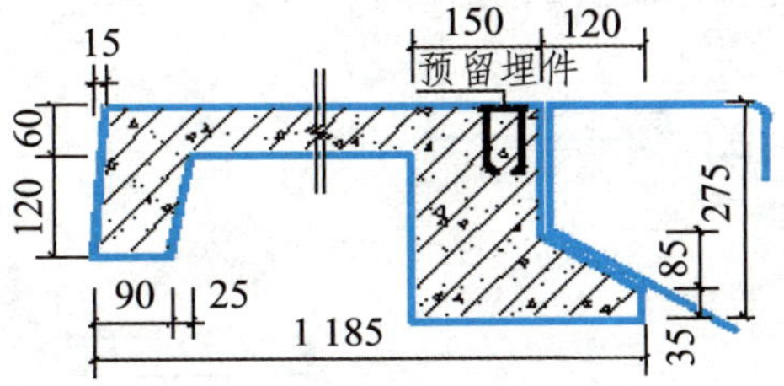

图6-27　带梁平台板

2）梯段。

梯段有板式梯段和梁式梯段两种。

板式梯段采用实心板或空心板搁置在两端平台板上。实心板施工简单，但自重较大。空心板可沿横向或纵向抽孔，减小自重，孔形可以是圆形或三角形，如图6-28所示。板式梯段的底面平整，适合在住宅、宿舍建筑中使用。

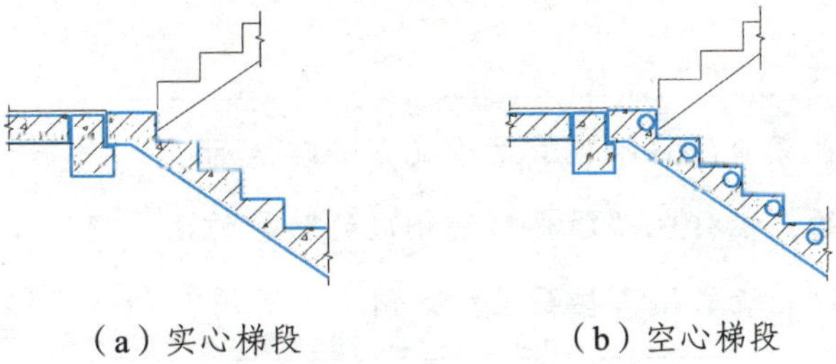

图6-28　板式梯段

梁式梯段是将斜梁和梯板组合成一个构件，搁置在两端平台板上，如图6-29所示，一般为槽形板，为节省材料、减轻自重，也可在踏步板内留孔。

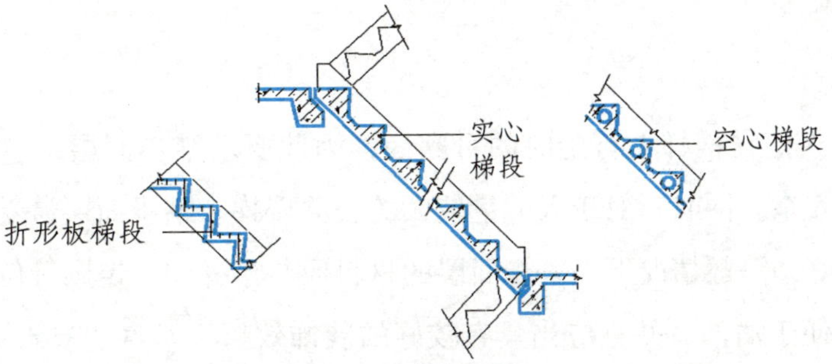

图6-29　梁式梯段

（2）大型构件装配式楼梯。

大型构件装配式楼梯是将整个梯段和平台预制成一个构件，其断面可做成实心板式、空心板式、双梁槽式等，如图 6－30 所示。这种楼梯的构件数量少，装配化程度高，施工速度快，但施工时需要大型的起重运输设备，主要用于工业化程度高的大型装配式建筑或建筑平面设计和结构布置有特别需要的场所。

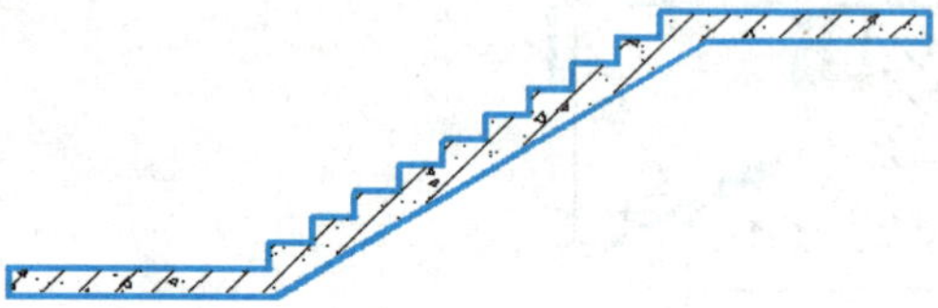

（a）板式楼梯

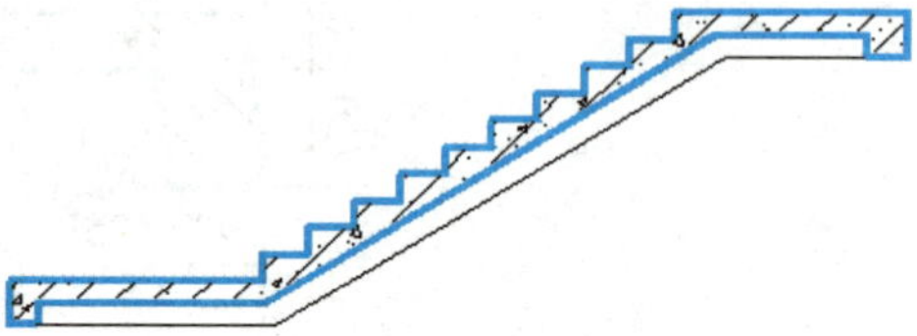

（b）梁式楼梯

图 6－30　大型构件装配式楼梯

6.3 楼梯的细部构造

课堂思考

- 作为建筑的垂直交通设施以及紧急情况下的疏散通道，必须要保证楼梯的面层在通行时是安全的，栏杆也必须要起到相应的防护作用。观察身边的楼梯，收集图片，并总结楼梯一般采用哪些面层？如何进行防滑？如何连接栏杆和梯段？

楼梯的细部构造包括踏步面层的做法、踏步前缘的防滑措施、栏杆的连接、转折处扶手的处理、首层踏步下的基础构造等内容。

6.3.1 踏步

1. 踏步面层

踏步面层是人们在楼梯上行走时的可踏面，因此要求踏步面层平整、光滑，能够保证行走的舒适和安全。同时，对于人流量较大的公共楼梯，踏步面层易受磨损，因此踏步面层还应耐磨性好。一般情况下，踏步面层的材料应与楼梯间、走廊等位置的楼地面层相同，面层材料要便于清洁，并且应当具有较好的装饰效果，常见的有水泥砂浆、水磨石、地砖、大理石、花岗岩等。表 6－5 中列举了常见踏步面层的工程做法。

表 6－5　常见踏步面层的工程做法

名称	用料做法	厚度
水泥砂浆面层	1. 20mm 厚 1∶2 水泥砂浆抹面 2. 水泥浆一道（内掺建筑胶） 3. 钢筋混凝土随打随抹平	20mm
地砖面层	1. 5 ～ 10mm 厚地砖（踏面专用防滑砖）稀水泥擦缝 2. 20mm 厚 1∶3 水泥砂浆黏结层 3. 素水泥浆一道（内掺建筑胶） 4. 钢筋混凝土随打随抹平	30mm
花岗石面层	1. 20mm 厚花岗石板（踏面防滑处理）水泥浆擦缝 2. 30mm 厚 1∶3 干硬性水泥砂浆 3. 素水泥浆结合层一道（内掺建筑胶） 4. 钢筋混凝土随打随抹平	50mm

2. 踏步前缘

为防止行人在上下楼梯时滑倒，特别是表面光滑的面层，通常在踏步前缘留凹槽或设防滑条进行防滑处理。防滑条的两端应距墙面或栏杆（栏板）留出不小于 120mm 的空隙，以便清扫和冲洗。常用的防滑材料有水泥铁屑、金刚砂、金属条、塑料条、马赛克等，如图 6－31 所示。

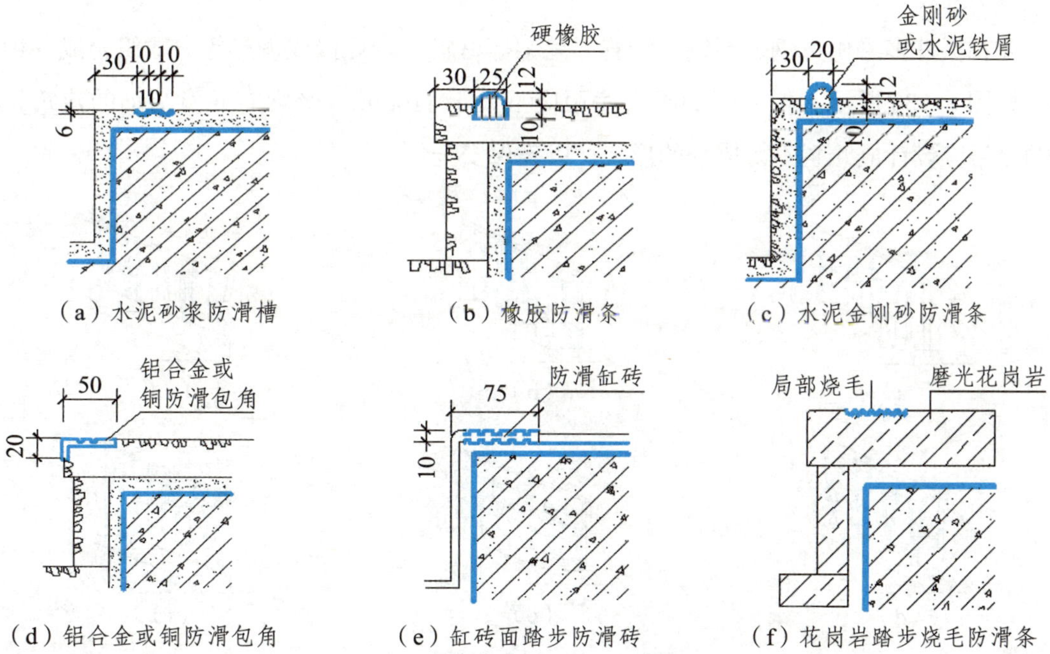

图 6－31　踏步前缘防滑构造

3. 底层第一踏步下的基础

楼梯底层第一跑梯段下部应设基础，简称梯基。梯基的做法有两种：一是在楼梯下直接设砖、石基础，二是楼梯支承在地梁上，如图 6－32 所示。

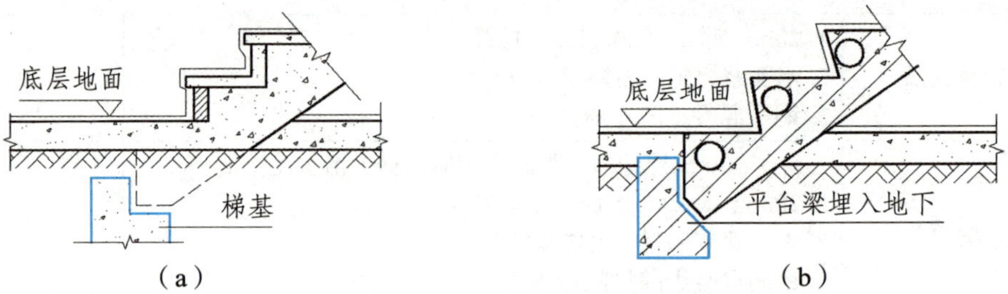

图 6－32　梯基

6.3.2 栏杆（栏板）和扶手

栏杆（栏板）和扶手既是楼梯的安全防护构件，也是装饰构件，因此要求其安全、坚固、耐久、美观、舒适。栏杆（栏板）和扶手一般设置在楼梯和平台的临空侧，当楼梯较宽时，还需在中间加设栏杆（栏板）和扶手。

1. 栏杆（栏板）

栏杆（栏板）按其构造做法，可以分为空花栏杆、实心栏板和组合栏杆。

（1）空花栏杆。

空花栏杆多采用方钢、圆钢、钢管、扁钢等材料，以焊接或铆接等方式组合成各种图案，如图 6－33 所示。栏杆间的垂直净距应不大于 110mm，经常有儿童活动的建筑，栏杆的分格应设计成儿童不易攀登的形式，以确保安全。

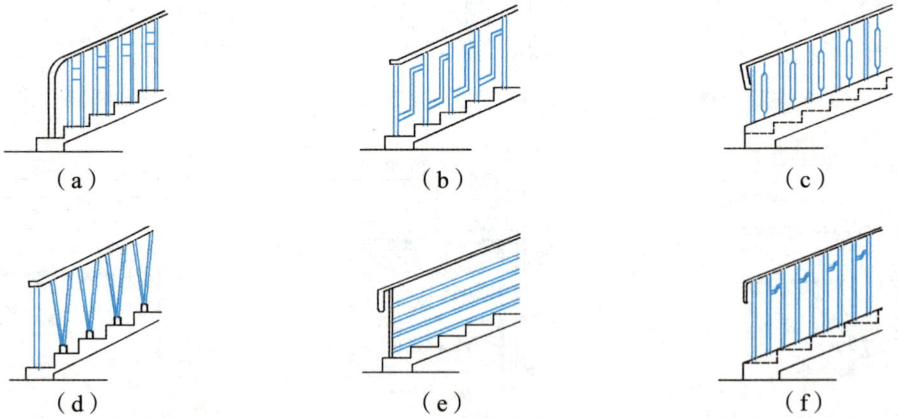

图 6－33　常见栏杆形式

（2）实心栏板。

实心栏板一般采用钢筋混凝土、钢丝网水泥、砌体等材料，也可以采用装饰性较强的有机玻璃、钢化玻璃，其表面应光滑平整且易于清洗，如图 6-34 所示。

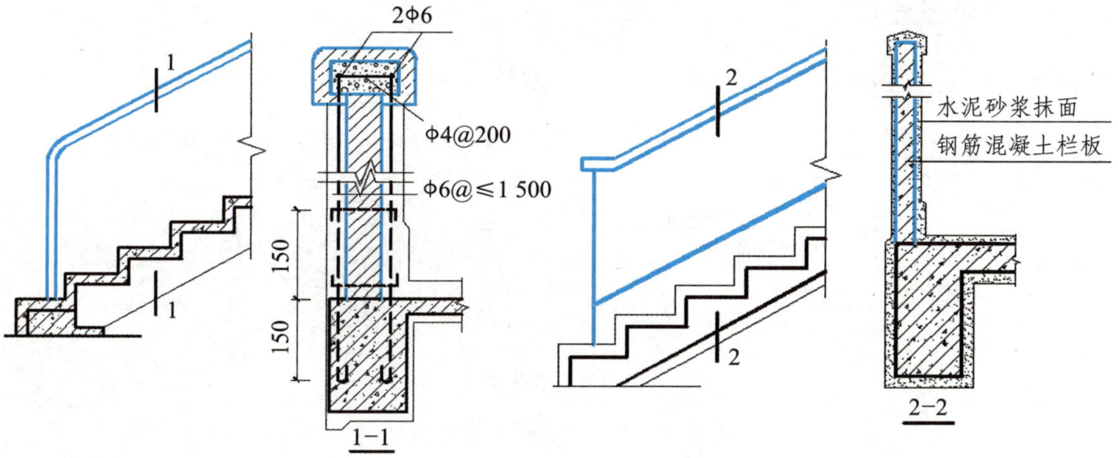

（a）砌体栏板　（b）钢筋混凝土栏板

图 6-34　实心栏板

（3）组合栏杆。

组合栏杆是将空花栏杆和实心栏板组合在一起，其中栏杆多用金属材料制作，栏板可用有机玻璃、钢化玻璃等轻质美观材料制作，如图 6-35 所示。

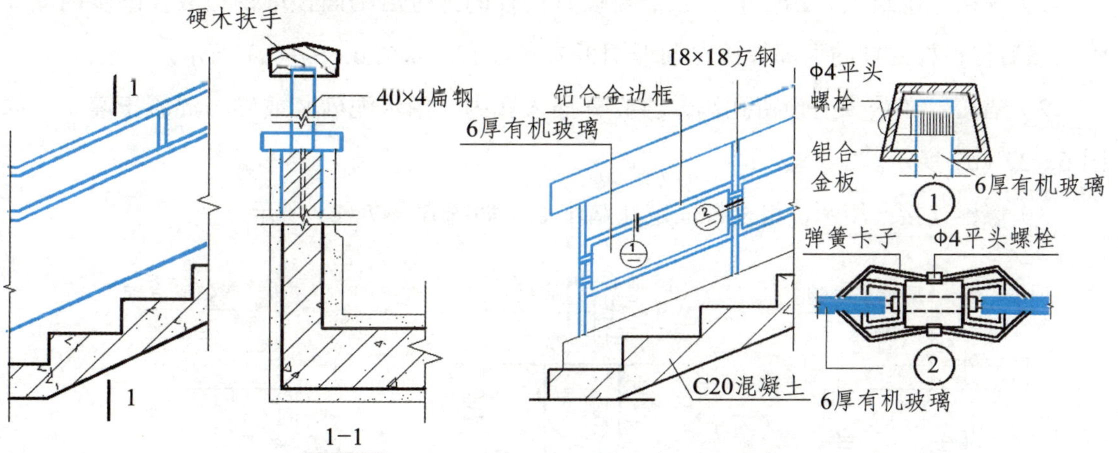

（a）组合栏杆1　（b）组合栏杆2

图 6-35　组合栏杆

2. 扶手

栏杆或栏板顶部供人们行走时倚扶的连续构件，称为扶手。扶手应便于扶握，使用的材料应给人舒适的手感，一般用硬木、钢管、铝合金管及塑料等材料制作扶手，也可用大理石、预制水磨石板或木材贴面。常见扶手的类型如图 6-36 所示。

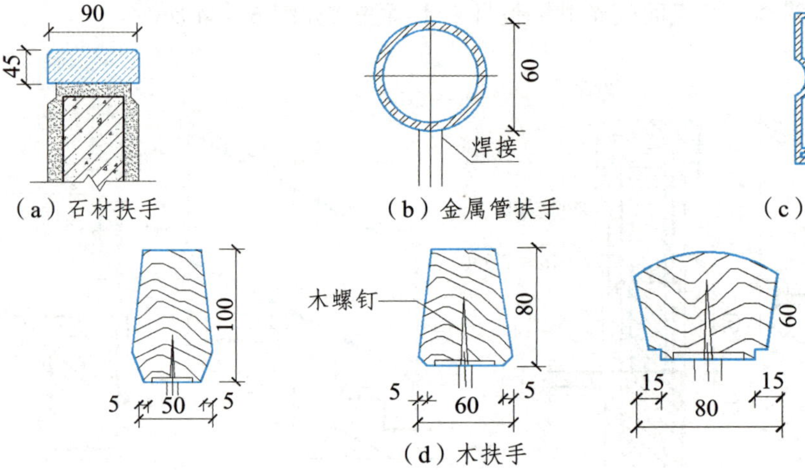

图 6－36　常见扶手的类型

3. 栏杆（栏板）、扶手的连接

栏杆（栏板）与梯段、栏杆（栏板）与扶手、扶手与墙面等部位必须有可靠的连接，才能保证栏杆的防护效果。

（1）栏杆（栏板）与梯段的连接。

栏杆（栏板）与梯段的连接有焊接、锚接和螺栓连接三种。

1）焊接：浇筑楼梯踏步时，在需要设置栏杆的部位沿踏面预埋钢板或在踏步内埋套管，然后将栏杆立杆的下部焊接在预埋钢板或套管上，如图 6－37（a）所示。

2）锚接：在踏步上预留孔洞，将立杆插入孔内，用水泥砂浆或细石混凝土灌实，如图 6－37（b）所示。

3）螺栓连接：用螺栓将栏杆固定在踏步上，如图 6－37（c）所示。

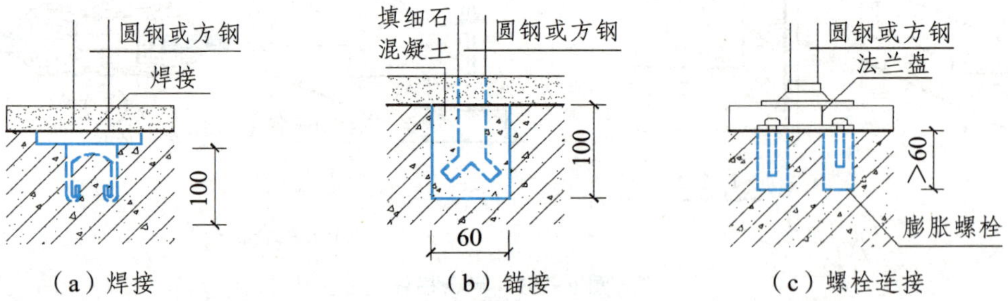

图 6－37　栏杆（栏板）与梯段的连接

（2）栏杆（栏板）与扶手的连接。

栏杆（栏板）与扶手的连接方法应视扶手和栏杆（栏板）的材料而定。木扶手或塑料扶手与金属栏杆连接，通常在栏杆顶端焊接通长扁钢，再用沉头木螺钉固定扶手，如图 6－38（a）

所示。金属扶手与金属栏杆连接，一般采用焊接，且扶手与栏杆材质应一致，焊接后将焊缝处锉平、磨光，如图6-38（b）所示。石材扶手与砌体或钢筋混凝土栏板用水泥砂浆黏结。

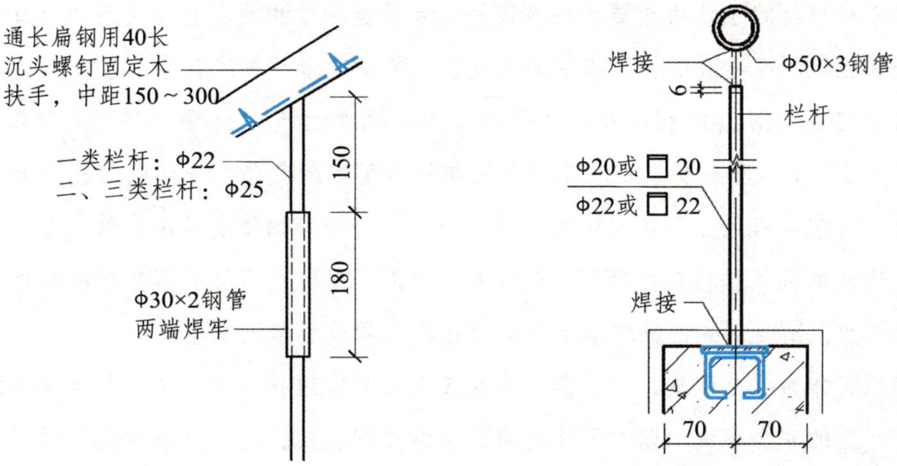

（a）木扶手与金属栏杆连接　（b）金属扶手与金属栏杆连接

图6-38　栏杆与扶手连接

（3）扶手与墙面的连接。

扶手与砖墙连接时，一般在墙上预留孔洞，将扶手的连接扁钢插入孔洞内，用细石混凝土填实，如图6-39（a）所示。扶手与钢筋混凝土墙连接时，一般采用预埋钢板焊接，如图6-39（b）所示。

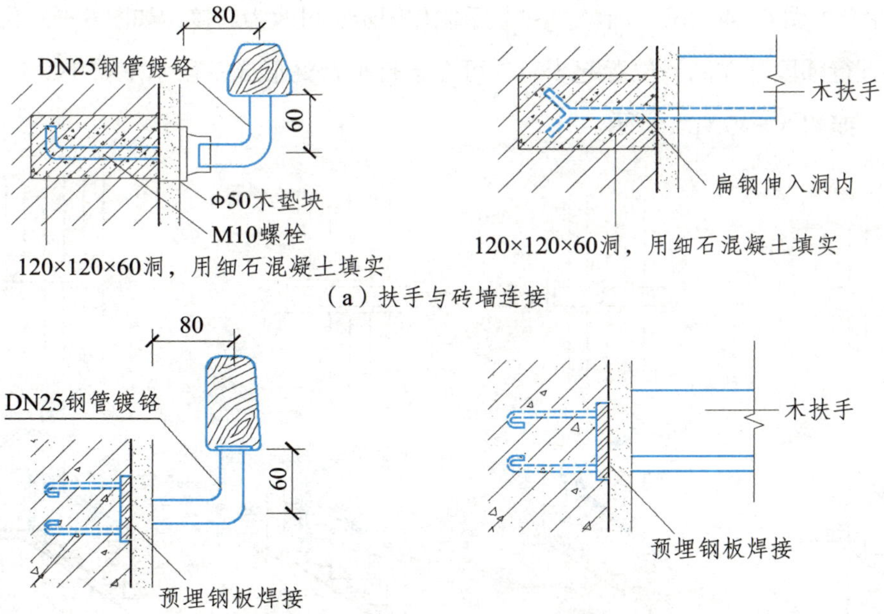

（a）扶手与砖墙连接

（b）扶手与钢筋混凝土墙连接

图6-39　扶手与墙的连接

案例警示

楼梯栏杆安全事故

楼梯栏杆作为建筑物中重要的安全设施，其质量和维护状况直接关系到人员安全。然而，因楼梯栏杆问题导致的伤亡事故时有发生，给受害者及其家庭带来了巨大痛苦。

2021 年 3 月 2 日，玻利维亚埃尔阿尔托市一所公立大学的楼道护栏突然断裂，7 名学生坠楼身亡，1 名学生受重伤。从埃尔阿尔托市警察局获悉，埃尔阿尔托市公立大学工商管理专业的学生当天上午在大楼四层举行会议，会场外的楼道里也有数十名学生。人流拥挤中，楼道的金属护栏突然断裂，6 名男生和 2 名女生从四层坠落，摔在一层的水泥地上。警方初步判断是因人群拥挤加上护栏焊接不当导致了惨剧发生。

楼梯栏杆作为安全设施，其质量、安装工艺及日常维护至关重要。任何环节的疏忽都可能导致严重的安全事故。以往发生的事故案例提醒我们，必须高度重视楼梯栏杆等设施的安全问题，设计者、施工人员、材料供应商必须要提高专业水准和职业道德水平，减少安全事故的发生。

4. 楼梯转弯处扶手高差的处理

当上下行梯段在同一位置起步时，上下行扶手同时伸进平台半步，扶手平顺连接，转弯处的高度与其他部位一致，如图 6-40（a）所示。但当平台宽度较窄时，扶手深入平台会减小平台净宽，因此需要紧靠平台边缘设置扶手，此时扶手为高低连接，在转弯处形成向上弯曲的鹤颈扶手，如图 6-40（b）所示。鹤颈扶手制作困难，可改为斜接，如图 6-40（c）所示。

当上下行梯段不在同一位置起步时，可在下行平台处形成一段水平扶手，转弯处扶手平顺连接，如图 6-40（d）所示。

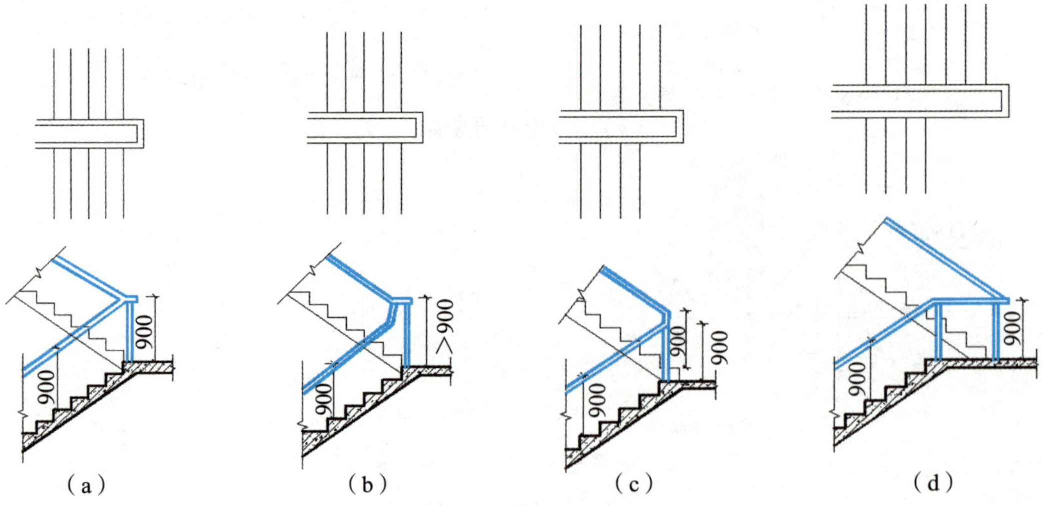

图 6-40　楼梯转弯处扶手高差的处理

5. 栏杆扶手防攀爬和防攀滑措施

为了保护少年儿童生命安全，中小学校、幼儿园等少年儿童专用活动场所的楼梯，其梯井净宽大于 0.20m（少儿胸背厚度），必须采取防止少年儿童坠落措施；楼梯扶手上应加装防止少年儿童溜滑的设施，防止其在楼梯扶手上做滑梯游戏而产生跌落楼梯井底的事故；楼梯栏杆应采用不易攀登的构造和花饰；杆件或花饰的镂空处净距不得大于 0.11m。少年儿童活动频繁的其他公共场所也应参照执行以上措施。

为防攀爬一般采取增加栏杆的倾斜角度、增加栏杆高度、选用光滑材料的扶手、保证栏杆的间距等措施，如图 6－41 所示。为防攀滑可以采取在扶手上缘设计凸起物、使用防滑材料、增加防滑纹理等措施，如图 6－42 所示。

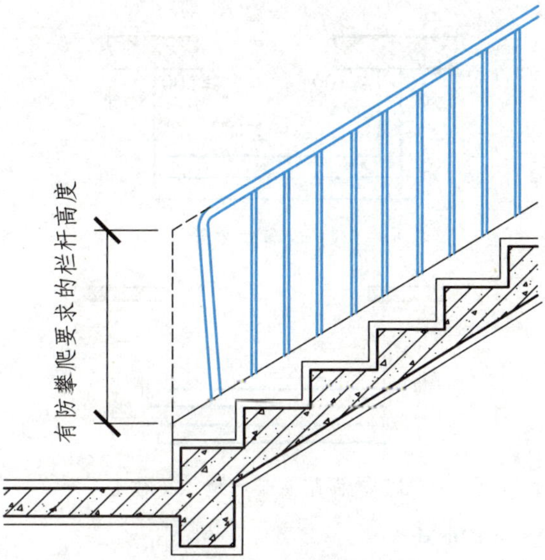

图 6－41　防攀爬栏杆

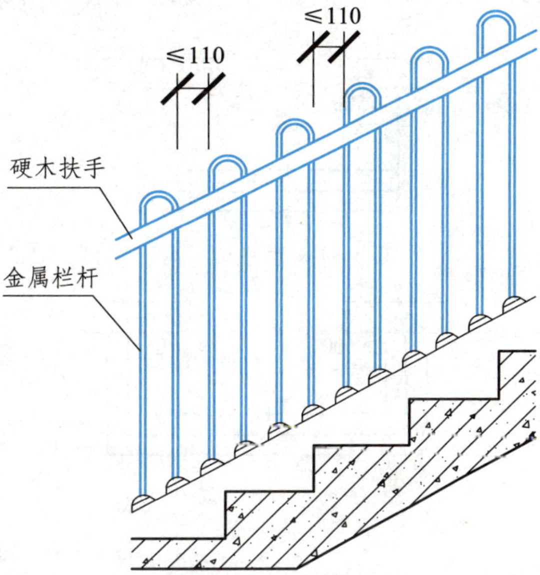

图 6－42　防攀滑栏杆

6.4 台阶与坡道

课堂思考

- 观察身边的建筑，思考建筑物为什么存在室内外高差？收集图片，并总结在工程实际中，一般如何解决室内外高差的过渡？

建筑的室内地坪和室外地坪之间往往存在高差，为解决建筑入口和室外地面的过渡问题，常在室外设置台阶和坡道。其中，以台阶较为多见，但当有车辆通行或有“无障碍”要求时，需要采用坡道，也可将台阶与坡道合并使用。

6.4.1 台阶

台阶是连接室外或室内的不同标高的楼面、地面，供人行的阶梯式交通道。这里主要介绍室外台阶。

1. 室外台阶的形式

室外台阶由踏步和平台两部分组成，一般按照其平面形式可以分为单面踏步、双面踏步、三面踏步、单面踏步带花池（花台）等，如图 6－43 所示。

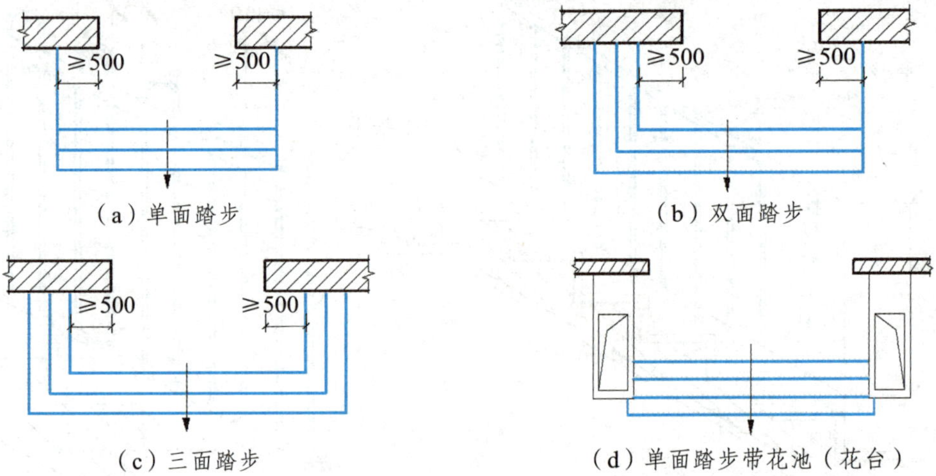

图 6－43　室外台阶的形式

2. 室外台阶的构造

室外台阶的踏步尺度以及防护均有严格要求。《民用建筑设计统一标准》（GB 50352–2019）中规定，公共建筑室内外台阶踏步宽度不宜小于 0.3m，踏步高度不宜大于 0.15m，并不宜小于 0.10m；踏步应采取防滑措施；台阶总高度超过 0.7m 时，应在临空面采取防护设施。

台阶的坡度一般较为平缓，在工程实践中，通常每级台阶踢面高度为 100 ～ 150mm，踏面宽度为 300 ～ 400mm，根据室内外高差确定步数。平台宽度一般比门洞口每边至少宽 500mm，平台深度一般不应小于 1 000mm。为了防止雨水积聚或倒溢，平台表面应比室内地面低 20 ～ 60mm，并做 3% 左右的排水坡度，以利于雨水排出，如图 6－44 所示。

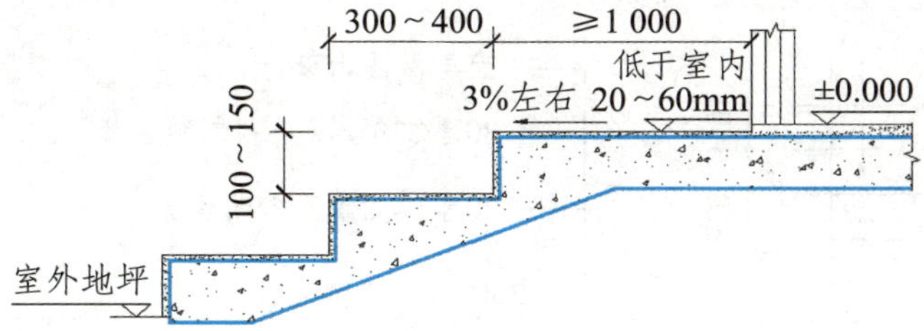

图 6－44　室外台阶常见构造

台阶的做法有实铺台阶和架空台阶，现大多采用实铺台阶。

实铺台阶的构造与地面构造基本相同，由基层、垫层和面层组成。基层是素土夯实；垫层多为卵石灌浆、混凝土、碎砖、灰土等；面层有整体和铺贴两大类，如水泥砂浆、混凝土、石质板材、水磨石等，如图 6－45 所示。在严寒地区，为保证台阶不受土壤冻胀的影响，应把台阶下部一定深度范围内的原土换掉，改设砂垫层。

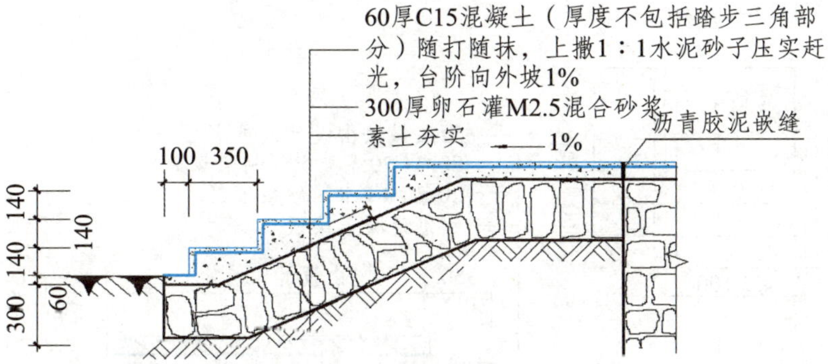

（a）卵石实铺台阶

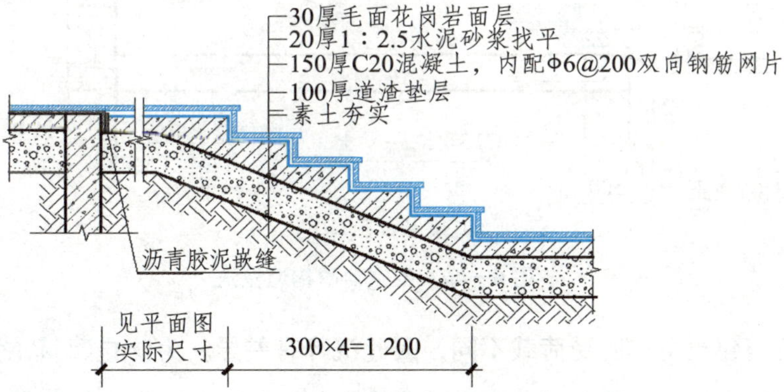

（b）道渣实铺台阶

图 6－45　实铺台阶构造做法

当台阶尺度较大或土壤冻胀严重时，为保证台阶不开裂，往往采用架空台阶。架空台阶的平台板和踏步板均为预制混凝土板，分别搁置在梁上或砖砌地垄墙上，如图 6－46 所示。

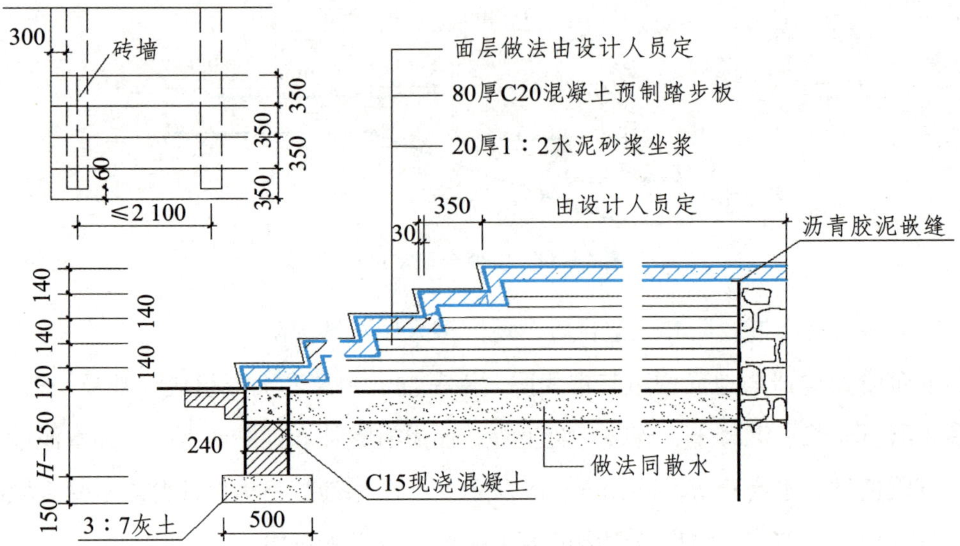

（a）架空台阶一

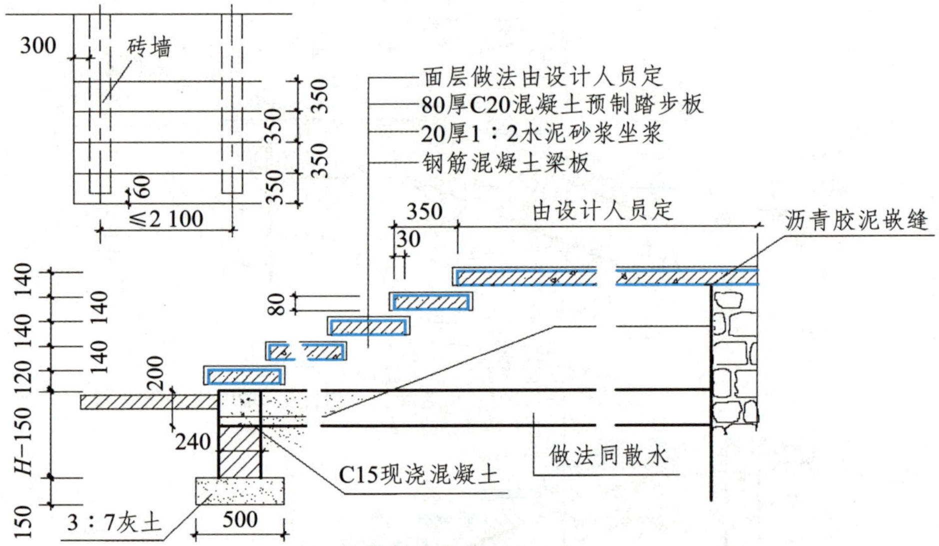

（b）架空台阶二

图 6－46　架空台阶构造做法

室外台阶与建筑主体所受荷载不同，因此沉降有差异。为防止建筑主体结构下沉时拉裂台阶，可加强主体与台阶之间的联系以形成整体沉降；也可设置沉降缝，将台阶与主体完全断开，并加强缝隙处理。

6.4.2 坡道

坡道是连接室外或室内的不同标高的楼面、地面，供人行或车行的斜坡式交通。

1. 坡道的类型

常见的坡道类型有人行坡道、非机动车坡道、机动车坡道。随着我国社会文明程度的提高，为使残疾人能够平等地参与社会活动，体现社会对特殊人群的关爱，在公共建筑和市政工程中设置了方便残疾人使用的设施，包括轮椅坡道、无障碍出入口等。无障碍坡道可以视为人行坡道的演变，它对护栏、平面尺寸、连续坡长等都有特殊要求。

（1）人行坡道

人行坡道可以分为普通坡道和无障碍坡道。

1）普通坡道。

普通坡道可分为室内坡道和室外坡道，室外坡道往往和台阶结合使用。《民用建筑设计统一标准》（GB 50352-2019）中规定：室内坡道坡度不宜大于 1∶8，室外坡道坡度不宜大于 1∶10；当室内坡道水平投影长度超过 15.0m 时，宜设休息平台，平台宽度应根据使用功能或设备尺寸所需缓冲空间而定；当坡道总高度超过 0.7m 时，应在临空面采取防护设施；坡道应采取防滑措施。

知识链接：
无障碍设计

2）无障碍坡道。

无障碍坡道是为行动不便人群设计的坡道，如残疾人、老年人、推婴儿车的人或携带重物的人。轮椅坡道坡度应符合表 6－6 的规定。

表 6－6　轮椅坡道的最大高度和水平长度

坡度	1∶20	1∶16	1∶12	1∶10	1∶8
最大高度（m）	1.20	0.90	0.75	0.60	0.30
水平长度（m）	24.00	14.40	9.00	6.00	2.40

轮椅坡道宜设计成直线形、直角形或折返形，如图 6－47 所示。坡道的坡面应平整、防滑、无反光；坡道起点、终点和中间休息平台的水平长度不应小于 1.50m；临空侧应设置安全阻挡措施。

轮椅坡道的净宽度不应小于 1.00m，无障碍出入口的轮椅坡道的净宽度不应小于 1.20m。轮椅坡道的高度超过 300mm 且坡度大于 1∶20 时，应在两侧设置扶手。无障碍单层扶手的高度应为 850mm ～ 900mm，无障碍双层扶手的上层扶手高度应为 850mm ～ 900mm，下层扶手高度应为 650mm ～ 700mm；扶手应保持连贯，靠墙面的扶手的起点和终点处应水平延伸不小于 300mm 的长度；扶手末端应向内拐到墙面或向下延伸不小于 100mm，栏杆式扶手应向下成弧形或延伸到地面上固定；扶手内侧与墙面的距离不应小于 40mm，如图 6－48 所示。

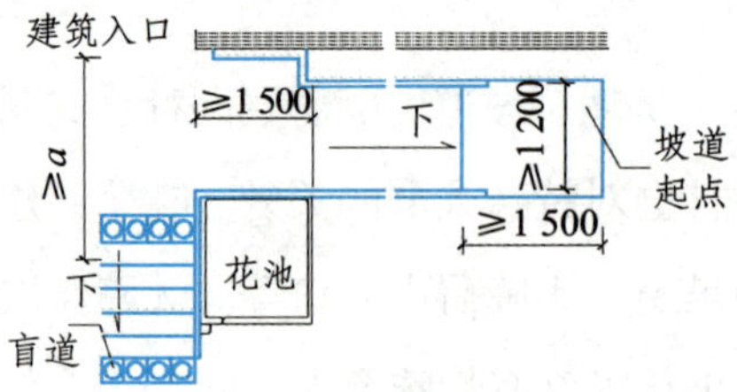

（a）直线形坡道

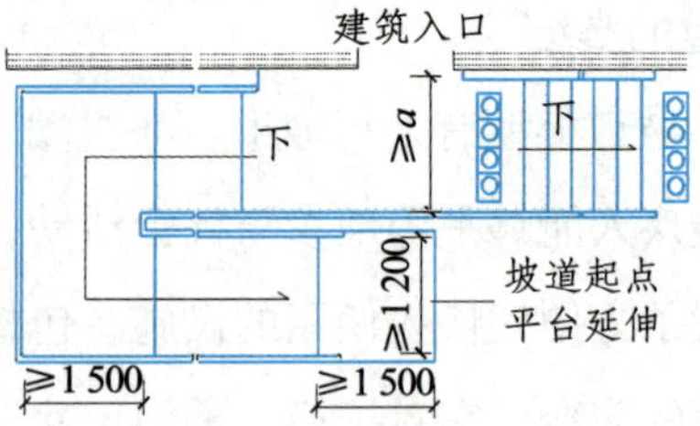

（b）折返形坡道

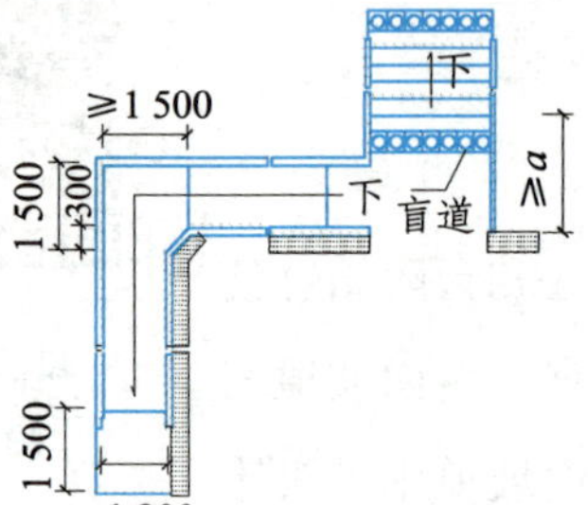

（c）直角形坡道

建筑类别	入口平台最小净深度
七层及七层以上住宅建筑	a≥2.00m
其他建筑	a≥1.50m

（d）a的取值

图 6－47　轮椅坡道的形式

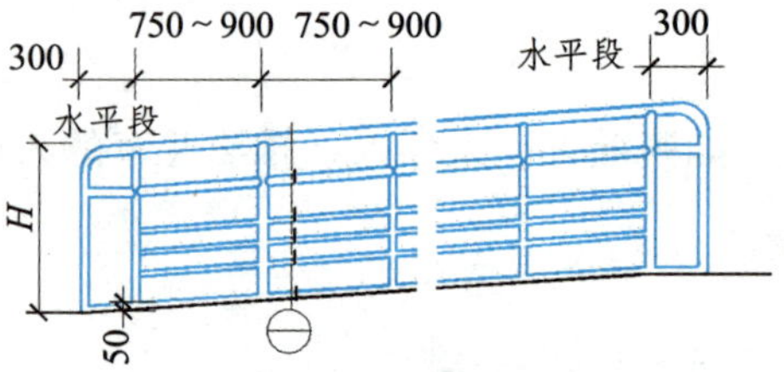

（a）扶手末端延伸到地面

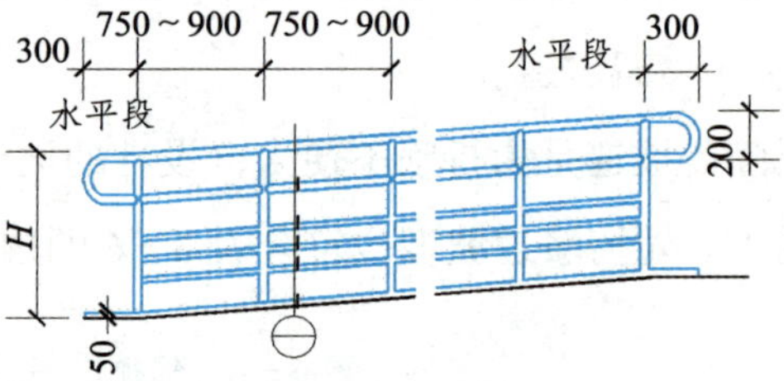

（b）扶手末端向下成弧形

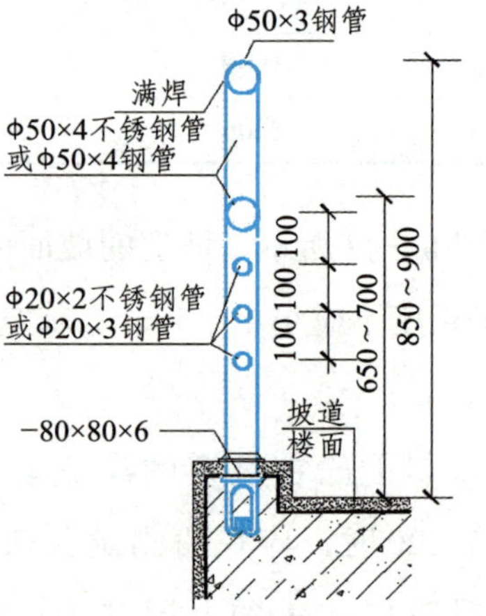

（c）栏杆构造

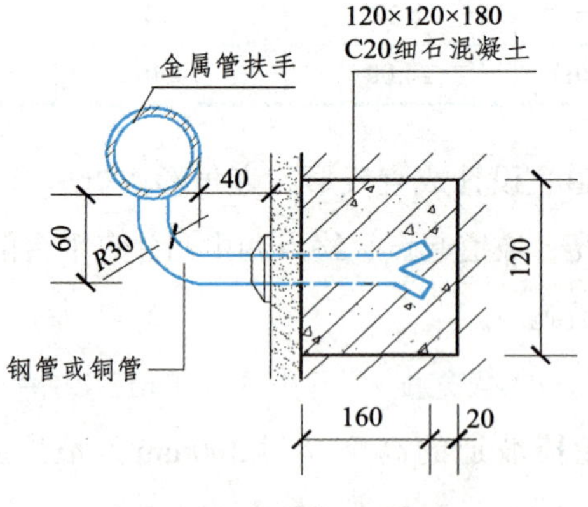

（d）靠墙扶手连接

图 6－48　轮椅坡道扶手构造

（2）非机动车坡道。

非机动车坡道可以采用踏步式或坡道式。当坡道长度超过 6.8m 或转换方向时，应设休息平台，平台长度不应小于 2.00m。踏步式推车斜坡的坡度不宜大于 25%，单向净宽不应小于 0.35m，总净宽度不应小于 1.80m，如图 6－49 所示。坡道式斜坡坡度不宜大于 15%，坡道宽度不应小于 1.80m。坡道应采取防滑措施，严寒和寒冷地区的室外自行车坡道还应采取防雪措施。

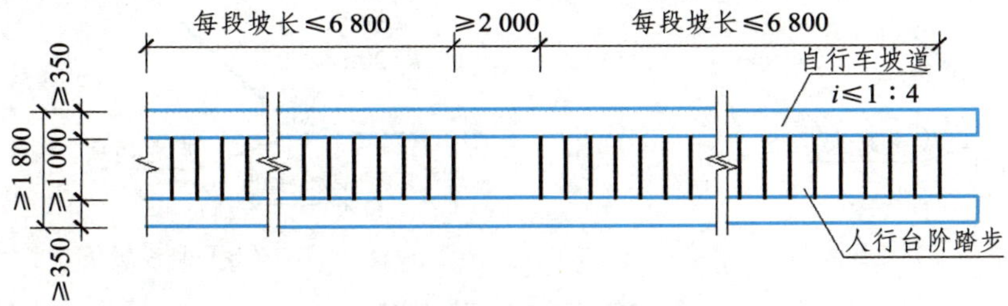

图 6－49 自行车推行坡道示意图

（3）机动车坡道。

机动车出入口有平入式、坡道式、升降梯式三种类型。当采用坡道式出入口时，可选直线坡道、曲线坡道、直线与曲线组合坡道。

《车库建筑设计规范》（JGJ 100–2015）规定了机动车坡道最小净宽和最大纵向坡道，见表 6－7 和表 6－8。

表 6－7 坡道最小净宽

形式	最小净宽（m）	
	微型、小型车	轻型、中型、大型车
直线单行	3.0	3.5
直线双行	5.5	7.5
曲线单行	3.8	5.0
曲线双行	7.0	10.0

表 6－8 坡道的最大纵向坡度

车型	直线坡道		曲线坡道	
	百分比（%）	比值（高∶长）	百分比（%）	比值（高∶长）
微型车	15.0	1∶6.67	12	1∶8.3
小型车				
轻型车	13.3	1∶7.5	10	1∶10
中型车	12.0	1∶8.3		
大型客车	10.0	1∶10	8	1∶12.5
大型货车				

当坡道纵向坡度大于 10% 时，坡道上、下端均应设缓坡坡段，其直线缓坡段的水平长度不应小于 3.6m，缓坡坡度应为坡道坡度的 1/2；曲线缓坡段的水平长度不应小于 2.4m，曲率半径不应小于 20m，缓坡段的中心为坡道原起点或止点，如图 6－50 所示。

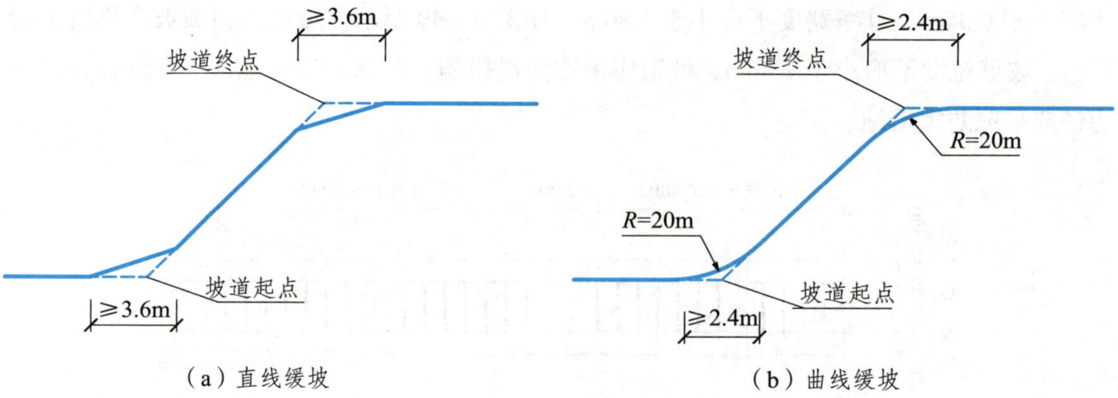

（a）直线缓坡　　（b）曲线缓坡

图 6－50　缓坡做法

2. 坡道的构造

坡道一般采用实铺做法，坡道的构造要求与台阶基本相同，但往往在素土夯实层上加设碎石垫层或灰土垫层。寒冷地区的坡道，为防止土壤冻胀，垫层下面需设置砂垫层，如图 6－51 所示。

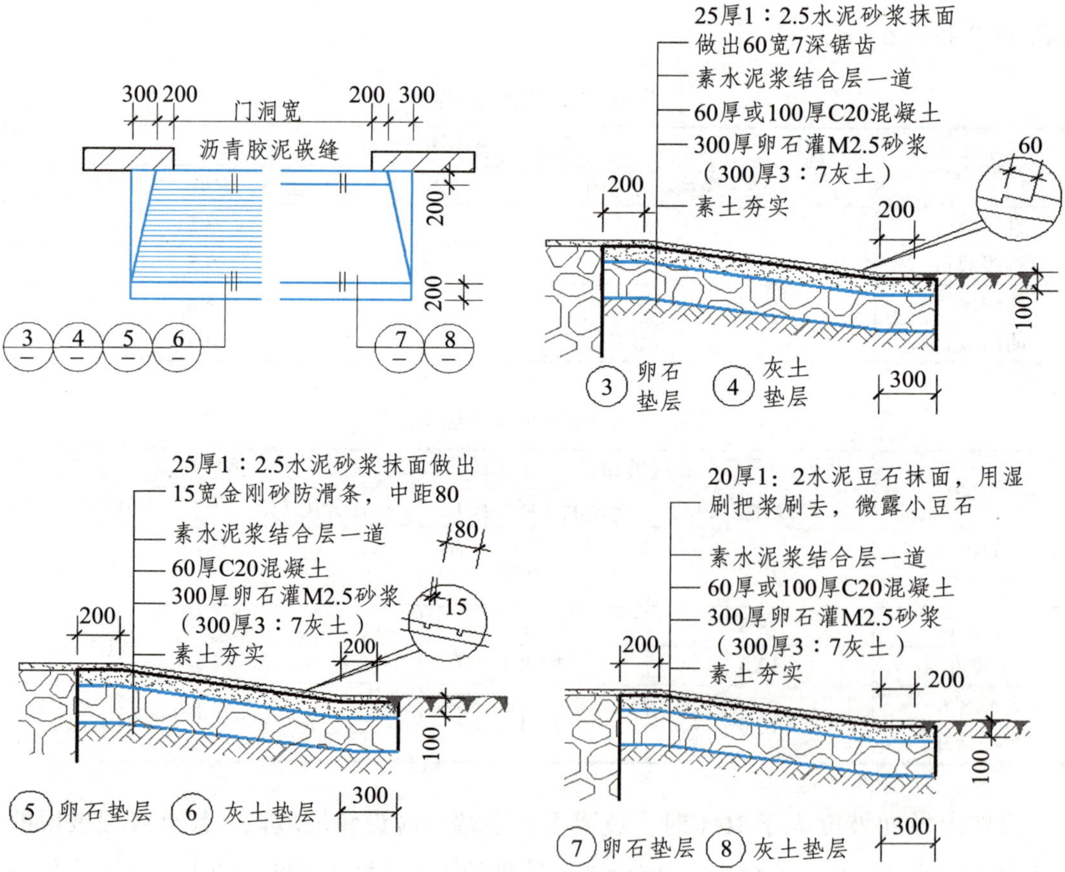

图 6－51　坡道的构造

6.5 电梯与扶梯

课堂思考

- 请同学们观察建筑物中的电梯，并思考：建筑物中有哪些不同类型的电梯？它们都应用在哪些场景中？电梯有哪些组成部分？电梯的设计和安装需要考虑哪些土建技术要求？

6.5.1 电梯的类型

电梯是建筑物的垂直交通设施，由于其运行速度快，节省人力和时间，在高层建筑和部分多层建筑（如医院、商场等）中得到了广泛的应用。

电梯有多种分类方式：

（1）按照用途可以分为客梯、货梯、客货两用电梯、医用电梯、杂物电梯、观光电梯、车辆电梯、施工电梯等；

（2）按照运输速度可以分为低速电梯、快速电梯、高速电梯和超高速电梯；

（3）按照驱动系统可以分为交流电梯、直流电梯、液压电梯。

此外，还有按照机房位置、操纵方式、有无减速器等方法进行的分类。

拓展阅读

电梯的发展

电梯是现代多层及高层建筑物中不可缺少的垂直运输设备。早在公元前 1100 年前后，我国就出现了提水用的辘轳，这是一种由木制（或竹制）的支架、卷筒、曲柄和绳索组成的简单卷扬机。公元前 236 年，在古希腊，著名的科学家阿基米德制成了第一台人力驱动的卷筒式卷扬机。这些被认为是电梯的雏形。

18 世纪末至 19 世纪初，随着蒸汽机的发明和应用，出现了蒸汽驱动的升降机。19 世纪中叶，随着电力的广泛应用，电动电梯开始出现。1852 年，美国人奥的斯发明了安全钳，解决了电梯断绳坠落的安全隐患问题。1854 年，奥蒂斯在纽约世界博览会上展示了电梯安全制动装置，并亲自表演割断吊索后电梯的安全下降，为电梯的广泛应用奠定了安全基础。20 世纪初，随着自动控制技术的引入，开始实现电梯自动化操作。从最初的手动控制到半自动控制，再到全自动智能控制，电梯的便捷性和运行效率显著提升。

我国电梯事业发展的历史较短，在新中国成立之前，只有上海、天津、北京有美国奥的斯电梯公司的维修服务站，但维修服务站也只能修配电梯零件，不能制造电梯。新中国成立以后，1952—1954年，我国先后在上海、天津、沈阳建立了三家电梯生产厂。到了20世纪60年代，我国又在西安、广州、北京等地建立了电梯厂。1972年，全国有电梯定点生产厂家8家，年产电梯近2 000台。自1978年以后，我国经济增长和基建规模扩大。我国电梯市场在1985年基本上由卖方市场支配和占领，这一形势大大刺激了电梯生产。全国各地出现了一大批中小电梯厂，1999年，全国共有电梯生产厂400多个，年产电梯近3万台，电梯品种包括一般载货电梯、乘客电梯、高级乘客电梯、自动扶梯（小高度、中高度、大高度的单人、双人自动扶梯等）和自动人行道等产品，并从1996年开始，天津、上海等地的电梯厂有少量产品销往国外。

电梯的发展历程是一个技术不断革新的过程。电梯从最初的蒸汽驱动、电力驱动到现在的智能化、人性化设计，不仅展现了人类社会的进步和技术的发展，也为人们的生活和工作带来了极大的便利。

6.5.2 电梯的组成及主要参数

1. 电梯的组成

电梯由机房、井道、轿厢、厅门四部分组成，如图6-52所示。

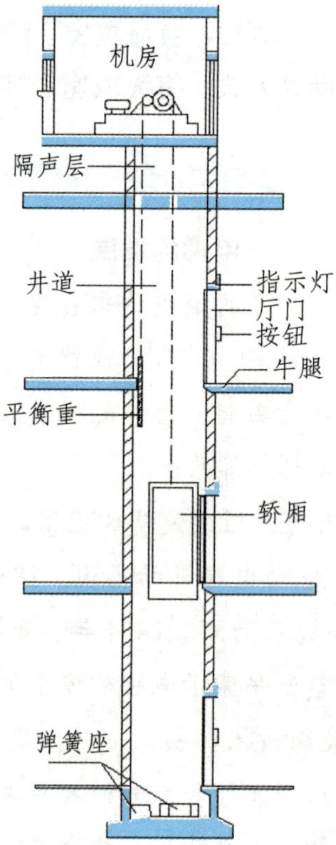

图6-52　电梯的组成

（1）机房。

机房一般设在电梯井道的顶部，也有少数电梯的机房设在井道底层的侧面。机房内的主要设备有曳引机、限速器、控制柜及线槽、线管，以及用于救援的设备，等等。机房的平面及剖面尺寸均应满足布置电梯机械及电控设备的需要，并留有足够的管理、维护空间，同时要把室内温度控制在设备运行的允许范围之内。

（2）井道。

井道是电梯运行的竖向通道，井道内部设置导轨、配重等电梯运行配件。每一台电梯的井道均应由无孔的墙、底板和顶板完全封闭起来，只允许在层门、通风孔、通往井道的检修门、安全门以及检修活板门处开洞。

（3）轿厢。

轿厢是电梯用以承载和运送人员和物资的箱形空间。轿厢一般由轿底、轿壁、轿顶、轿门等主要部件构成。轿厢应坚固、防火、通风、便于检修和疏散。轿厢门一般为推拉门，有一侧推拉和中分推拉两种。轿厢内应设置层数指示灯、运行控制器、排风扇、报警器等。

（4）厅门。

厅门是电梯的出入口，厅门外需包门套，门套需设置按钮和指示灯。门套的装饰及构造做法应与电梯厅的装饰风格协调统一，应简洁、大方、明快、造型优美、耐碰撞，按钮处应易擦洗。

2. 电梯的主要技术参数

知识链接：电梯的主要技术参数

电梯的主要技术参数包括载重量、运行速度、停层站数、轿厢尺寸、井道尺寸、门洞尺寸、开门尺寸、顶层高度、底坑深度、冲顶高度、机房尺寸、开门方式等。某品牌电梯的基本参数如表 6 - 9 所示。

表 6 - 9　某品牌电梯的基本参数

电梯型号	载重量（kg）	梯速（m/s）	井道尺寸（mm）	轿厢尺寸（mm）
EL3.0	1 350	1.5	2 700 × 3 200	1 600 × 2 500 × 2 200
基坑深度（mm）	机房尺寸（mm）	冲顶高度（mm）	门洞尺寸（mm）	开门尺寸（mm）
2 550	3 300 × 4 200 × 2 500	4 500	1 700 × 2 200	1 500 × 2 100

6.5.3 自动扶梯

自动扶梯是带有循环运行梯级，用于向上或向下倾斜输送乘客的竖向交通设施。自动扶梯由梯路和两旁的扶手组成，如图 6 - 53 所示。自动扶梯承载力高，可以移动大量人员，因此广泛应用于商场、车站、机场、地铁等人流量大的地方。

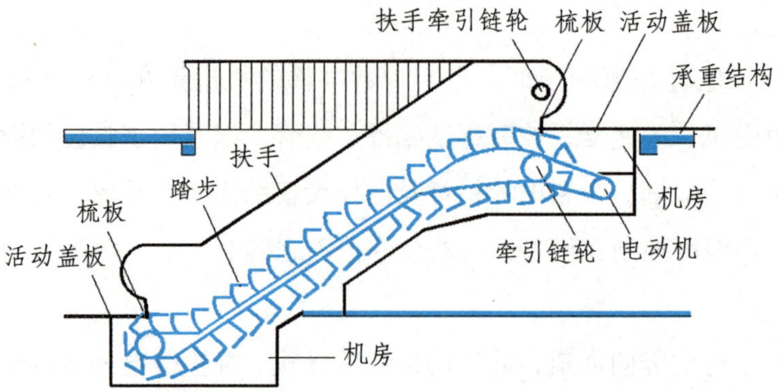

（a）剖面图

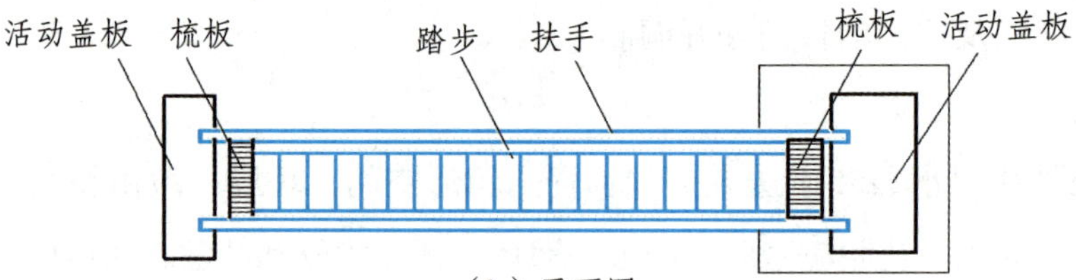

（b）平面图

图 6－53　自动扶梯示意图

6.6 楼梯构造设计实例

6.6.1 设计概况

某 3 层砖混结构民用住宅楼，层高为 3.3m，室内外高差为 0.45m，外墙厚度为 370mm，内墙厚度为 240mm。其楼梯为现浇钢筋混凝土平行双跑楼梯，开间为 2 700mm，进深为 5 700mm，梯梁尺寸为 200mm × 300mm。楼梯间平面图如图 6－54 所示，楼梯间的窗洞口尺寸为 1 500mm × 1 500mm，窗台距地面高度为 900mm，门洞口尺寸为 1 500mm × 2 100mm。

6.6.2 设计内容及要求

1. 设计内容

根据给出的局部平面图，设计布置底层通道、梯段、平台、栏杆、扶手等，并绘制：

（1）楼梯间底层、二层、三层平面图，比例 1∶50；

（2）楼梯间剖面图，比例 1∶50；

（3）楼梯节点详图（2～3 个），比例 1：20。

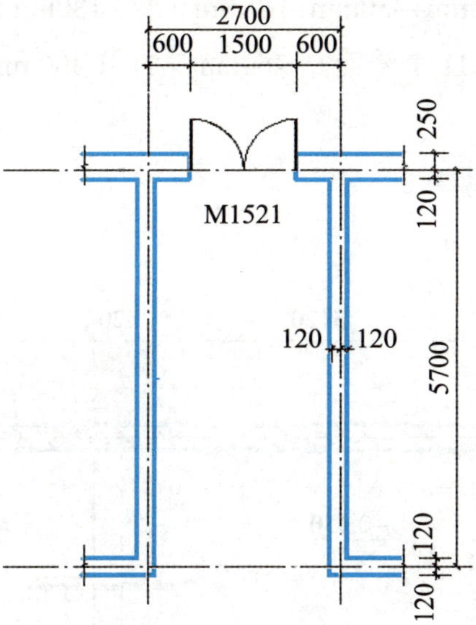

图 6－54　楼梯间平面图

2. 绘图要求

用 2# 图纸，用铅笔绘成。图中线型、线宽、符号、材料图例等一律按《房屋建筑制图统一标准》(GB/T 50001-2017）表示。

6.6.3　设计样例

1. 确定踏步尺寸、梯段级数

（1）根据表 6－3 中的规定，取踏步宽度 b=260mm，则踏步高度 h=［（600 ～ 610）－260］÷2=170 ～ 175mm；

（2）3 300÷170=19.41 级，选 20 级，则踏步高度 h=3 300/20=165mm，符合规定；

（3）确定每跑 20÷2=10 级。

2. 确定梯段宽度、梯井宽度

取梯段宽度为 1 200mm，则梯井宽度 =2 700−120×2−1 200×2=60mm，符合一般要求。

3. 确定平台高度、宽度

（1）平台净宽应不小于梯段净宽，且不小于 1 200mm，故取平台净宽为 1 300mm。

（2）底层平台下要通行人，若第一跑和第二跑等长，则首层平台下净高 H_n=165mm×10−300mm=1 350mm<2 000mm，故不符合平台净高要求。

首先采取首层地面下沉的方法。根据室内外高差，确定首层地面下沉三级台阶，每级 450mm÷3=150mm，则平台净高为 1 350+450=1 800mm<2 000mm，仍不满足。

然后将首层梯段设置成长短跑。此时，底层仅差 200mm，因此取第一跑 12 级，第二跑 8 级，则平台净高为 1 350mm+450mm+165mm × 2=2 130mm>2 000mm，符合要求。

（3）底层第一跑 12 级（11 个踏面），260mm × 11+1 300mm × 2+120mm × 2=5 700mm，符合要求。

4. 绘制楼梯平面图及剖面图

如图 6－55 和图 6－56 所示。

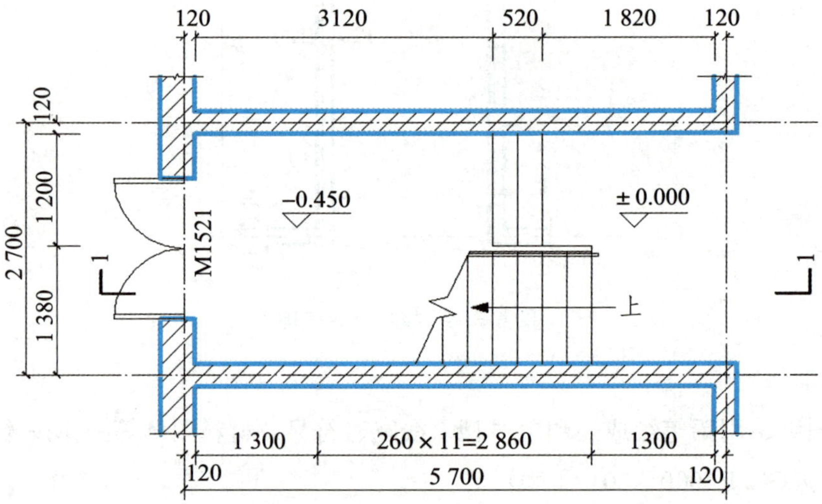

一层平面图

1:50

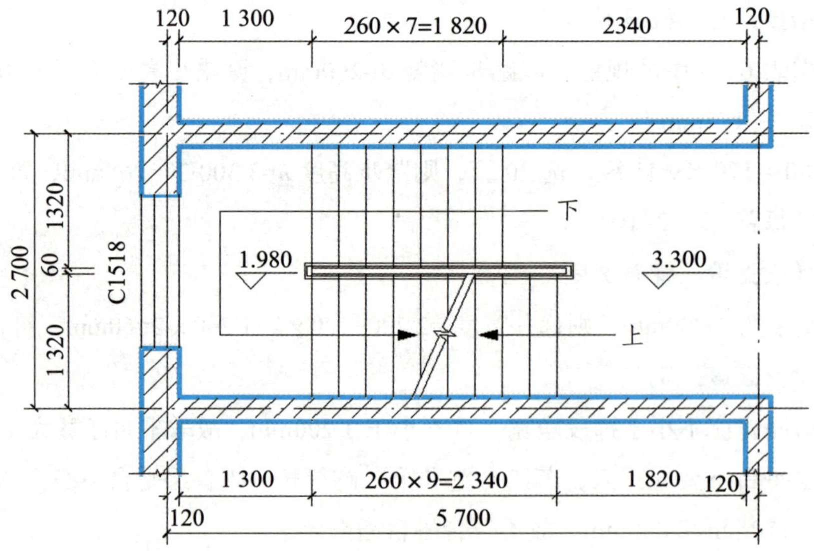

二层平面图

1:50

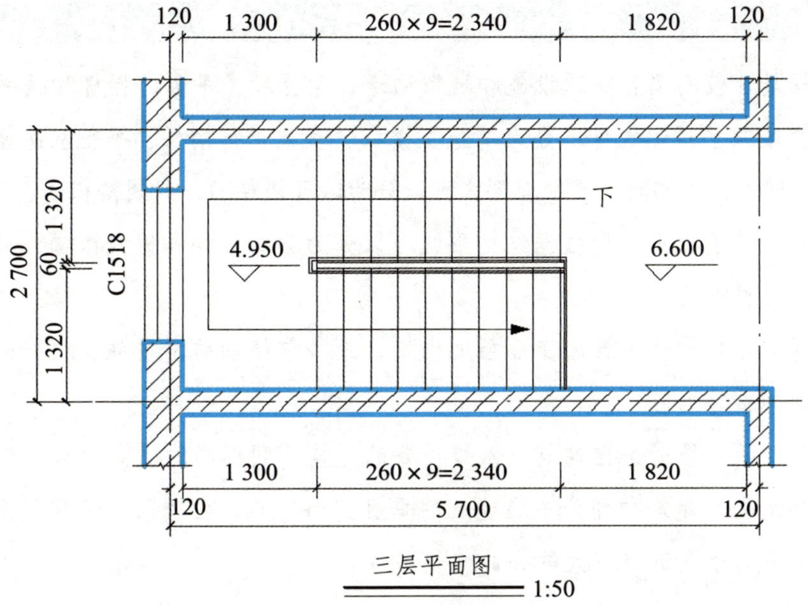

图 6－55　楼梯平面图

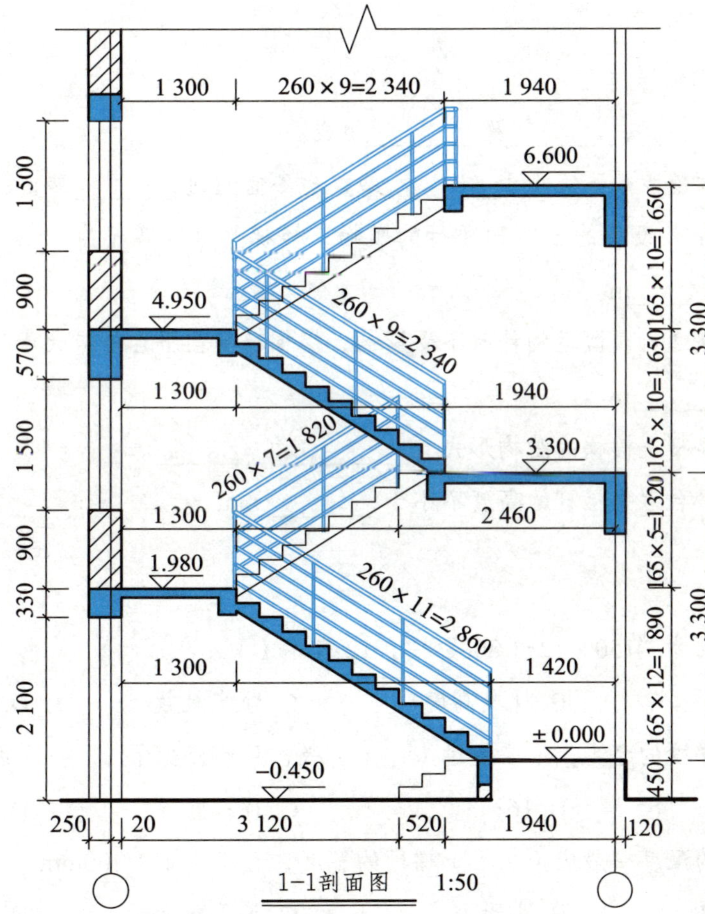

图 6－56　楼梯剖面图

项目小结

（1）楼梯是建筑的垂直交通设施和疏散通道，由梯段、平台、栏杆和扶手组成。

（2）楼梯按照平面形式可以分为单跑直楼梯、多跑折行楼梯、平行双跑楼梯、弧线形楼梯、螺旋楼梯等；楼梯间按照平面形式可以分为敞开楼梯间、封闭楼梯间、防烟楼梯间。

（3）现浇钢筋混凝土楼梯根据结构形式可以分为梁式楼梯和板式楼梯，其中梁式楼梯有明步和暗步两种做法。

（4）楼梯的细部构造包括踏步面层的做法、踏步前缘的防滑措施、栏杆的连接和首层踏步下的基础构造等内容。

（5）室外台阶与坡道是在建筑出入口设置的连接不同标高的楼面、地面构件。

（6）电梯是高层建筑和部分多层建筑的垂直交通工具，由轿厢、井道、机房、厅门组成。自动扶梯适用于人流量较大的公共建筑。

课后练习

一、填空题

1. 楼梯由________、________及________组成。

2. 楼梯梯段的踏步数不宜小于________级，也不宜超过________级。

3. 为了搬运家具设备的方便和通行的顺畅，楼梯平台净宽不应________楼梯梯段净宽，且不小于________ m。

4. 为保证楼梯通行或搬运物件时不受影响，楼梯净高在平台处应大于________ m，在梯段处应大于________ m。

5. 现浇钢筋混凝土楼梯的结构形式有________和________。

6. 顶层楼梯平台水平栏杆的高度不小于________ mm。

二、单项选择题

1. 梯段高度尺寸“150×12=1 800”中，12 表示（　　）。

A. 梯段数　　B. 梯段高度　　C. 踏步级数　　D. 踏步高度

2. 楼梯每个梯段的踏步，不应超过（　　）级，且不应少于（　　）级。

A. 16；2　　B. 16；3　　C. 18；2　　D. 18；3

3. 楼梯平台的深度一般应（　　）梯段的宽度，且不小于 1 200mm。

A. 等于 1/2　　B. 小于　　C. 等于或大于　　D. 等于或小于

4. 在楼梯剖面图中，楼梯梯段的踏步数为（　　）。

A. 踏面数减 1　　B. 与踏面数相等　　C. 踏面数加 1　　D. 踏面数减 2

5. 下列哪种楼梯不可以作为疏散楼梯？（　　）

A. 直跑楼梯　　B. 双跑楼梯　　C. 螺旋楼梯　　D. 剪刀楼梯

6. 梁式梯段由哪两部分组成？（　　）

Ⅰ. 平台　Ⅱ. 栏杆　Ⅲ. 斜梁　Ⅳ. 踏步板

A. Ⅰ、Ⅲ　　B. Ⅲ、Ⅳ　　C. Ⅱ、Ⅳ　　D. Ⅱ、Ⅳ

7. 楼梯梯段部位的净高不应小于（　　）。

A. 2 200mm　　B. 2 000mm　　C. 1 950mm　　D. 1 900mm

8. 楼梯平台下要通行，一般其净高度不小于（　　）。

A. 2 100mm　　B. 1 900mm　　C. 2 000mm　　D. 2 400mm

9. 在住宅及公共建筑中，以下楼梯形式应用最广的是（　　）。

A. 直跑楼梯　　B. 平行双跑楼梯　　C. 双跑直角楼梯　　D. 扇形楼梯

10. 室内楼梯扶手的高度通常为（　　）。

A. 850mm　　B. 900mm　　C. 1 050mm　　D. 1 100mm

三、判断题

（　　）1. 高层建筑只需要设置电梯，不用设置楼梯。

（　　）2. 在楼梯形式中，直跑楼梯、双跑楼梯、螺旋楼梯都可以用作疏散楼梯。

（　　）3. 中间平台的作用主要是缓解行走疲劳和转换梯段方向。

（　　）4. 在不增加梯段长度的情况下，为了增加踏面的宽度，常用的方法是将踏步前缘挑出形成突缘踏步或将踢面做成倾斜的。

（　　）5. 楼梯宽度指墙面至扶手中心线的距离。

四、简答题

1. 楼梯的功能和设计要求有哪些？

2. 装配式楼梯的特点有哪些？

3. 小型预制装配式楼梯的踏步板和梯梁有哪几种？如何搭配使用？

4. 电梯由哪几部分组成？

项目7 屋顶

- 知识目标
  - 屋顶概述
    - 了解
      - 屋顶的类型及设计要求
      - 屋面坡度的影响因素
    - 掌握
      - 屋面坡度的形成方式
  - 平屋顶的构造
    - 掌握
      - 平屋顶构造层次及做法
      - 平屋顶防水处理及相应的排水组织设计
      - 平屋顶保温与隔热做法
  - 坡屋顶的构造
    - 掌握
      - 坡屋顶的承重方案
    - 了解
      - 不同类型瓦屋面做法
    - 熟悉
      - 坡屋顶的细部做法
- 能力目标
  - 能够初步进行屋顶排水方案的设计，培养解决实际问题的能力
  - 能够初步进行屋顶保温与隔热方案的设计，培养工程实践及创新思维能力
  - 通过赏析古建筑屋顶、现代建筑屋顶，丰富设计思路，培养审美和鉴赏能力
- 素质目标
  - 通过了解中国传统建筑的坡屋顶，以及中国古建筑的辉煌成就，提高艺术素养，树立民族自信心和自豪感
  - 通过对比古代与现代防水措施的优缺点，树立“绿色、节能”的建筑理念，把创新与匠心融为一体，培养工匠精神和创新精神
  - 通过了解种植隔热屋面，将绿色建筑的设计理念内化进知识点，体会人与自然和谐共处的意义

引言

屋顶是建筑的重要组成部分之一，也是建筑形象的焦点。我们初看一座建筑，往往会被它的屋顶吸引。屋顶不但可以遮风避雨，也具备象征意义。不同的屋顶有不同的等级、做法、材质、功能和细节，在历史长河中，中国建筑的屋顶经历了漫长的发展演变，从传统的砖瓦坡屋顶到现代钢筋混凝土平屋顶，再到当代壳、网、膜屋顶，以及近年来体现“绿色低碳”的光伏屋顶，形式愈发多样，技术愈发成熟，功能愈发齐全，彰显着中国建筑文化。

7.1 屋顶概述

课堂思考

- 我们在日常生活中见到的屋顶形态各异，这些不同类型的屋顶各自有哪些特点和优势？它们是如何满足不同的建筑需求的？

屋顶作为建筑最上部的水平构件，是房屋的重要组成部分。屋顶主要有以下三方面的作用：

（1）围护作用。

屋顶要避免风霜雨雪、太阳辐射等一系列外界自然因素影响室内环境，确保满足人对室内的温度、湿度、光线等环境需求，为建筑创造良好的内部空间环境。

（2）承重作用。

承受屋顶的自重以及施加在屋顶上的各种活荷载，比如风荷载、雪荷载等，同时对建筑的墙体和柱起到水平支撑的作用，提高房屋整体的刚度、强度和稳定性。

（3）装饰作用。

屋顶作为建筑的一部分，其色彩、造型等对建筑物的形体和立面形象具有很大的影响。因此，在设计中还应注意屋顶的装饰作用。

7.1.1 屋顶的类型

1. 按照屋顶所使用的材料划分

屋顶可分为钢筋混凝土屋顶、陶土瓦类屋顶、钢结构屋顶、玻璃屋顶等。

2. 按照屋顶的功能划分

屋顶可分为保温屋顶、隔热屋顶、采光屋顶、蓄水屋顶、种植屋顶等。

3. 按照屋顶的坡度和外形划分

屋顶可分为平屋顶、坡屋顶和其他形式的屋顶。

（1）平屋顶。

《坡屋面工程技术规范》(GB 50693–2011）规定：坡度小于 3% 的屋面一般称为平屋面，坡度大于或等于 3% 的屋面称为坡屋面。平屋顶易于协调建筑与结构的关系，较为经济合理，因而应用比较广泛。常见的平屋顶的形式如图 7 – 1 所示。

常见的平屋顶

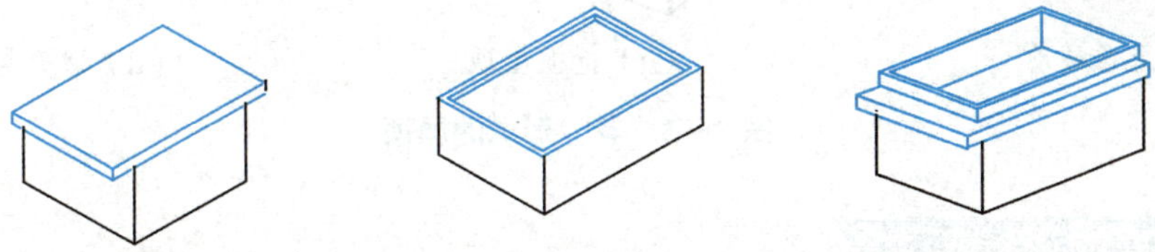

（a）挑檐　（b）女儿墙　（c）挑檐女儿墙

图 7 – 1　常见的平屋顶的形式

（2）坡屋顶。

坡屋顶指坡度大于或等于 3% 的屋顶，是我国传统建筑的主要屋面形式，广泛应用于民居建筑中。考虑建筑风格和周边景观环境的要求，现在的某些公共建筑也常采用坡屋顶。常见的坡屋顶的形式如图 7 – 2 所示。

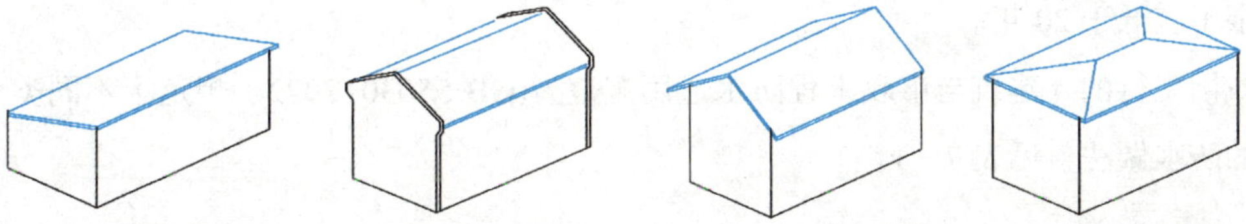

（a）单坡屋顶　（b）硬山双坡屋顶　（c）悬山双坡屋顶　（d）四坡屋顶

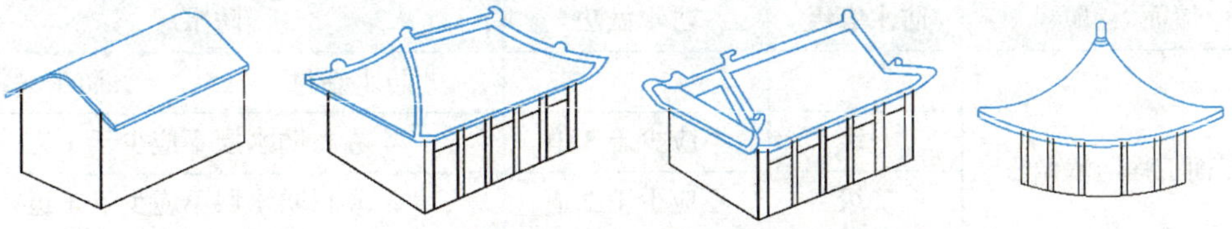

（e）卷棚顶　（f）庑殿顶　（g）歇山顶　（h）圆攒尖顶

图 7 – 2　常见的坡屋顶的形式

（3）其他形式的屋顶。

随着科学技术及建筑材料的发展，出现了许多新型的屋顶结构形式，比如拱屋顶、悬索屋顶、折板屋顶、薄壳屋顶等，如图 7－3 所示。这些屋顶往往造型奇特，施工工艺复杂，常用于大跨度、大空间的公共建筑中。

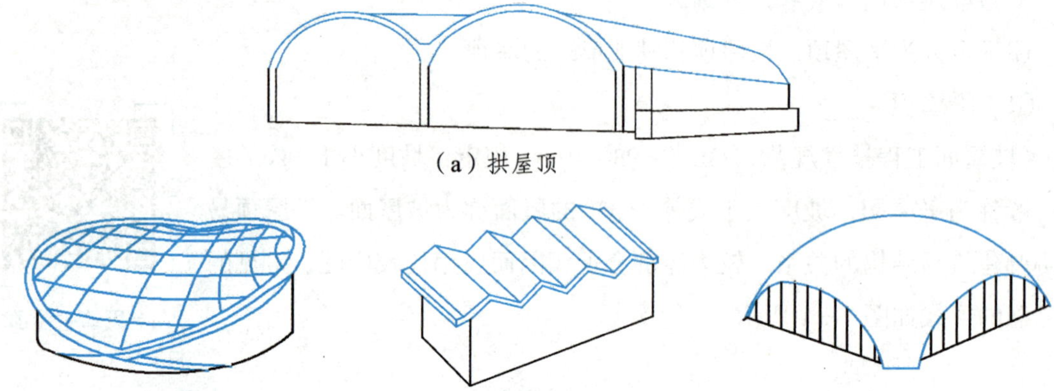

（a）拱屋顶

（b）悬索屋顶　（c）折板屋顶　（d）薄壳屋顶

图 7－3　其他形式的屋顶

7.1.2　屋顶的设计要求

屋顶设计应考虑防水、保温隔热、结构、建筑艺术等多方面的要求。

1. 防水要求

在屋顶设计中，防水是屋顶构造设计最核心的功能要求之一，是保证建筑室内空间正常使用的先决条件。应遵循“因地制宜、以防为主、防排结合、综合治理”的原则，综合考虑防水材料、屋顶构造处理、屋顶坡度等因素进行防水设计，并且屋顶工程防水设计工作年限不应低于 20 年。

我国现行的《建筑与市政工程防水通用规范》(GB 55030–2022）规定了不同类型屋面工程的防水做法，见表 7－1。

表 7－1　屋面防水等级和防水做法

屋面类型	防水等级	防水做法	防水层		
平屋面工程防水做法			防水卷材		防水涂料
	一级	不应少于 3 道	卷材防水层不应少于 1 道		
	二级	不应少于 2 道	卷材防水层不应少于 1 道		
	三级	不应少于 1 道	任选		
瓦屋面工程防水做法			屋面瓦	防水卷材	防水涂料
	一级	不应少于 3 道	为 1 道，应选	卷材防水层不应少于 1 道	
	二级	不应少于 2 道	为 1 道，应选	不应少于 1 道，任选	
	三级	不应少于 1 道	为 1 道，应选	—	

续表

屋面类型	防水等级	防水做法	防水层	
			金属板	防水卷材
金属屋面工程防水做法	一级	不应少于 2 道	为 1 道，应选	不应少于 1 道；厚度不应小于 1.5mm
	二级	不应少于 2 道	为 1 道，应选	不应少于 1 道
	三级	不应少于 1 道	为 1 道，应选	—

注：全焊接金属板屋面应视为一级防水等级的防水做法。

2. 保温隔热要求

屋顶应具有良好的热工性能。我国地域辽阔，南北气候差异很大，在北方寒冷地区，冬季室内外温差大，室内有采暖设施，为维持室内正常的温度，降低能耗，屋顶应采取保温措施；而在南方炎热地区，为避免夏季强烈的太阳辐射和高温对室内的影响，屋顶应采取隔热措施。

3. 结构要求

屋顶结构设计一般应考虑屋顶自重及风、雨、雪、施工等荷载，上人屋顶还要承受人和设备等的荷载，因此，屋顶应具有足够的强度和刚度，保证其在外力作用下不被破坏。此外，为了防止因结构变形引起防水层开裂、漏水，屋顶还应具有承受主体结构受力变形和温差变形的能力。

4. 建筑艺术要求

屋顶是结构外部形体的重要组成部分，屋顶的形式对建筑的外形特征有很大的影响。丰富多样的屋顶外形，美轮美奂的屋顶细部，是中国传统建筑的重要特征之一。现代建筑设计也应该注重屋顶形式及屋顶细部构造与设计艺术的结合，以满足人们对建筑艺术方面的要求。

7.1.3 屋顶的坡度

1. 屋顶坡度的表示方法

为了能够快速排除屋顶的雨水，屋面应有合适的排水坡度。常用的排水坡度的表示方法有角度法、斜率法和百分比法三种，如图 7－4 所示。

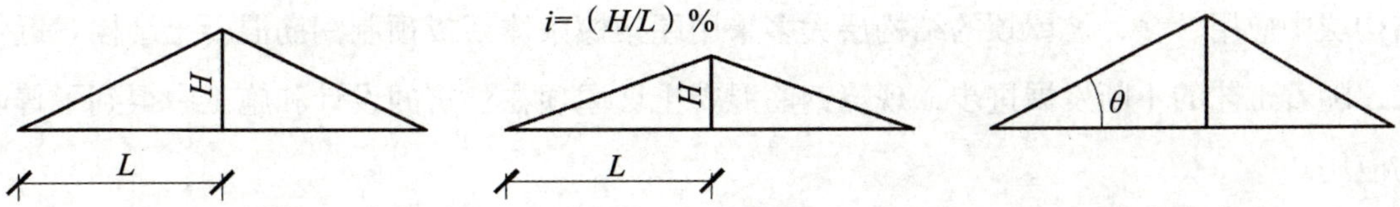

（a）斜率法　（b）百分比法　（c）角度法

图 7－4　屋面坡度的表示方法

（1）角度法。屋顶倾斜面与水平面所成夹角的大小。

（2）斜率法。屋顶倾斜面的垂直投影长度与水平投影长度之比。

（3）百分比法。屋顶倾斜面的垂直投影长度与水平投影长度之比的百分比值。

2. 屋顶坡度的影响因素

（1）屋顶面层防水材料。

防水材料的规格尺寸决定了接缝的多少。防水材料尺寸小，则接缝必然多，容易产生裂缝渗水，因此屋顶应设置较大的排水坡度，便于将屋顶积水快速排出。反之，如果防水材料覆盖面积大，接缝少而严密，则屋顶的排水坡度可小一些。

常用不同材料屋顶坡度的范围如图 7－5 所示。

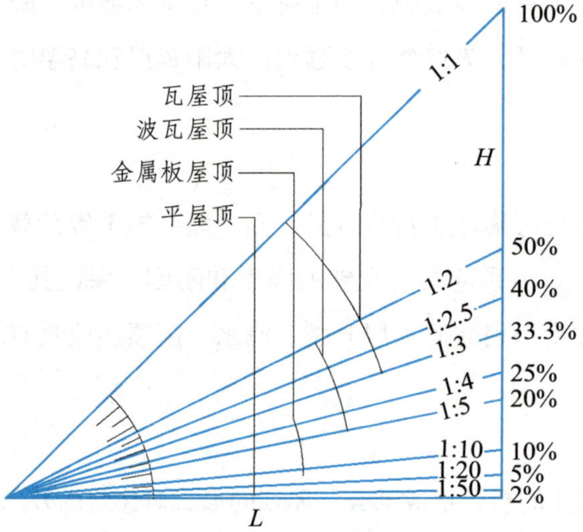

图 7－5　常用不同材料屋顶坡度的范围

（2）地区降水量的大小。

降水量的大小对屋顶防水的影响很大。在南方多雨地区，降水量大，屋顶渗漏的可能性较大，屋顶的排水坡度应适当加大；反之，屋顶的排水坡度可放缓一些。

（3）屋顶结构形式和施工方法。

钢筋混凝土梁板结构的屋顶一般坡度较平缓，而屋架、悬索、折板等结构的屋顶坡度则较大，这主要是受限于当时的施工技术条件。在过去，现浇钢筋混凝土只在平屋顶的结构层中应用较多，坡屋顶的结构层大多采用屋架檩条体系或预制钢筋混凝土结构。近年来，随着工艺的不断发展进步，现浇钢筋混凝土坡屋顶在建筑的设计和施工中得到了普遍的应用。

（4）其他因素的影响。

屋顶的排水坡度还受到其他因素的影响，比如屋顶排水路线较长、屋顶有上人活动的要求、屋顶蓄水等，屋顶的坡度可适当小一些。

3. 屋顶坡度的形成方式

屋顶坡度的形成方式主要有材料找坡和结构找坡两种，如图 7－6 所示。

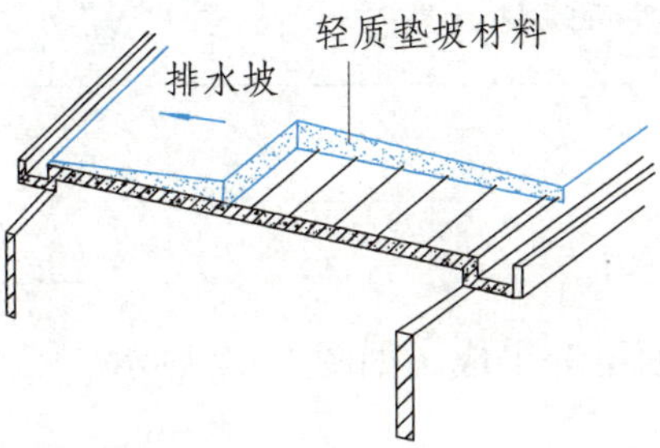

屋面	（1）现浇钢筋混凝土屋面板
	（2）最薄处30mm厚LC5.0轻集料混凝土2%找坡层
	（3）40mm厚挤塑聚苯板
	（4）20mm厚1：3水泥砂浆找平
	（5）4mm厚APP改性沥青防水卷材防水层2道
	（6）10mm厚低强度等级砂浆隔离层
	（7）40mm厚C25细石混凝土（内配Φ6@150双向钢筋网片）按开间分仓做，分仓缝嵌聚氯乙烯胶泥

（a）材料找坡

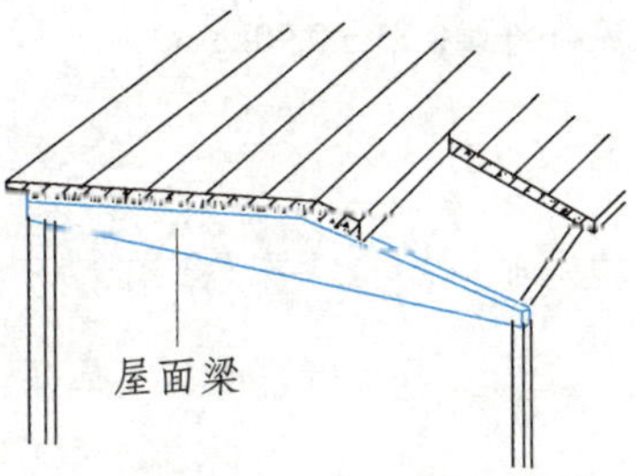

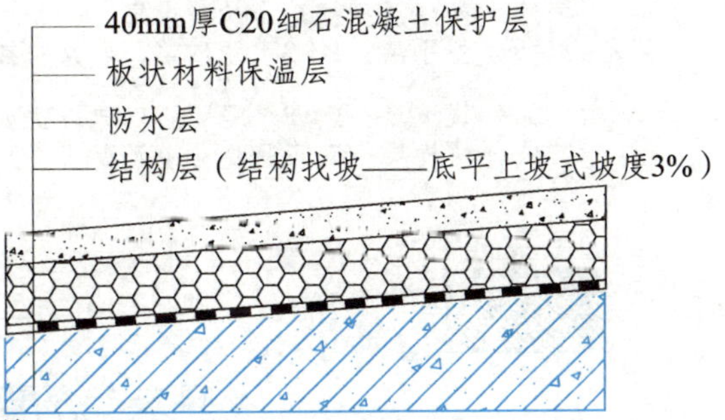

（b）结构找坡

图 7－6　屋面坡度形成方式

（1）材料找坡（垫置坡度）。

材料找坡指在屋顶结构层上用轻质低廉的材料（如焦渣混凝土、水泥炉渣等）铺设找坡层，再在其上做保温（隔热）层和防水层等，或直接利用保温（隔热）材料找坡，如图 7－6（a）所示。这种做法的室内顶棚面平整，但屋面荷载较大，故屋面坡度不宜过大，一般取 2%。

（2）结构找坡（搁置坡度）。

结构找坡指将支撑屋面板的承重结构构件做成所需的倾斜坡度，屋面板直接搁置在该斜面上，形成排水坡度，如图 7－6（b）所示。这种做法荷载小、造价低、施工简便，但棚顶倾斜，室内空间不够规整，多用于生产性建筑和有吊顶的公共建筑。

7.2 平屋顶的构造

课堂思考

- 屋顶的设计不仅仅是选择屋顶的形状和材料，还需要考虑更多因素。比如，如何确保屋顶的强度和稳定性？如何进行有效防水和排水？在寒冷地区，如何保证屋顶的保温性能？在炎热地区，如何实现屋顶的隔热效果？

7.2.1 平屋顶的组成

平屋顶一般由顶棚、结构层、附加层、防水层、面层等组成，如图 7－7 所示。

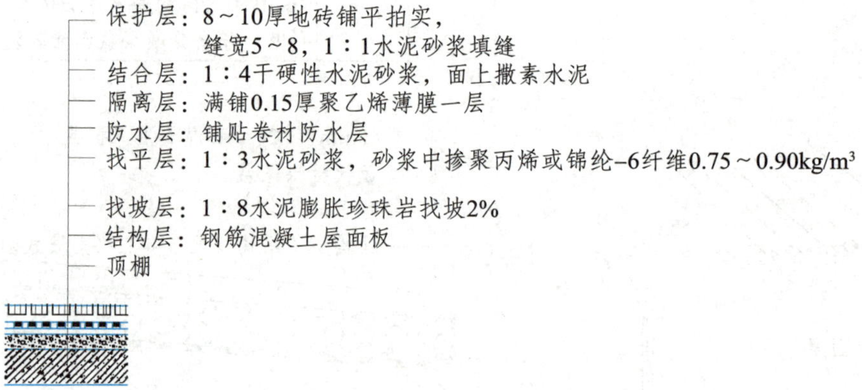

图 7－7　平屋顶的组成

1. 顶棚

设置在结构承重层下面，按照表面与结构层的关系分为直接式顶棚和悬吊式顶棚两类。顶棚不仅可以美化房间，在保温隔热方面也能起到一定的作用。

2. 结构层

结构层主要承受屋顶自重以及在屋顶上的各种活荷载，并将其通过墙体、柱等构件传递给基础和地基，多采用钢筋混凝土板，按施工方法有现浇楼板、预制楼板、装配整体式楼板等。

3. 附加层

根据建筑物所在的区域和使用功能，平屋顶可增设找坡层、保温层、隔热层、找平层等一系列附加的构造层次。

4. 防水层

防水层是独立的、专门为防水渗透而设置的构造层次。防水层有刚性防水层和柔性防水层两种，刚性防水层适用于炎热地区，柔性防水层适用于寒冷及温热地区。由于平屋顶的坡度较小，排水较慢，水在屋顶的停留时间较长，所以平屋顶对防水构造的要求较高。

5. 面层

屋顶面层通常指保护层。卷材防水层裸露在屋面上，受温度、阳光及氧气等作用容易老化。为保护防水层、延缓卷材老化、增加使用年限，卷材表面需设置保护层。上人屋面保护层可采用块体材料、细石混凝土等材料，不上人屋面保护层可采用涂料、铝箔、矿物粒料、水泥砂浆等材料。

7.2.2 平屋顶的排水

1. 排水方式

屋顶排水就是将屋顶上的雨水、雪水尽快地排除出去，不要积存。通常平屋顶的排水方式分为两大类，即无组织排水和有组织排水。

（1）无组织排水。

无组织排水也称为自由落水，指屋顶排水不需要人工设计，雨水经屋檐自由下落至室外地面的排水方式。这种做法构造简单、造价低廉，不易漏水和堵塞，但屋顶雨水下落时会溅湿外墙面，外墙墙角容易被飞溅的雨水侵蚀，影响外墙的耐久性。无组织排水主要适用于少雨地区或一般低层建筑，不宜用于临街建筑和高度较高的建筑。

平屋顶无组织排水

图 7－8 为单向、双向、三向、四向排水的屋面排水平面图和示意图；图 7－9 为无组织排水屋顶组合示例。

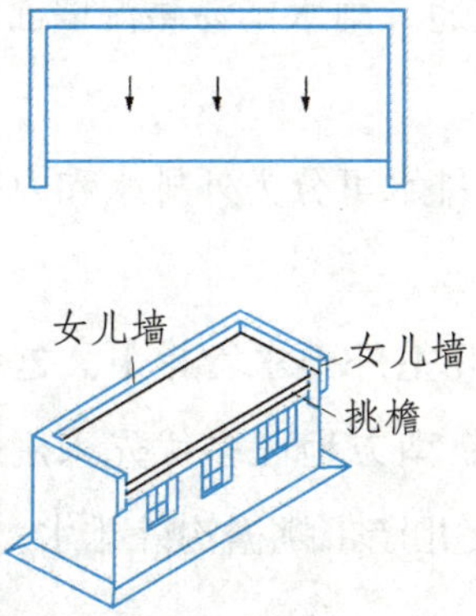

（a）三面女儿墙单向排水

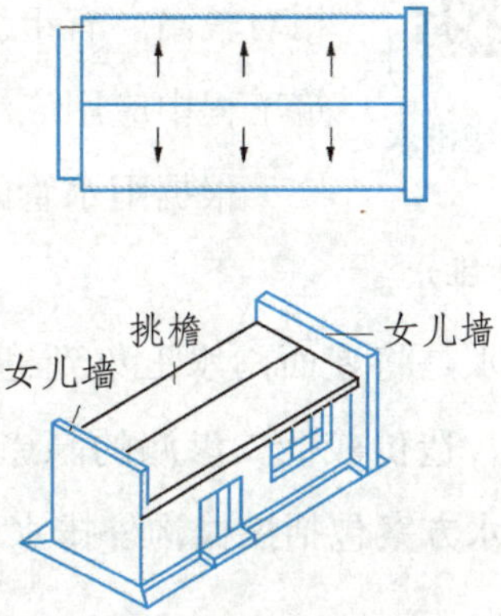

（b）两面女儿墙双向排水

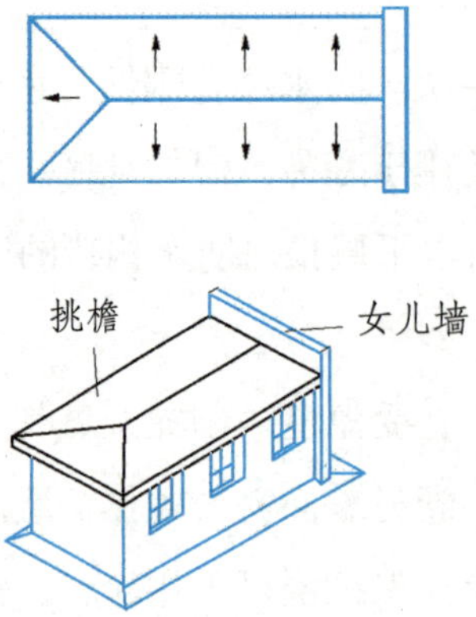

（c）一面女儿墙三向排水

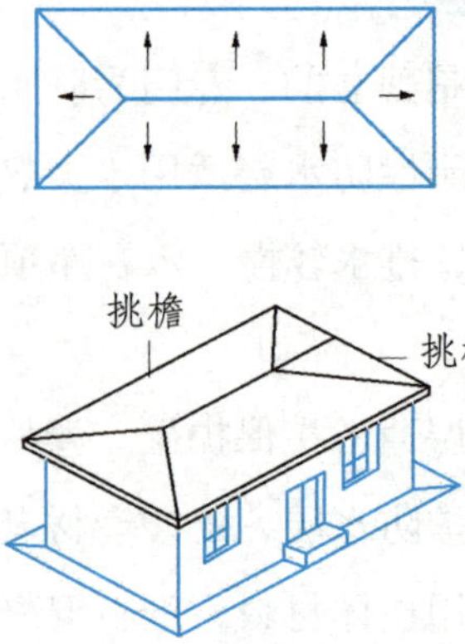

（d）四向排水

图 7－8　无组织排水方式

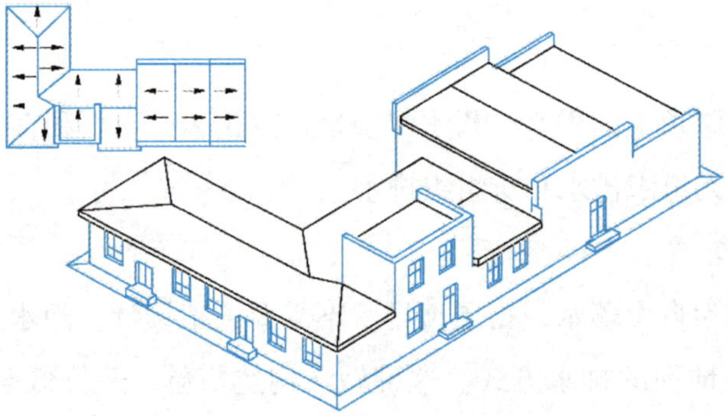

图 7－9　无组织排水屋顶组合示例

（2）有组织排水。

有组织排水指将屋顶划分为若干个汇水区域，按一定的排水坡度，将屋顶雨水通过排水系统（天沟、雨水管等），有组织地排到室外地面或地下管沟的排水方式。相较于无组织排水，有组织排水构造复杂，造价相对较高。有组织排水不妨碍人行交通，雨水不易溅湿墙面，所以在建筑工程中应用广泛。

平屋顶有组织排水

根据雨水管的布设位置，有组织排水可分为外排水和内排水两种。

1）外排水。

外排水是将屋面雨水汇集到檐沟内，经过水落口和室外雨水管排下。这种排水方式构造简单，造价较低，渗漏的隐患较少，且维修方便，南方地区多优先采用外排水。常见的外排水方案包括挑檐沟外排水、女儿墙外排水及女儿墙带挑檐沟外排水，如图 7－10 所示。

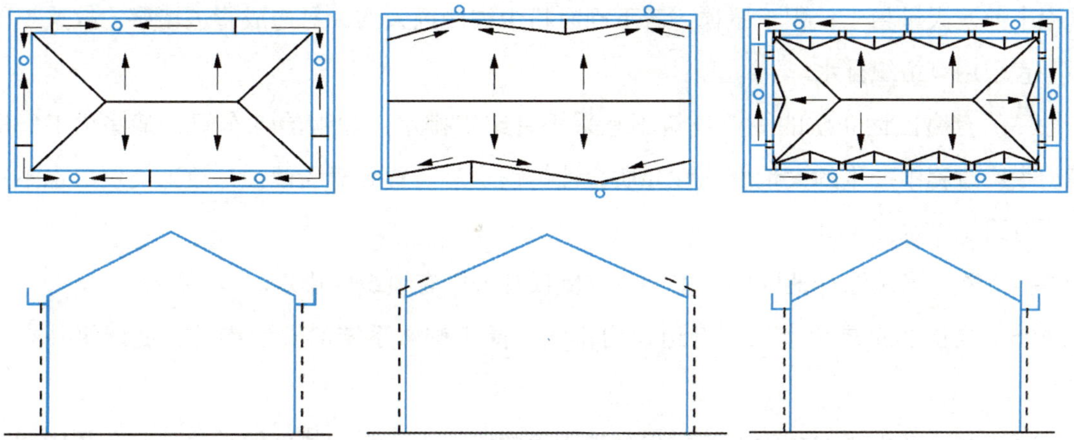

（a）挑檐沟外排水　（b）女儿墙外排水　（c）女儿墙带挑檐沟外排水

图 7－10　屋顶有组织外排水

2）内排水。

内排水是把屋面雨水汇集到天沟内，经过水落口和室内雨水管排入下水系统，如图 7－11 所示。内排水的优点是维修方便，不破坏建筑立面造型，不易受冬季室外低温的影响，但其雨水管在室内接头多，构造复杂，易渗漏。内排水主要用于不易采用外排水的建筑屋面，如高层建筑及多跨建筑等。

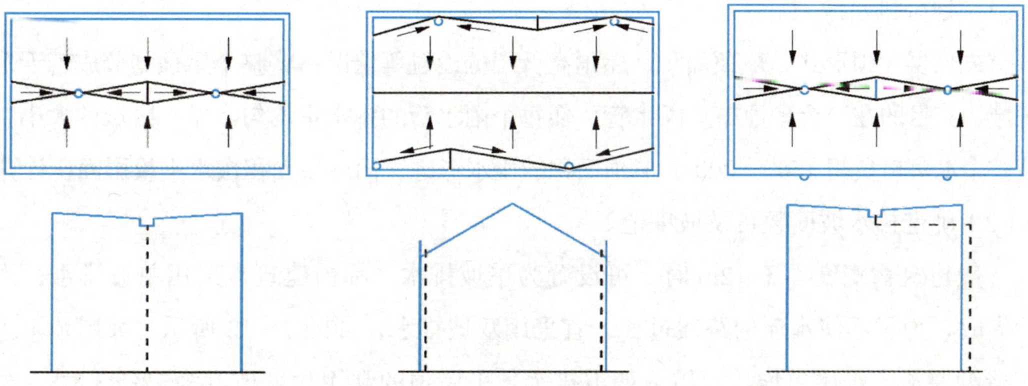

（a）房间中部内排水　（b）外墙内侧内排水　（c）外墙外侧内排水

图 7－11　屋顶有组织内排水

2. 排水方式的选择原则

根据《屋面工程技术规范》（GB 50345-2012）可知，屋顶排水方式的选择应综合考虑建筑屋顶形式、气候条件、使用特点、质量等级等因素。一般可遵循下列原则进行选择：

（1）中小型的低层建筑及檐高小于 10m 的屋顶，可采用无组织排水。

（2）积灰多的屋顶应采用无组织排水。如铸工车间、炼钢车间，这类工业厂房在生产过程中散发大量粉尘，积于屋顶，若下雨时粉尘被冲进天沟，易造成管道堵塞，故这类屋顶不宜采用有组织排水。

（3）有腐蚀性介质的工业建筑不宜采用有组织排水，如铜冶炼车间、某些化工厂房等，生产过程中产生的大量腐蚀性介质会使铸铁水落装置等遭受侵蚀，故这类厂房也不宜采用有组织排水。

（4）除严寒和寒冷地区外，多层建筑屋顶宜采用有组织外排水。

（5）高层建筑屋顶宜采用有组织内排水，便于排水系统的安装维护，使建筑外立面美观。

（6）多跨及汇水面积较大的屋顶宜采用天沟内排水，天沟找坡较长时，宜采用中间内排水和两端外排水。

（7）暴雨强度较大地区的大型屋顶，宜采用虹吸式有组织排水系统。

（8）湿陷性黄土地区宜采用有组织排水，并应将雨水、雪水直接排至排水管网。

3. 屋顶排水组织设计

屋顶排水组织设计的目的是将屋顶划分成多个排水分区，将雨水通过合适的坡度及排水沟流向水落口，再通过雨水管排至地面。其设计原则为排水路线简捷通畅，各个水落口负荷均匀，具体的设计步骤如下：

（1）划分排水区域。

首先根据屋顶形式、屋顶面积、屋顶高低层的设置等情况，将整个屋顶划分成若干个排水区域，其目的在于合理地布置雨水管，使每个雨水管的排水量均匀。排水区域的大小，一般按一个水落口负担 150 ～ 200m^2 屋顶面积的雨水考虑，而屋顶面积按水平投影面积计算。

（2）确定排水坡面数目及坡度值。

一般建筑物宽度小于 12m 时，可设置为单坡排水，临街建筑常采用单坡排水；当宽度较大时，为了不使水流的路线过长，宜采用双坡排水，如图 7－12 所示。坡屋顶则应结合其造型要求，选用单坡、双坡或四坡排水。平屋顶的常用找坡坡度为 2% ～ 3%，材料找坡宜为 2%，结构找坡宜为 3%。

（3）确定檐沟、天沟断面尺寸及纵向坡度。

檐沟、天沟的功能是汇集和迅速排出屋顶雨水，故其断面大小应适当。檐沟、天沟的过水断面尺寸应根据屋顶汇水面积的雨水流量，经计算确定。为了便于屋面排水和防水层施工，钢筋混凝土檐沟、天沟的净宽不应小于 300mm，分水线处最小深度不应小于 100mm，如深度过小，则雨水易从沟边溢流。同时，为了避免排水线路过长，沟底水落差不得超过 200mm，如图 7－13 所示。

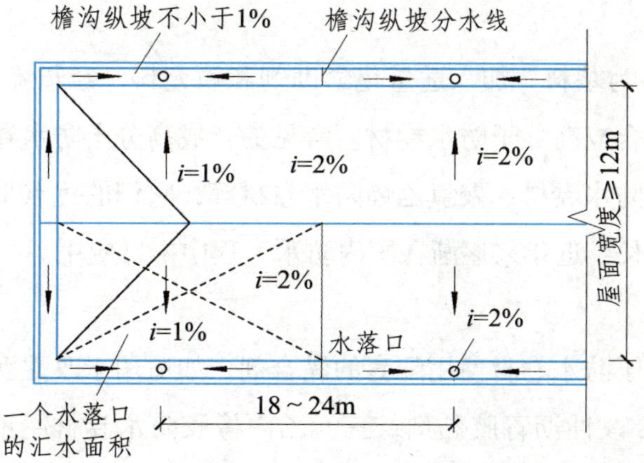

图 7－12　屋顶排水设计平面图

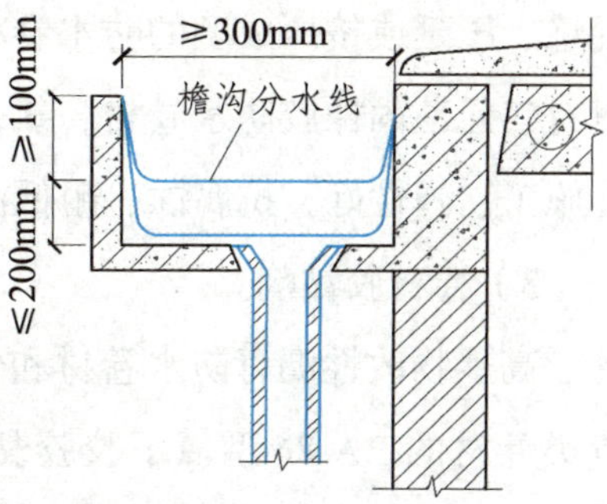

图 7－13　檐沟断面

为了避免沟底凹凸不平或倒坡，造成沟内排水不畅或积水，沟底沿长度方向应设纵向排水坡度，坡度通常为 0.5% ～ 1%。

（4）确定雨水管的规格及间距。

根据材料，雨水管可分为铸铁雨水管、镀锌铁皮雨水管、PVC 塑料雨水管等多种，应根据建筑物的耐久等级加以选择。最常采用的是 PVC 塑料雨水管，管径有 50 ～ 200mm 等多种规格。一般民用建筑雨水管的管径不小于 100mm，阳台可选用直径为 75mm 的雨水管。雨水管的数量和水落口相等，雨水管的最大间距应同时予以控制，避免由于间距过大，排水路线过长，导致大雨时雨水向屋面溢流引起渗漏或从檐沟外侧涌出。一般情况下，水落口的间距为 18m，最大间距不宜超过 24m，每个汇水面积内，排水立管根数不宜少于 2 根。雨水管距墙面不应小于 20mm，用管箍将雨水管与墙面固定，雨水管的管口距散水面的高度不应大于 200mm。

7.2.3 平屋顶防水构造

1. 卷材防水屋顶

卷材防水屋顶是用防水卷材与胶黏剂结合在一起的，形成连续致密的构造层，以达到防水的目的。卷材防水屋顶具有一定的延伸性，能够承受屋面的部分变形，故又称为柔性防水屋顶。

（1）卷材防水屋顶的材料。

1）高聚物改性沥青防水卷材。

高聚物改性沥青防水卷材常见的有 APP 改性沥青卷材、SBS 改性沥青卷材、OMP 改性沥青卷材等，具有高温不流淌、低温不脆裂、拉伸强度高、延伸率较大等优点。

2）合成高分子防水卷材。

以合成橡胶、合成树脂或两者共混体为基料，加入适量化学助剂和填充料，经塑炼、混炼、压延或挤压成型的防水卷材，称为合成高分子防水卷材。常见的合成高分子防水卷材有三元乙丙橡胶防水卷材、氯化聚乙烯防水卷材、聚氯乙烯防水卷材等，它们的优点是冷施工、弹性好、抗腐蚀、耐低温、寿命长，近年来逐渐在国内防水工程中推广应用。

3）卷材胶黏剂。

高聚物改性沥青防水卷材和合成高分子防水卷材使用配套的黏合剂，如适用于改性沥青类卷材的 RA-86 型氯丁胶胶黏剂、SBS 改性沥青胶黏剂；三元乙丙橡胶防水卷材屋顶的基础处理剂有聚氯酯底胶，胶黏剂有以氯丁橡胶为主体的 CX-404 胶，等等。

（2）卷材防水屋顶的构造。

1）构造组成。

卷材防水屋顶的构造层次中，除了有防水层外，还有基层（找平层、找坡层）、隔离层、结构层、结合层、保护层及细部构造等，如图 7 - 14 所示。

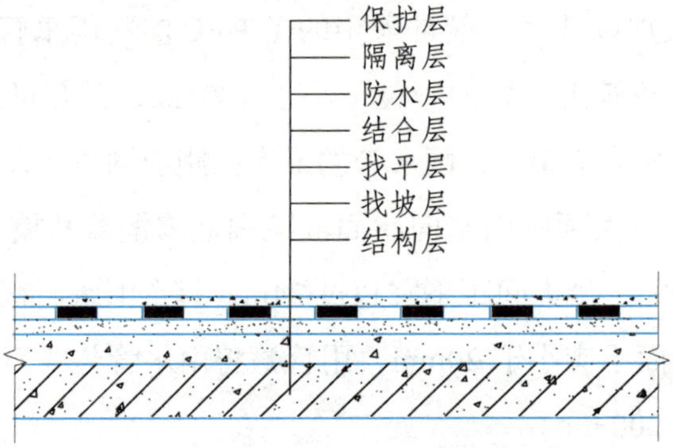

图 7 - 14　卷材防水屋顶构造层次

① 找坡层。平屋顶找坡层指沿排水方向放出一定的缓坡来，以将平屋面雨水有组织地疏导到建筑物周边排水系统中去。找坡层有结构找坡和材料找坡两种做法。当屋顶保温材料为散状颗粒时，可用保温材料直接找坡；当保温材料为块状时，应设置找坡层，通常的做法是在结构层上铺设轻骨料混凝土进行找坡。混凝土结构层宜采用结构找坡，坡度不小于 3%，当采用材料找坡时，宜采用质轻、吸水率低和有一定强度的材料，坡度宜为 2%。

② 找平层。卷材或涂膜防水层要求铺设在坚固平整的基层上，以防止因结构面凹凸不平或存在坡度造成卷材凹陷和断裂，因此在松散材料上和不平整的楼板上应做找平层，一般用水泥砂浆抹灰或细石混凝土处理。根据《屋面工程技术规范》（GB 50345–2012）可知，找平层的厚度和技术要求应符合表 7 - 2 的规定。

表 7－2 找平层的厚度和技术要求

找平层分类	适用的基层	厚度（mm）	技术要求
水泥砂浆	整体现浇混凝土板	15 ～ 20	1：2.5 水泥砂浆
	整体材料保温层	20 ～ 25	
细石混凝土	装配式混凝土板	30 ～ 35	C20 混凝土，宜加钢筋网片
	板状材料保温层		C20 混凝土

为了防止找平层开裂变形而破坏防水层，找平层应留设分格缝，其缝宽宜为 5mm ～ 20mm，纵横缝的间距不宜大于 6m。屋面板为预制装配式混凝土板时，分格缝应设在预制装配式混凝土板的端缝处。分格缝宜设置附加卷材，用黏结剂单边点贴，其空铺宽度不宜小于 100mm。如图 7－15 所示，应使分格缝处的卷材有较大的伸缩余地，避免开裂。

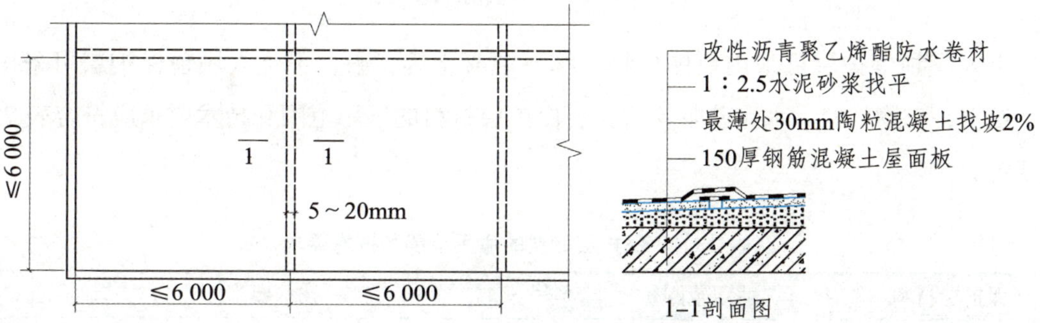

图 7－15 卷材防水屋顶分格缝构造

③ 结合层。结合层的作用是使卷材防水层与基层黏结牢固。沥青类卷材通常用冷底子油做结合层，高分子卷材则多用配套的基层处理剂。冷底子油是用沥青加入汽油或煤油等溶剂稀释而成的，喷涂时不用加热，在常温下进行，故称为冷底子油。

④ 隔离层。在外荷载及温度荷载作用下，结构层和防水层所产生的变形量是不一致的，为了防止结构层的挠度变形引起刚性防水层的断裂，需要在刚性防水层和结构层之间设置隔离层。隔离层材料的适用范围和技术要求见表 7－3。

表 7－3 隔离层材料的适用范围和技术要求

隔离层材料	适用范围	搭接宽度
塑料膜	块状材料、水泥砂浆保护层	0.4mm 厚聚乙烯膜或 3mm 厚发泡聚乙烯膜
土工布	块状材料、水泥砂浆保护层	200g/m^2 聚酯无纺布
卷材	块状材料、水泥砂浆保护层	石油沥青卷材一层
低强度等级砂浆	细石混凝土保护层	20mm 厚 M15 1:2.5 水泥砂浆

⑤ 保护层。卷材防水层裸露在屋面上，受温度、阳光及氧气等作用容易老化。为保护防水层，延缓卷材老化，增加使用年限，卷材表面需设置保护层，其构造做法应根据屋顶的使用情况而定，如图 7－16 所示。

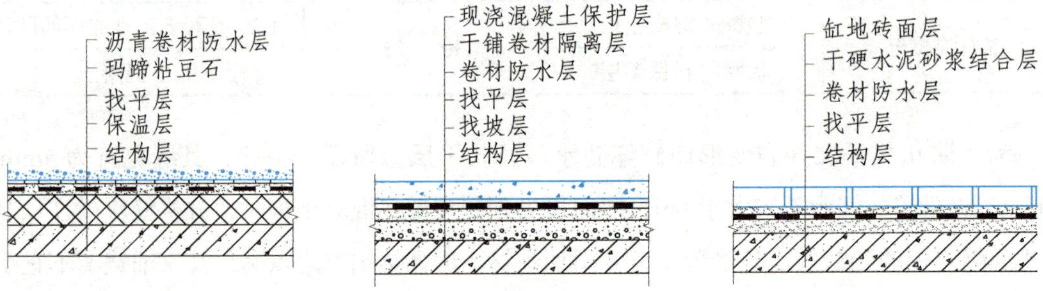

（a）不上人屋面　（b）上人屋面

图 7－16　屋顶保护层构造

上人屋顶保护层可采用块体材料、细石混凝土等材料，不上人屋顶保护层可采用涂料、铝箔、矿物粒料、水泥砂浆等材料。保护层材料的适用范围和技术要求应符合表 7－4 的规定。

表 7－4　保护层材料的适用范围和技术要求

保护层材料	适用范围	技术要求
浅色涂料	不上人屋顶	丙烯酸系反射涂料
铝箔	不上人屋顶	0.05mm 厚铝箔反射膜
矿物粒料	不上人屋顶	不透明的矿物粒料
水泥砂浆	不上人屋顶	20mm 厚 1∶2.5 或 M15 水泥砂浆
块体材料	上人屋顶	地砖或 30mm 厚 C20 细石混凝土预制块
细石混凝土	上人屋顶	40mm 厚 C20 细石混凝土或 50mm 厚 C20 细石混凝土配 Φ4 @ 100 双向钢筋网片

采用块体材料做保护层时，宜设分格缝，其纵横间距不宜大于 10m，分格缝宽度宜为 20mm，并应用密封材料嵌填。

采用水泥砂浆做保护层时，表面应抹平压光，并应设表面分格缝，分格面积宜为 $1m^2$。

采用细石混凝土做保护层时，表面应抹平压光，并应设分格缝，其纵横间距不应大于 6m，分格缝宽度宜为 10 ～ 20mm，并应用密封材料嵌填。

采用浅色涂料作为保护层时，应与防水层黏结牢固，厚薄应均匀，不得漏涂。

块体材料、水泥砂浆、细石混凝土保护层与女儿墙或山墙之间，应预留宽度为 30mm 的缝隙，缝内宜填塞聚苯乙烯泡沫塑料，并应用密封材料嵌填。

需经常维护的设施周围和屋面出入口至设施之间的人行道，应铺设块体材料或细石混凝土保护层。

2）防水层做法。

① 卷材防水层铺贴顺序和方向。防水卷材铺贴方法按其施工工艺可分为冷粘法铺贴、热粘法铺贴、热熔法铺贴、自粘法铺贴、焊接法铺贴及机械固定法铺贴等。

卷材防水层施工时，应先进行细部构造处理，然后由屋面最低标高向上铺贴；檐沟、天沟卷材施工时，宜顺檐沟、天沟方向铺贴，搭接缝应顺流水方向；在立面或大坡面铺贴卷材时，应采用满粘法，并宜减少卷材短边搭接。卷材宜平行屋脊铺贴；上下卷材不得相互垂直铺贴，避免接缝重叠，因为重叠部位的上层卷材接缝造成间隙，导致接缝密封难以保证。

② 卷材搭接要求。平行屋脊的搭接缝应顺流水方向，卷材搭接缝的宽度应符合表 7 - 5 的规定；同一层相邻两幅卷材短边搭接缝应错开，并且不应小于 500mm；上下层卷材长边搭接缝应错开，且不应小于幅宽的 1/3；叠层铺贴的各层卷材，在天沟与屋面的交接处，应采用叉接法搭接，搭接缝应错开；搭接缝宜留在屋面与天沟侧面，不宜留在沟底。

表 7 - 5 卷材搭接宽度　单位：mm

卷材类别		搭接宽度
合成高分子防水卷材	胶黏剂	80
	胶黏带	50
	单缝焊	60，有效焊接宽度不小于 25
	双缝焊	80，有效焊接宽度为 10 × 2+ 空腔宽
高聚物改性沥青防水卷材	胶黏剂	100
	自粘	80

③ 其他施工要求。卷材铺设前，基层应坚实、干净、平整，无孔隙、起砂和裂缝，并涂刷与卷材配套使用的基层处理剂（即结构层），以保证防水层与基层黏结牢固。

当卷材防水层上有重物覆盖或基层变形较大时，应采用空铺法、点粘法和条粘法，但距屋面周边 800mm 范围内及叠层铺设的各层卷材之间应满粘。用空铺法铺贴防水卷材时，卷材与基层在周边一定宽度内黏结，其余部分不黏结。点粘法是铺贴防水卷材时，卷材或打孔卷材与基层采用点状黏结；条粘法是铺贴防水卷材时，卷材与基层采用条状黏结的方法，如图 7 - 17 所示。

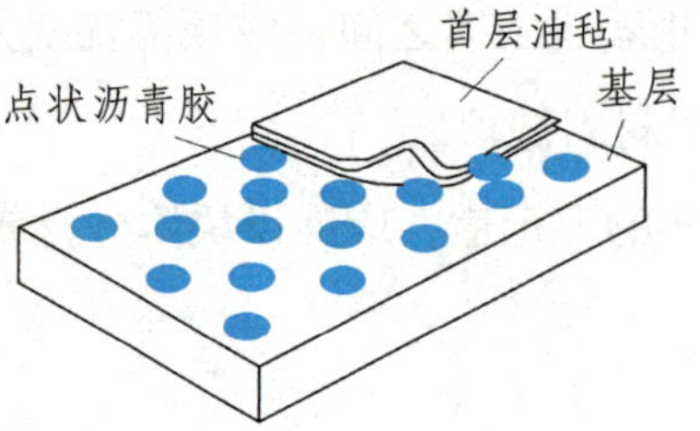

（a）点粘法

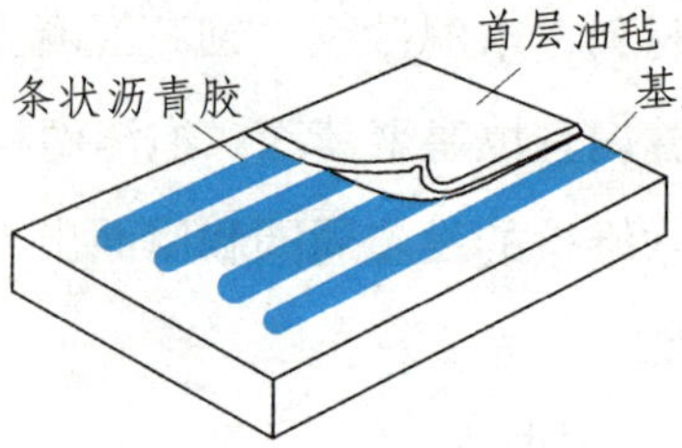

（b）条粘法

图 7－17　防水卷材铺贴方法

卷材接缝要用与卷材配套的专用胶粘剂，接缝口用密封材料封严。

3）细部构造。

屋顶上的檐口、水落口、变形缝、伸出屋面管道等部位，是屋顶工程中最容易出现渗漏的薄弱部位，为保证屋顶的整体防水性能，应对这些部位采取加强防水的细部措施。

① 泛水。泛水指屋顶与垂直面相交处的防水构造，如突出屋顶的女儿墙、烟囱、楼梯间、变形缝、检修孔等的立面与屋顶的交接处是最容易出现漏水的地方，必须将屋顶防水层延伸到这些垂直面上，形成立铺的防水层，称之为泛水。

泛水构造的做法及要点如下：

a. 泛水高度自保护层算起，一般不小于 250mm。

b. 在屋面与垂直面的交接处，卷材下的砂浆找平层应用水泥砂浆或细石混凝土抹成圆弧形或 45° 斜面，且整齐平顺，上刷卷材胶黏剂，使卷材铺贴密实，防止卷材架空或折断。

c. 泛水处的防水层下应增设附加层，附加层在平面和立面的宽度都不应小于 250mm。

d. 防水卷材在立面的收口处，极易脱口渗水，故应做好泛水上口卷材的收头固定。一般做法是：低女儿墙处的防水卷材收头直接铺至女儿墙压顶下，用金属压条钉压固定并用密封材料封闭密实，压顶应进行防水处理，如图 7－18（a）所示；高女儿墙的卷材防水层收头可在离屋面高度 250mm 处，采用金属压条钉压固定，钉距不宜大于 800mm，再用密封材料封严，以保证收头的可靠性，为防止雨水沿高女儿墙的泛水渗入，卷材收头上部应用金属盖板保护，如图 7－18（b）所示；也可在垂直墙中凿出通长凹槽，将卷材收头压入凹槽内，用防水压条钉压后再用密封材料嵌填封严，凹槽上部的墙体亦做防水处理，如图 7－18（c）所示。

e. 泛水处的防水层表面，宜采用涂刷浅色涂料或浇筑细石混凝土的保护方法。

② 檐口。屋顶檐口指外墙体和屋顶结构层交界处的屋顶结构板顶。檐口按照排水方式可分为无组织外挑檐排水和有组织挑檐沟排水两种。其防水构造的要点是做好卷材的收头，使屋顶四周的卷材封闭，避免雨水渗入。

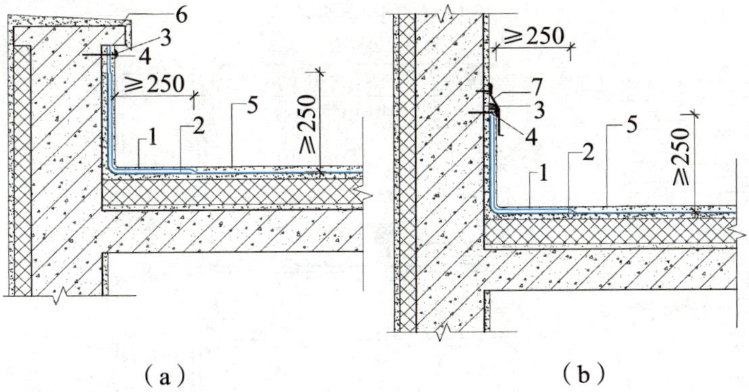

1—防水层；2—附加防水层；3—密封材料；4—水泥钉；5—保护层；6—压顶；7—金属盖板

图 7－18　卷材防水屋顶泛水构造

无组织外挑檐排水的做法及构造要点：防水卷材在檐口端部 800mm 范围内应满粘，在混凝土檐口上用细石混凝土或水泥砂浆先做一凹槽，防水层收头压入凹槽内，用金属压条钉压牢固并进行密封处理，钉距宜为 500 ～ 800mm，防止卷材防水层收头翘边或被风揭起，檐口下端应同时做鹰嘴和滴水槽，如图 7－19 所示。

有组织挑檐沟排水的做法及构造要点：檐沟的防水层下应增铺附加层，附加层伸入屋面的宽度不应小于 250mm。当主体防水层为卷材时，附加层宜选用防水涂膜；当主体防水层为涂膜时，沟内附加层宜选用同种涂膜，但应设胎体增强材料。檐沟内转角部位的找平层应做成圆弧形或 45° 斜面。檐沟防水层和附加层的收头应由沟底翻上至外侧顶部，防水层收头采用压条钉压固定，用密封材料封严。檐沟外侧下端应做鹰嘴或滴水槽，如图 7－20 所示。当檐沟外侧板高于屋面结构板时，应在檐沟两端设置溢水口。

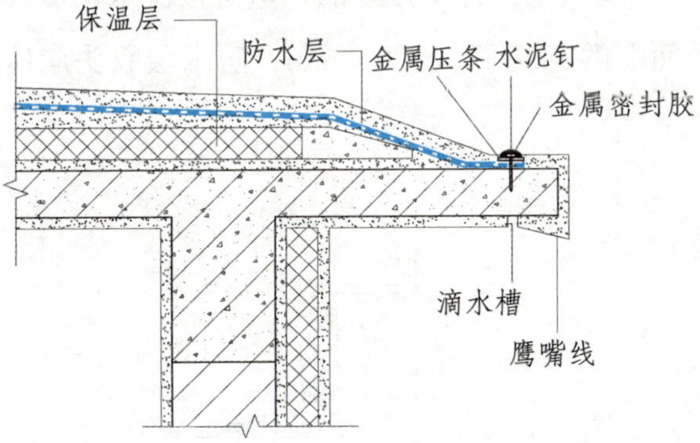

图 7－19　无组织外挑檐排水防水构造

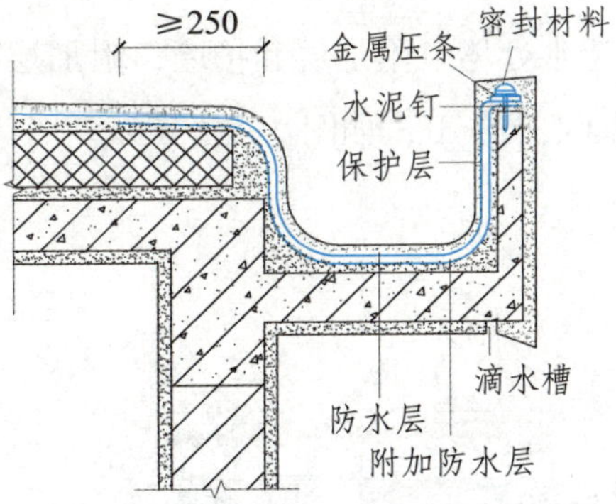

图 7－20　有组织挑檐沟排水防水构造

③ 水落口。水落口是用来将屋顶雨水排至雨水管而在檐口或檐沟内开设的洞口。其构造要求排水顺畅，防止渗漏和堵塞。如图 7－21 所示，为直式和横式水落口构造。直式水落口适用于中间天沟、挑檐沟和女儿墙内排水天沟，横式水落口适用于女儿墙外排水天沟。

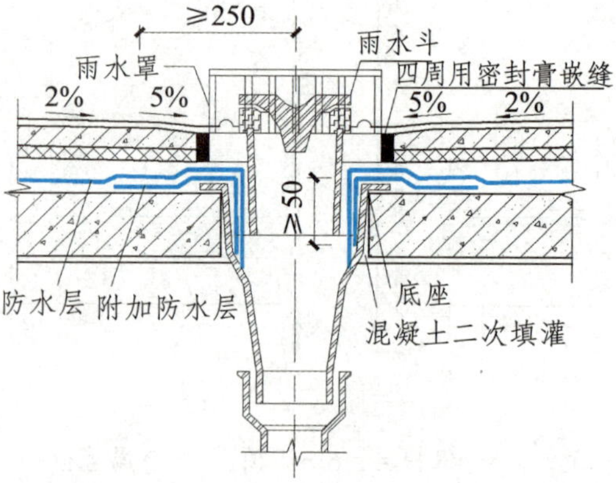

（a）直式水落口构造

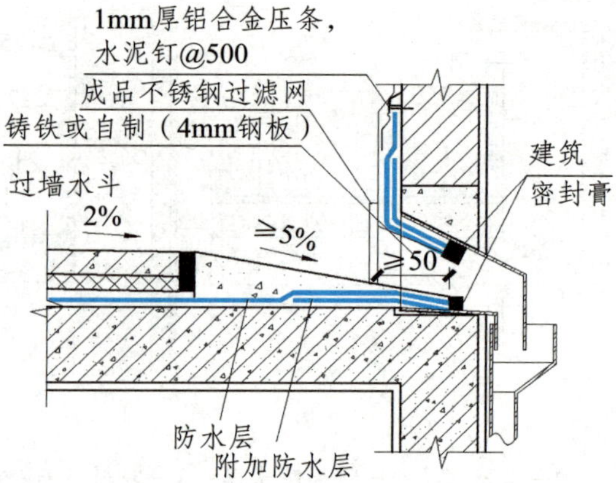

（b）横式水落口构造

图 7－21　水落口防水构造

水落口可采用金属或塑料材料，水落口的金属配件均应进行防锈处理；对于水落口处的防水构造，宜采取多道设防、柔性密封、防排结合的原则处理。在水落口周围 500mm 的排水坡度应不小于 5%，防水层下增设涂膜附加层，防水层和附加层伸入水落口杯内不应小于 50mm，并应黏结牢固。

④ 屋面检修孔、屋面出入口。不上人屋面应设屋面检修孔，检修孔四周的孔壁可用砖立砌，也可在现浇屋面板时将混凝土上翻制成。在屋面垂直出入口泛水处增设附加层，附加层在平面和立面上的宽度不小于 250mm，防水层收头应在混凝土压顶圈下，如图 7－22 所示。

出屋面的楼梯间一般需设置水平出入口，入口处室内地坪和屋面间应留有足够高差，以防雨水倒灌，否则需在出入口处设门槛挡水。屋面与门槛交接处的构造可按泛水构造处理，泛水处增设附加层和护墙，附加层在平面上的宽度不小于 250mm，防水层收头应压在混凝土踏步下，如图 7－23 所示。

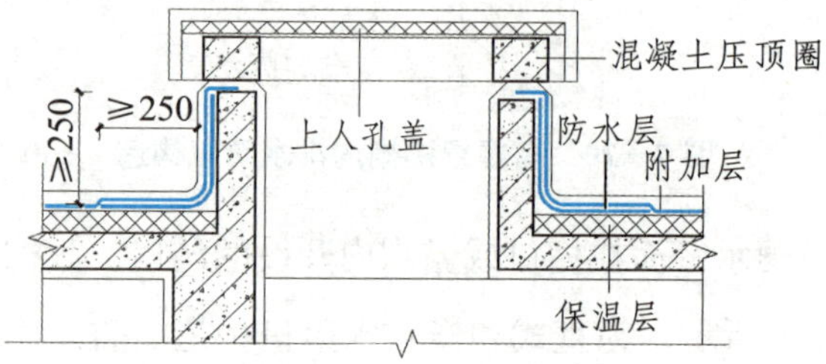

图 7－22　屋面检修孔构造

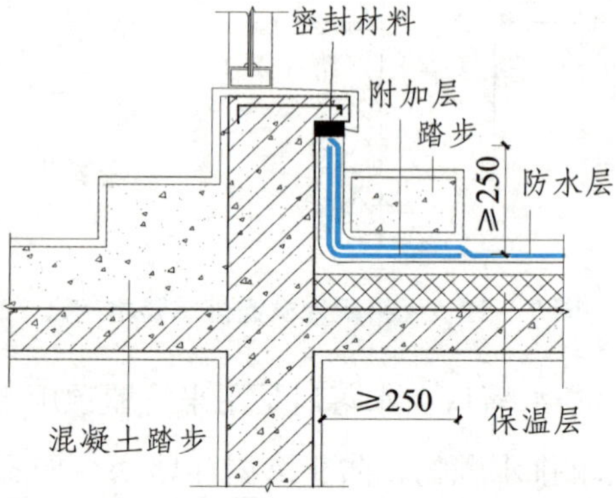

图 7－23　屋面出入口构造

2. 涂膜防水屋顶

涂膜防水屋顶是将防水涂料涂刷在屋顶基层上，形成一层满铺的不透水薄膜层，以达到防水的目的。涂膜防水屋顶具有防水、抗渗、黏结力强、耐腐蚀、耐老化、延伸率大、弹性好、无毒、施工方便等诸多特点，已广泛应用于建筑各部位的防水工程中。

（1）涂膜防水屋顶的材料。

1）涂料。防水涂料的种类很多，目前常用的有合成高分子防水涂料、聚合物水泥防水涂料、高聚物改性沥青防水涂料。对于防水涂料的选择，应根据当地的气温条件、屋顶坡度和使用条件等因素，选择耐热性能、拉伸性能、低温柔性满足要求的涂料；根据屋顶涂膜的暴露程度，选择耐紫外线、耐老化的涂料。

2）胎体增强材料。某些防水涂料（如氯丁胶乳沥青涂料）需要与胎体增强材料相配合，以增强涂层的贴附能力和抗变形能力。目前，使用较多的胎体增强材料为 0.1mm × 6mm × 4mm 或 0.1mm × 7mm × 7mm 的中性玻璃纤维网格布、中碱玻璃布、聚酯无纺布等。

（2）涂膜防水屋顶的构造和做法。

1）涂膜防水屋顶的构造与卷材防水屋顶基本相同，由结构层、找坡层、找平层、结合层、防水层和保护层组成，如图 7 – 24 所示。涂膜防水屋顶的结构层、找坡层的材料及做法与柔性防水屋顶基本相同，而其找平层通常为 25mm 厚 1∶2.5 水泥砂浆。为保证防水层与基层黏结牢固，结合层应选用与防水涂料相同的材料，经稀释后满刷在找平层上。当屋面不上人时，保护层的做法根据防水层材料，可用蛭石或细砂撒面、银粉涂料涂刷等做法；当屋面为上人屋面时，保护层的做法与柔性防水上人屋面的做法基本相同。

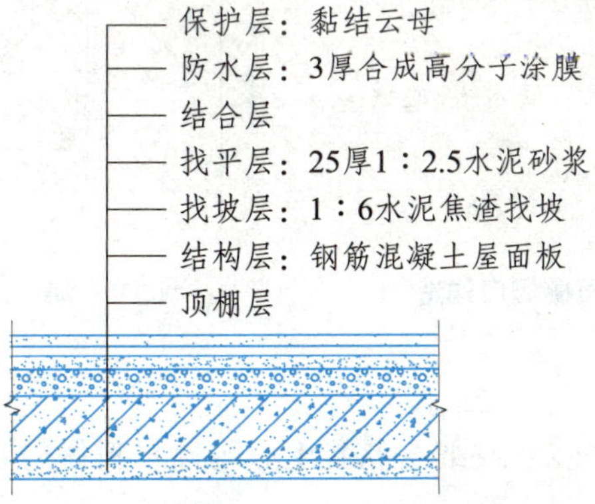

图 7 – 24　涂膜防水屋顶的构造层次

2）涂膜防水层的涂布方式主要有滚涂、刮涂、喷涂、刷涂等。具体采用何种方式应根据采用的防水涂料及所处节点部位进行选择，应符合相应的施工要求。涂膜防水层施工前，应先对水落口、天沟、檐沟、泛水、伸出屋面管道根部等节点部位进行增强处理，一般涂刷加铺胎体增强材料的涂料进行增强。

3）在涂膜防水层上应设置保护层，以避免太阳直射导致防水膜过早老化，同时还可以提高涂膜防水层的耐穿刺、耐外力损伤的能力，从而提高涂膜防水层的耐久性。不上人屋面的保护层可以采用同类的防水涂料为基料，加入适量的颜料或银粉作为着色保护涂料；也可以在防水涂料涂布完未干之前均匀撒上细黄沙、石英砂或云母粉之类的材料作保护层。上人屋面的保护层做法与卷材防水屋面基本相同。

（3）涂膜防水屋顶的细部构造。

与卷材防水屋顶一样，涂膜防水屋顶也需处理好泛水、檐口、水落口等细部构造，其具体做法与卷材防水屋顶基本相同，即泛水高度不小于250mm，屋顶与立面交接处做成弧形；泛水上端应有挡雨措施，以防渗漏。

与卷材防水屋顶不同的是涂膜防水屋顶檐口、泛水等细部构造的涂膜收头应多遍涂刷防水涂料，且细部节点部位的附加层通常采用带有胎体增强材料的附加涂膜防水层。涂膜防水屋顶的檐口、泛水等细部构造如图 7－25 和图 7－26 所示。其余节点的细部构造做法可参考卷材防水屋面。

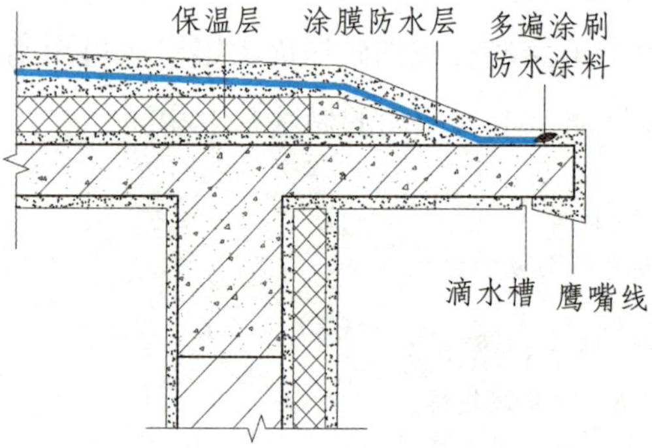

图 7－25　涂膜防水屋顶挑檐口构造

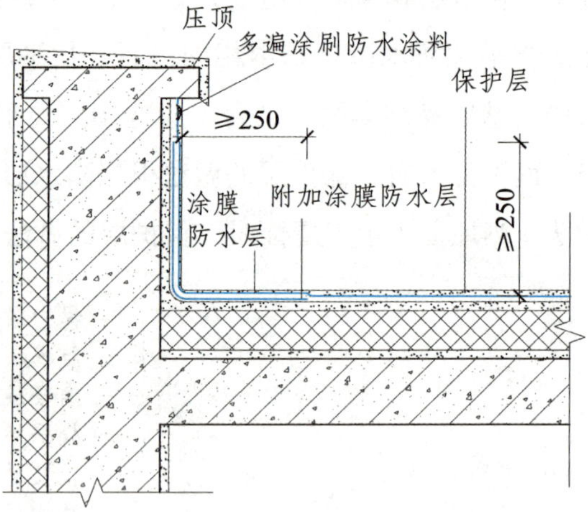

图 7－26　涂膜防水屋顶泛水构造

3. 刚性防水屋顶

刚性防水屋顶是以防水砂浆或细石混凝土等刚性材料做防水面层的屋顶。

这种屋顶构造简单、施工方便、造价低廉、维修方便，但是对温度变化和结构变形较敏感，容易产生裂缝而渗水。因此，这种屋顶多用于日温差相对较小的南方地区的建筑物。

扩展阅读

建筑屋顶防水发展史

建筑防水史源远流长，是中国建筑文化的重要组成部分。古代防水技术，特别注重利用自然环境，因势利导，通过巧妙的设计和精细的施工达到良好的防水效果。而防水材料的不断发展，也是推动建筑前进的原动力之一，茅草屋顶的房屋形式让人类走出洞穴，直到砖瓦的诞生，屋顶防水技术由最初的干燥植物防水过渡到了瓦片防水（即刚性防水）的阶段，而柔性防水材料的诞生，是对构造防水的彻底革命，推动了屋顶形式的变革，平屋顶应运而生。防水技术的提高和防水材料的发展，凝结着历代先贤智慧的结晶，以及坚持创新、不断突破的匠人精神，在高质量发展的今天，我们只有把匠心与创新融为一体，通过在劳动实践中不断积累实践经验与技能，才能推动历史进步和创造更为丰富的社会财富。

7.2.4 平屋顶的保温与隔热

在我国，无论是夏季炎热的南方地区，还是冬季寒冷的北方地区，为保持室内空间环境的舒适性，建筑外围护构件必须具有良好的建筑热工性能。通常，我国北方地区建筑需加强保温措施，南方地区建筑需采取隔热措施。

1. 屋顶保温

在采暖地区的冬季，室内外温差大，屋顶应做保温处理，以减少室内热量散失，保证房屋的正常使用并降低能源消耗。保温构造处理的方法通常是在屋顶中增设保温层。

（1）保温材料。

保温材料要求密度小、孔隙多、导热系数小。常用的保温材料如表 7－6 所示。

表 7－6　保温层及其保温材料

保温层	保温材料
板状材料保温层	聚苯乙烯泡沫塑料，硬质聚氨酯泡沫塑料，膨胀珍珠岩制品，泡沫玻璃制品，加气混凝土砌块，泡沫混凝土砌块
纤维材料保温层	玻璃棉制品，岩棉、矿渣棉制品
整体材料保温层	喷涂硬泡聚氨酯，现浇泡沫混凝土

常用的保温材料图例见表 7－7。

表 7－7 常用保温材料图例

名称	图例	备注
多孔材料	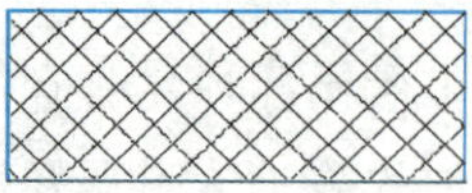	包括水泥珍珠岩、沥青珍珠岩、泡沫混凝土、非承重加气混凝土、软木、蛭石制品等
纤维材料	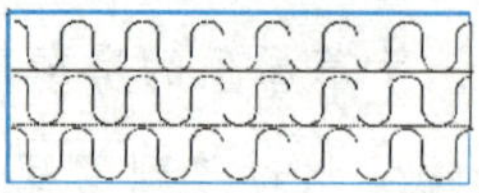	包括矿棉、岩棉、玻璃棉、麻丝、木丝板、纤维板等
泡沫塑料材料	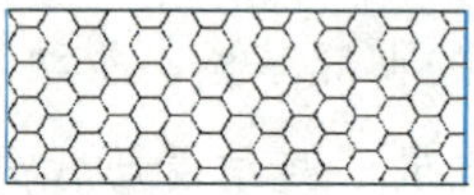	包括聚苯乙烯、聚乙烯、聚氨酯等多孔聚合物类材料

（2）保温层的构造做法。

保温层厚度需要根据当地气候条件经热工计算确定。目前保温层位置主要有以下三种情况：

1）保温层设置在结构层之上、防水层之下，成为封闭的保温层，这种方式称为正置式保温屋顶，如图 7－27 所示。这种做法施工方便，还可利用其进行屋面找坡。

2）保温层设置在防水层之上，成为敞露的保温层，这种方式叫作倒置式保温屋顶，如图 7－28 所示。这种做法防水层不受阳光和气候变化的影响，温差小，并且防水层不易受到外界机械损伤。但保护层应选择具有一定重量、足以压住保温层的材料，常用较大粒径的石子或混凝土保护层，不能用绿豆砂保护层。

3）在结构层下的室内设置保温层，这种方式叫作顶棚式保温屋顶，如图 7－29 所示。例如室内吊平顶时，在平顶上铺设保温层或在顶棚层上铺贴保温板材等，采用此种做法需考虑保温材料的防火措施。

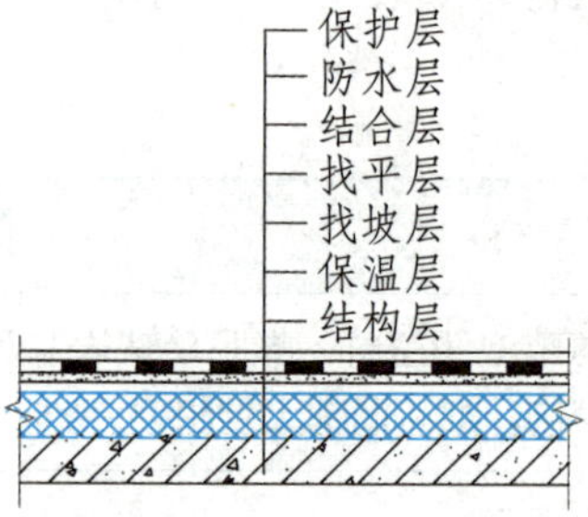

图 7－27 正置式保温屋顶

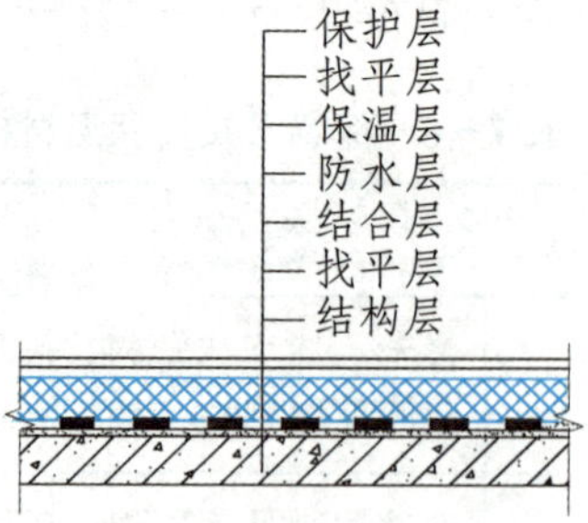

图 7－28 倒置式保温屋顶

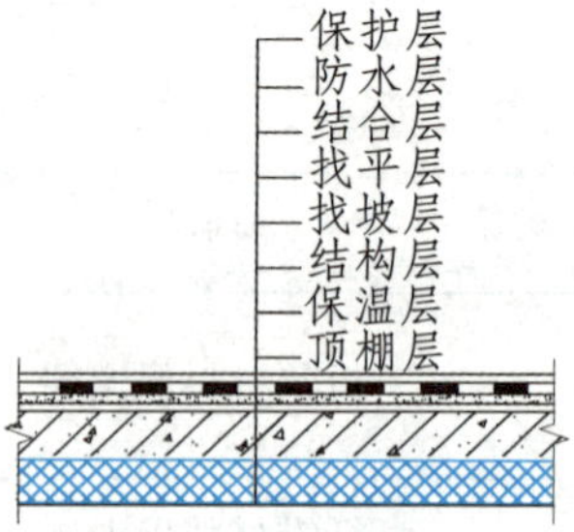

图 7－29 顶棚式保温屋顶

（3）隔汽层与排气孔。

当防水层下设置保温层时，应防止室内湿气透过结构层进入屋面保温层，避免因保温材料受潮而降低保温效果，需在保温层下设置隔汽层。隔汽层的常规做法是在结构层上做找平层，再在其上涂刷热沥青一道或铺一毡二油。由于保温层的上下两面都被油毡封闭，保温层中会残存一定的水而无法排出，这些水遇热转化为水蒸气，体积大大膨胀，会造成卷材防水层起鼓甚至开裂，为了解决这个问题，应在保温层中设置排气道，排气道与排气孔相连，如图 7－30 及图 7－31 所示，以保证排气畅通。

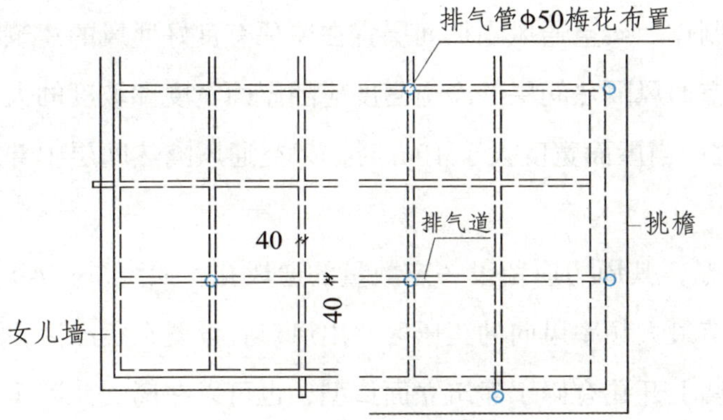

图 7－30　排气道平面布置图

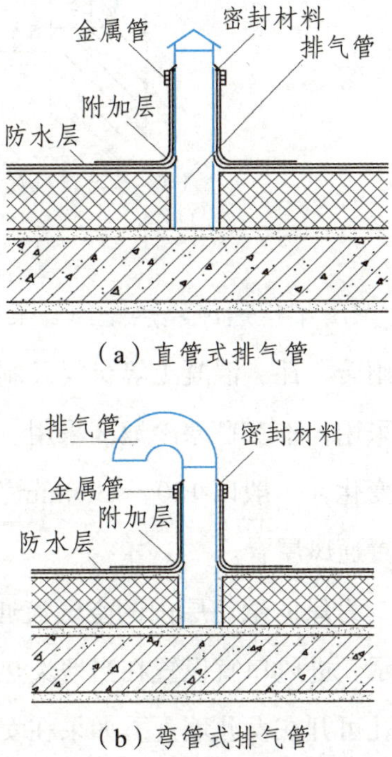

图 7－31　屋顶排气口构造

2. 屋顶隔热

在气候炎热地区，夏季太阳辐射强烈，使屋顶温度剧烈升高，为了减少传进室内的热量和降低室温，屋顶应采取隔热降温措施。我国南方地区的建筑屋顶隔热尤为重要。

（1）通风隔热屋顶。

通风隔热指在屋顶中设置通风间层，使上层表面遮挡阳光辐射，同时利用风压和热压作用把间层中的热空气不断带走，以减少传到室内空间的热量，从而达到隔热降温的目的。通风隔热屋顶的做法通常有两种：一种是在屋顶上做架空通风隔热间层，如图 7－32 所示；另一种是利用吊顶棚内的空间做通风间层，如图 7－33 所示。

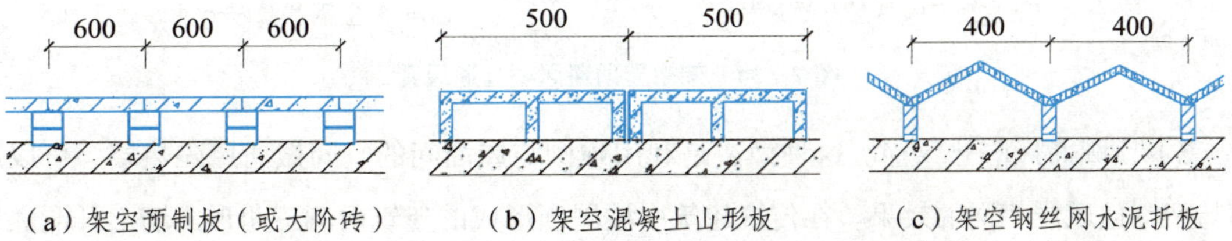

图 7－32　架空通风隔热

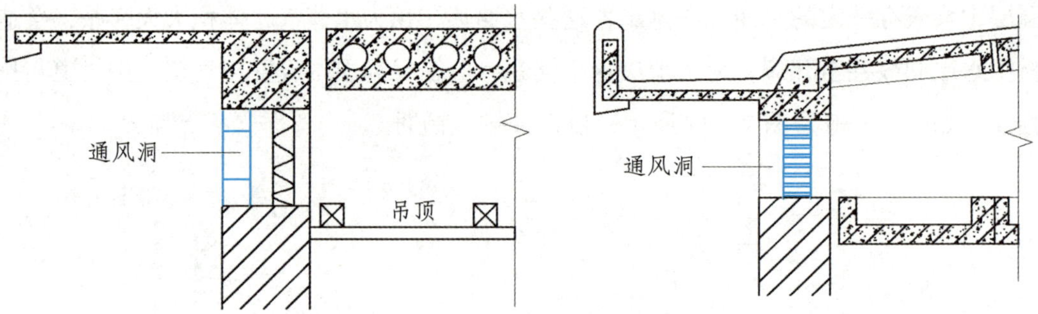

（a）吊顶通风层　　（b）双槽板通风层

图 7-33　顶棚通风隔热

1）架空通风隔热屋顶。架空通风隔热间层设置在防水层之上，架空通风隔热间层通常用砖、瓦、混凝土等材料及制品制作。架空通风隔热间层宜在屋顶有良好通风的建筑物上采用，不宜在寒冷地区采用。架空通风隔热间层的净空高度应随屋面宽度和坡度的大小而变化，一般以 180 ～ 300mm 为宜；当屋面宽度大于 10m 时，架空通风隔热间层中部应设置通风屋脊。

为保证架空层内的空气流通顺畅，其周边应留设一定数量的通风孔，如图 7-34（b）所示，进风口宜设置在当地炎热季节最大频率风向的正压区，出风口宜设置在负压区，通风孔可开在女儿墙上。如果在女儿墙上开孔有碍于建筑立面造型，也可以在离女儿墙至少 250mm 宽的范围内不铺架空板，让架空板周边开敞，以利于空气对流。

隔热板的支承物可以做成砖垄墙式的，如图 7-34（a）所示，也可做成砖墩式的，如图 7-34（b）所示。

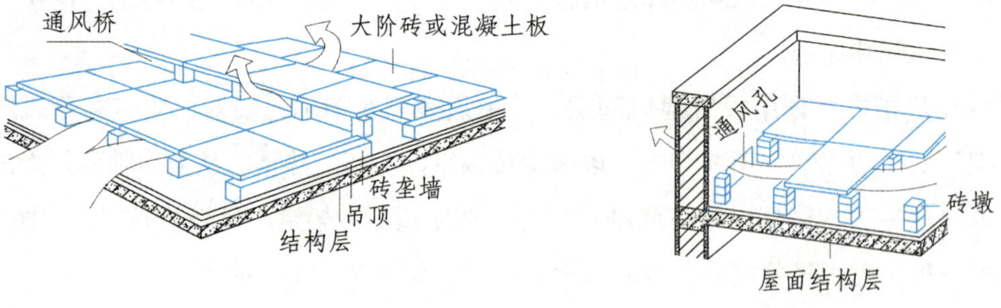

（a）架空隔热层与通风桥　　（b）架空隔热层与女儿墙通风孔

图 7-34　架空屋顶通风桥与通风孔

2）顶棚通风隔热屋面。这种做法是利用顶棚与屋面间的空间做通风隔热层，可以起到与架空通风层相同的效果。在传统建筑中坡屋顶形成的建筑两侧三角形山墙上开洞通风是常采用的通风方法。图 7－35 是常见的顶棚通风隔热屋顶构造示意图，设计中应注意满足下列要求：

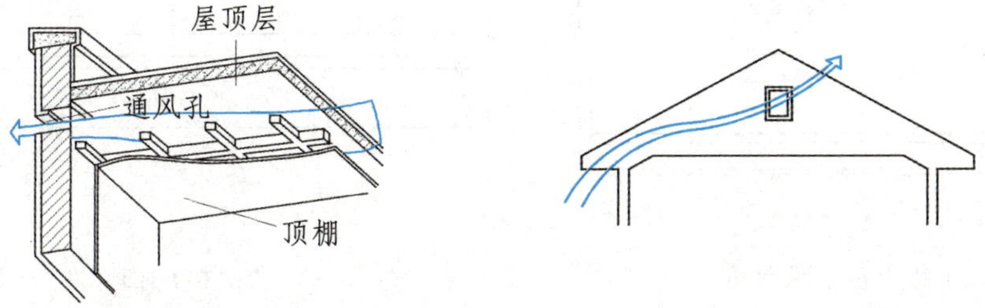

（a）在外墙上设通风孔　　（b）檐口及山墙通风孔

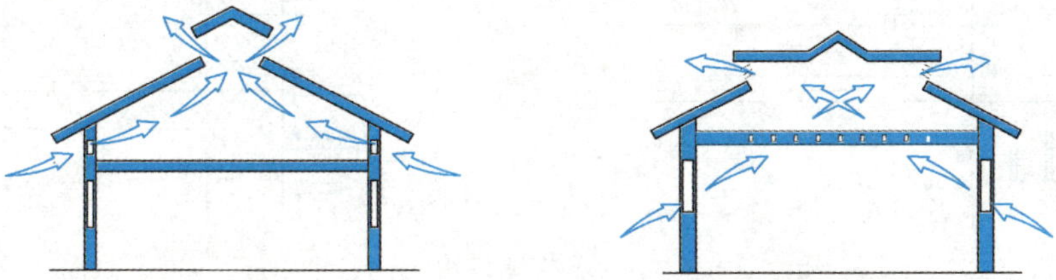

（a）外墙及天窗通风孔　　（b）顶棚及天窗通风孔

图 7－35　常见顶棚通风隔热屋顶

顶棚通风层应有足够的净空高度，一般为 500mm 左右；必须设置一定数量的通风孔，使顶棚内的空气能迅速对流。平屋顶的通风孔通常开设在外墙上，孔口饰以混凝土花格或其他装饰性构件，如图 7－35（a）所示。坡屋顶的通风孔常设在挑檐顶棚处、檐口外墙处、山墙上部，如图 7－35（b）、（c）所示。屋盖跨度较大时，还可以在屋盖上开设天窗作为出气孔，以加强顶棚层内的通风，如图 7－35（c）、（d）所示。进气孔可根据具体情况设在顶棚或外墙上。有的地区习惯在屋盖安放双层屋面板而形成通风隔热层，其中上层屋面板用来铺设防水层，下层屋面板则用作通风顶棚，通风层的四周仍需设通风孔。

（2）蓄水隔热屋顶。

蓄水隔热屋顶指在平屋顶上蓄积一定厚度的水层，一方面，水面能够反射阳光，减少阳光辐射对屋顶的热作用；另一方面，水蒸发吸收大量的太阳辐射和室外的热量，减少了屋盖吸收的热能，从而达到降温隔热的目的。此外，在冬季蓄水层还有一定的保温作用。而且蓄水层长期将防水层淹没，也可以在一定程度上推迟防水材料的老化，延长其使用年限。蓄水隔热屋顶的构造如图 7－36 所示。

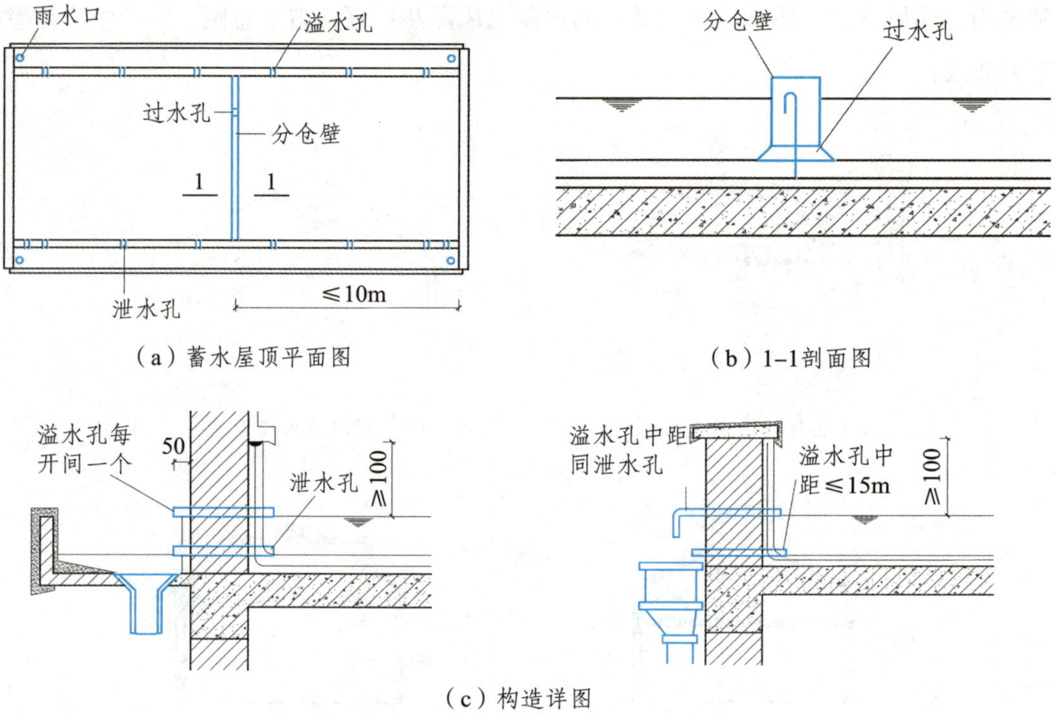

图 7－36　蓄水隔热屋顶

可见，蓄水隔热屋顶既能隔热又可保温，还能减少防水层的开裂，延长其使用寿命。但是蓄水屋顶不宜在寒冷地区、地震设防地区和振动较大的建筑物上采用。

蓄水屋顶构造与普通防水屋顶基本相同，主要区别是蓄水屋顶增加了蓄水分仓壁、溢水孔、泄水孔和过水孔。其具体的构造设计主要须解决好以下六个方面的问题：

1）蓄水池。蓄水隔热层的蓄水池应采用强度等级不低于 C25、抗渗等级不低于 P6 的现浇混凝土，蓄水池内宜采用 20mm 厚防水砂浆抹面。

2）水层深度及屋顶坡度。蓄水池的蓄水深度宜为 150mm ～ 200mm；过厚的水层会加大屋顶荷载，过薄的水层又容易被晒干，不便于管理。为了保证屋顶蓄水深度的均匀性，蓄水隔热层的排水坡度不宜大于 0.5%。

3）蓄水区的划分。为了便于分区检修和避免水层产生过大的波浪，蓄水隔热层应划分为若干蓄水区，每区的边长不宜大于 10m，长度超过 40m 的蓄水隔热层应分仓设置，分仓隔墙可采用现浇混凝土或砌体；在变形缝的两侧应分成两个互不连通的蓄水区。

4）女儿墙与泛水。蓄水屋顶四周可做女儿墙并兼作蓄水池的仓壁。在女儿墙上应将屋顶防水层延伸到立面墙上形成泛水，泛水的高度应高出溢水孔 100mm。

5）溢水孔与泄水孔。为避免多雨季节蓄水深度过大，应在蓄水池外壁上布置若干溢水孔，溢水孔距分仓墙顶面的高度不得小于 100mm。为了便于检修时排除蓄水，应在池壁根部设置泄水孔。溢水孔和泄水孔均应与排水檐沟或水落管连通，如图 7－36（c）所示。

6）蓄水池应设置人行通道。

（3）种植隔热屋顶。

种植隔热屋顶指在平屋顶上覆盖种植土，种植各种植被，借助种植介质隔热、植物进行光合作用和遮挡阳光的双重功效达到降温隔热的目的。这种屋顶不仅能美化环境，改善城市“热岛效应”，净化空气，还能显著降低建筑能耗，属于一种生态隔热举措。

种植隔热屋顶的基本构造层次包括：基层、绝热层、找坡（找平）层、普通防水层、耐根穿刺防水层、保护层、排（蓄）水层、过滤层、种植土层和植被层等，如图 7－37 所示。

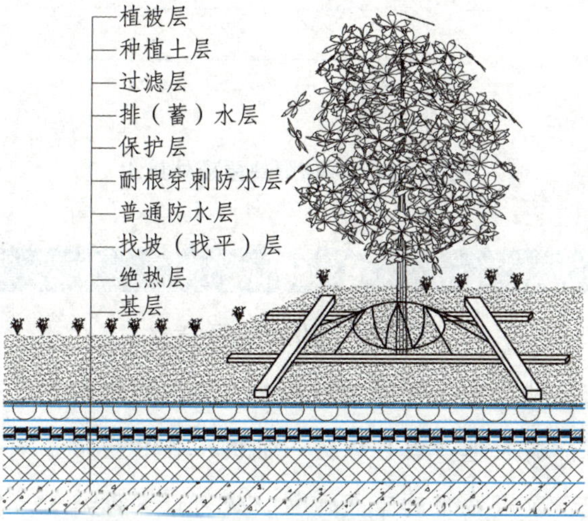

图 7－37　种植隔热屋顶的构造层次

种植隔热屋顶的绝热层应选用密度小、压缩强度大、导热系数小、吸水率低的材料。种植隔热屋顶的绝热材料可采用喷涂硬泡聚氨酯、硬泡聚氨酯板、挤塑聚苯乙烯泡沫塑料保温板、硬质聚异氰脲酸酯泡沫保温板、酚醛硬泡保温板等轻质绝热材料，不得采用散状绝热材料。

种植隔热屋顶的构造要点如下：

1）种植隔热屋顶的结构层宜采用现浇钢筋混凝土；

2）种植隔热屋顶的防水层应采用不少于两道防水设防，上道应为耐根穿刺防水材料；两道防水层应相邻铺设且相邻防水层的材料应具有相容性；

3）种植隔热屋顶宜根据屋顶面积大小和植物配置，结合园路、排水沟、变形缝、绿篱等情况划分种植区；

4）根据气候特点、建筑类型及区域文化特点，宜选择适应当地气候条件的耐旱和滞尘能力强的植物。不宜种植高大乔木、速生乔木；不宜种植根系发达的植物和根状茎植物；

高层建筑屋顶和坡屋顶宜种植草坪和地被植物；树木定植点与边墙的安全距离应大于树高；

5）屋顶防水层的泛水高度高出种植土不应小于 250mm；

6）种植隔热屋顶宜采用外排水方式，水落口宜结合缓冲带设置，如图 7－38 所示。

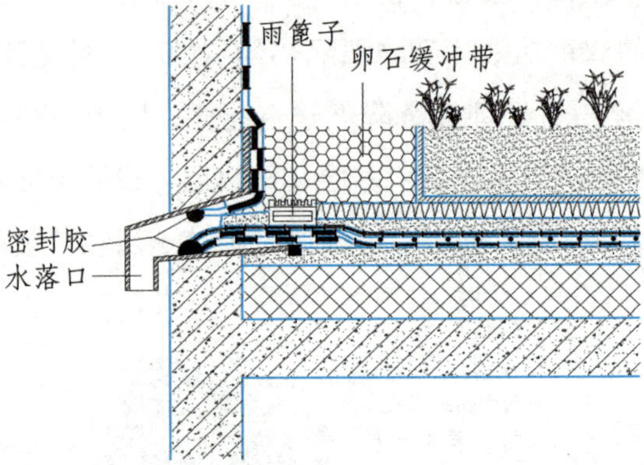

图 7－38　种植隔热屋顶外排水

扩展阅读

屋顶绿化的功能及意义

在城市的“混凝土丛林”中，大楼越建越高，空间越来越小。如果有一片绿色屋顶花园，开辟出一片亲近自然的天地，就可以为人们的工作和生活带来一丝惬意。绿色屋顶可以实现海绵城市的功能，改善城市的空气质量，还可以帮助建筑节能降噪，在一定程度上减少维护成本，增加资产价值。更直观的感受是，绿色屋顶让我们与自然重新连接，绿色屋顶可以被用作社区花园、休闲空间和聚会空间，营造出优美的社交环境，让人与人之间的联系也更频繁。

杭州国际博览中心，作为 2016 年 G20 峰会的主会场，其屋顶采用了绿色种植屋顶，6 万平方米的花城是世界最大的“空中花园”，也叫城市客厅，它代表中国迎接二十国集团领导人。整个巨型花园拥有各类苗树 1 万多株，各类色块苗 100 多万株，园中还有融入西湖元素的古建筑。这是 G20 峰会首次在中国举办，世界在看到中国作用、中国智慧、中国方案的世界影响力的同时，也再一次真切看到中国建筑的“匠心”力量。

《国务院关于加强城市绿化建设的通知》中提出：“以加强城市生态环境建设，创造良好的人居环境，促进城市可持续发展为中心，努力建成总量适宜、分布合理、植物多样、景观优美的城市绿地系统。”当前，有限的土地资源难以满足城市绿化的要求，屋顶花园作为种植屋顶的一种，充分挖掘了建筑空间中的潜能，补偿建筑物占用的绿化地面，大大提高了城市的绿化覆盖率，还可以丰富城市的俯仰景观、降低建筑能耗、促进雨水收集和利用，并且屋顶花园中的绿色植被还能改善空气质量、抑制扬尘以及可吸入颗粒物，这种建筑设计方案充分体现了绿色建筑的设计理念，使建筑发挥其使用功能的同时，又实现了生态效益、经济效益、社会效益的有机统一。

（4）反射降温隔热屋顶。

反射降温隔热屋顶主要是利用材料的颜色和光滑度对热辐射的反射作用，将一部分热量反射回去，从而达到降温目的。如在屋顶上采用浅色的砾石混凝土，或在屋顶上涂刷白色涂料，均可起到明显的降温隔热作用。如果在通风屋顶中的基层加一层铝箔，则可利用其第二次反射作用（见图 7－39），对屋顶的隔热效果会有进一步的改善。

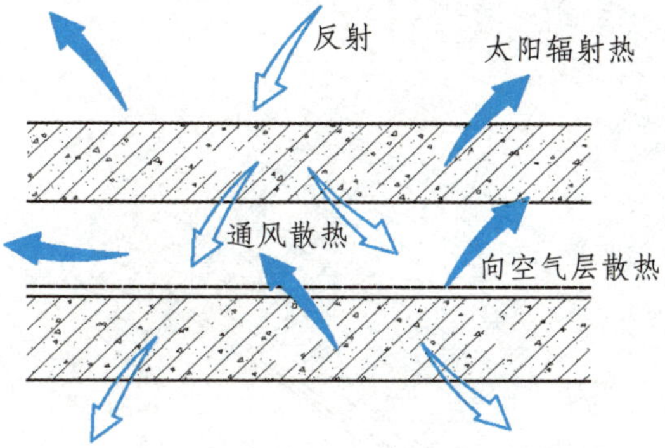

图 7－39　铝箔反射作用示意图

7.3 坡屋顶的构造

课堂思考

- 1960—1980 年，为缓解住宅紧缺，上海建设了一批外形类似于“火柴盒”的老式公房。由于这些公房房龄较长、建设标准偏低，保温隔热性能较差，冬冷夏热，令其居民苦不堪言。1999 年 6 月，上海提出了“平改坡”政策，即在建筑结构许可的条件下，将多层住宅的平屋顶改建成坡屋顶。从 1999 年 8 月到 2005 年，上海累计完成了 7 190 幢建筑的改造。调查显示，改造前的住宅，渗漏情况达到 85%～90%，改造后，基本解决了屋顶渗漏问题，经受住了梅雨、台风的考验，且改造后的住宅发挥了很好的保温隔热作用。想一想：相对于平屋顶而言，坡屋顶有哪些优点？

我国传统建筑多采用坡屋顶，坡屋顶的形式多种多样。坡屋顶既能美化环境，丰富建筑立面，又能抗渗防漏、隔热保温，改善顶层居住环境，提高空间利用率，满足日益增长的住宅建设市场的需求。常见的坡屋顶的样式如图 7－2 所示。

知识链接：
中国古建筑
屋顶形式

7.3.1 坡屋顶的组成

坡屋顶一般由结构层、面层及附加层组成，如图 7－40 所示。

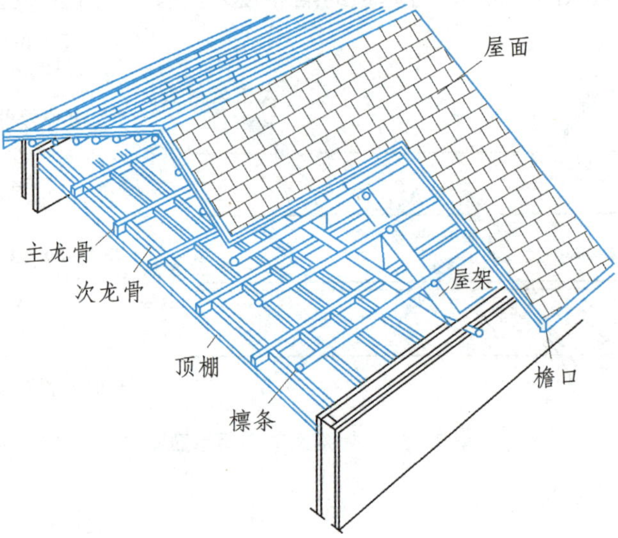

图 7－40　坡屋顶的构造组成

1. 结构层

结构层主要承受屋面荷载，并将荷载传递给墙或柱。结构层一般包括屋架、檩条、椽子、屋面大梁等。

2. 面层

面层是屋面上的覆盖层，直接承受风霜雨雪及太阳辐射等外界气候环境的影响。主要包括屋面盖料（如块瓦、油毡瓦等）和基层（如挂瓦条、屋面板等）。

3. 附加层

坡屋顶的附加层由找平层、防水层、保温（或隔热）层、隔汽层、顶棚等组成。

（1）找平层。找平层一般选用 1∶3 水泥砂浆 20mm 厚，应充分养护。

（2）防水层。可利用各种瓦材作为屋顶的防水材料，同时根据实际的防水需求，与柔性防水层配合使用。

（3）保温（或隔热）层。采用轻质高效的块状材料作为保温层，挤塑聚苯乙烯泡沫塑料板、聚苯乙烯泡沫塑料板均应采用阻燃型产品。

（4）隔汽层。坡屋顶隔汽层的材料选用及要求与平屋顶隔汽层的材料选用及要求相同。

（5）顶棚。顶棚是结构层下面的遮盖部分，可使室内上部平整，有一定的光线反射，起着保温、隔热及装饰的作用。

7.3.2 坡屋顶的承重结构形式

1. 坡屋顶的承重结构形式

坡屋顶的承重结构与平屋顶不同，坡屋顶的结构坡度较大，直接形成屋顶的排水坡度。其承重方式主要有横墙承重、屋架承重和梁架承重三类。

（1）横墙承重。

横墙承重指根据屋顶所要求的坡度，将横墙上部砌成三角形，再将承重构件（如檩条）直接搁置在墙上，荷载由承重构件直接传给横墙，如图 7－41 所示。这种承重方式构造简单、施工方便，但限于檩条及挂瓦板的跨度，仅适用于开间较小的建筑，比如宿舍、住宅、旅馆客房等。

（2）屋架承重。

屋架承重指直接将屋架设置于墙或柱上，再在屋架上放置檩条，檩条上再放置椽子或望板，以便安置屋面，如图 7－42 所示。这种承重方式多用于房屋横墙较少而又需要较大的使用空间的建筑，比如食堂、教学楼等。

（3）梁架承重。

梁架承重是我国传统的屋顶结构形式，以木材为主要材料，由柱和梁形成的整体骨架作为承重体系，墙体只起围护和分隔的作用，具有“墙倒，房不塌”的特点，如图 7－43 所示。

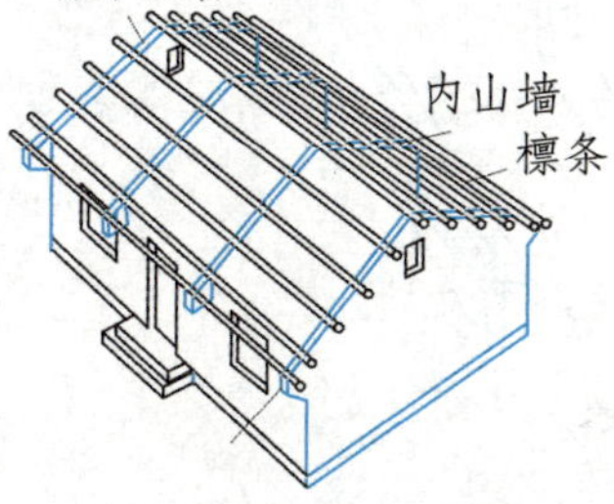

图 7－41　横墙承重

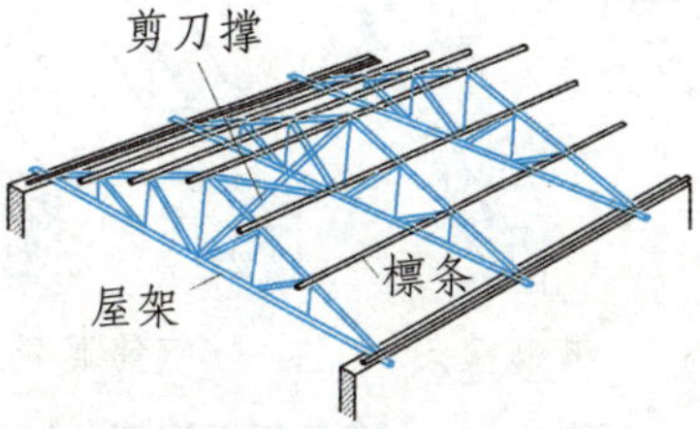

图 7－42　屋架承重

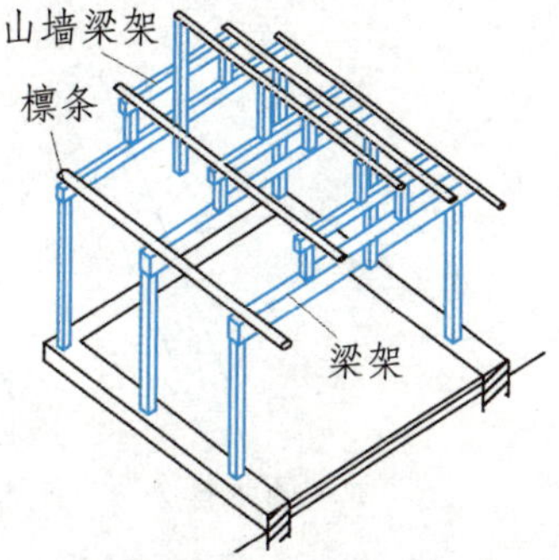

图 7－43　梁架承重

2. 坡屋顶承重结构构件

（1）屋架。

屋架主要由上弦杆、下弦杆、腹杆、屋架间支撑等组成，如图 7－44 所示。

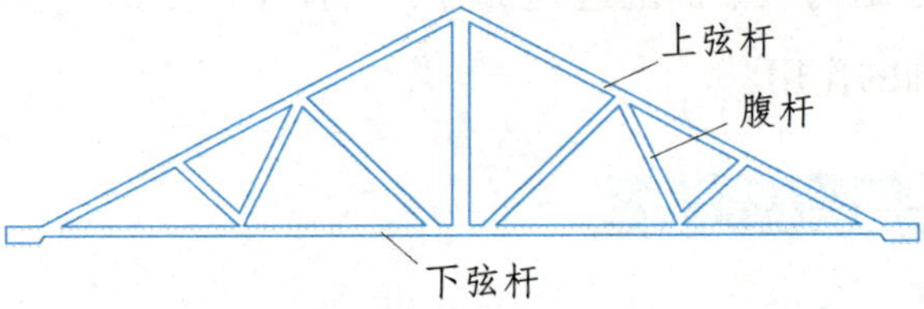

图 7－44　屋架组成

根据材料，屋架可分为木屋架、钢木屋架、钢屋架、钢筋混凝土屋架等。目前比较常用的是钢屋架，但需做防腐处理。如图 7－45 所示，木屋架适用的跨度范围小，一般不超过 12m，钢木屋架一般用于跨度不超过 18m 的建筑，当跨度更大时，需采用钢筋混凝土屋架或钢屋架。

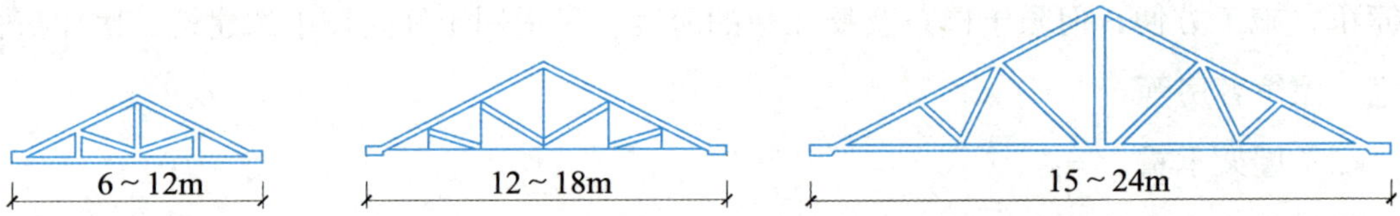

（a）木屋架　（b）钢木屋架　（c）钢筋混凝土屋架

图 7－45　屋架形式

根据形状，屋架可分为三角形、拱形、多边形、三维空间屋架等。

（2）檩条。

根据材料，檩条可分为木檩条、钢檩条和钢筋混凝土檩条，如图 7－46 所示。檩条一般应与屋架所用材料相同，使得二者的耐久性接近。檩条的截面尺寸和间距通过荷载计算确定。目前，常用的檩条主要是型钢檩条。

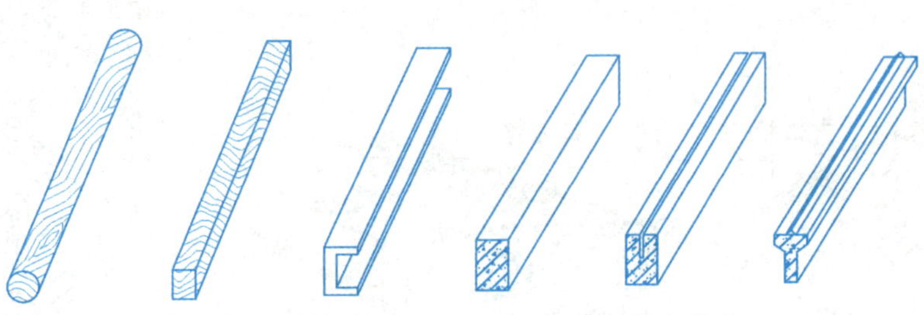

图 7－46　檩条断面形式

7.3.3 坡屋顶的构造

1. 坡屋顶的分类及构造

坡屋顶一般是在屋顶基层上铺设各种瓦材，利用瓦材的相互搭接来防止雨水渗漏，也有出于造型需要而在屋顶盖瓦，利用瓦下的其他材料来防水的做法。瓦屋顶的构造比较简单，取材方便，是我国传统建筑常用的屋顶构造方式。

按屋顶基层的组成方式，可分为有檩体系和无檩体系。有檩体系指瓦通常铺设在由檩条、屋面板、挂瓦条等组成的基层上；无檩体系则指基层通常由各类钢筋混凝土板构成。

按所使用的材料不同，可分为沥青瓦屋顶、块瓦屋顶、波形瓦屋顶、金属板屋顶等。

瓦屋顶的基层可以采用木基层，也可以采用混凝土基层，其防水构造做法应根据瓦的类型、基层种类和防水等级而定。

（1）沥青瓦屋顶。

沥青瓦是以玻璃纤维为胎基、经渗涂石油沥青后，一面覆盖彩色矿物粒料，另一面撒用隔离材料制成的柔性瓦状屋面防水片材，比如玻纤胎沥青瓦、油毡瓦、多彩沥青油毡瓦等。按产品形式，沥青瓦分为平面沥青瓦（单层瓦）和叠合沥青瓦（叠层瓦）两种，其规格一般为 1 000mm × 333mm × 2.8mm。

由于沥青瓦屋顶具有重量轻、颜色多样、施工方便、可在木基层或混凝土基层上使用等优点，近年来在坡屋顶工程中广泛应用。其中，叠层瓦比单层瓦的立体感更强，并且适用于防水等级为一级和二级的坡屋顶。为了避免在沥青瓦片之间发生浸水现象，有利于屋顶雨水排出，沥青瓦屋顶的坡度不应小于 20%。

沥青瓦屋顶的屋面板宜为钢筋混凝土屋面板或木屋面板，板面应坚实、平整、干燥、牢固。铺设沥青瓦应采用固定钉固定，在屋面周边及泛水部位应满粘。由于沥青瓦为薄而轻的片状材料，故其固定方式应以钉为主、黏结为辅。沥青瓦屋顶的构造层次相对比较简单，做法如图 7－47 所示。

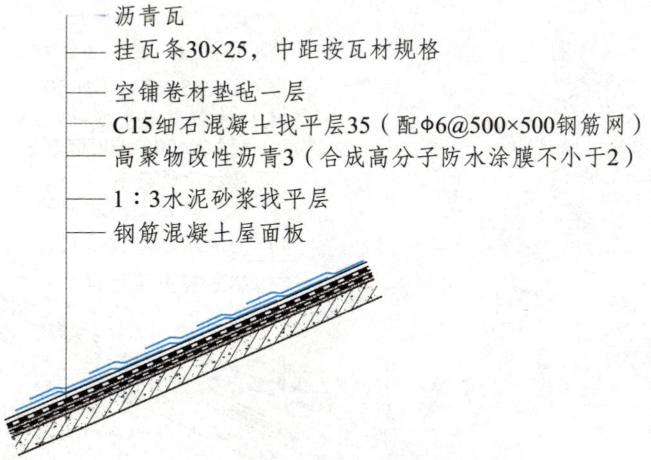

图 7－47 沥青瓦屋顶的构造层次

（2）块瓦屋顶。

块瓦是由黏土、混凝土和树脂等材料制成的块状硬质屋面瓦材。块瓦分为平瓦、小青瓦和筒瓦等。由于块瓦瓦片的尺寸较小，且瓦片相互搭接时搭接部位垫高较大，为了保证屋顶的防水性能，块瓦屋顶的坡度不应小于 30%。

块瓦屋顶的屋面板宜为钢筋混凝土屋面板、木板或增强纤维板。

块瓦的固定应根据不同瓦材的特点，采用挂、绑、钉、粘等方法。除了小青瓦和筒瓦需采用水泥砂浆卧瓦固定外，其他块瓦屋顶采用干铺挂瓦方式。这是为了施工安全、方便，并可避免水泥砂浆卧瓦安装方式的缺陷，如易产生冷桥、易污染瓦片、冬季砂浆易收缩拉裂瓦片、黏结不牢易引起脱落等。

铺瓦方式包括水泥砂浆卧瓦、钢挂瓦条挂瓦、木挂瓦条挂瓦。块瓦屋顶防水构造做法如图 7－48 所示。钢、木挂瓦条有两种固定方法：一种是将挂瓦条固定在顺水条上，顺水条钉牢在细石混凝土找平层上；另一种是不设顺水条，将挂瓦条和支承垫块直接钉在细石混凝土找平层上。

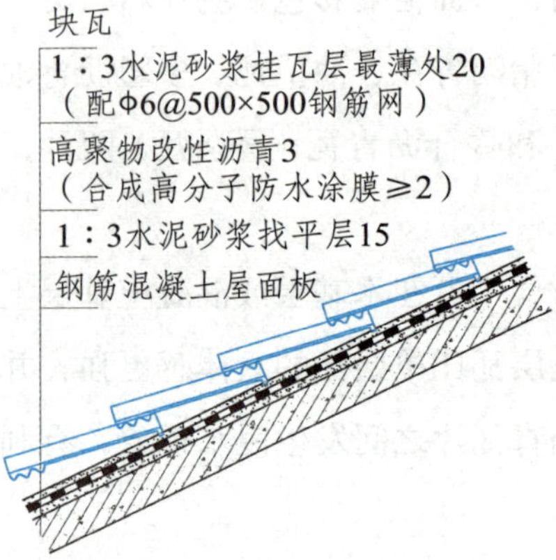

（a）水泥砂浆卧瓦

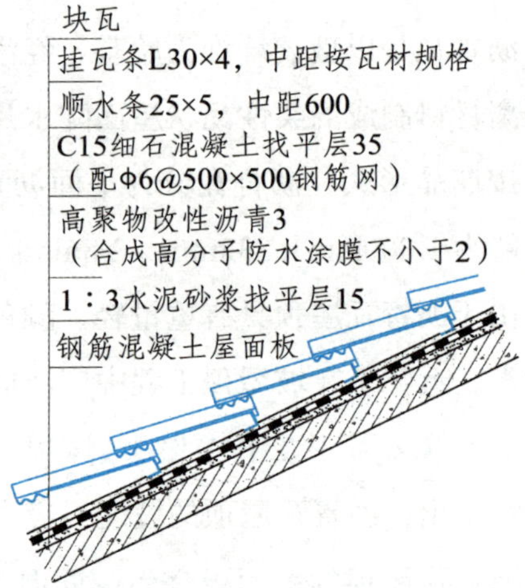

（b）钢挂瓦条挂瓦

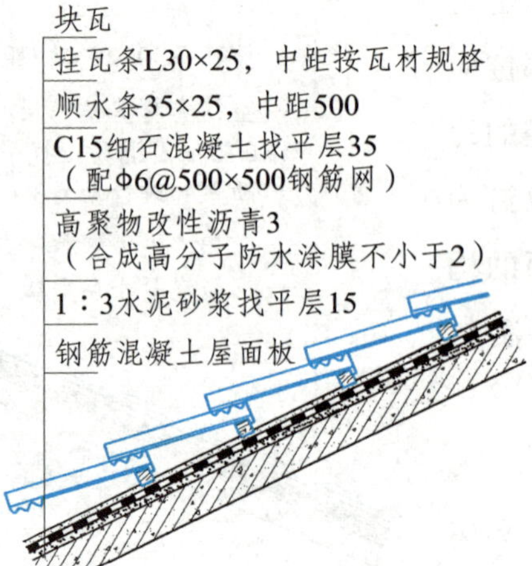

（c）木挂瓦条挂瓦

图 7－48　块瓦屋顶防水构造做法

（3）波形瓦屋顶。

波形瓦包括沥青波形瓦、树脂波形瓦等。沥青波形瓦指由植物纤维浸渍沥青成型的波形瓦材，树脂波形瓦是以合成树脂和纤维增强材料为主要原料制成的波形瓦材。

波形瓦屋顶的构造层依次为波形瓦、防水垫层、持钉层、保温隔热层、屋面板，如图 7－49 所示。

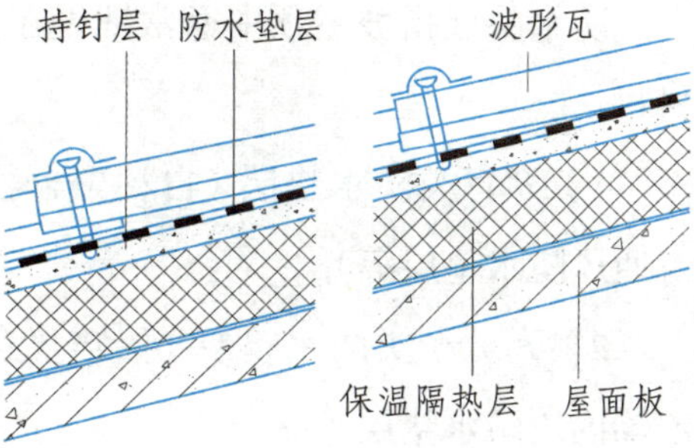

图 7－49　波形瓦屋顶构造层次

根据波形瓦的材质和构造特点，波形瓦宜用于防水等级为二级的坡屋顶工程。

波形瓦一般较大，但不可因搭接宽度而降低屋顶坡度，所以屋顶坡度不应小于 20%。

波形瓦本身强度较高，单片瓦面积较大，可以不需要屋面板承托，常用于无望板屋顶系统，此时屋顶作为内保温，保温隔热材料宜选用不燃材料，并设置承托保温隔热材料的构造。

（4）金属板屋顶。

金属板屋顶指采用压型金属板或金属面绝热夹芯板的建筑屋顶。金属板屋顶的板材主要包括压型金属板和金属面绝热夹芯板等。

金属板屋顶的构造层次包括金属屋面板、固定支架、透气防水垫层、保温隔热层和承托网，如图 7－50 所示。

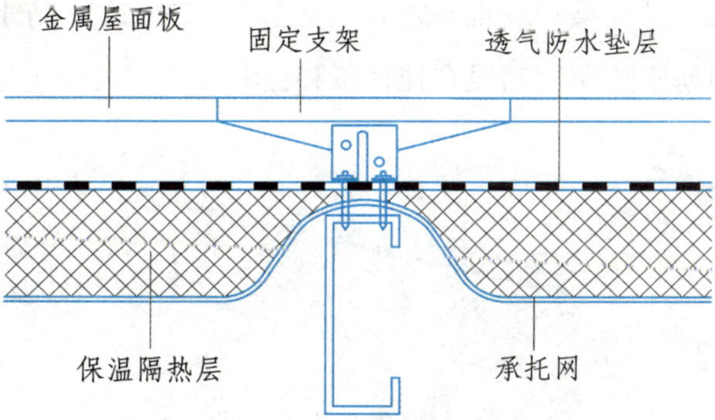

图 7－50　金属板屋顶构造层次

金属板屋顶坡度不宜小于 5%。压型金属板屋顶适用于防水等级为一级和二级的坡屋顶，金属面绝热夹芯板屋顶适用于防水等级为二级的坡屋顶。

防水等级为一级的压型金属板屋顶不应采用明钉固定方式，而应采用大于 180° 咬边连接的固定方式；防水等级为二级的压型金属板屋顶采用明钉或金属螺钉固定方式时，钉帽应有防水密封措施。

金属天沟、檐沟应设置伸缩缝，伸缩缝间隔不宜大于 30m。压型金属板屋顶的支架宜为钢、铝合金或不锈钢材质，支架与金属屋面板的连接处应密封。

2. 坡屋顶的细部构造

本教材主要介绍钢筋混凝土屋顶的细部结构。

（1）防水垫层。

防水垫层指坡屋顶中通常铺设在瓦材或金属板下面的防水材料。防水垫层应采用以下材料：

1）沥青类防水垫层（自粘聚合物沥青防水垫层、聚合物改性沥青防水垫层、波形沥青通风防水垫层等）；

2）高分子类防水垫层（铝箔复合隔热防水垫层、塑料防水垫层、透气防水垫层和聚乙烯丙纶防水垫层等）；

3）防水卷材和防水涂料。

防水垫层在瓦屋顶构造层次中的位置应符合下列规定：

1）防水垫层铺设在瓦材和屋面板之间［见图7－51（a）］，屋面应为内保温隔热构造。

2）防水垫层铺设在持钉层和保温隔热层之间［见图7－51（b）］，应在防水垫层上铺设配筋细石混凝土持钉层。

3）防水垫层铺设在保温隔热层和屋面板之间［见图7－51（c）］，瓦材应固定在配筋细石混凝土持钉层上。

4）防水垫层铺设在挂瓦条和顺水条之间［见图7－51（d）］，防水垫层宜呈下垂凹形。

5）波形沥青通风防水垫层应铺设在挂瓦条和保温隔热层之间［见图7－51（e）］。

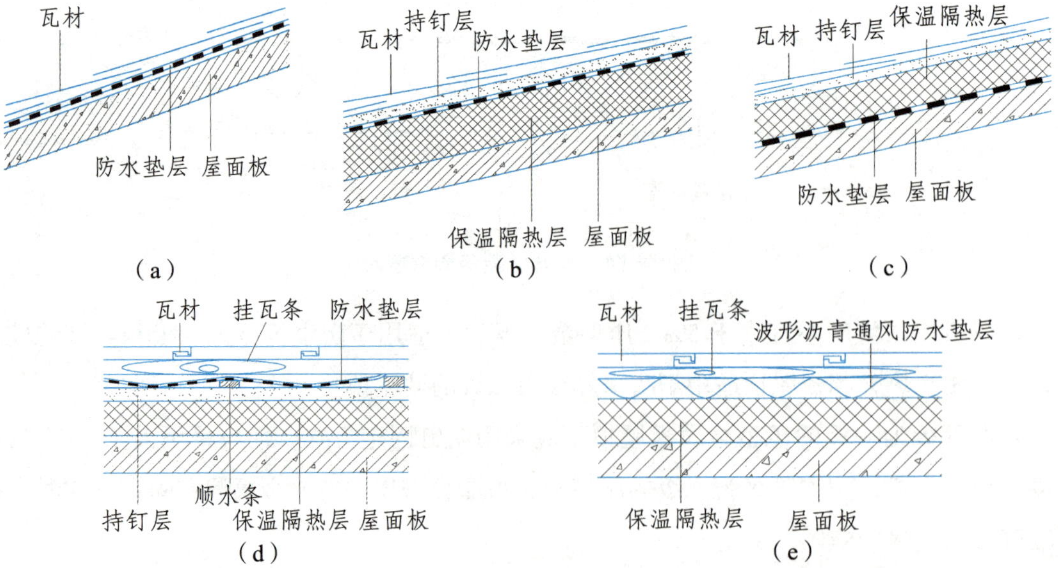

图7－51 防水垫层的位置

（2）屋脊。

屋脊又分为正脊和斜脊，正脊指坡屋顶的水平交线形成的屋脊。斜脊指坡屋顶斜面相交凸角的斜交线形成的屋脊。

屋脊部位应增设防水垫层附加层，宽度不应小于 500mm；防水垫层应顺流水方向铺设和搭接，如图 7－52 所示。

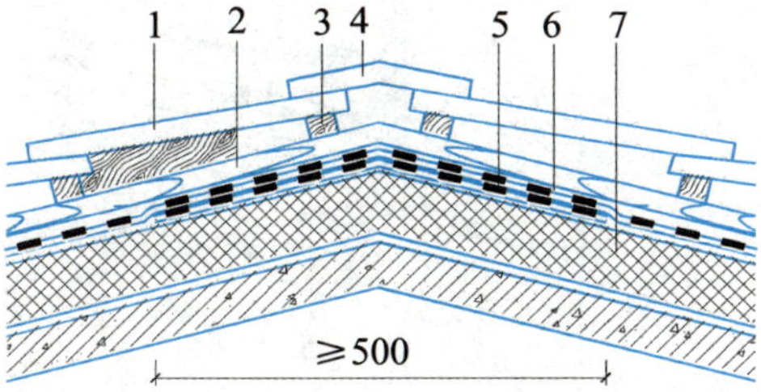

1—块瓦；2—顺水条；3—挂瓦条；4—脊瓦；5—防水垫层附加层；6—防水垫层；7—保温隔热层

图 7－52　屋脊处防水构造

（3）檐口。

檐口为房屋屋顶与外墙的顶部交接处。檐口部位应增设防水垫层附加层。在严寒地区或大风区域，应采用自粘聚合物沥青防水垫层加强防水，下翻宽度不应小于 100mm，屋面铺设宽度不应小于 900mm；金属泛水板应铺设在防水垫层的附加层上，并伸入檐口内；在金属泛水板上应铺设防水垫层，如图 7－53 所示。

对于钢筋混凝土的檐沟，檐沟部位应增设防水垫层附加层；檐口部位防水垫层的附加层应延展铺设到混凝土檐沟内，如图 7－54 所示。

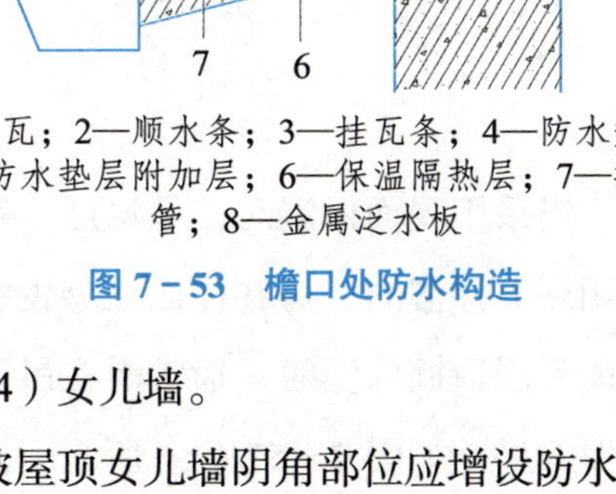

1—块瓦；2—顺水条；3—挂瓦条；4—防水垫层；5—防水垫层附加层；6—保温隔热层；7—排水管；8—金属泛水板

图 7－53　檐口处防水构造

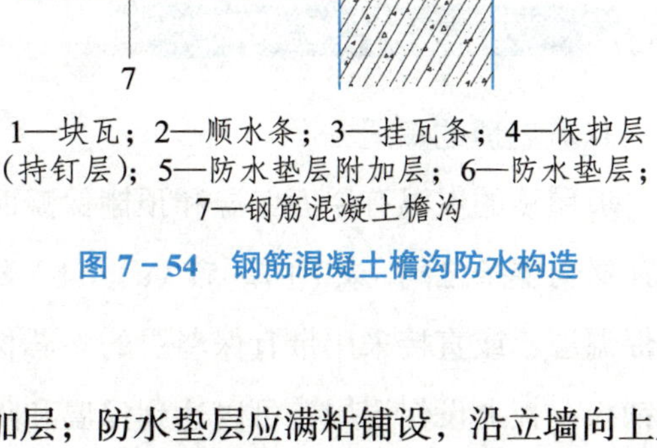

1—块瓦；2—顺水条；3—挂瓦条；4—保护层（持钉层）；5—防水垫层附加层；6—防水垫层；7—钢筋混凝土檐沟

图 7－54　钢筋混凝土檐沟防水构造

（4）女儿墙。

坡屋顶女儿墙阴角部位应增设防水垫层附加层；防水垫层应满粘铺设，沿立墙向上延伸不应少于250mm；金属泛水板或耐候型自粘柔性泛水带覆盖在防水垫层或瓦上，泛水带与防水垫层或瓦搭接应大于300mm，并应压入上一排瓦的底部；宜采用金属压条固定，并进行密封处理，如图7－55所示。

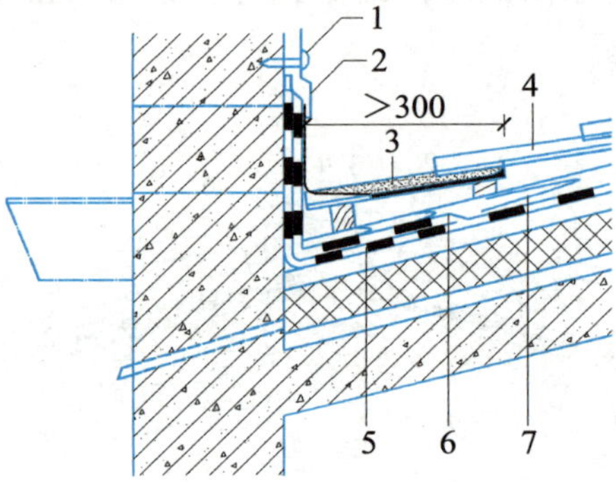

1—耐候密封胶；2—金属压条；3—耐候型自粘柔性泛水带；4—瓦；
5—防水垫层附加层；6—防水垫层；7—顺水条

图7－55　女儿墙防水构造

（5）变形缝。

坡屋顶变形缝两侧墙高出防水垫层不应少于100mm，如图7－56所示；防水垫层应包过变形缝，变形缝上宜覆盖金属盖板。

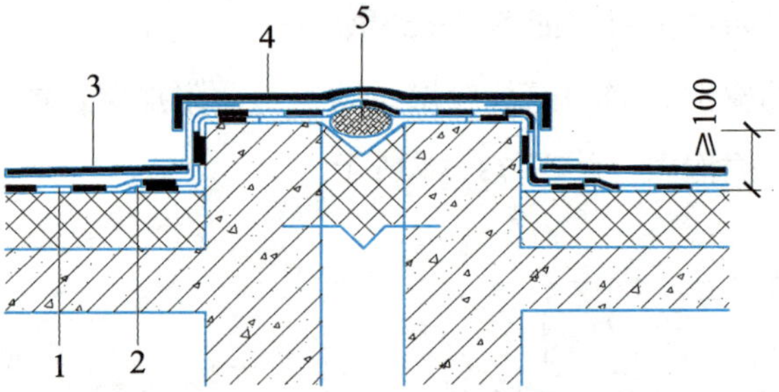

1—防水垫层；2—防水垫层附加层；3—瓦；4—金属盖板；5—聚乙烯泡沫棒

图7－56　变形缝防水构造

7.3.4　坡屋顶的保温与隔热

1. 坡屋顶的保温

坡屋顶的保温有屋面保温和顶棚保温两种做法。当采用屋面保温时，保温层一般布置在瓦材与檩条之间，如图7－57（a）、（b）所示。采用屋面保温时，可在屋面压型钢板下设置保温层，或直接采用带有保温层的夹芯板。当屋顶采用顶棚保温时，通常需在吊顶龙骨上铺板、板上设保温层，可以达到保温和隔热的双重效果，如图7－57（c）所示。选择保温材料时，可根据工程具体要求，选用松散材料、块体材料或板状材料。

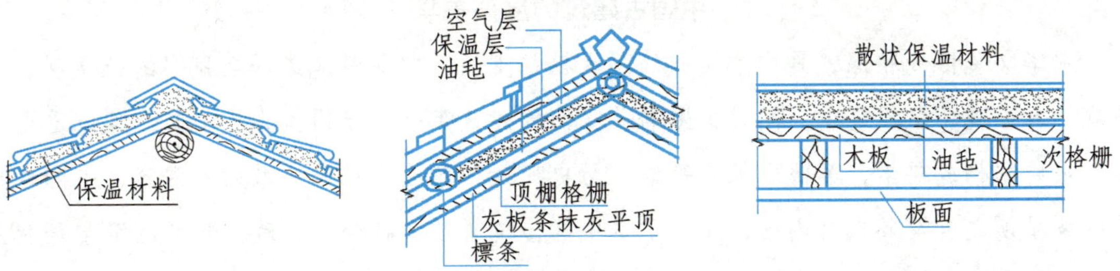

（a）瓦材下面设保温层　（b）檩条间设保温层　（c）顶棚上设保温层

图7－57　坡屋顶屋面保温构造

2. 坡屋顶的隔热

炎热地区坡屋顶的隔热除了使用实体材料隔热外，较为有效的措施是在坡屋顶中设置进气口和排气口，利用屋顶内外的热压差和迎背风面的压力差组织空气对流，形成屋顶内的自然通风，减少由屋顶传入室内的辐射热，从而改善室内温度环境。进气口一般设置在檐墙上、屋檐特定部位或室内顶棚上，出气口最好设置在屋脊处，如图7－58所示。

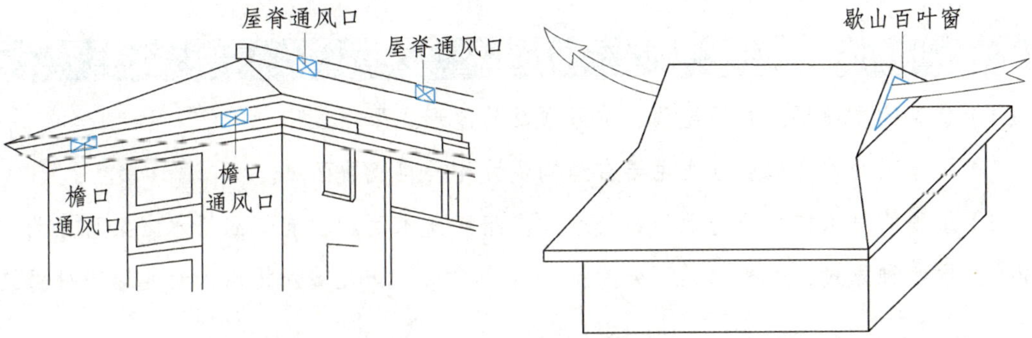

（a）檐口通风口和屋脊通风口　（b）歇山百叶窗

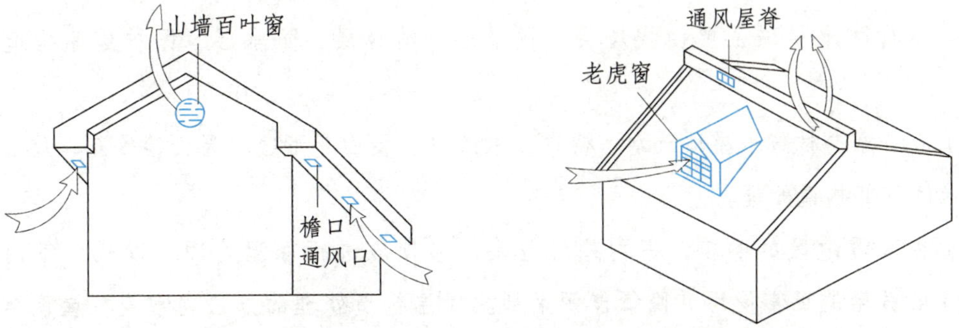

（c）山墙百叶窗和檐口通风口　（d）老虎窗与通风屋脊

图7－58　坡屋顶屋面隔热构造

扩展阅读

中国古建筑的屋顶美学

中华文化博大精深，是中华民族的强大精神支柱，它深深地渗透在我们的社会观、价值观、人生观、世界观中，同时也影响着我们的建筑审美。屋顶作为我国传统建筑造型中非常重要的构成要素，蕴藏了社会等级、历史变迁、民族文化等一系列的内容，中国古建筑的坡屋顶之美及其丰富内涵，无一不是中国传统哲学、社会学、政治学、经济学等智慧的沉淀。我国有独特的历史、独特的文化，只有全面深入了解中华文明的历史，才能更有效地推动中华优秀传统文化创造性转化、创新性发展，更有力地推进中国特色社会主义文化建设，建设中华民族现代文明。在新时代，我们要汲取中华优秀传统文化中的营养和智慧，在创新性发展中展现中华优秀传统文化的独特魅力，使中华民族最优秀的传统文化基因与当代文化相适应、与现代社会相协调，我们要肩负起传播文化精髓、实现文化强国的时代重任。此外，中国古代建筑在历史发展中所凝聚的工匠精神已经成为新时代中国特色社会主义发展不竭的动力，我们要以大国工匠和劳动模范为榜样，恪尽职守，崇尚精益求精，积极投身于民族复兴的伟大事业。

项目小结

（1）常见的屋顶形式有平屋顶、坡屋顶及其他形式屋顶。

（2）平屋顶的坡度形成方式主要有结构找坡和材料找坡两种。

（3）屋顶的排水方式分为无组织排水和有组织排水两种。有组织排水方案可分为内排水和外排水两种方式，外排水又可分为挑檐沟外排水、女儿墙外排水、女儿墙带挑檐沟外排水。

（4）平屋顶的防水做法主要有卷材防水、涂膜防水和刚性防水三种类型。

（5）卷材防水屋顶主要由找坡层、找平层、结合层、防水层、保护层等构造层次组成。

（6）应注意卷材防水屋顶泛水、檐口、水落口、屋面变形缝、屋面检修孔、屋面出入口等部位的细部构造处理。

（7）在采暖地区的冬季，室内外温差大，屋顶应进行保温处理，以减少室内热量散失、保证房屋的正常使用并降低能源消耗。保温构造处理的方法通常是在屋顶增设保温层。

（8）根据保温层设置的位置，可分为正置式保温屋顶、倒置式保温屋顶和顶棚式保温屋顶三种。

（9）平屋顶隔热的处理方式有通风隔热屋顶、蓄水隔热屋顶、种植隔热屋顶和反射隔热屋顶四种。

（10）坡屋顶的承重结构主要有横墙承重、屋架承重和梁架承重三种。

课后练习

一、填空题

1. 平屋顶坡度的形成方法有________和________。
2. 屋顶坡度的表示方法有________、________和________。
3. 坡屋顶的承重方式有________、________和________。
4. 平屋顶的排水方式可分为________和________两大类。
5. 屋顶按照坡度和结构类型，分为________、________和________三大类。

二、单项选择题

1. 屋顶的作用不包括（　　）。

A. 承重　　B. 围护　　C. 分隔　　D. 美观

2. 以下关于坡屋顶表述正确的是（　　）。

A. 坡屋顶的排水坡度为 0　　B. 坡屋顶的排水坡度为 5% 以上

C. 坡屋顶的排水坡度为 10% 以上　　D. 坡屋顶的排水坡度为 15% 以上

3. 屋面与垂直面相交处的防水构造，称为（　　）。

A. 勒脚　　B. 泛水　　C. 女儿墙　　D. 檐口

4. 屋顶设计最核心的要求是（　　）。

A. 美观　　B. 承重　　C. 防水　　D. 保温

5. 下面哪种排水，属于无组织排水？（　　）

A. 挑檐沟外排水　　B. 女儿墙外排水　　C. 自由落水　　D. 内落外排水

6. 为防止由于温度变化而产生裂缝，通常刚性防水层应设置（　　）。

A. 伸缩缝　　B. 沉降缝　　C. 防震缝　　D. 分仓缝

7. 平屋顶的排水坡度一般不超过 5%，最常用的坡度为（　　）。

A. 5%　　B. 1%　　C. 4%　　D. 2% ~ 3%

8. 屋面防水等级可分为（　　）级。

A. 二　　B. 三　　C. 四　　D. 五

9. 对于保温屋顶，通常在保温层下设置（　　），以防止室内水蒸气进入保温层内。

A. 找平层　　B. 隔汽层　　C. 保护层　　D. 隔离层

10. 刚性防水屋顶出现断裂的原因可能是（　　）。

A. 粘贴不牢　　B. 没做水蒸气扩散层

C. 没做隔离层　　D. 保护层不合理

三、多项选择题

1. 影响屋顶坡度的因素有（　　）。

A. 屋顶结构形式　　B. 地理气候条件　　C. 屋顶防水材料　　D. 建筑造型要求

2. 屋顶按功能划分有（　　）。

A. 保温屋顶　　B. 隔热屋顶　　C. 采光屋顶　　D. 蓄水屋顶

3. 平屋顶的隔热通常有（　　）等处理方法。

A. 通风隔热　　B. 蓄水隔热　　C. 种植隔热　　D. 反射降温隔热

四、判断题

（　　）1. 屋面防水层与垂直墙面相交处的构造处理称为泛水。

（　　）2. 在严寒地区采用内落水可以防止雨水管因结冰而胀裂。

（　　）3. 分格缝的设置是为了把大块现浇混凝土分割成小块，简化施工。

（　　）4. 泛水的高度是自屋面保护层算起高度不小于25mm。

五、简答题

1. 什么叫作泛水？屋顶的泛水应如何处理？

2. 排水坡度的形成方式有哪两类？各适用于什么情况？

3. 刚性防水屋顶为什么要设置分格缝？通常在哪些部位设置分格缝？

4. 屋顶排水组织设计的内容和要求是什么？

5. 屋顶设计应满足哪些要求？

项目8 门 窗

- 知识目标
  - 门窗概述
    - 了解 —— 门窗的作用
    - 掌握 —— 门窗的性能要求
  - 门的构造
    - 掌握
      - 门的分类
      - 常见门的图示方法及适用范围
    - 了解 —— 木门的构造与组成
  - 窗的构造
    - 掌握
      - 窗的分类
      - 常见窗的图示方法及适用范围
      - 门、窗框的安装方法
    - 了解 —— 常见门窗的构造做法
  - 遮阳的构造
    - 了解 —— 建筑遮阳的作用
    - 掌握 —— 建筑遮阳板的基本形式和构造
- 能力目标
  - 能够准确判断生活中的门窗类型，提升理论联系实际的能力
  - 能够初步完成门窗表的识读，并绘制门窗小样
- 素质目标
  - 通过学习建筑门窗的构造，树立“坚持绿色发展”的发展观，养成紧跟行业热点、终身学习的意识
  - 通过了解门窗的发展历史，培养创造性转化、创新性发展的理念
  - 通过欣赏形式多样的中式门窗，感悟门窗蕴含的美学价值和文化寓意，培养认同中国传统文化、发展中华文明的使命意识

引言

门和窗是建筑维护构件系统的重要组成部分，根据不同的设计要求，门和窗应具有保温、隔热、隔声、防水、防火等功能。门和窗是建筑造型的重要组成部分，其形状、大小、比例、排列、色彩对建筑物的外观和室内装饰起着非常重要的作用。此外，现阶段我国建筑业飞速发展，在取得骄人成果的同时，建筑高能耗也逐步成为摆在人们面前的一个亟待解决的重要问题，而门窗工程作为建筑工程中的一个重要环节，门窗的密闭性是节能设计中的重要内容。

知识链接：
建筑门窗的发展史

从原始木窗到钢窗的流行是实用性方面的变革；从钢窗到铝合金窗是审美的选择；从铝合金窗到断桥铝合金窗的流行，是降耗节能的趋势。纵观门窗发展的千年历史，由实用主义到美观至上，再到节能环保。不管如何变化，门窗作为家居中必不可少的一环，始终都是以让人们的生活更加舒适为目的，唯有以人为本的门窗，才能得到人们的青睐。

8.1 门窗概述

课堂思考

- 我们日常生活中见到的门窗种类繁多，这些不同类型的门窗在建筑中扮演着怎样的角色？它们为什么如此重要？你有没有听说过智能门窗、节能门窗等新型产品？这些新型门窗采用了哪些新技术和新材料？相比传统门窗它们有哪些优势？

8.1.1 门窗的作用

1. 门的作用

（1）通行和疏散。

门是人和家具等设施进出室内外和各个空间的通行口，其大小、数量、位置和开启方向要依据设计规范的要求确定。当有火灾、地震等紧急情况发生时，门又具备紧急疏散的功能，以保障人员的安全逃生。

（2）围护。

门是房间保温、隔声、防火、防盗以及防自然灾害的重要围护构件。

（3）采光通风。

玻璃门及门上设置的亮子，可用作房间的辅助采光。门与窗配合，保证室内空气流通，提供更加舒适的室内环境。

（4）美观。

门作为建筑出入口的重要组成部分，其设计形态直接影响建筑的立面效果。合适的门款式和材质可以与建筑风格相得益彰，增添建筑的艺术美感。

2. 窗的作用

（1）采光通风。

窗户的设置可以让室外的光线进入室内，提升室内照明度；合理设置窗户的数量和位置，还有利于室内空气的流通，提升室内空气质量。

（2）围护。

窗开启后可以通风，关闭时可以控制室内温度，避免自然界风、雨、雪等的侵袭，还可起到防盗等围护作用。

（3）观察和传递。

透过窗户，可以观察室外情况和自然环境，也可以传递信息或物品。

（4）装饰美观。

窗在整个建筑立面中占比较大，对建筑风格起到至关重要的作用，其大小、比例、组合等直接影响整个建筑物的艺术效果。

8.1.2 门窗的性能要求

门窗应满足抗风压、水密性、气密性等要求，且应综合考虑安全、采光、节能、保温、通风、防火、隔声等要求。门窗作为建筑外围护结构的重要组成部分之一，其能耗的高低对建筑总能耗的影响至关重要。近年来，我国在节能门窗的研究开发和技术引进方面做了大量工作，借鉴国外建筑节能经验，建立符合我国国情的能效标识技术和治理制度，对有效推广建筑节能及建筑门窗节能起到很大的推动作用，门窗节能水平大幅提升，这些举措在满足人们对室内舒适度的要求的同时，大大降低建筑能耗，有利于建立正确的全民节能观念，达到全社会节能减排目标。

1. 气密性、水密性、抗风压性能要求

根据国家标准《建筑外门窗气密、水密、抗风压性能检测方法》（GB/T 7106–2019）与《建筑幕墙、门窗通用技术条件》(GB/T 31433–2015)，门窗的气密性、水密性和抗风压性能需满足下列要求。

（1）气密性。

气密性指可开启部分在正常锁定状态时，外门窗阻止空气渗透的能力。建筑外门窗气密性分 8 个等级，具体分级指标见表 8－1。

表 8－1　建筑外门窗气密性分级

分级	1	2	3	4
单位缝长空气渗透量 q_1（$m^3/m \cdot h$）	$4.0 \geqslant q_1 > 3.5$	$3.5 \geqslant q_1 > 3.0$	$3.0 \geqslant q_1 > 2.5$	$2.5 \geqslant q_1 > 2.0$
单位面积空气渗透量 q_1（$m^3/m \cdot h$）	$12 \geqslant q_2 > 10.5$	$10.5 \geqslant q_2 > 9.0$	$9.0 \geqslant q_2 > 7.5$	$7.5 \geqslant q_2 > 6.0$
分级	5	6	7	8
单位缝长空气渗透量 q_1（$m^3/m \cdot h$）	$2.0 \geqslant q_1 > 1.5$	$1.5 \geqslant q_1 > 1.0$	$1.0 \geqslant q_1 > 0.5$	$q_1 \leqslant 0.5$
单位面积空气渗透量 q_1（$m^3/m \cdot h$）	$6.0 \geqslant q_2 > 4.5$	$4.5 \geqslant q_2 > 3.0$	$3.0 \geqslant q_2 > 1.5$	$q_2 \leqslant 1.5$

（2）水密性。

水密性指可开启部分在正常锁闭状态时，在风雨同时作用下，外门窗阻止雨水渗透的能力。外门窗水密性能以严重渗漏压力差值的前一级压力差值 ΔP 为分级指标，分级应符合表 8－2 中的规定。

表 8－2　建筑外门窗水密性能分级

分级	1	2	3	4	5	6
分级指标 ΔP（Pa）	$100 \leqslant \Delta P < 150$	$150 \leqslant \Delta P < 250$	$250 \leqslant \Delta P < 350$	$350 \leqslant \Delta P < 500$	$500 \leqslant \Delta P < 700$	$\Delta P \geqslant 700$

（3）抗风压性能。

抗风压性能是指可开启部分在正常锁闭状态时，在风压作用下，外门窗变形不超过允许值且不发生损坏或功能障碍的能力。外门窗抗风压性能以定级检测压力 P_3 为分级指标，分级应符合表 8－3 中的规定。

表 8－3　建筑外门窗抗风压性能分级

分级	1	2	3	4	5
分级指标 P_3（kPa）	$1.0 \leqslant P_3 < 1.5$	$1.5 \leqslant P_3 < 2.0$	$2.0 \leqslant P_3 < 2.5$	$2.5 \leqslant P_3 < 3.0$	$3.0 \leqslant P_3 < 3.5$
分级	6	7	8	9	
分级指标 P_3（kPa）	$3.5 \leqslant P_3 < 4.0$	$4.0 \leqslant P_3 < 4.5$	$4.5 \leqslant P_3 < 5.0$	$P_3 \geqslant 5.0$	

2. 保温性能要求

外门窗是建筑围护结构中主要的热交换部位，因此是建筑外围护结构保温、隔热设计的重点。为改善门窗保温性能，要选择热阻大的材料和合理的门窗构造方式。

建筑外门窗阻止热量由室内向室外传递的能力，用传热系数（即稳态传热条件下，门窗两侧空气温差为1K时，单位时间内通过单位面积的传热量）表示。根据国家标准《民用建筑热工设计规范》（GB 50176–2016）可知，各个热工气候区建筑内对热环境有要求的房间，其外门窗、透光幕墙、采光顶的传热系数宜符合表8－4中的规定，并应按表8－4的要求进行冬季的抗结露验算。严寒地区、寒冷A区、温和地区门窗、透光幕墙、采光顶的冬季综合遮阳系数不宜小于0.37。

表8－4　建筑外门窗、透光幕墙、采光顶传热系数的限值和抗结露验算要求

气候区	K［W/（m^2·K）］	抗结露验算要求
严寒A区	≤ 2.0	验算
严寒B区	≤ 2.2	验算
严寒C区	≤ 2.5	验算
寒冷A区	≤ 3.0	验算
寒冷B区	≤ 3.0	验算
夏热冬冷A区	≤ 3.5	验算
夏热冬冷B区	≤ 4.0	不验算
夏热冬暖地区	—	不验算
温和A区	≤ 3.5	验算
温和B区	—	不验算

3. 隔声性能要求

建筑门窗的隔声性能指门窗阻断声音通过空气传播的能力。根据国家标准《建筑门窗空气声隔声性能分级及检测方法》（GB/T 8485–2008），可将其分为6个等级，1级隔声性能最差，6级最好。沿街的住宅或环境噪声较大时，其隔声性能应不小于30dB（3级）。

4. 采光性能要求

为了保证房间有足够的照度，不同功能的房间对采光系数有不同的要求，根据光通过窗框和采光材料与窗相组合的挡光部件后减弱的系数（即透光折减系数 T_r）进行划分，外窗采光性能可分为5级。

5. 疏散、防火性能要求

为便于发生紧急情况时人员的疏散通行，应根据民用建筑的高度、规模、使用功能

和耐火等级等因素合理设置安全疏散和避难设施。安全出口和疏散门的位置、数量、宽度及疏散楼梯间的形式，应满足人员安全疏散的要求。建筑内的安全出口和疏散门应分散布置，且建筑内每个防火分区或一个防火分区的每个楼层、每个住宅单元每层相邻两个安全出口以及每个房间相邻两个疏散门最近边缘之间的水平距离不应小于 5m。为避免在着火时由于人群惊慌、拥挤而压紧内开门扇，使门无法开启，要求疏散门向疏散方向开启。

另外，建筑内部有些部位的门窗还有防火要求。设计时应根据建筑的不同功能部位选择防火门窗等级。如通风、空气调节机房和变配电室开向建筑内的门应采用甲级防火门，消防控制室和其他设备房开向建筑内的门、防火通道的楼梯间出入口等部位应采用乙级防火门；设备管道井、通风道的门应为丙级防火门。

8.2 门的构造

课堂思考

- 门作为室内各空间之间以及室内与室外之间的交通联系点，在建筑中扮演着至关重要的角色，不同类型的门分别适用于哪些场合？门的基本构造通常包括哪些部分？我们常见的门板上可能有哪些元素？门框又是如何与门板结合在一起的？

8.2.1 门的分类

1. 根据材料分类

根据门所使用的材料可分为木门、钢门、铝合金门、玻璃门等。

2. 根据功能分类

根据门的功能可分为防火门、保温门、防盗门、防护门等。

3. 根据开启方式分类

根据门的开启方式可分为平开门、弹簧门、推拉门、折叠门、旋转门、卷帘门等。

（1）平开门：水平开启的门，它的门扇铰链的一侧与门框相连，使门扇围绕铰链轴转动。其门扇有单扇、双扇、内开和外开之分。

（2）弹簧门：弹簧门的开启方式与普通平开门相同，不同之处在于其以弹簧铰链代替普通铰链，或安装了特制的弹簧，借助弹簧的力量使门扇能向内、向外开启并经常保持关闭。

（3）推拉门：推拉门的门扇沿轨道左右滑行，通常分为单扇推拉门和双扇推拉门。根据轨道的位置，推拉门可分为上挂式推拉门和下滑式推拉门。

（4）折叠门：通常对较大的门洞设置多扇门并用铰链相连，开启后门扇折叠在一起，可分为侧挂式和推拉式两种折叠门。

（5）旋转门：旋转门由两个固定的弧形门套和垂直旋转的门扇构成。门扇通常为三扇或四扇，绕中竖轴旋转。

（6）卷帘门：卷帘门是以多关节活动的门片串联在一起，在固定的滑道内，以门上方卷轴为中心转动上下的门。

常见门的图示方法及适用范围见表 8－5。

表 8－5　常见门的图示方法

门类型	示意图	图例	优缺点及适用范围
平开门	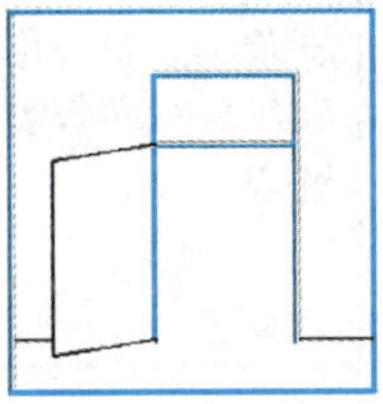	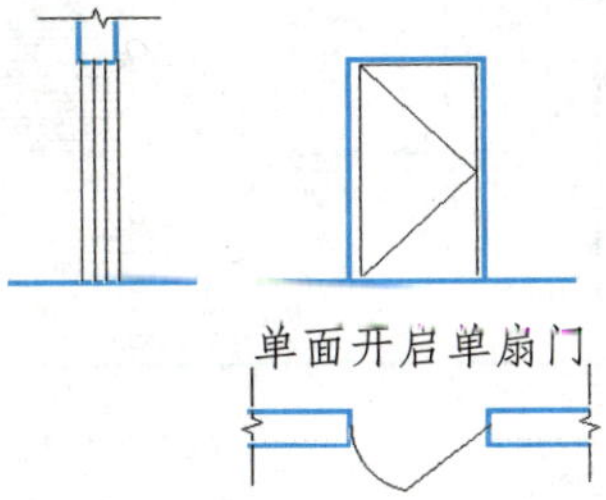	构造简单，开启灵活，密封性能好，制作和安装较方便，易于维修，是建筑中最常见、使用最广泛的门之一，但开启时占用面积较大
弹簧门	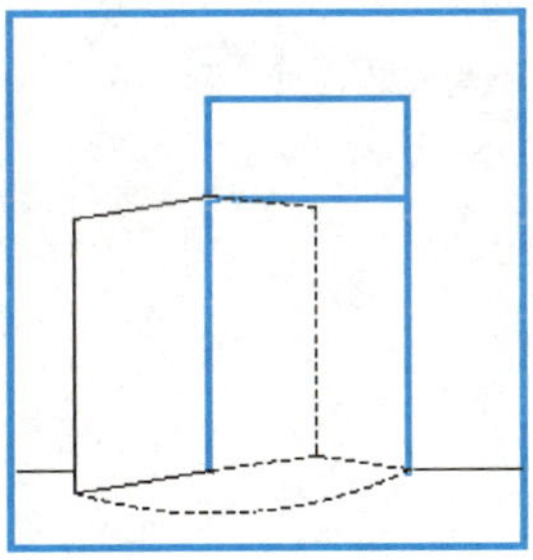	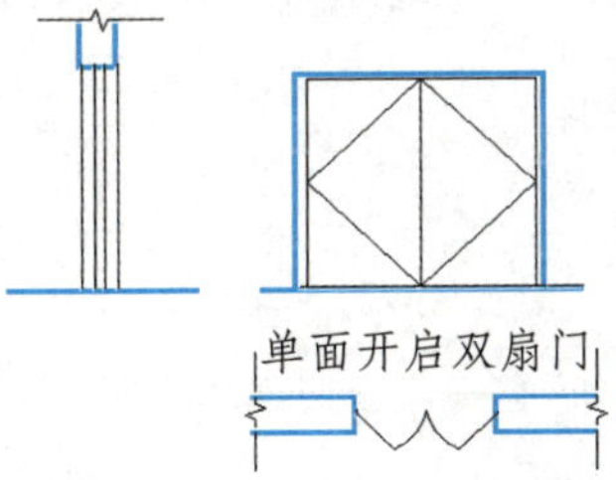	使用方便，美观大方，开启后可自动关闭，但密封性能较差，广泛应用于商场、学校、医院、办公楼等
推拉门	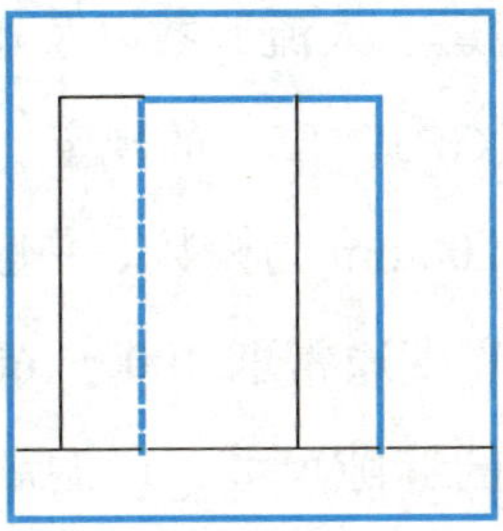	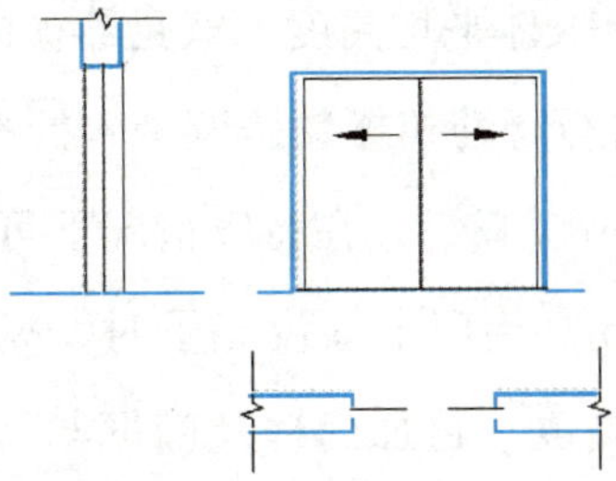	开启时不占空间，受力合理，不易变形，但在关闭时难以严密，构造亦较复杂，自动推拉门多用于公共建筑大厅入口处，手动推拉门多用于民用建筑的厨房、卫生间、阳台

续表

门类型	示意图	图例	优缺点及适用范围
折叠门	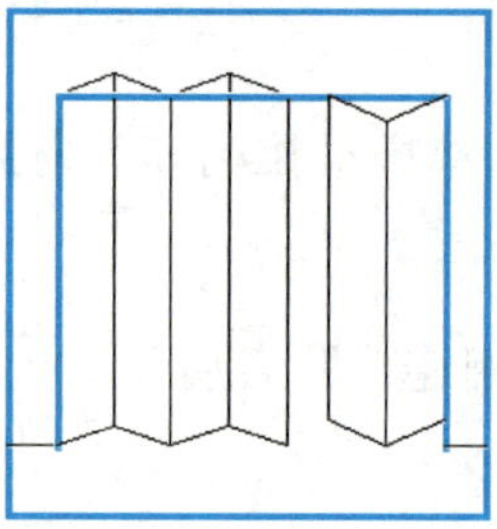	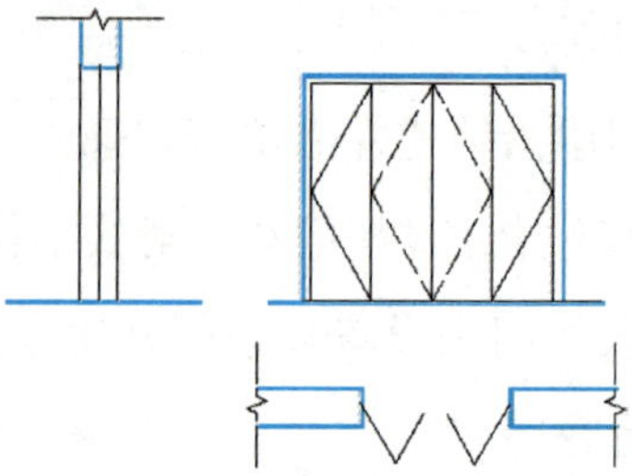	开启时占用空间少，但构造较复杂，一般用作学校、医院、企事业单位入口处的大门
旋转门	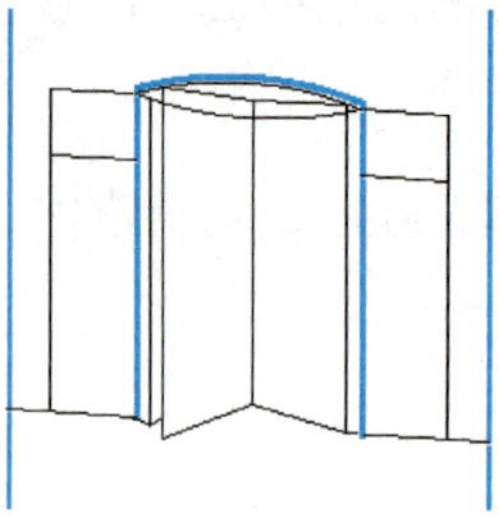	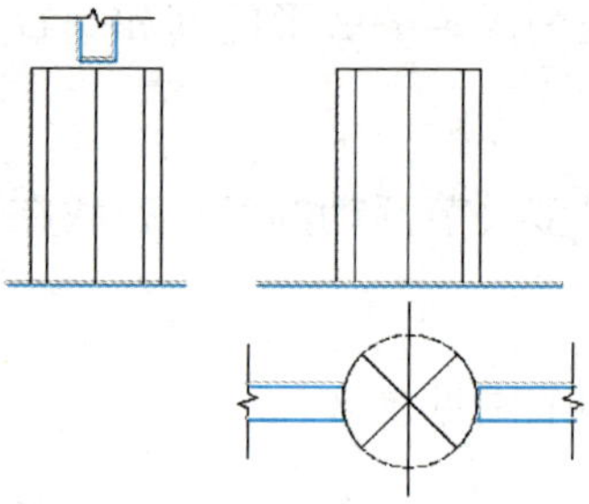	构造复杂，密封性能好，保温隔热性好，卫生、方便，但造价高，通常用作人流不多、房间洁净程度要求较高和寒冷地区公共建筑的外门，如宾馆、酒店、公寓等的外门
卷帘门	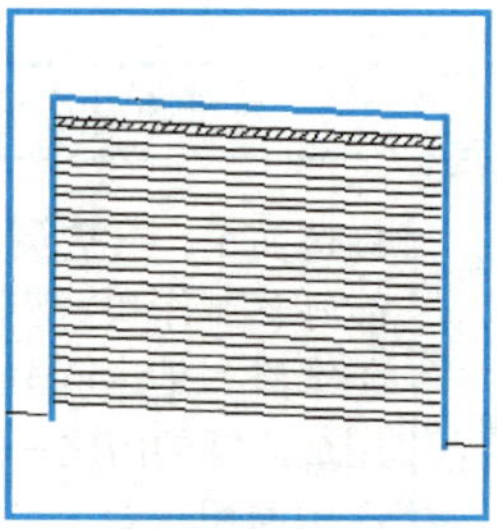	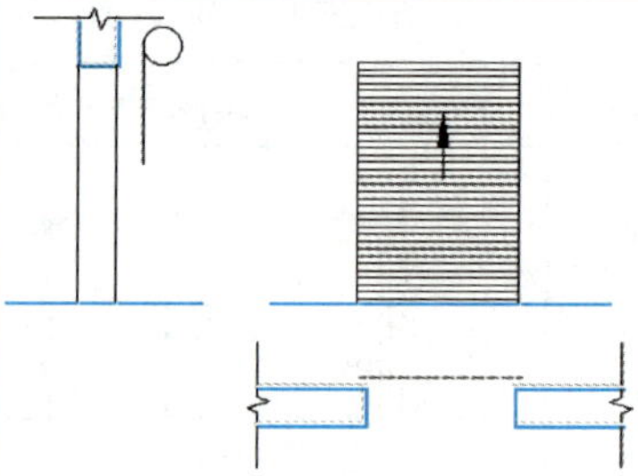	开启时不占使用面积，但加工复杂，主要适用于商场、车库和厂房车间等需大尺寸门洞的场合

备注：1. 门的名称代号用 M 表示；
2. 平面图中，下为外，上为内；
3. 立面图中，开启线实线为外开，虚线为内开，开启线交角的一侧为安装合页一侧；
4. 剖面图中，左为外，右为内；
5. 立面形式应按实际情况绘制。

8.2.2 门的设计要求

1. 门的尺寸

门的宽度和高度尺寸是由人体平均高度、家具器械的搬运、人流股数以及建筑造型等的要求来确定的，并应符合现行《建筑模数协调统一标准》(GBJ 2–86）的规定。

门的高度：一般以 300mm 为模数，在特殊情况下可取 100mm 为模数。一般民用建筑门洞的高度不宜小于 2 100mm。当门上加设亮子时，亮子高度通常取 300 ～ 600mm，则门洞高度为门扇高度加亮子高度，再加门框及门框与墙间的缝隙尺寸，门洞高度一般为

2 400 ～ 3 000mm。公共建筑和工业建筑的大门高度可视需求适当提高。

门的宽度：单扇门为 700 ～ 1 000mm，双扇门为 1 200 ～ 1 800mm。门的宽度在 2 100mm 以上时，则设置成三扇门、四扇门或双扇带固定扇的门，因为门扇过宽易产生翘曲变形，同时也不利于开启。辅助房间（如浴厕、贮藏室等）的门的宽度可窄些，一般为 700 ～ 800mm。

2. 门的选用

门的选用应根据建筑所在地区的气候条件、节能要求等因素综合确定，并应符合国家现行建筑门产品标准的规定。

（1）公共建筑的出入口常用平开门、弹簧门、自动推拉门及旋转门等。旋转门、电动门、卷帘门等的附近应另设平开的疏散门。疏散门的宽度应满足安全疏散和残疾人通行的要求。

（2）公共出入口的外门应为外开或可双向开启的弹簧门，位于疏散通道上的门应向疏散方向开启。托儿所、幼儿园、小学或其他儿童集中活动的场所不得使用弹簧门。

（3）湿度大的区域不宜选用纤维板门或胶合板门。

（4）体育场馆或运动员经常出入的门，门扇净高不应小于 2.2m。

（5）双扇开启的门的门洞宽度不应小于 1.2m。

（6）车库门宜采用上翻（滑）门或卷帘门。

3. 门设置的有关规定

（1）外门应开启方便、坚固耐用。

（2）手动开启的大门扇应有制动装置，推拉门应有防脱轨的措施。

（3）双面弹簧门应在可视高度部分装透明安全玻璃。

（4）推拉门、旋转门、电动门、卷帘门、吊门、折叠门不应作为疏散门。

（5）开向疏散走道及楼梯间的门扇开足后，不应影响走道及楼梯平台的疏散宽度。

（6）全玻璃门应选用安全玻璃或采取防护措施，并应设防撞提示标志。

（7）变形缝处不得利用门框盖缝，门扇开启时不应跨越变形缝。

（8）当设有弹簧门或门斗时，门扇同时开启时两道门的间距不应小于 0.8m，如图 8－1、图 8－2 所示；当有无障碍要求时，应符合现行国家标准《无障碍设计规范》（GB 50763–2012）的规定。

（9）住宅内门的位置和开启方向，应结合家具布置考虑。

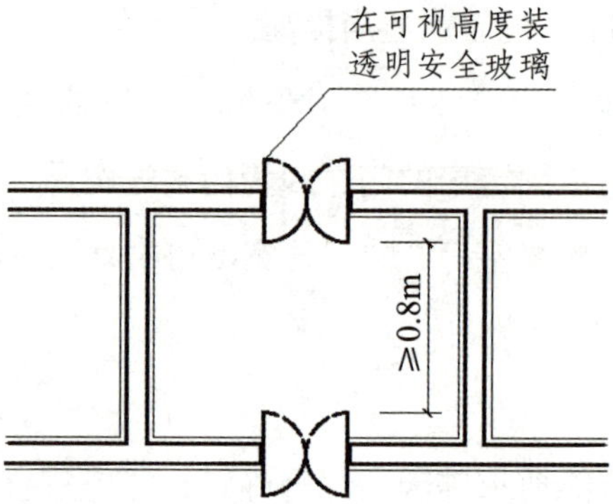

图 8-1　设有弹簧门时两道门的间距

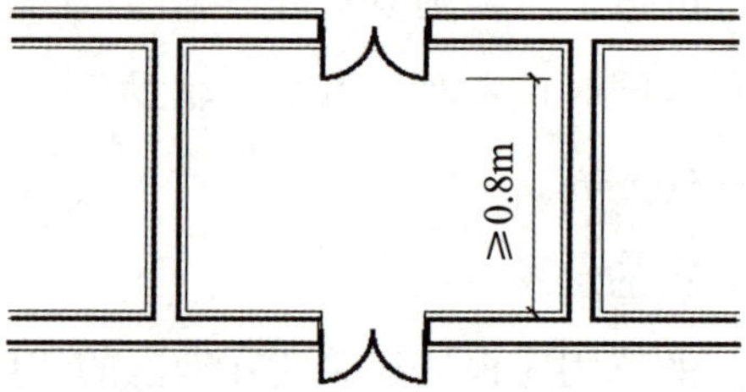

图 8-2　设有门斗时两道门的间距

8.2.3 木门的构造组成

木门一般由门框和门扇两部分组成，如图 8-3 所示。门框由上槛、中槛、下槛和边框等部分组成，多扇门还有中竖框；门扇由上冒头、中冒头、下冒头和边梃等组成。为了通风采光，可在门的上部设腰窗（俗称上亮子），有固定、平开及上、中、下悬等形式，其构造同窗扇。门框与墙间常用木条盖缝，形成门头线，俗称贴脸。门上还有五金件，常见的有铰链、门锁、插销、拉手、停门器、风钩等。

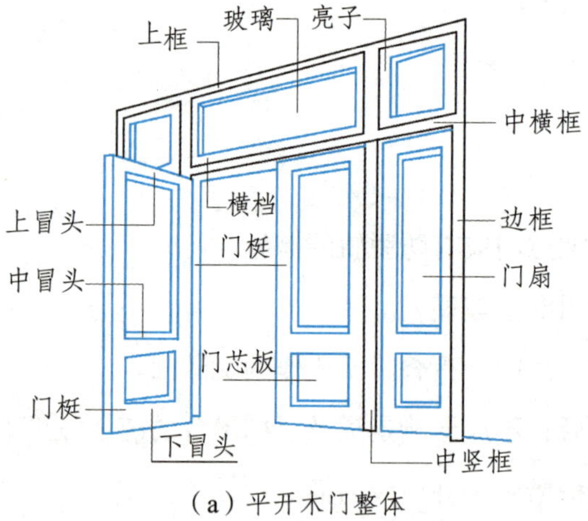

（a）平开木门整体

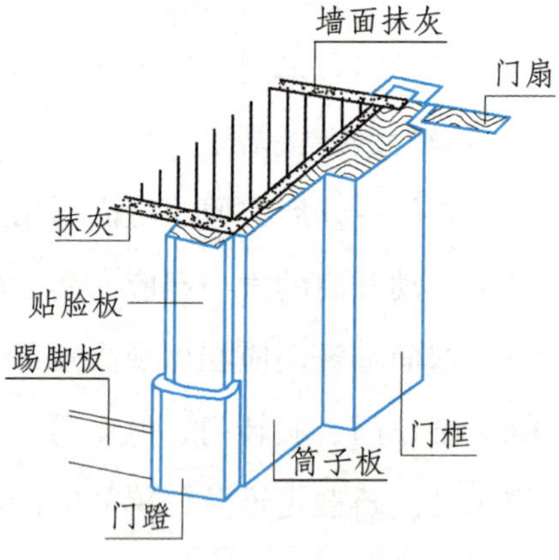

（b）平开木门与墙衔接

图 8-3　平开木门的组成

1. 门框

门框一般由两根竖直的边框和上框组成。当门带有亮子时，还有中横档。多扇门还有中竖梃。

（1）门框断面形式。

门框断面形式与门的类型、层数有关，应有利于门的安装，并应具有一定的密闭性。

门框的断面形式和尺寸如图 8－4 所示。

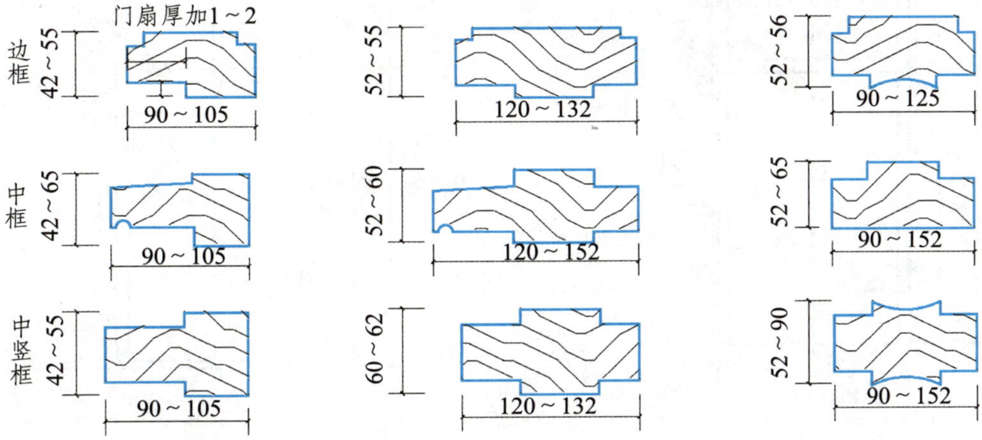

（a）单层门　（b）双层门　（c）弹簧门

图 8－4　门框的断面形式和尺寸

（2）门框与墙的相对位置。

门框可与墙的中间或墙的一侧平齐，一般多与开启方向一侧平齐，尽可能使门扇开启时贴近墙面。门框四周的抹灰极易开裂脱落，因此在门框与墙结合处应做贴脸板和木压条盖缝，装修标准高的建筑，还可以在门洞两侧和上方设筒子板。门框位置、贴脸板及筒子板如图 8－5 所示。

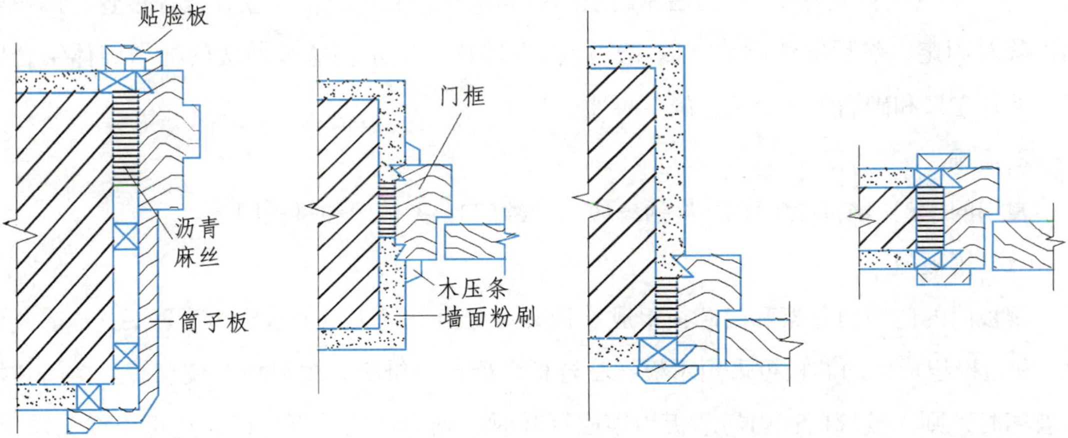

（a）外平　（b）立中　（c）内平　（d）内外平

图 8－5　门框位置、贴脸板及筒子板

（3）门框的安装。

门框的安装方式根据施工方式，分为塞口法和立口法两种，如图 8－6 所示。

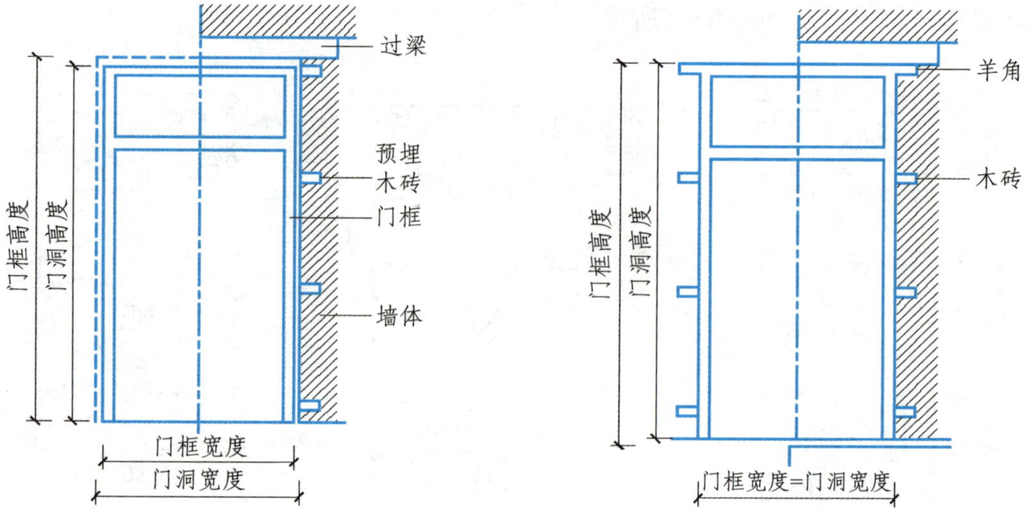

（a）塞口法　　（b）立口法

图 8-6　门框的安装方式

1）塞口（又称塞樘子）：在墙砌好后，预留出门洞口，再在其中安装门框。采用此法，洞口的宽度应比门框大 20 ～ 30mm，高度比门框大 10 ～ 20mm。门洞两侧墙上每隔 500 ～ 600mm 预埋木砖或预留缺口，用长钉或水泥砂浆将门框固定。门框与墙之间的缝隙需要用沥青麻丝嵌填，门框外侧与墙面（柱面）的接触面、预埋木砖均需做防腐处理。

2）立口（又称立樘子）：当墙体砌至门窗高度时，先将门框支立在设计位置，用撑杆加以临时固定，然后继续砌墙，以实现门框在墙体上固定。这种做法门框与墙体结合紧密，但是立口和砌墙工序交叉，施工不便。

2. 门扇

常用的木门门扇有镶板门（包括玻璃门、纱门）、夹板门和拼板门等。

（1）镶板门。

镶板门的门扇由骨架和门芯板组成。骨架一般由上冒头、中冒头、下冒头（一道或多道）和边梃组成，门芯板可采用木板、胶合板、硬质纤维板、塑料板、玻璃等。当门芯板为玻璃时，则为玻璃门；当门芯板为纱或百叶时，则为纱门或百叶门；也可以根据需要，部分门芯板采用玻璃、纱或百叶，如上部玻璃、下部百叶组合的方式，如图 8-7 所示。

门芯板在门框的镶嵌方式可用暗槽、单面槽以及双边压条的构造形式，如图 8-8 所示。其中，暗槽结合牢固，在工程中应用较多，其他两种方法比较省料和简单，多用于玻璃、纱及百叶的安装。

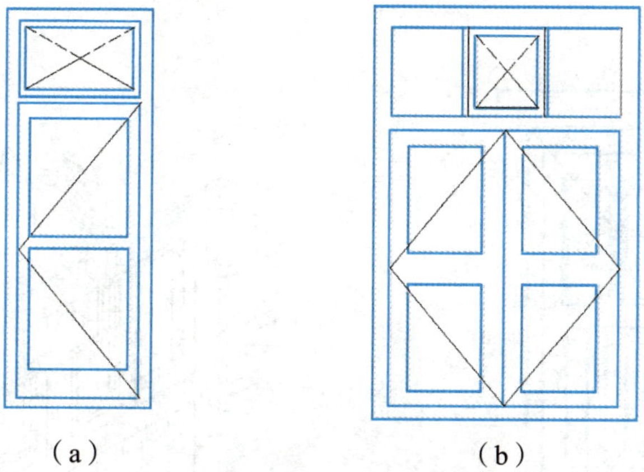

图 8-7 镶板门

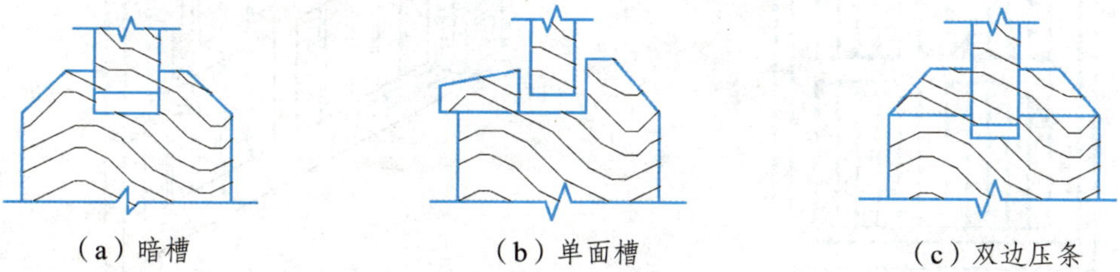

图 8-8 门芯板镶嵌方式

（2）夹板门。

夹板门的做法是用小截面的木条组成骨架，在骨架的两面铺钉胶合板或纤维板等，面板和骨架形成一个整体，共同抵抗变形。夹板门的形式可以是全夹板门、带玻璃或带百叶夹板门，如图 8-9 所示。

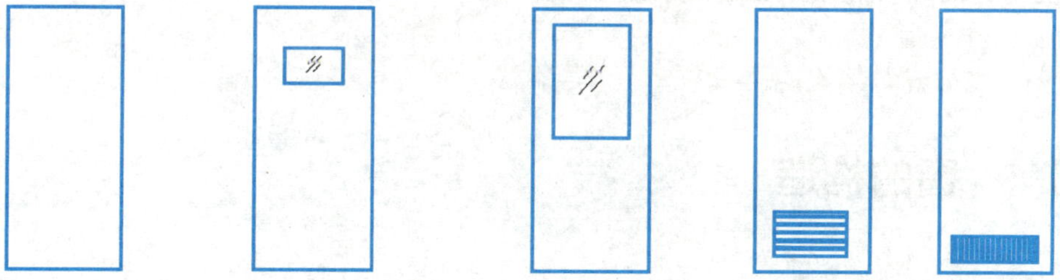

（a）全夹板门 （b）带观察窗夹板门 （c）半玻璃夹板门 （d）带通风百叶夹板门

图 8-9 夹板门示意图

夹板门构造简单，可利用小料、短料，其自重轻，外形简单，便于工业化生产，故在一般民用建筑中应用广泛。

（3）拼板门。

拼板门的门扇由骨架和条板组成，如图 8-10 所示。拼板门一般采用的是全木结构，具有强度好的特点。

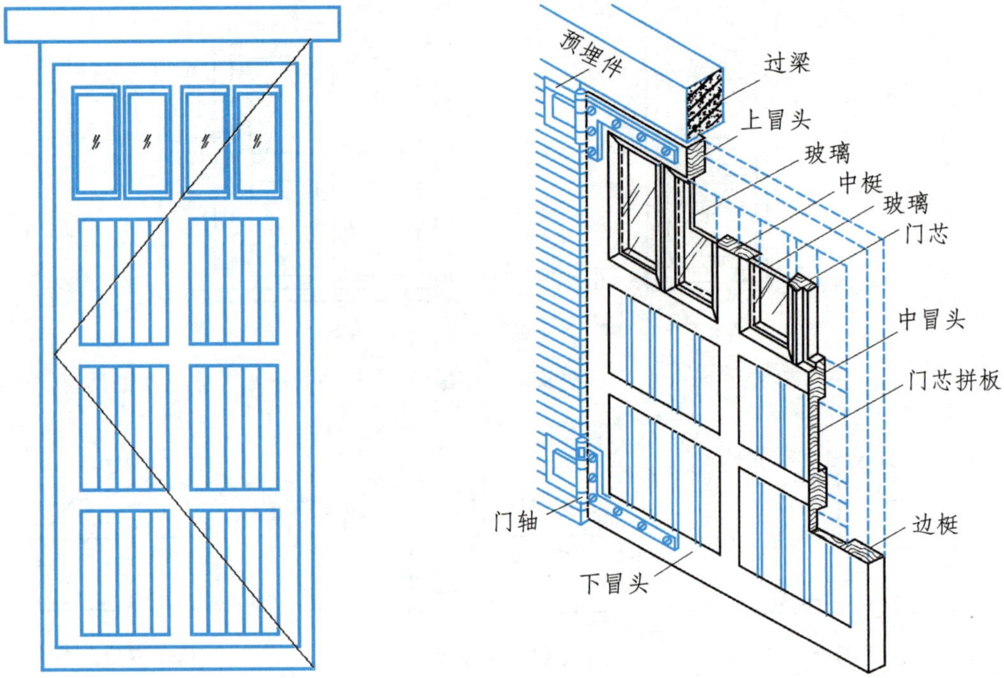

图 8-10　拼板门

3. 五金件

五金件是由门窗的转角加固和握持构件、铰链的转轴构件和锁定构件组成的，主要起到加固、握持、转动和固定的作用。常规的五金件主要有铰链、插销、门锁和拉手等，均为工业定型产品，形式多种多样。在选型时，需特别注意铰链的强度，以防止其变形而影响门的使用，需结合建筑装修进行拉手选型。

8.3 窗的构造

课堂思考

- 窗不仅为室内带来了光明与清新的空气，更是连接内外世界的桥梁。那么，窗是如何固定在墙上的？它是如何确保既能轻松开启又能紧密关闭的？不同类型的窗分别适用于哪些不同的场合？

8.3.1 窗的分类

1. 根据材料分类

根据窗所使用的材料，可分为木窗、钢窗、铝合金窗、塑钢窗等。不同材料的特点见表 8－6。

表 8－6 窗的材料类别及其特点

类别	特点
木窗	木窗加工制作方便，构造简单、经济，密封性能及保温效果好，但易变形、损毁，防火、防水性能差
钢窗	钢窗强度高，挡光少，防火性能好；其缺点是易生锈，耐久性差，密封性能和热工性能差
铝合金窗	质量轻、密封性能好，美观，有良好的装饰性，但成本高
塑钢窗	密封和热工性能好，耐腐蚀，不易变形，色彩丰富，但造价高

扩展阅读

窗的美学价值及文化精神

窗作为建筑的重要组成部分，除了具有功能性作用之外，对于建筑的造型、建筑的风格、建筑的庄严性等同样起着决定性的作用。尤其是中式窗，通过形式多样的窗格图案，实现型、艺、材、韵的完美统一，蕴含着深刻的美学价值和文化寓意，寄托了人们对生活的美好期许，使得今人能通过传统窗格装饰领会意味无穷的传统文化。信息全球化带来了各国经济、信息、文化的碰撞交流，在这个过程中，我们更要坚定文化自信，从沉淀的传统文化基因中不断提炼新的文化元素，将其与新的科学技术、传播媒介、文化需求、文化业态相结合，生动呈现中华文化之美，不断增强中华文明传播力、影响力，赓续中华文脉，推动中华文明永焕荣光。

2. 根据开启方式分类

根据开启方式，窗可分为平开窗、推拉窗、悬窗、立转窗、固定窗、百叶窗等。

（1）平开窗。其铰链安装在窗扇一侧，与窗框相连，可向外或向内水平开启。

（2）推拉窗。其窗扇沿着导轨槽可以左右推拉，也可以上下推拉。

（3）悬窗。窗扇绕水平轴转动的窗。按铰链和转轴的位置不同，可分为上悬窗、中悬窗、下悬窗。

（4）立转窗。窗扇绕垂直轴转动的窗。竖轴可设在窗扇中心，也可以略偏于窗扇一侧。

（5）固定窗。无窗扇、不能开启的窗。固定窗的玻璃直接嵌固在窗框上，可供采光和眺望之用。

（6）百叶窗。百叶窗可用金属、木材、玻璃、钢筋混凝土等制作，有固定式和活动式两种。

常见窗的图示方法和适用范围见表 8－7。

表 8－7　常见窗的图示方法和适用范围

窗类型		示意图	图例	优缺点及适用范围
平开窗		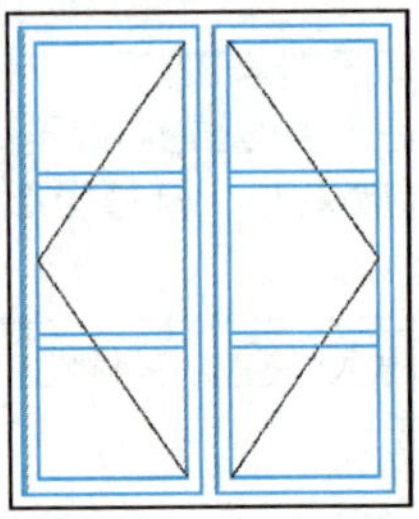	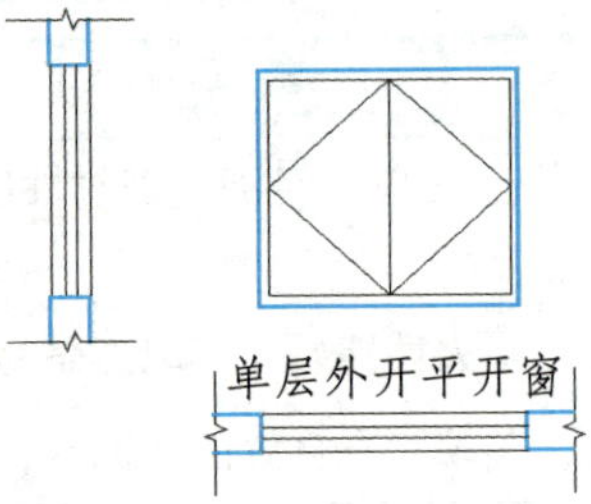	构造简单，开启灵活，实际开启面积大，对建筑通风有利，其气密性较好，在民用建筑中应用比较广泛
		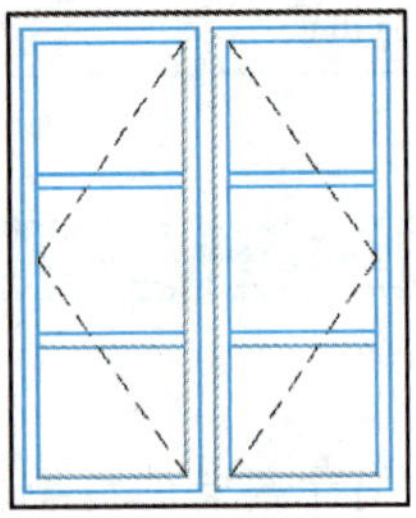	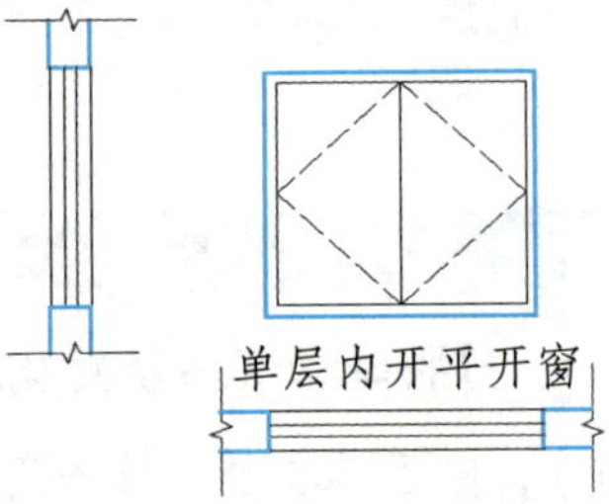	
推拉窗		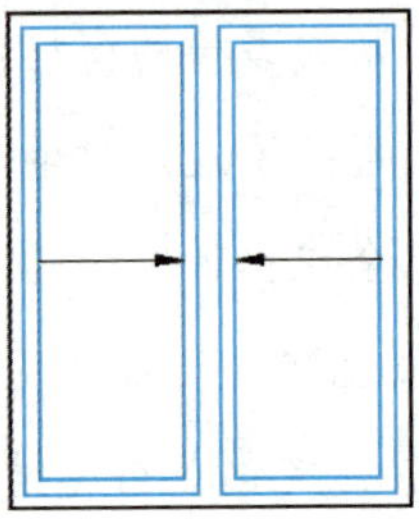	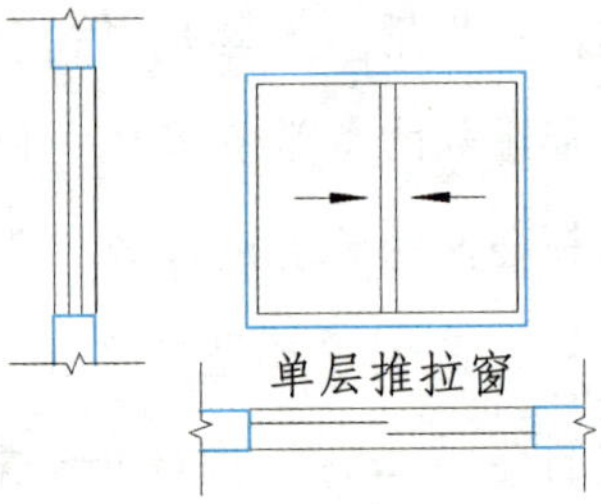	不多占使用空间，窗扇受力状态较好，适宜安装较大的玻璃，但通风面积受到限制
悬窗	上悬窗	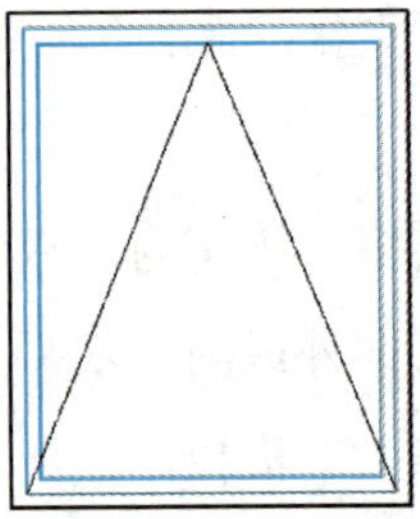	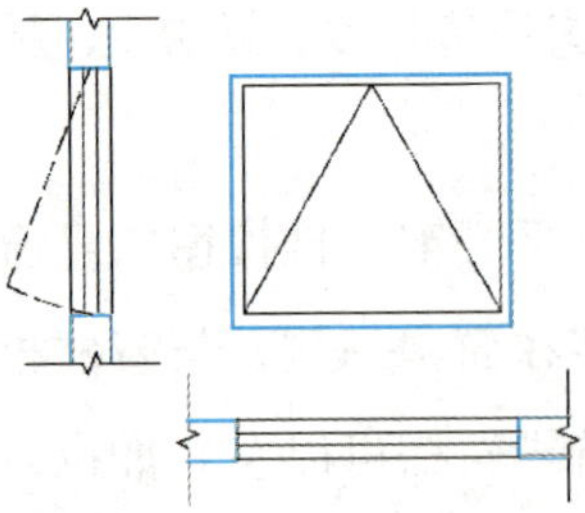	一般向外开，防雨好，多用作外门窗上的亮子
	中悬窗	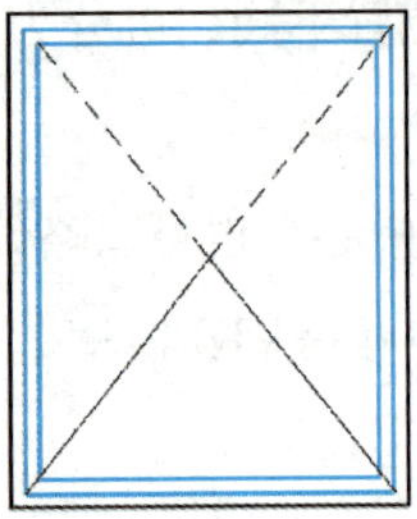	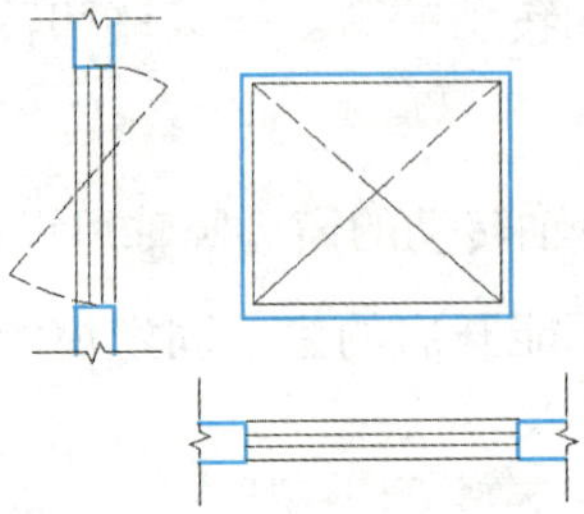	开启时窗上部向内，下部向外，对挡雨、通风有利，并且开启易于机械化，常用作单层工业厂房的高侧窗，也可用于外窗或靠外廊的窗

续表

窗类型	示意图	图例	优缺点及适用范围
悬窗 下悬窗	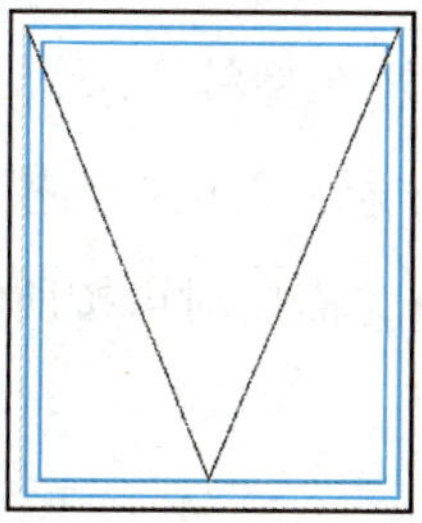	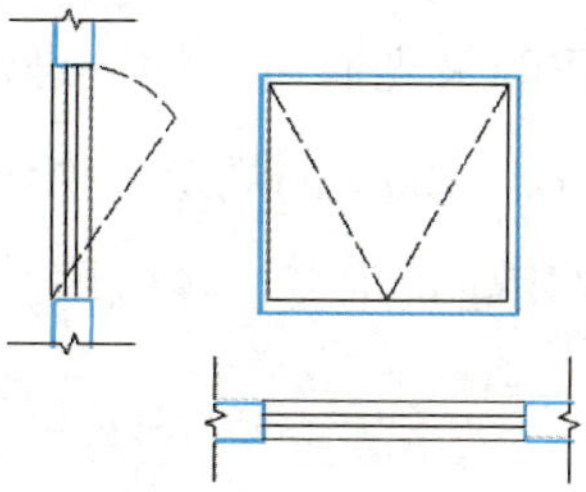	一般向内开，不防雨，通风较好，可用作内门上的亮子
立转窗	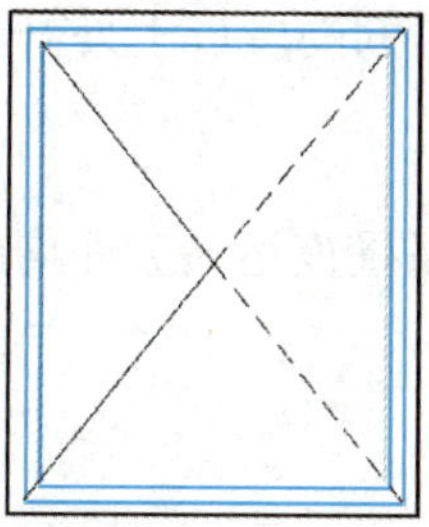	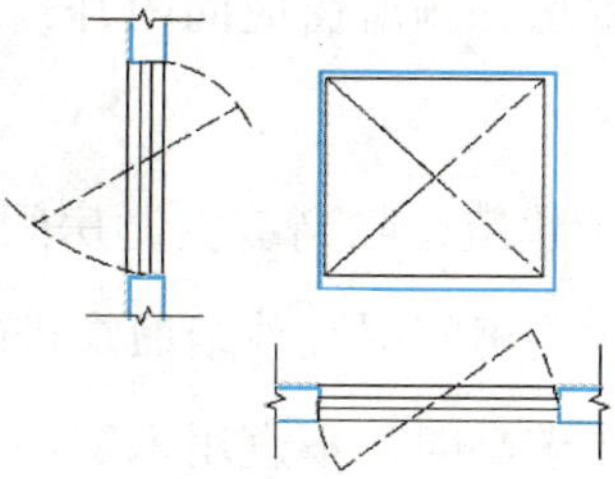	通风效果好，防雨及密封性较差，多用作单层工业厂房的低侧窗
固定窗		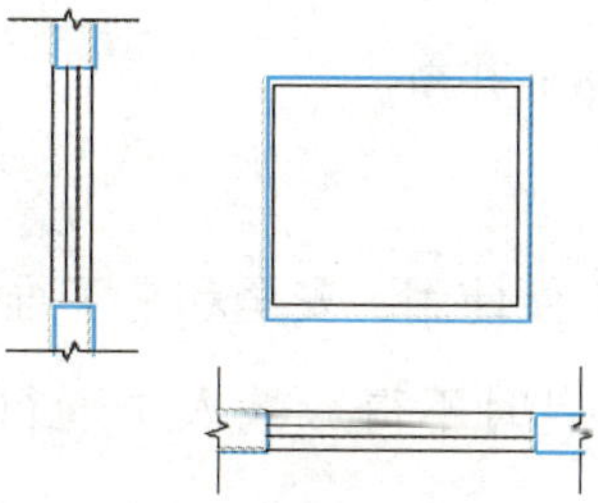	构造简单，密闭性好，多用作门窗亮子
百叶窗		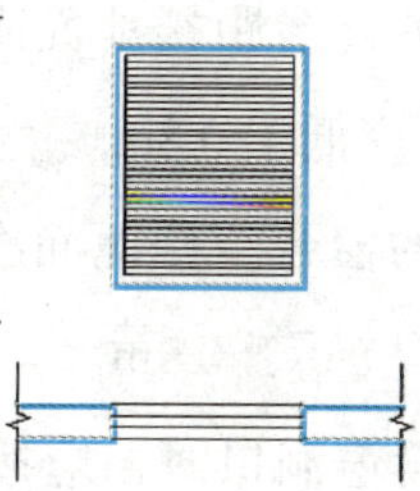	主要用于遮阳、防雨及通风，但采光差

备注：1. 窗的名称代号用 C 表示。
2. 平面图中，下为外，上为内。
3. 立面图中，开启线实线为外开，虚线为内开。开启线交角的一侧为安装合页一侧。开启线在建筑立面图中可不表示，在门窗立面大样图中需绘出。
4. 剖面图中，左为外、右为内。虚线仅表示开启方向，项目设计不表示。
5. 附加纱窗应以文字说明，在平、立、剖面图中均不表示。
6. 立面形式应按实际情况绘制。

8.3.2 窗的设计要求

1. 窗的尺寸

窗的尺寸主要取决于房间的采光通风、构造做法和建筑造型等要求，并应符合现行《建筑模数协调统一标准》（GBJ 2–86）的规定。窗洞口尺寸通常采用扩大模数 3M 数列作为洞口的标志尺寸，对一般民用建筑用窗，各地均有通用图，需要时可按所需类型及尺度大小直接选用。

2. 窗的选用

（1）面向外廊的居室、厨房、厕所窗应向内开，或在人的高度以上外开，并应考虑防护安全及密闭性要求。

（2）低、多、高层的民用建筑，除高级空调房间（确保昼夜运转）外均应设纱扇，并应注意防止走道、楼梯间、次要房间漏装纱扇而常进蚊蝇。

（3）高温、高湿及防火要求高时，不宜用木窗。

（4）用于锅炉房、烧火间、车库等处的外窗，可不装纱扇。

（5）高层建筑不应采用外平开窗。

3. 窗设置的有关规定

（1）窗扇的开启形式应方便使用、安全和易于维修、清洗。

（2）公共走道的窗扇开启时不得影响人员通行，其底面距走道地面高度不应低于 2.0m。

（3）公共建筑临空外窗的窗台距楼地面净高不得低于 0.8m，否则应设置防护设施，防护设施的高度由地面起算不应低于 0.8m。

（4）居住建筑临空外窗的窗台距楼地面净高不得低于 0.9m，否则应设置防护设施，防护设施的高度由地面起算不应低于 0.9m。

（5）当防火墙上必须开设窗洞口时，应按现行国家标准《建筑设计防火规范》（GB 50016–2014）执行。

（6）天窗应采用防破碎伤人的透光材料。

（7）天窗应有防冷凝水产生或引泄冷凝水的措施，若在多雪地区应考虑积雪对天窗的影响。

（8）应设置方便开启、清洗、维修天窗的设施。

8.3.3 窗的构造

窗主要是由窗框、窗扇和五金件三部分组成的，如图 8－11 所示。

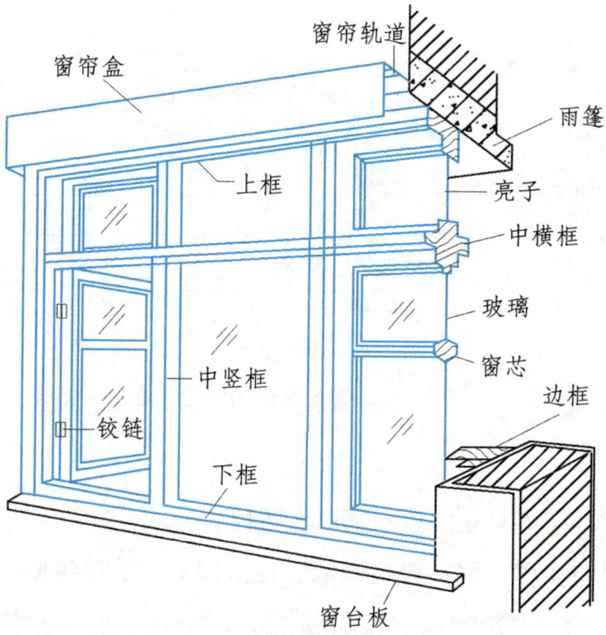

图 8－11　窗的组成

1. 窗框

窗框又称窗樘，一般由上框、下框、中横框、中竖框及边框组成，其主要作用是与墙连接并通过五金件固定窗扇。

（1）窗框断面。

窗框的断面尺寸应考虑接榫牢固，常见的断面形状及尺寸如图 8－12 所示。图 8－12 中虚线为毛料尺寸，粗实线为设计尺寸，中横框若加披水，其宽度还需增加 20mm 左右。

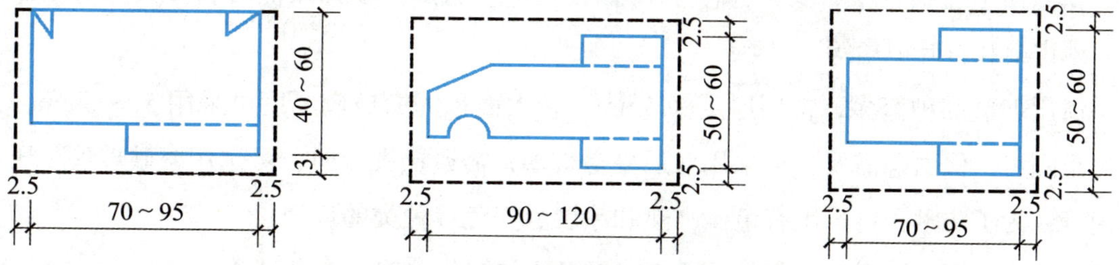

图 8－12　单层窗框的断面形状及尺寸

（2）窗框在墙洞中的位置。

窗框在墙洞中的位置有窗框内平、窗框居中、窗框外平三种，如图 8－13 所示。内平时，窗框一般凸出内墙面20mm，以便墙面粉刷后与抹灰面平，窗框与抹灰面交接处，应用贴脸板搭盖，防止因抹灰干缩形成缝隙而影响美观；居中时，内部设窗台板，外部设窗台；外平时，室外需安装专门的防雨设施。

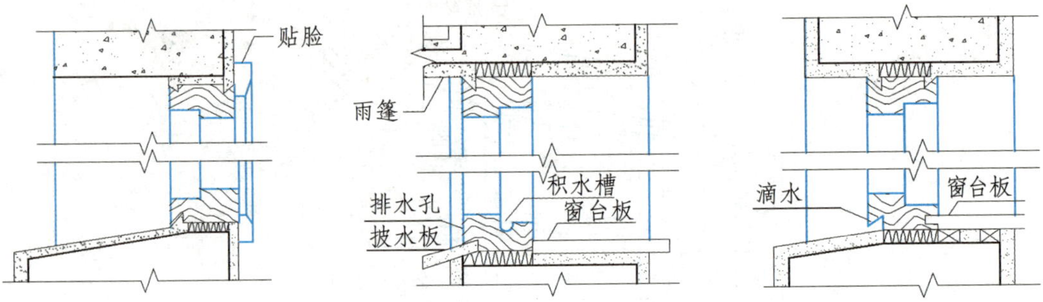

（a）内平　（b）外平　（c）居中

图 8－13　窗框在墙洞中的位置

（3）窗框的安装。

窗框的安装方式，同样有立口法和塞口法两种。

立口法：施工时将窗樘立好后砌窗间墙。在窗樘上、下档各伸出约半砖长的木段（俗称“羊角”或“走头”），在边框外侧每间隔500～700mm设一木拉砖（木鞠）或铁脚砌入墙身。立口法的特点是窗框与墙紧密连接，但施工不便，窗樘及其临时支撑易被碰撞，故较少采用。

塞口法：在砌墙时先留出窗洞，之后再安装窗框。为了加强窗樘与墙的联系，窗洞两侧每隔500～700 mm砌入一块半砖大小的防腐木砖（窗洞每侧应不少于两块），安装窗樘时用长钉或螺钉将窗樘钉在木砖上，也可先在窗樘上钉铁脚，再用膨胀螺栓将其钉在墙上或用膨胀螺栓直接把窗樘钉于墙上。

2. 窗扇

窗扇由上冒头、中冒头（窗芯）、下冒头及边梃组成。根据镶嵌材料分类，有玻璃窗扇、纱窗扇和百叶窗扇等。

窗用玻璃品种繁多，常用厚度为3mm，较大面积的窗玻璃厚度可采用5～6mm。为了满足隔声、保温等需要，可采用双层中空玻璃；需遮挡视线时，可选用磨砂玻璃、压花玻璃等；为了防晒，可选用有色、吸热和涂层、变色等种类的玻璃。

有下列情况之一时，必须使用安全玻璃（比如钢化玻璃、夹丝玻璃）：

（1）单块面积大于1.5m² 的窗玻璃；

（2）距离可踏面净高900mm以下的窗玻璃；

（3）与水平面夹角不大于 75° 的倾斜窗，包括天窗、采光顶等在内的顶棚；

（4）易遭受撞击、冲击而造成人体伤害的其他部位。

在居室外门窗、亮窗或封阳台窗安装纱窗，能有效阻止蚊蝇、虫蛾等进入室内，以提高居住生活质量。

百叶窗扇可通过调节叶片角度来控制光线射入量，防止阳光暴晒，可以有效保持室内温度，在日常生活中应用极为广泛。随着技术、工艺的发展升级，衍生出一种中空玻璃内置百叶窗，它是将百叶帘放到两层中空玻璃中，通过磁吸控制或者电动遥控，使中空玻璃内的百叶可随意调整角度、控制进入室内的光线，这样的设计既利用了中空玻璃的保温、隔声、防灰尘、安全等优点，还能充分发挥百叶强大的遮阳、采光、节能等性能。

3. 五金件

五金件一般有铰链、插销、风钩、拉手及导轨、滑轮等。铰链又称合页，用作连接窗框和窗扇，窗扇可绕铰链转动；插销和风钩是固定窗扇的零件；拉手用作开关窗扇。

8.3.4 常用门窗的构造

1. 安全户门

安全户门指适用于住宅入户门及其他民用建筑的安全防盗门，是一种将保温、防盗、防火、隔声等几种功能集于一体的钢制安全户门。在住宅中使用并作为分户门的主要是平开式防盗安全门。安全户门节点构造详图示例，如图 8－14 所示。

防盗安全门在规定的破坏工具作用下，按其最薄弱环节所能够抵抗非正常开启的净工作时间，以及钢板门扇的厚度，可分为四个防盗安全级别，见表 8－8。

表 8－8 防盗安全级别

项目	级别			
	甲级	乙级	丙级	丁级
门扇钢板厚度（mm）	符合设计要求	外面板≥ 1.0 内面板≥ 1.0	外面板≥ 0.8 内面板≥ 0.8	外面板≥ 0.8 内面板≥ 0.6
防破坏时间（min）	≥ 30	≥ 15	≥ 10	≥ 6
机械防盗锁防盗级别	B	A		
电子防盗锁防盗级别	B	A		

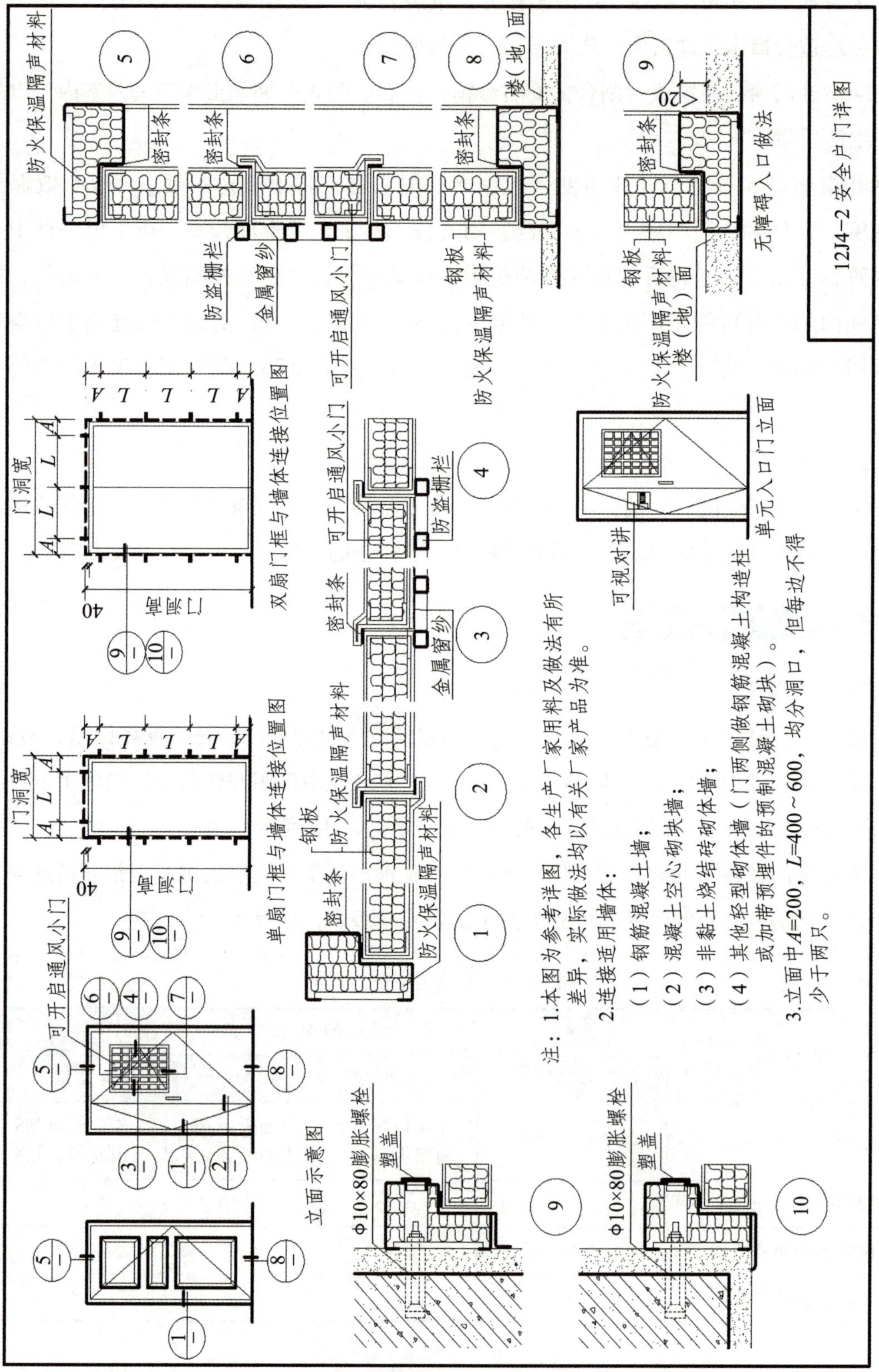

图 8-14 安全户门节点构造详图示例

2. 铝合金门窗

铝合金是以铝为主，加入一定量其他元素的合金。铝合金门窗是当前得到大量推广使用的门窗类型，可用于建筑室内外的不同部位。铝合金门窗具有质量轻、性能好、耐腐蚀、坚固耐用、便于工业化生产的优点，但铝合金门窗普遍隔声和热工性能差。近年来常用的断桥铝合金门窗是一种适用性较广的节能门窗，它通过采用高强度非金属材料将铝合金型材进行内外隔断，达到断热的效果，同时在门窗玻璃选择上，也常选用带有空腔的双层真空隔热玻璃，玻璃和空腔的厚度，需要通过节能计算进行确定。

铝合金门的开启方式有平开和推拉两种，铝合金窗的开启方式除了平开和推拉，还可以采用不同形式的悬窗。

铝合金门窗的框料，根据不同生产厂家的工艺设计，有多种型材可以选择。通常会以门窗框在洞口深度方向的厚度构造尺寸来区别各种铝合金门窗，常用的有50系列（即门窗框的厚度尺寸为50mm宽）、70系列、90系列等。铝合金门窗设计通常采用定型产品，根据不同地区、不同气候、不同环境、不同建筑物的使用要求和结构性能要求，选用不同的门窗框系列。图8－15为70系列铝合金推拉窗节点示例。

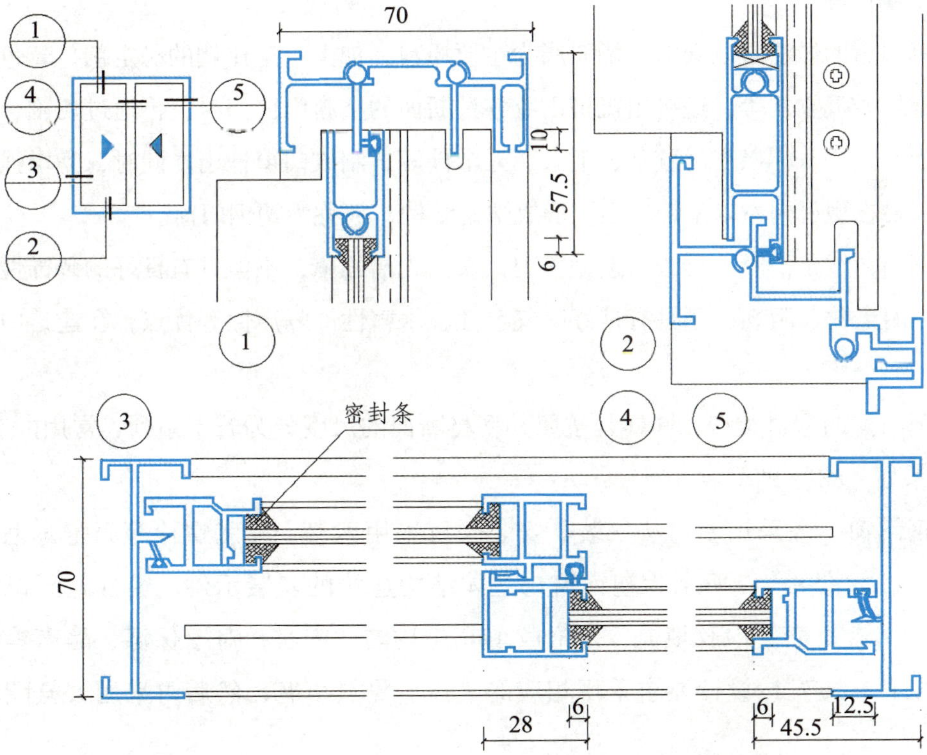

图8－15　70系列铝合金推拉窗节点示例

铝合金窗一般采用塞口法安装，固定时，窗框与墙体之间采用预埋铁件、燕尾铁脚、膨胀螺栓、射钉固定等方式连接，如图 8-16 所示。为了便于铝合金窗的安装，一般先在窗框外侧用螺钉固定钢质锚固件，安装时与洞口四周墙中的预埋铁件焊接或锚固在一起，对于窗洞四周的缝隙，一般采用软质保温材料填塞，槽口用密封膏密封。这种做法主要是为了防止窗框四周形成冷热交换区，产生结露，影响防寒、防风的正常功能和墙体的寿命，同时避免了窗框直接与混凝土、水泥砂浆接触，消除了碱对窗框的腐蚀。

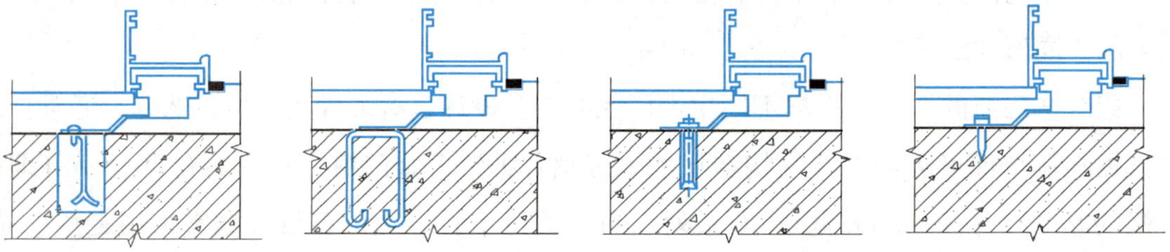

（a）预埋铁件　（b）燕尾铁脚　（c）膨胀螺栓　（d）射钉固定

图 8-16　铝合金窗框与墙体的固定方式

3. 塑钢门窗

塑钢门窗的做法是以聚氯乙烯树脂为主要原料，加上一定比例的稳定剂、着色剂、填充剂、紫外线吸收剂等，经挤出机挤出成各种断面的空腹门窗型材，再通过切割、焊接或螺栓连接的方式，配以密封胶条、毛条、五金件等，制成门窗框扇。同时，为增强型材的刚性，需要在型材内槿以型钢增强，形成塑钢结构，故称为塑钢门窗。

塑钢门窗线条清晰、挺拔，造型美观，表面光洁细腻，不但具有良好的装饰性，而且耐腐蚀、耐老化、阻燃，还具有良好的气密性、水密性、隔声性等优点，在建筑中被广泛采用。

塑钢门窗的型材类型，同样是按照其型材断面的尺度分为若干系列，常用的有 60 系列、80 系列、88 系列等。

塑钢门窗一般采用塞口法安装。安装时可采用射钉、膨胀螺栓等固定，也可用预埋件固定，如图 8-17 所示为塑钢窗与主体结构连接的安装示例。窗框与洞口之间的缝隙应采用聚氨酯发泡胶填充，发泡胶填充应均匀、密实，对于保温、隔声等级要求较高的工程，应先按设计要求采用相应的隔声、隔热填塞，然后再采用聚氨酯发泡胶封堵。

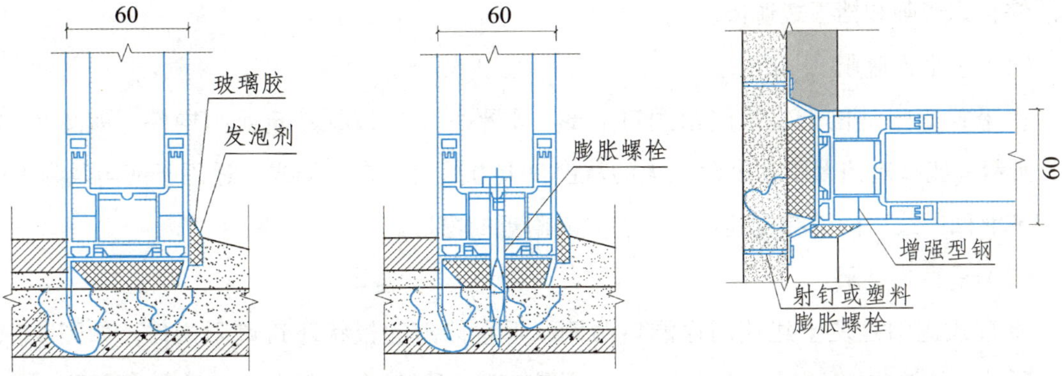

（a）玻璃胶填充　（b）膨胀螺栓固定　（c）射钉或膨胀螺栓固定

图 8－17　塑钢窗的安装

8.4 遮阳的构造

课堂思考

- 你在日常生活中有没有注意，夏天强烈的阳光会对我们的生活造成哪些影响？我们通常会采取哪些措施来遮挡阳光，以减少其对我们生活空间的影响？

遮阳设施是为了避免阳光直射室内，以减少太阳辐射热或产生眩光，以及保护物品而采取的一种建筑措施。根据《民用建筑热工设计规范》（GB 50176-2016）可知，北回归线以南地区的各朝向门窗洞口均宜设计建筑遮阳；北回归线以北的夏热冬暖、夏热冬冷地区，除北向外的门窗洞口宜设计建筑遮阳；寒冷 B 区东、西向和水平朝向的门窗洞口宜设计建筑遮阳；严寒地区、寒冷 A 区、温和地区的建筑可不考虑设计建筑遮阳。

建筑遮阳构造设计应综合考虑地理气候、窗口朝向、房间功能、外观造型等因素。

8.4.1 遮阳的类型

建筑遮阳的方法很多，按照与建筑物的关系，可以分为固定遮阳、活动遮阳和绿化遮阳三类。

1. 固定遮阳

固定遮阳往往是结合立面造型，运用建筑构件做遮阳处理，在工程中应根据太阳光线的高度角及方向确定遮阳构件的尺寸和形式。固定遮阳具体可分为水平式遮阳、垂直式遮阳、综合式遮阳和挡板式遮阳。

（1）水平式遮阳。

水平式遮阳是位于建筑门窗洞口上部，水平伸出的板状建筑遮阳构件，如图 8－18（a）所示。能够遮挡太阳高度角较大的从窗口上方照射下来的阳光，适用于南向及附近的窗口或北回归线以南低纬度地区的北向及其附近的窗口。

（2）垂直式遮阳。

垂直式遮阳是位于建筑门窗洞口两侧，垂直伸出的板状建筑遮阳构件，如图 8－18（b）所示。能够遮挡太阳高度角较小的，从窗口两侧斜射来的阳光，但垂直式遮阳对于高度角较大的从窗口上方投射下来的阳光或接近日出、日落时平射窗口的阳光，不起遮挡作用。垂直式遮阳主要于适用偏东、偏西的南向或北向窗口。

（3）综合式遮阳。

综合式遮阳是在门窗洞口的上部设水平遮阳、两侧设垂直遮阳的组合式建筑遮阳构件，如图 8－18（c）所示。综合式遮阳能够有效地遮挡从窗口上方和左右两侧射来的阳光，遮阳效果比较均匀，故它主要适用于南、东南或西南向附近的窗口。

（4）挡板式遮阳。

挡板式遮阳是在门窗洞口前方设置的与门窗洞口面平行的板状建筑遮阳构件，如图 8－18（d）所示。挡板式遮阳能够遮挡太阳高度角较小的正射窗口的阳光，适用于东西向的窗口。

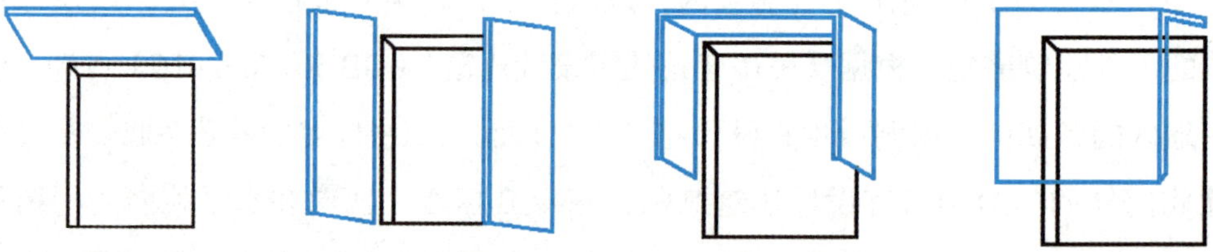

（a）水平式遮阳　（b）垂直式遮阳　（c）综合式遮阳　（d）挡板式遮阳

图 8－18　遮阳板的基本形式

2. 活动遮阳

由于建筑室内对阳光的需求是随时间、季节变化的，而太阳高度角也随气候、时间不同而不同，因而采用便于拆卸和可调节角度的活动遮阳对于建筑节能和满足使用要求的效果更好，常用的有遮阳卷帘、活动百叶遮阳、遮阳篷、遮阳纱幕等。

3. 绿化遮阳

有些建筑，特别是低层建筑，可以依托建筑与环境的条件，利用绿化遮阳。比如，可以通过在窗外一定距离内种树，也可以通过在窗外或阳台上种植攀缘植物实现对墙面的遮阳，还有屋顶花园等形式。这种遮阳方式既有利于建筑与环境的美化，也是一种经济、有效的技术措施。

4. 建筑遮阳有关规定

（1）建筑门窗洞口的遮阳宜优先选用活动遮阳。

（2）当采用固定遮阳时，南向窗口宜采用水平式遮阳；东北、西北及北回归线以南地区的北向窗口宜采用垂直式遮阳；东南、西南朝向窗口宜采用综合式遮阳；东、西朝向窗口宜采用挡板式遮阳。

（3）当为冬季有采暖需求的房间的门窗设计建筑遮阳时，应采用活动遮阳，或采用遮阳系数冬季大、夏季小的固定遮阳。

（4）建筑遮阳应与建筑立面、门窗洞口构造一体化设计。

（5）当采用天窗、斜屋顶窗采光时，应采取活动遮阳措施。

扩展阅读

建筑遮阳对建筑节能的意义

建筑节能减排对促进能源资源节约、缓解我国能源资源供应紧张、加快发展循环经济、实现经济社会的可持续发展，有着举足轻重的作用。基于我国庞大的建筑数量，建筑遮阳这种简便高效的改造措施就显得极为重要。通过建筑师的精心设计，建筑的遮阳不仅能够发挥建筑节能的作用，还能够为建筑立面带来更加丰富和有创意的艺术特效，以实现遮阳与立面形态的完美结合。可见，在建筑设计中，必须将艺术与设计、工程与技术、功能与美学高度融合，设计师不仅要有专业知识的积累，也要有文化、美学知识的储备，要兼顾功能实现与造型审美的需求，才能完成匠心设计，建造出富有地域特色、突显设计专业性、民族性和文化性的建筑产品。这需要从业者在学习过程中不断拓展思路，具备精益求精、严谨务实的“工匠精神”，这既是艺术与科学的融合共通，也是中国建筑可持续发展的重要保障。

8.4.2 遮阳板的构造及建筑处理方法

遮阳板一般采用混凝土板，也可以采用钢构架石棉瓦、压型金属板等构造。在建筑立面上设置遮阳板时，为兼顾建筑造型和立面设计要求，遮阳板布置宜整齐有规律。在建筑中通常将水平式遮阳板或垂直式遮阳板连续设置，形成较好的立面效果，如图 8－19 所示。

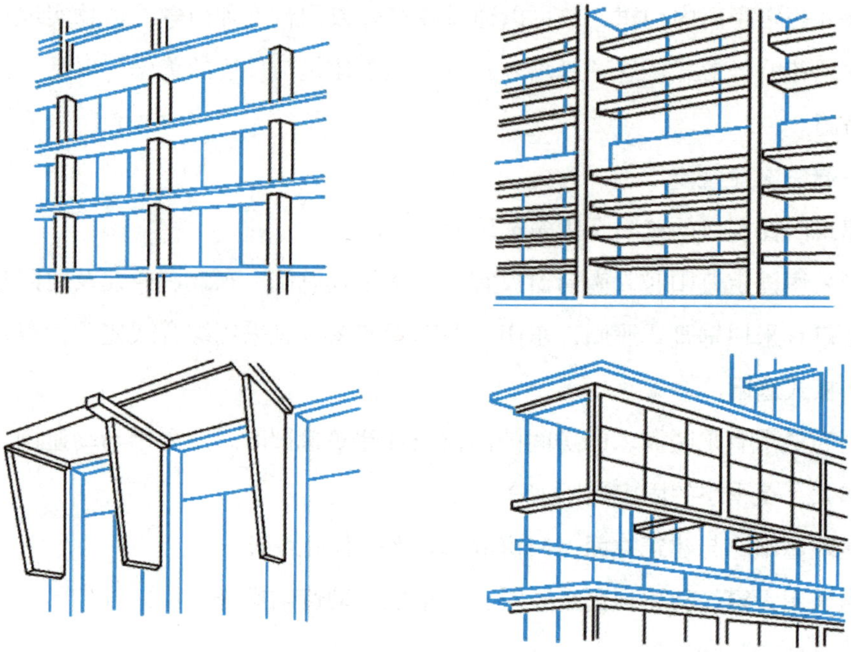

图 8－19　遮阳板的建筑立面效果

项目小结

（1）门和窗是建筑维护构件系统的重要组成部分。门的主要作用是通行、疏散、围护并兼有采光通风和美观作用。窗的主要作用是采光通风、围护、观察和传递及装饰美观。

（2）门窗应满足抗风压、水密性、气密性、保温、隔声、采光等性能要求。

（3）根据门的开启方式可分为平开门、弹簧门、推拉门、旋转门、折叠门等。

（4）门的宽度和高度尺寸是由人体平均高度、家具器械的搬运、人流股数以及建筑造型等的要求来确定的，并应符合现行《建筑模数协调统一标准》(GBJ 2-86）的规定。

（5）木门一般由门框和门扇两部分组成。门框由上槛、中槛、下槛和边框等部分组成，多扇门还有中竖框；门扇由上冒头、中冒头、下冒头和边梃等组成。

（6）门框的安装方式根据施工方式，分为塞口法和立口法两种。

（7）窗根据开启方式可分为平开窗、悬窗、推拉窗、固定窗、百叶窗等。

（8）窗主要是由窗框、窗扇和五金件三部分组成。窗框又称窗樘，一般由上框、下框、中横框、中竖框及边框组成，窗扇由上冒头、中冒头（窗芯)、下冒头及边梃组成。

（9）建筑遮阳构造设计应综合考虑地理气候、窗口朝向、房间功能、外观造型等因素。按照与建筑物的关系，建筑遮阳可以分为固定遮阳、活动遮阳和绿化遮阳三类。

课后练习

一、填空题

1. 门、窗框的安装方法有________和________两种。

2. 只用于采光而不能进行通风的窗为________。

3. 窗框在墙中的位置有________、________和________三种情况。

4. 固定遮阳板按其形状和效果可分为________、________和________三大类。

5. 建筑外门窗的性能分级指标有抗风压、________、________、________、________及采光性等。

6. 窗扇由________、________、________和________组成。

7. 门的尺寸应根据交通运输和________要求设计。

二、单项选择题

1. 目前门窗常采用的安装方法是（　　）。

A. 立口法　　B. 塞口法

C. 预埋木框　　D. 与砖墙砌筑同时施工

2. 民用建筑中，窗面积的大小主要取决于（　　）的要求。

A. 室内采光　　B. 室内通风　　C. 室内保温　　D. 立面装饰

3. 多用于宾馆、饭店、公寓等大型公共建筑正门的是（　　）。

A. 推拉门　　B. 平开门　　C. 旋转门　　D. 弹簧门

4. 单扇门的宽度一般为（　　）mm。

A. 500 ~ 700　　B. 700 ~ 1 000　　C. 1 200 ~ 1 500　　D. 1 000 ~ 1 200

5. 下列不宜用于幼儿园的门是（　　）。

A. 双扇平开门　　B. 推拉门　　C. 弹簧门　　D. 折叠门

6. 通向封闭楼梯间的门应选用（　　）。

A. 平开门　　B. 隔声门　　C. 防火门　　D. 防火卷帘

7. 居住建筑中，使用最广泛的木门为（　　）。

A. 推拉门　　B. 弹簧门　　C. 平开门　　D. 旋转门

8. 一般民用建筑门洞的高度不宜小于（　　），如设有亮子，亮子高度一般为 300 ~ 600mm。

A. 3 000mm　　B. 1 500mm　　C. 2 100mm　　D. 1 800mm

9. 为了提高门窗的密封性，可在（　　）加设密封条，如橡胶条等。

A. 镶玻璃处　　B. 框扇之间　　C. 框与墙之间　　D. 窗台与框之间

10. 民用建筑中窗洞口的宽度和高度通常采用（　　）模数。

A. 1M　　B. 2M　　C. 3M　　D. 4M

三、简答题

1. 建筑中的遮阳措施有哪些？
2. 简述铝合金门窗的安装要点。
3. 窗框的安装方法有几种？其安装要点分别是什么？

项目 9　变形缝

- 知识目标
  - 变形缝的类型
    - 掌握——建筑变形缝的类型
  - 变形缝的设置原则
    - 熟悉——建筑变形缝的设置原则
    - 掌握——建筑变形缝的缝宽要求
  - 变形缝的构造
    - 掌握
      - 伸缩缝的构造要求
      - 沉降缝的构造要求
      - 防震缝的构造要求
- 能力目标
  - 能够理解结构变形缝的重要性及设计原则，解决施工中遇到的技术难题并提出相应的解决策略
  - 能够掌握结构变形缝的施工技术要点，保障实际施工作业的开展，确保变形缝在房建结构体系中发挥出应有的作用，为房建工程施工质量提供技术保障
- 素质目标
  - 通过对变形缝功能及重要性的学习，认识到变形缝在保障建筑物安全、延长使用寿命方面的作用，培养安全意识和责任感
  - 通过分析具体工程案例中的变形缝设计，深入思考其背后的技术原理、设计思路以及可能面临的挑战和解决方案，深入了解行业动态和前沿技术，培养创新思维意识和攻坚克难的勇气

引言

在现代房建领域，结构变形缝作为调节与平衡建筑应力的关键手段，其施工质量的提升对于防止建筑裂缝、确保结构稳定与安全具有不可估量的价值。这些缝隙的设置，使建筑物能够灵活应对自然环境变化与内部应力累积，可有效延长建筑寿命。因此，变形缝的正确设计与施工，是房建项目成功的基石，这就要求我们在施工前进行充分的理解与规划，掌握变形缝的技术要点，在施工过程中，采用科学的管理方法，制定详尽的施工方案，以应对可能遇到的技术难题；同时，实施严格的质量控制，确保每一道工序都符合标准，最终达成高质量、高效率的建造目标。

变形缝的设计与实施，抵御了建筑物全生命周期中可能遭遇的物理与环境压力的挑战。它不仅是抵御外力侵袭的防线，也是保持建筑美学与实用功能和谐共生的关键。在规划阶段，就必须兼顾变形缝的美观性与功能性，确保其既不影响建筑的整体风貌，也不妨碍建筑的日常使用，从而在保障结构安全的同时，提升居住及使用的舒适度。

随着建筑科技的不断进步与材料科学的不断发展，结构变形缝的施工技术也将持续优化升级。这将进一步提升建筑物的安全性能与耐久性，使设计师为城市建设贡献更加稳固可靠的建筑作品。建筑行业从业者应持续关注施工技术的革新与管理方法的优化，不断探索与实践，以科技力量驱动建筑行业的可持续发展。

9.1 变形缝的类型

课堂思考

- 在一些大型建筑或结构复杂的建筑物上，会看到一些特殊的缝隙或接缝，这些缝隙或接缝是什么？它们为什么会出现在建筑上？

有些条形的建筑物比较长，昼夜温差所引起的变形应力可能引起其结构开裂；有些建筑物各部分之间高差比较悬殊或其内部荷载分布非常不均匀，有可能造成较严重的不均匀沉降；还有些建筑物的平面形状比较复杂，重心与形心相距较远，或建筑的有些转角部分在地震时容易受扭或遭到剪切破坏；等等。这些有可能因受力变形而造成结构破坏的建筑物，在建造时通常会被人为地在变形敏感部位沿全高断开，成为数个独立的单元，或者被划分为简单、规则、均一的段，并令各段之间的缝达到一定的宽度，以能够适应变形的需要，这些在建造时把建筑物分开的缝就是变形缝。对应造成变形的不同因素，变形缝可以分为伸缩缝、沉降缝、防震缝三种。

建筑构件因温度和湿度等因素的变化会产生胀缩变形，当建筑物的长度超过一定限度时，会因热胀冷缩变形较大而产生开裂。因此，通常在建筑物的适当部位设置竖缝，自基础以上将房屋的墙体、楼板层、屋顶等构件断开，将建筑物沿垂直方向分离成几个独立的部分。这种因温度变化而设置的缝隙称为伸缩缝或温度缝。

当建筑物所处地质条件不同、各部分的高差和荷载差别较大及结构形式不同时，建筑物会因地基压缩性差异较大而发生不均匀沉降，导致其产生裂缝。为防止此类裂缝的发生，需要设置缝隙将建筑物沿垂直方向分为若干部分，使其每一部分的沉降比较均匀，避免在结构中产生额外的应力。这种因不均匀沉降而设置的缝隙称为沉降缝。

建筑物在地震力作用下，会产生上下、左右、前后多方向的震动，而导致建筑物发生裂缝。为了防止此类裂缝的发生，应按垂直方向设置裂缝，将大型建筑物分隔为较小的部分，形成相对独立的防震单元，避免建筑物因地震造成整体震动不协调而被破坏。这种防止地震破坏而设置的缝隙称为防震缝或抗震缝。

9.2 变形缝的设置原则

课堂思考

- 不同类型的变形缝在设置原则上有何关联和区别？它们是如何共同作用于建筑物，保障其安全与稳定的？

9.2.1 伸缩缝的设置原则

设置伸缩缝时，通常是沿建筑物长度方向每隔一定距离或在结构变化较大处垂直方向预留缝隙，将墙体、楼板、屋顶等构件全部断开，分为各自独立的能在水平方向自由伸缩的部分。由于基础部分埋于土中，受温度变化的影响相对较小，故伸缩缝是将基础以上的房屋构件全部分开，以保证伸缩缝两侧的房屋构件能在水平方向自由伸缩。

伸缩缝的缝宽一般为 25 ～ 500mm，或按照有关规范由工程设计确定。伸缩缝的最大间距与房屋的结构类型、房屋或楼盖的材料有关，《砌体结构设计规范》（GB 50003-

2011)、《混凝土结构设计标准》(GB/T 50010-2010)(2024年版)对砌体结构墙体、钢筋混凝土结构墙体伸缩缝的最大间距做了规定，见表9-1、表9-2。

表9-1　砌体结构伸缩缝的最大间距

单位：m

楼盖或屋盖类别		最大间距
整体式或装配整体式钢筋混凝土结构	有保温层或隔热层的屋盖、楼盖	50
	无保温层或隔热层的屋盖	40
装配式无檩体系钢筋混凝土结构	有保温层或隔热层的屋盖、楼盖	60
	无保温层或隔热层的屋盖	50
装配式有檩体系钢筋混凝土结构	有保温层或隔热层的屋盖	75
	无保温层或隔热层的屋盖	60
瓦材屋盖、木屋盖或楼盖、轻钢屋盖		100

表9-2　钢筋混凝土结构伸缩缝的最大间距

单位：m

楼盖或屋盖类别		室内或土中	露天
排架结构	装配式	100	70
框架结构	装配式	75	50
	现浇式	55	35
剪力墙结构	装配式	65	40
	现浇式	45	30
挡土墙、地下室墙壁等结构	装配式	40	30
	现浇式	30	20

砖墙伸缩缝一般做成平缝或错口缝，厚度为240mm以上的外墙的伸缩缝应做成错口缝或企口缝，如图9-1所示。外墙外侧常用浸沥青的麻丝或木丝板及泡沫塑料条、油膏弹性防水材料塞缝，缝隙较宽时，可用镀锌铁皮、铝皮进行盖缝处理。

(a) 平缝　(b) 错口缝　(c) 企口缝

图9-1　砖墙伸缩缝

在结构处理上，砖混结构的墙、楼板及屋顶结构布置可采用单墙或双墙承重方案，如

图 9－2、图 9－3 所示。框架结构一般采用悬臂梁方案，也可采用双梁双柱方式，但施工较复杂。伸缩缝最好设置在平面形状没有变化处，便于隐藏处理。

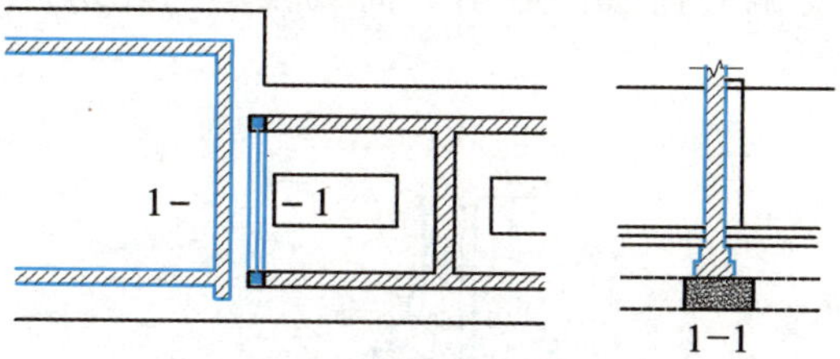

图 9－2 单墙承重方案

图 9－3 双墙承重方案

9.2.2 沉降缝的设置原则

沉降缝是为了预防建筑物各部分由于地基承载力不同或各部分荷载差异较大等原因，引起建筑物不均匀沉降导致建筑物破坏而设置的变形缝。设置沉降缝时，必须将建筑物的基础、墙体、楼层及屋顶等部分全部在垂直方向断开，使各部分形成能自由沉降的独立的刚度单元。

1. 沉降缝设置的部位

（1）建筑平面的转折部位。

（2）高度差异或荷载差异处。

（3）长高比过大的砌体承重结构或钢筋混凝土框架结构的适当部位。

（4）地基土的压缩性有显著差异处。

（5）建筑结构或基础类型不同处。

（6）分期建造房屋的交界处。

沉降缝应有足够的宽度，缝宽可按表 9－3 选用。

表 9－3 沉降缝的宽度

房屋层数	沉降缝宽度（mm）
2 ～ 3	50 ～ 80
4 ～ 5	80 ～ 120
5 层以上	不小于 120

2. 基础沉降缝构造

建筑物基础也应断开，并应避免因不均匀沉降造成的相互影响。此时，基础在构造上有三种处理方法。

（1）双墙式处理方法。

将基础平行布置，沉降缝两侧的墙体均位于基础的中心，两墙之间有较大的距离，如图 9－4（a）所示。若两墙间距小，基础则受偏心荷载，适用于荷载较小的建筑，如图 9－4（b）所示。

图 9－4　基础沉降缝处双墙式处理方法

（2）交叉式处理方法。

将沉降缝两侧的基础交叉设置，在各自的基础上支承基础梁，墙砌筑在梁上，适用于荷载较大、沉降缝两侧的墙体间距较小的建筑，如图 9－5 所示。

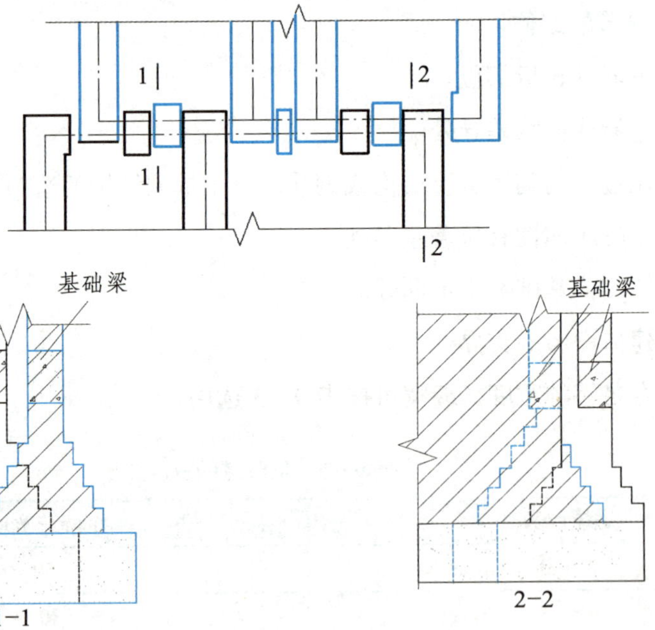

图 9－5　基础沉降缝处交叉式处理方法

（3）悬挑式处理方法。

将沉降缝一侧的基础按一般设计，而另一侧采用挑梁支承基础梁，在基础梁上砌墙，墙体材料尽量采用轻质材料，如图 9－6 所示。

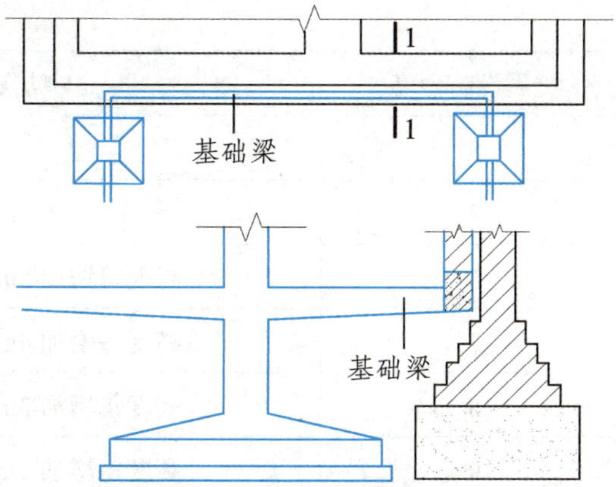

图 9－6　基础沉降缝处悬挑式处理方法

9.2.3　防震缝的设置原则

我国《建筑抗震设计规范》（GB 50011-2001）中的主要地震带和地震分区示意图，明确了我国各地区建筑物抗震的基本要求。建筑物的防震和抗震通常可以从设置防震缝和对建筑物进行抗震加固两方面考虑。

房屋有下列情况之一时宜设置防震缝，缝两侧均应设置墙体，缝宽应根据烈度和房屋高度确定，可采用 70mm ～ 100mm：

（1）房屋立面高差在 6m 以上。

（2）房屋有错层，且楼板高差较大。

（3）建筑各相邻部分结构刚度、质量截然不同时。

在地震设防烈度为 7 ～ 9 度地区，有下列情况之一宜设置防震缝：

（1）房屋立面高差为 6m 以上。

（2）房屋有错层，且楼板高差大于层高的 1/4。

（3）各部分结构刚度、质量截然不同。

防震缝应沿建筑物全高设置。一般情况下基础可不分开，但当平面较复杂时，也应将基础分开。缝的两侧一般应布置双柱或双墙，以加强防震缝两侧房屋的整体刚度。防震缝的最小宽度与抗震设防烈度、房屋的高度有关，详见表 9－4。

表 9－4　防震缝的宽度

房屋高度	抗震设防烈度	防震缝宽度
$H \leqslant 15m$	6	100mm
	7	100mm

续表

房屋高度	抗震设防烈度	防震缝宽度
$H \leqslant 15$m	8	100mm
	9	100mm
H>15m	6	高度每增加 5m，缝宽增加 20mm
	7	高度每增加 4m，缝宽增加 20mm
	8	高度每增加 3m，缝宽增加 20mm
	9	高度每增加 2m，缝宽增加 20mm

注：表中数值为框架结构（包括设置少量抗震墙的框架结构）的防震缝宽度。框架－抗震墙结构的防震缝宽度应不小于表格中数值的 70%，抗震墙结构的防震缝宽度应不小于表格中数值的 50%，且均不宜小于 100mm。

9.3 变形缝的构造

课堂思考

- 为确保建筑物在温度变化、地基沉降、地震等外力作用下能够安全、灵活地适应形变，需要在建筑物的哪些部位设置变形缝？针对这些变形缝应采取怎样的构造措施？

因为各类变形缝的设置原则不同，所以其在构造处理上也大有不同，下面按照建筑中不同位置所需设置的变形缝构造进行讲解。

9.3.1 楼地面变形缝构造

伸缩缝、沉降缝、防震缝在楼地面的构造处理是一样的，因此统称为楼地面变形缝构造。

楼地面变形缝的设置与墙体变形缝一致，应贯通楼板层和地坪层。对于采用沥青类材料的整体楼地面和铺在砂、沥青胶体结合层上的板块楼地面，可只在楼板层、顶棚层或混凝土垫层设置变形缝。

楼地面变形缝的缝内常用油膏、沥青麻丝、金属或塑料调节片等材料做封缝处理，上铺金属、混凝土或橡塑等活动盖板，如图 9－7 所示。楼地面变形缝的构造处理需满足地面平整、光洁、防水、卫生等适用要求。顶棚伸缩缝需结合室内装修进行，一般采用金属板、木板、橡塑板等盖缝，盖缝板只能固定于一侧，以保证缝的两侧构件能在水平方向自由伸缩变形。

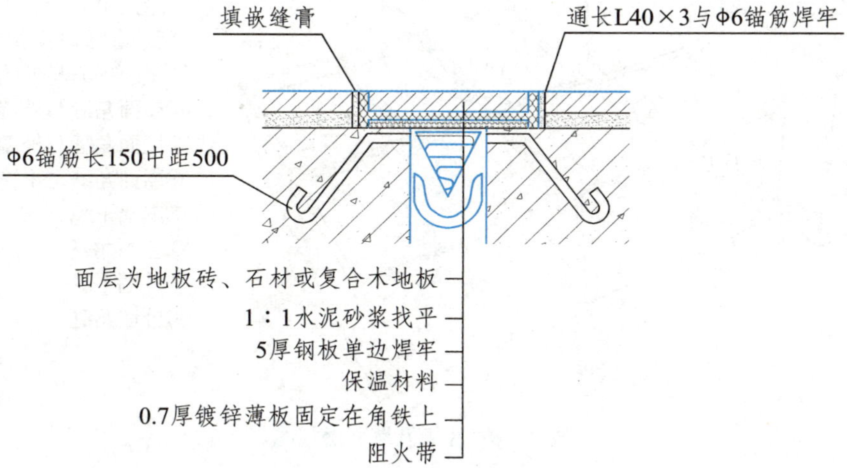

图 9－7　楼地面伸缩缝构造

9.3.2 屋面变形缝构造

屋面变形缝破坏了屋面防水层的整体性，留下了雨水渗漏的隐患，因此必须加强屋顶变形缝的处理。变形缝在屋顶处的构造分为等高屋面变形缝和不等高屋面变形缝两种。屋面及墙面变形缝的位置及形式详见图 9－8 和图 9－9。

1. 等高屋面变形缝

等高屋面变形缝的构造做法分为上人屋面变形缝做法和不上人屋面变形缝做法。

（1）上人屋面变形缝，需考虑屋面上人活动的方便，在保证不渗漏、满足变形需求的前提下，应保证变形缝处平整，以利于行走，如图 9－9（a）所示。

（2）不上人屋面变形缝，不考虑屋面上人的活动，应从有利于防水的角度考虑，应避免变形缝两侧积水导致的渗漏。一般构造为在缝两侧的屋面板上砌筑半砖矮墙，其高度应高于屋面至少 250mm，屋面与矮墙之间按泛水处理，矮墙的顶部用镀锌铁皮、混凝土压顶进行盖缝，如图 9－9（b）所示。

2. 不等高屋面变形缝

不等高屋面变形缝：应在低侧屋面板上砌筑半砖矮墙，与高侧墙体之间留出变形缝。在矮墙与低侧屋面之间做好泛水，在高侧墙体上固定镀锌钢板或橡胶弹性体进行盖缝，如图 9－10 所示。

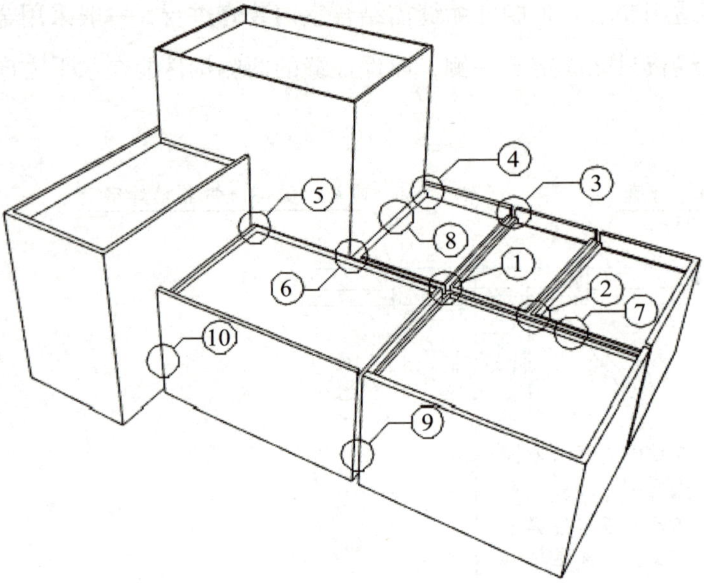

①屋面平缝十字相交
②屋面平缝T形相交
③屋面平缝与外墙平缝相交
④屋面角缝与外墙平缝相交
⑤屋面角缝与外墙角缝相交
⑥屋面角缝与平缝相交
⑦屋面平缝
⑧屋面角缝
⑨外墙平缝
⑩外墙角缝

图 9－8　屋面及墙面透视图

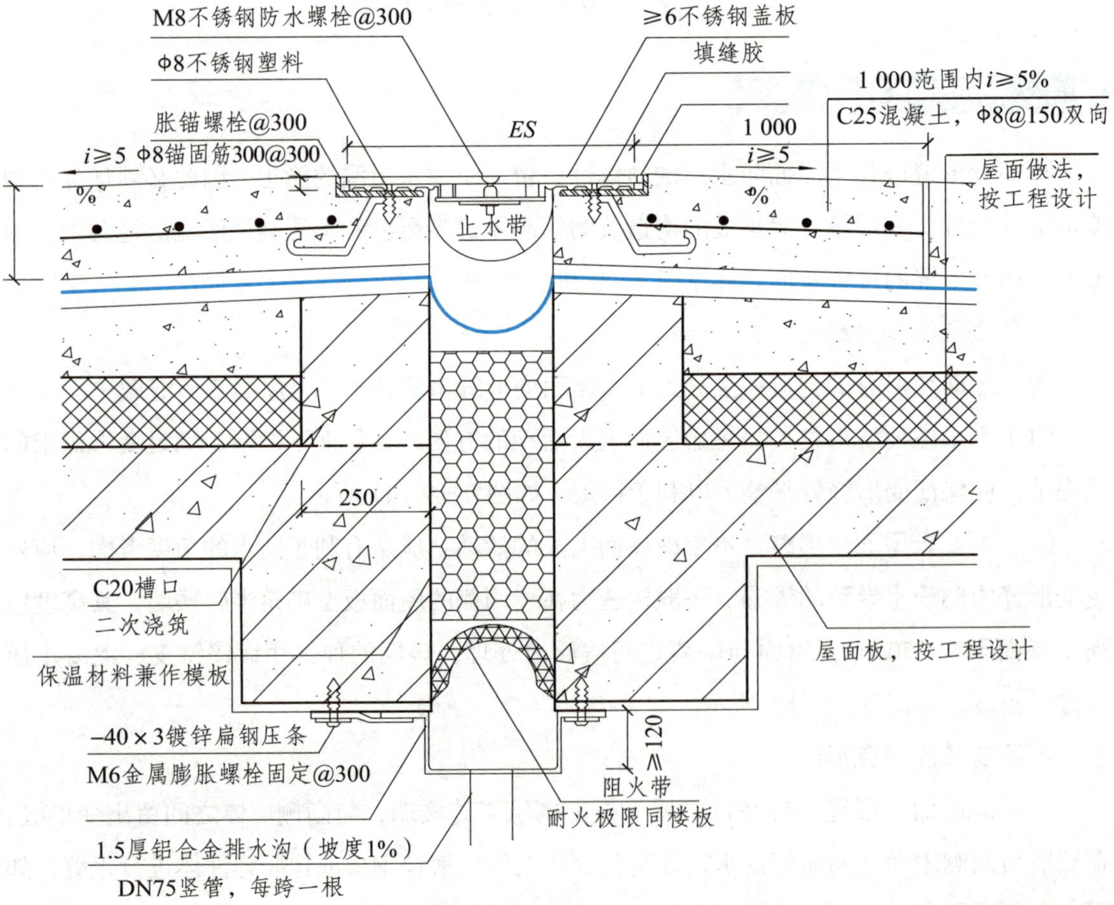

（a）上人屋面变形缝

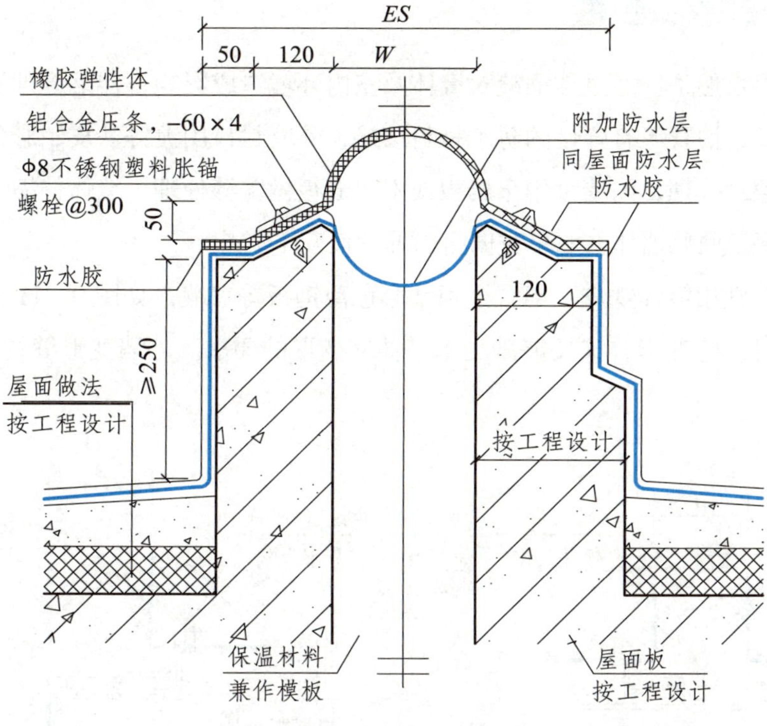

（b）不上人屋面变形缝

图 9-9　屋面变形缝

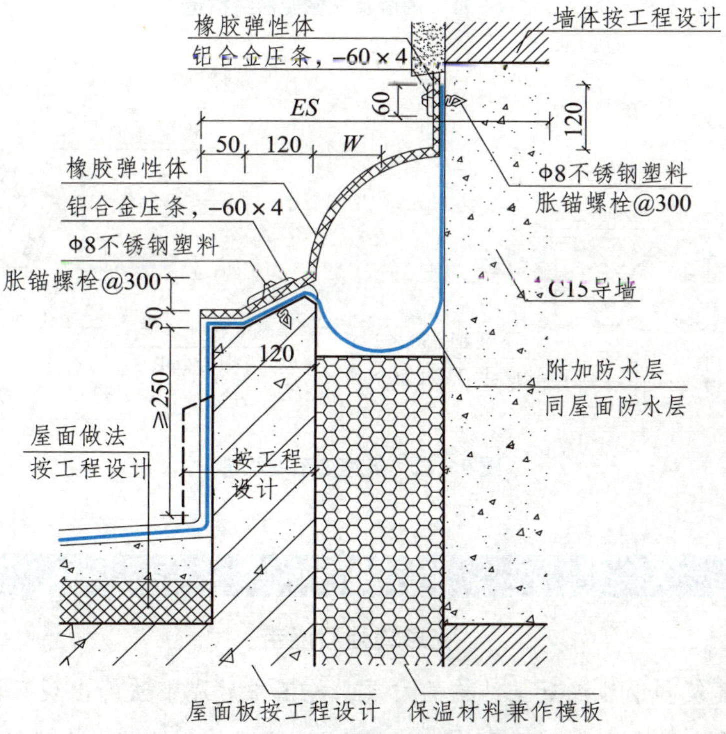

图 9-10　不等高屋面变形缝防水做法大样

9.3.3 墙体变形缝构造

为防止外界自然条件通过伸缩缝对墙体及室内环境造成影响，伸缩缝外侧常用麻丝沥青、泡沫塑料条、油膏等有弹性的防水材料填缝，外墙封口用镀锌铁皮、彩色薄钢板、铝合金盖板等做盖缝处理，内墙可用金属板或木盖缝板做盖缝处理。墙体伸缩缝所采用的材料及构造应能保证两侧墙体在水平方向自由伸缩而互不影响。

墙体沉降缝常用镀锌铁皮、铝合金板和彩色薄钢板等盖缝，如图 9－11 所示，其构造既要能适应垂直沉降变形，又要能满足水平伸缩变形的要求。外墙变形缝构造如图 9－12 所示。

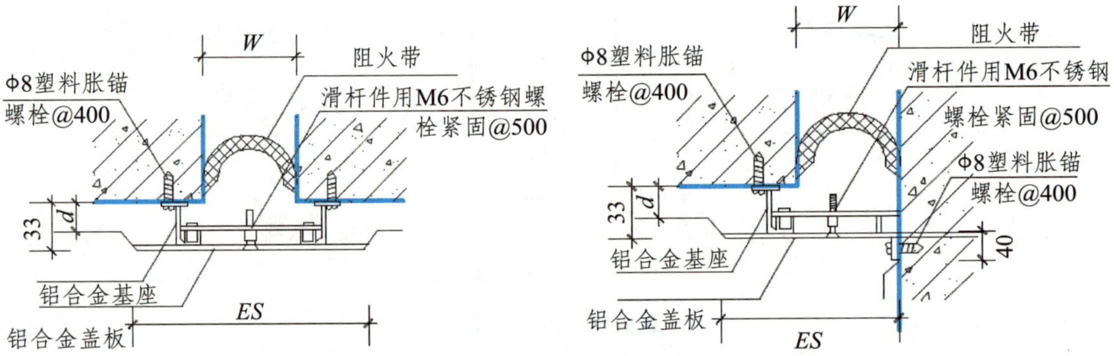

图 9－11　内墙及顶棚变形缝构造

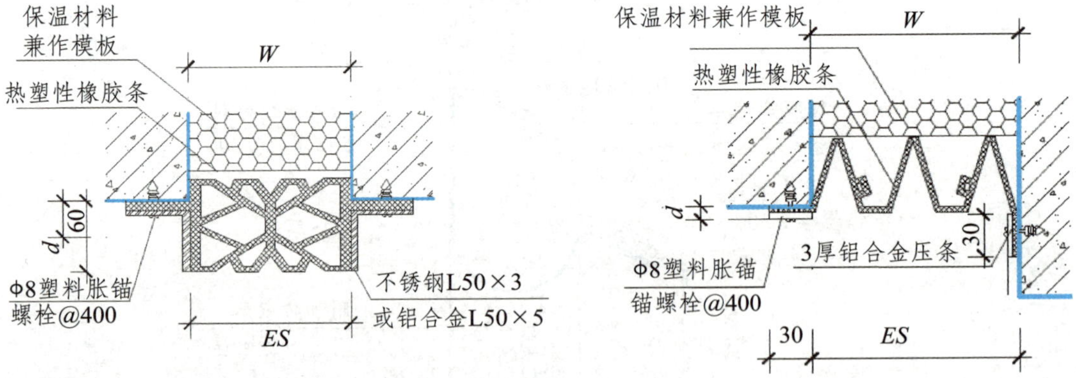

图 9－12　外墙变形缝构造

拓展阅读

变形缝处后浇带

随着高层建筑和钢筋混凝土结构的发展，施工中后浇带法的出现可代替沉降缝的设置。这种做法是先将建筑物按设置沉降缝的要求分段施工，在两相邻段中间留出约 2m 的后浇带的位置，连接钢筋；待各分段结构封顶并达到基本沉降量后，再浇筑中间的后浇带部分的混凝土，以此将建筑物连接起来，以避免不均匀沉降有可能造成的影响，若要这样做，必须对沉降量把握准确。

项目小结

（1）建筑物在温度变化、不均匀沉降及地震等因素的影响下会产生变形，如果对这种变形处理不当就会使建筑物出现裂缝。变形缝就是为了避免建筑物产生裂缝所采取的措施，按其作用分为伸缩缝、沉降缝、防震缝三种。

（2）伸缩缝是为了防止由于建筑物的长度超过一定限度而产生的伸缩变形。沉降缝是为了解决由于建筑物所处地质条件不同、各部分的高差和荷载差别较大及结构形式不同导致地基压缩性差异较大而产生的不均匀沉降变形。防震缝是为了防止建筑物由于地震时产生的相互撞击变形而设置的。

（3）伸缩缝要求在建筑物的同一位置将基础以上的墙体、楼板、屋顶等构件全部断开，分为各自独立的能在水平方向自由伸缩的部分，而基础部分因受温度变化的影响较小，不需断开。

（4）设置沉降缝时，必须将建筑物的基础、墙体、楼层及屋顶等部分全部在垂直方向断开，使各部分形成能自由沉降的独立的刚度单元。

（5）防震缝的构造与伸缩缝相似。

（6）当需要设置伸缩缝、沉降缝和防震缝时，需要考虑缝的兼顾性。

（7）变形缝的构造和材料应达到盖缝、防水、防火、防虫、保温等方面的要求，要确保缝两侧的建筑物各独立部分能自由变形，互不影响，不被破坏。

课后练习

一、名词解释

1. 变形缝
2. 伸缩缝
3. 沉降缝
4. 防震缝

二、判断题

(　　) 1. 变形缝分为伸缩缝、沉降缝和防震缝。

(　　) 2. 为防止建筑物因温度变化而发生不规则破坏而设置的缝称为伸缩缝。

(　　) 3. 为防止建筑物因不均匀沉降而导致破坏而设置的缝称为沉降缝。

(　　) 4. 设置伸缩缝时，基础可以不断开。

(　　) 5. 沉降缝可以替代伸缩缝。

(　　) 6. 设置沉降缝时应将基础以上部位沿竖向全部断开，基础可以不断开。

(　　) 7. 防震缝的最小宽度为 70mm。

(　　) 8. 在地震区设置伸缩缝时，必须满足防震缝的缝宽要求。

(　　) 9. 由于屋顶防水的需要，变形缝在屋顶处不必断开。

(　　) 10. 屋顶变形缝处需要做泛水处理，泛水高度不小于 200mm。

项目 10 智慧建造

- **知识目标**
  - 智慧建造概述
    - 了解——智慧建造的概念及内涵
    - 掌握——智慧建造的主要技术
    - 了解——智慧建造与传统建造的区别
  - 智慧建造的应用
    - 了解——智慧建造的典型应用
    - 熟悉——智慧建造的主要领域
  - 智慧建造的发展趋势
    - 掌握——基本工程的智能化施工和建筑信息化相关技术
    - 了解——智慧建造的发展趋势
- **能力目标**
  - 能够胜任土木工程及相关领域的协同化设计、智能化施工、智慧化管理等工作
  - 能够利用先进的数字技术和智能系统，适应更加节能、环保、先进的建筑环境
- **素质目标**
  - 培养跨界的思维和协作能力，能够在不同的领域进行交流和融合
  - 培养国际视野、解决问题和终身学习的能力
  - 培养紧跟时代发展的需求的意识，拓宽视野，提高创新能力和竞争力

引言

2021 年 7 月，中华人民共和国住房和城乡建设部（以下简称“住房和城乡建设部”）发布《关于印发智能建造与新型建筑工业化协同发展可复制经验做法清单（第一批）的通知》，通知指出各地围绕数字设计、智能生产、智能施工等方面积极探索，推动智能建造与新型建筑工业化协同发展取得较大进展。建筑行业迎来了数字化转型的浪潮，先进制造技术和现代信息技术与建筑业发展多方位深度融合，建筑业进入智慧建造的黄金时代，这就要求从事工程基础施工、项目管理、预算管理、工程监理等一系列工作人员，掌握智能建造的相关原理和基本方法，具备建筑工业化及信息化、物联网、大数据等新兴技术相关知识，适应智慧建造的快速发展。面对国家发展战略的新形势和新要求，大学生需要转变观念，关注国家发展、行业发展以及社会发展的方向和趋势，这样才能满足国家建设发展的需要。

10.1 智慧建造概述

课堂思考

- 你了解什么是智慧建造吗？智慧建造和智能建造有什么区别？

10.1.1 智慧建造的产生

进入 21 世纪以来，中国城镇化进程的加快以及人民生活水平的提高，给建筑业带来了巨大的发展空间和前所未有的发展机遇。建筑业作为我国国民经济的支柱产业，正逐步探索智能化技术与大数据、移动通信、云计算、物联网等信息技术在建筑业中的集成应用，促进智慧建造和智慧企业发展。

推动新兴信息技术与建筑业融合，加快实施智能建造，实现建筑工程智慧化管理，带动全产业链升级迭代，是国家政策提出的明确要求。2016 年 8 月，住房和城乡建设部印发了《2016—2020 年建筑业信息化发展纲要》，旨在鼓励建筑企业积极探索“互联网 +”形势下管理、生产的新模式，深入研究 BIM、物联网等技术的创新应用，增强建筑业信息化发展能力，优化建筑业信息化发展环境，加快推动信息技术与建筑业发展深度融合，充分发挥信息化的引领和支撑作用，塑造建筑业新业态。2017 年 5 月，住房和城乡建设部发布《建筑业发展“十三五”规划》，批准《建筑智能化系统运行维护技术规范》（JGJ/

T417-2017）为行业标准。2018 年 3 月《教育部关于公布 2017 年度普通高等学校本科专业备案和审批结果的通知》公告，首次将“智能建造”纳入我国普通高等院校本科专业，文件指出，“智能建造”是为适应以“信息化”和“智能化”为特色的建筑业转型升级国家战略需求而设置的新工科专业。2020 年 7 月，住房和城乡建设部联合国家发展和改革委员会、科学技术部、工业和信息化部、人力资源和社会保障部、交通运输部、水利部等十三个部门联合印发《关于推动智能建造与建筑工业化协同发展的指导意见》，提出了到 2035 年，我国智能建造与建筑工业化协同发展取得显著进展，企业创新能力大幅提升，产业整体优势明显增强，“中国建造”核心竞争力世界领先，建筑工业化全面实现，迈入智能建造世界强国行列的发展目标。2022 年 11 月，为贯彻落实党中央、国务院决策部署，大力发展智能建造，以科技创新推动建筑业转型发展，住房和城乡建设部发布《关于公布智能建造试点城市的通知》，明确首批将北京市等 24 个城市列为智能建造试点城市。建筑行业迎来了数字化转型的浪潮，进入智慧建造的黄金时代。

10.1.2 智慧建造的概念

智慧建造作为一个新兴概念，其含义是在整个建造过程中充分利用各项资源，实现低碳节能与利用先进的信息技术手段，使整个建造过程智慧化。智慧建造有两层含义：一是产业的和谐发展，与大自然和谐的可持续发展。我国建筑业规模约占全球规模的 50%，建筑用钢材、水泥约占全世界规模的 50%，建筑业是资源消耗、能源消耗和环境污染最大的行业之一。因此，实现精细化管理，减少消耗和排放时不我待。二是让行业武装先进的数字神经系统。无论是行业还是企业，项目管理都在先进的信息化系统支撑下，实现经营环境公平透明，企业项目管理高效精细。由此可见，智慧建造是面向工程产品全生命周期、实现建造生产水平提升和现场作业赋能的高级阶段；是工程立项策划、设计、施工以及后期运维管理的信息感知、传输、积累和系统化的过程；是构建基于互联网的工程项目信息化管控平台，在既定的时空范围内通过功能互补的机器人完成各种工艺操作，实现人工智能与建造要求深度融合的一种建造方式。

不同学者对于智慧建造的定义和理解不同，本书采用学者刘占省对智慧建造的概念表述：智慧建造是结合全生命周期和精益建造理念，利用先进的信息技术和建造技术，对建造全过程进行技术和管理创新，实现建设过程数字化、自动化向集成化及智慧化的变革，进而实现优质、高效、低碳、安全的工程建造模式和管理模式。智慧建造的概念并不是一成不变的，随着各种新兴信息技术的涌现及在工程实践中的应用，将会形成更多的智慧应用成果，不断丰富创新智慧建造的内涵。

10.1.3 智慧建造的实施技术

建造方式的发展经历了三个阶段，从传统建造到智能建造，再到智慧建造，其发展不仅提高了建造的质量、安全和效率，同时也减少了建造过程中的人力和物力消耗。智慧建造的实施技术主要包括 BIM 技术、物联网技术、3D 打印技术、人工智能技术、云计算和大数据技术等，如图 10－1 所示。

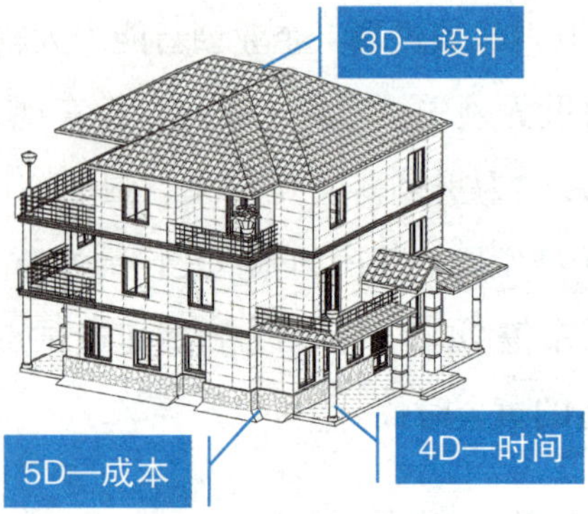

（a）BIM技术

（b）物联网技术

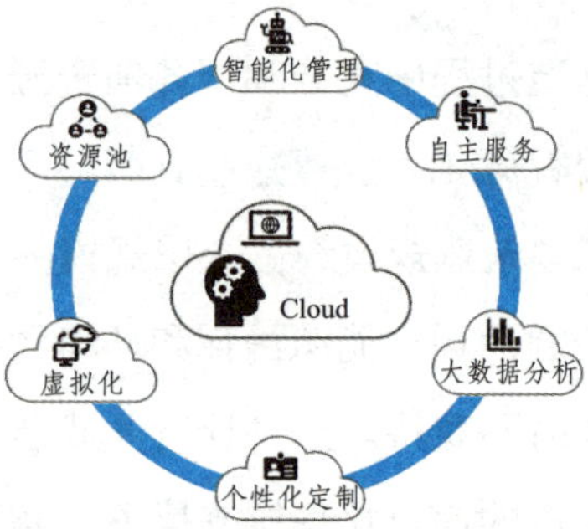

（c）云计算和大数据技术

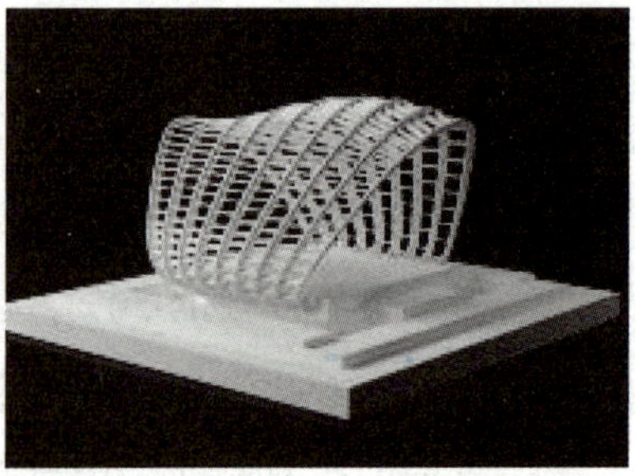

（d）3D打印技术

图 10－1　智慧建造的实施技术

智慧建造的核心是发挥数据生产要素作用和价值，打造数据为核心的产业链协作模式，实现跨阶段、跨组织、跨地域的产业链集成工作，实现数字设计、智能生产、智慧施工、智能管理和智慧运维，优化流程，实现产业变革。

BIM 技术：BIM 技术是智能建造技术的核心技术之一，是其他技术的落脚点。它可以将建筑施工过程中的各种信息进行数字化、模型化和可视化，不断优化建筑设计和建造过程，以实现建筑施工过程的全面管理和控制。BIM 技术与智慧建造相辅相成，BIM 技术为智慧建造提供强有力的技术支撑，实现工程设计、施工和管理的二次革命，而智慧建造的理论体系为 BIM 的升级发展提供了理论基础和依据。

物联网技术：物联网是互联网的延伸和扩展，将人、机、料、法、环全部连接起来，将工程建设中的各项数据汇聚在一起，为工程管理人员提供了更全面的工程数据概览，从而提高施工、管理效率。物联网技术作为新一代信息技术的高度集成和综合运用，具有渗透性强、带动作用大、综合效益好的特点，有利于推动传统产业升级和经济发展方式转变，并将成为未来经济发展的增长点。

云计算和大数据技术：云计算就是简单的分布式计算，解决任务分发，并进行计算结果的合并。通过这项技术，可以在数秒之内完成对数以万计的数据的处理，从而为智慧建造提供强大的网络服务。云计算技术的普及，让人工智能这样需要海量数据和大规模投入的前沿科技不再高不可攀。

人工智能技术：人工智能技术在智慧建造中有着广泛应用，可以结合建筑物的使用需求和环境条件，进行智能化的建筑参数优化。比如通过分析大量的建筑数据和环境数据，人工智能算法可以预测建筑物在不同条件下的性能表现，并提出相应的优化建议，为工程师提供更多的设计选择和优化方案，推动建筑行业的创新发展。

3D 打印技术：3D 打印技术是基于 CAD/CAM 技术、激光技术、数控技术、信息技术、新材料技术等的综合集成发展起来的现代制造技术，将数字化设计模型输入建筑打印机中，转化为打印指令，打印机就会按照设计要求，将特殊材料一层层叠加成特定形状的建筑部件，3D 打印技术是对传统施工工艺和方法的颠覆性变革，对推动建筑产业现代化具有深远的意义。

10.1.4 智慧建造与传统建造的区别

智慧建造是通过计算机技术、物联网技术、人工智能技术、建造技术与管理学科的交叉融合，形成开放协同的智能建造新生态。智慧建造与传统建造的主要区别在于建造过程的数字化和自动化程度，以及在数据收集和分析、沟通和合作等方面的技术支持，见表 10－1。

表 10－1 智慧建造与传统建造的区别

类别	传统建造	智慧建造
设计环节	传统建造设计基本局限于二维平面，各种信息关联性差，设计方案变更及修改工作量大，设计成本高，周期长	智慧建造使用建筑信息模型（BIM）实现建筑模型的精准化建模，同时可以提供精确的建筑物信息，包括规格、材料、工艺等方面
施工环节	传统建造主要依靠人工经验和技能来完成建造过程，少有高效实用的人工智能工具和施工现场作业机器人，劳动密集、现场作业环境差、劳动强度高的情况没有根本改变，产业用工成本高	智慧建造可以使用人工智能和机器学习来提高建造过程的自动化和智能化水平，完成一些重复性的、繁琐的工作；利用数字技术和数据分析，实现真实世界与数字世界的融合，减少人工成本和错误率，优化建造过程，提高建筑业的效率、质量和可持续性

续表

类别	传统建造	智慧建造
运维环节	传统建造主要依靠人工巡查和维护，程序复杂，维修周期长，欠缺主动的应急机制；在能耗设计和监测方面存在短板，难以实现设备智能化控制和能耗的实时监测，使得设备的能耗管控具有滞后性	智慧建造使用物联网和传感器技术来实时监测建筑物的状态和性能，对各项数据进行实时统计和分析，以便快速响应问题和调整工作计划，进行及时的维护和修复

10.2 智慧建造的应用

课堂思考

- 随着科技的不断进步，智慧建造将会有哪些新的技术创新和应用场景？这些创新将如何推动建造行业的进一步发展？

智慧建造是行业发展的大势所趋，它涉及建筑行业的设计、生产、施工、管理等各个方面，其具体的应用范畴见表 10－2。

表 10－2　智慧建造的应用范畴

环节	智慧设计	智慧生产	智慧施工	智慧管理
细节	1. 标准化设计 2. 参数化设计 3. 基于 BIM 的全生命周期性能化设计 4. 基于 BIM 的协同设计 5. BIM 智能化审图	1. 基于 BIM 的部品或部件深化设计 2. 智能化部品或部件生产管理 3. 智能化部品或部件存储与运输管理 4. 无人生产工厂	1. 智慧工地 2. 智能化施工机械、施工设施、施工工艺 3. 装配式混凝土建筑智能化施工	1. 智能化空间管理 2. 智能化质量管理 3. 智能化安防管理 4. 智能化设备管理 5. 智能化能源管理 6. 智能化巡检管理

10.3 智慧建造的发展趋势

课堂思考

- 随着物联网、大数据、人工智能等技术的飞速发展，它们将如何推动智慧建造行业的变革？这些技术如何赋能建筑全生命周期的管理？

智慧建造是以人工智能为代表的新一代信息技术与先进工业化建造技术深度融合形成的工程建造创新模式，是贯彻落实党中央、国务院决策精神及全国住房城乡建设工作会议部署的重要举措。智慧建造正以势不可挡的态势改变着传统建筑行业的运营方式，全面推动着建筑行业的数字化转型进程。在未来，随着技术的发展升级，智慧建造必将获得更深层次的开发和成就，以下是对智慧建造的发展趋势分析及展望。

10.3.1 更加实用、高度智能化的机器人技术及自动化技术

建筑从最初的砖木结构到现在的钢筋混凝土结构，其发展更偏向高层化、科技化，以满足人们越来越多的功能需求，这意味着一些功能的实现将受限于现实的施工技术条件，那么建筑企业必将大幅提升机器人技术和自动化技术的使用频率及范畴，为未来建筑业的发展以及建筑施工装备的科技化进阶提供技术支撑，以提高效率、降低劳动力成本，并提高完成建筑任务的准确性和速度。

我国十四五规划明确提出坚持创新在我国现代化建设全局中的核心地位，把科技自立自强作为国家发展的战略支撑。通过科学技术的创新，开发不同种类的建筑机器人与高性能数字化设备，将施工人员从一些危险性较高、工作程序较为繁琐、工作压力相对较大的建筑施工工作中解放出来，提升施工现场的施工效率，消除与体力劳动相关的健康风险，从而提高建筑工地的安全性。此外，将自动化技术应用于建筑物检查等任务，能够精准定位及快速响应潜在问题，并减少对现场人员的需求。机器人技术和自动化技术使用频率及范畴的大幅提升将加快推动建筑业升级转型，为未来建屋量庞大、建造业劳动力短缺、持续提升施工安全等挑战提供解决方案。随着建筑行业发展诉求的不断改革，也会反向推动机器人技术和自动化技术的不断创新升级，以及硬件设施的不断优化，最终实现建筑行业的智能化、自动化发展。

10.3.2 大数据技术与智慧建造的深度融合、高效联动

在“互联网+”的背景下，大数据的开放、挖掘和应用已成为趋势，大数据显然已经成为国家科技竞争的重要资源，以及产业竞争力和商业模式创新的核心要素。随着建筑行业的不断发展及建筑规模的日益扩大，建筑业所承载的数据信息也越来越多，精准有效的数据能够提升建筑行业各个环节的生产效率。比如在施工阶段，对质量、安全、进度、变更、物料、成本等进行全方位的实时动态监测管理，可最大限度地减少延误和降低成本，实时数据还可以用于优化施工进度，帮助创建更高效的施工流程；在运维阶段，统筹分析建筑内外部各类设备设施的运维数据及能耗数据，降低建筑运维成本及能耗，实现建筑工

程的可视化智能管理，同时全面推进建筑领域节能减排持续深入开展，助力实现“双碳”目标；建筑企业还可以结合数据分析快速准确地了解市场，深度开发和丰富建筑业相关数据产品，同时不断改进决策、优化运营，提高工程管理信息化水平，让数据资产在建筑全生命周期发挥价值，从而逐步实现绿色建造和智慧建造。

10.3.3 VR/AR 技术在智慧建造中的实践应用

VR/AR 技术可能会更广泛地应用于建筑任务，通过三维图形生产技术、多传感器交互技术与高分辨率现实等，创建三维的虚拟情境，在设计阶段就可以通过可视化、动态的方式全方位地展示建筑物所处的地理环境、外形外貌以及内部的详细构造及附属设施，以便工程各方均可以沉浸式地浏览项目成果、具象直观地了解项目设计，并重新审查设计图纸，实现虚拟模型与现实数据的集成交互，提高智能建筑项目的准确性和完成速度；在安全交底或安全培训环节，结合 VR 技术，模拟施工现场可能出现的事故场景，通过安全事故亲历等直观方式，提高项目管理人员和建筑工人的安全意识和自我防范意识，减少事故的发生；在竣工交付试运行阶段，通过 VR/AR 技术可以模拟、仿真运行的场景，精确模拟各类设备运行时的工况，并结合建筑工程设施的物联网硬件，实时将设备运行的数据在 VR 场景中呈现。VR/AR 技术在建筑工程的整个生命周期都有很大的应用潜力，必将引起一场由传统二维设计向三维协同设计转变的革命。

10.3.4 不断发展的行业重器——传感器技术应用

传感器技术的应用可能会继续扩大，从开始探测、施工到建筑安全防护的各个方面，传感器技术提供设备使用、维护需求和项目进展的实时数据。为了适应多样复杂的工程需要，传感器技术正逐步朝着图像化、集成化、多功能化、智能化的趋势进阶发展，为项目决策和控制提供基础数据，以利于施工控制和管理的高效化，是实现信息自动采集和录入的基础。通过对传感器数据的收集和分析，可以使项目管理人员和工程师能够获取相关情况的持续反馈，从而实现更准确的预测和规划；通过传感器还可以检测潜在的问题，从而制定更积极主动的应对策略。此外，智能建筑可以通过传感器嵌入提供早期预警服务，提高工作现场的安全性，并且实现对工人活动的精确跟踪，提高安全合规性。传感器技术对于建筑行业和建筑企业，就好比先进制造生产线对于制造行业和制造企业那样重要。

在新的发展格局中，中国作为全球最大的建筑市场之一，建造方式向工业化、智能化、数字化转变，智能建造和数据驱动技术的跨界融合和集成创新，将会给建筑领域带来渗透性、扩散性甚至颠覆性的变革，智慧建造实践必将迎来光明的未来。

项目小结

（1）智慧建造是结合全生命周期和精益建造理念，利用先进的信息技术和建造技术，对建造全过程进行技术和管理创新，实现建造过程数字化、自动化向集成化、智慧化的变革，进而实现优质、高效、低碳、安全的工程建造模式和管理模式。

（2）智慧建造的实施技术主要包括 BIM 技术、物联网技术、3D 打印技术、人工智能技术、云计算和大数据技术等。

（3）智慧建造与传统建造的主要区别在于建造过程的数字化和自动化程度，以及在数据收集和分析、沟通和合作等方面的技术支持。

（4）建筑行业将大幅提升高度智能化的机器人技术及自动化技术的使用频率和范畴，加强大数据技术与智慧建造的融合，深度开发和丰富建筑业相关数据产品，发挥 VR/AR 技术在建筑工程的整个生命周期的应用潜力，不断发展传感器技术应用，实现建造方式向工业化、智能化、数字化转变，最终实现建筑行业的智能化、自动化发展。

课后练习

一、名词解释

1. 智慧建造
2. BIM 技术
3. 物联网技术
4. 云计算
5. 3D 打印技术

二、简答题

1. 智慧建造的典型应用场景有哪些?
2. 智慧设计的主要内容是什么?
3. 智慧建造的主要实施技术有哪些?
4. 智慧建造和传统建造在施工环节的区别是什么?

参考文献

［1］中华人民共和国住房和城乡建设部．房屋建筑制图统一标准：GB/T 50001–2017［S］．北京：中国建筑工业出版社，2018．

［2］中华人民共和国住房和城乡建设部．砌体结构设计规范：GB/T 50003–2011［S］．北京：中国建筑工业出版社，2012．

［3］中华人民共和国住房和城乡建设部．建筑地基基础设计规范：GB/T 50007–2011［S］．北京：中国建筑工业出版社，2012．

［4］中华人民共和国住房和城乡建设部．混凝土结构施工图平面整体表示方法制图规则和构造详图（现浇混凝土框架、剪力墙、梁、板）：22G101-1［S］．北京：中国标准出版社，2022．

［5］中华人民共和国住房和城乡建设部．混凝土结构施工图平面整体表示方法制图规则和构造详图（独立基础、条形基础、筏形基础、桩基础）：22G101-3［S］．北京：中国标准出版社，2022．

［6］中华人民共和国住房和城乡建设部．建筑设计防火规范：GB/T 50016–2014［S］．北京：中国计划出版社，2018．

［7］中华人民共和国住房和城乡建设部．坡屋面工程技术规范：GB 50693–2011［S］．北京：中国建筑工业出版社，2011．

［8］孔玉琴．建筑构造［M］．北京：科学出版社，2021．

［9］贠禄，张成．建筑识图与房屋构造［M］．北京：北京大学出版社，2017．

［10］肖芳．建筑构造［M］．3版．北京：北京大学出版社，2023．

［11］王宇航，罗晓蓉．智慧建造概论［M］．北京：机械工业出版社，2021．

［12］徐淳．智慧建造［M］．北京：北京大学出版社，2022．

［13］南学平，杨劲珍．建筑构造与施工图识读［M］．2版．北京：北京大学出版社，2023．

［14］魏艳萍．建筑构造［M］．3版．北京：中国电力出版社，2019.

［15］覃林，魏宏杨，李必瑜．建筑构造［M］．北京：中国建筑工业出版社，2022.

［16］孙伟．建筑构造与识图［M］．北京：北京大学出版社，2023.

［17］王鹏，孙庆霞，尹茜．建筑识图与构造［M］．3版．北京：北京理工大学出版社，2022.

［18］印宝权，黎旦．建筑识图与构造［M］．2版．武汉：华中科技大学出版社，2022.

［19］魏艳萍．建筑识图与构造［M］．4版．北京：中国电力出版社，2022.